ŒUVRES

DE LAGRANGE,

PUBLIÉES PAR LES SOINS

DE M. J.-A. SERRET,

SOUS LES AUSPICES DE

M. LE MINISTRE DE L'INSTRUCTION PUBLIQUE.

TOME NEUVIÈME.

PARIS,

GAUTHIER-VILLARS, IMPRIMEUR-LIBRAIRE

DE L'ÉCOLE POLYTECHNIQUE, DU BUREAU DES LONGITUDES,

SUCCESSEUR DE MALLET-BACHELIER,

Quai des Grands-Augustins, 55.

M DCCC LXXXI

ŒUVRES

DE LAGRANGE.

PARIS. — IMPRIMERIE DE GAUTHIER-VILLARS, SUCCESSEUR DE MALLET-BACHELIER,
Quai des Augustins, 55.

ŒUVRES

DE LAGRANGE,

PUBLIÉES PAR LES SOINS

DE M. J.-A. SERRET,

SOUS LES AUSPICES DE

S. E. M. LE MINISTRE DE L'INSTRUCTION PUBLIQUE.

TOME NEUVIÈME.

PARIS,

GAUTHIER-VILLARS, IMPRIMEUR-LIBRAIRE

DE L'ÉCOLE POLYTECHNIQUE, DU BUREAU DES LONGITUDES,

SUCCESSEUR DE MALLET-BACHELIER,

Quai des Augustins, 55.

MDCCCLXXXI

CINQUIÈME SECTION.

(SUITE.)

OUVRAGES DIDACTIQUES.

THÉORIE

DES

FONCTIONS ANALYTIQUES,

CONTENANT

LES PRINCIPES DU CALCUL DIFFÉRENTIEL,

DÉGAGÉS DE TOUTE CONSIDÉRATION D'INFINIMENT PETITS, D'ÉVANOUISSANTS, DE LIMITES ET DE FLUXIONS, ET RÉDUITS A L'ANALYSE ALGÉBRIQUE DES QUANTITÉS FINIES.

QUATRIÈME ÉDITION

RÉIMPRIMÉE

D'APRÈS LA DEUXIÈME ÉDITION DE 1813.

THÉORIE

DES

FONCTIONS ANALYTIQUES,

CONTENANT

Les Principes du Calcul différentiel, dégagés de toute considération d'infiniment petits, d'évanouissans, de limites et de fluxions, et réduits à l'analyse algébrique des quantités finies.

PAR J. L. LAGRANGE, de l'Institut des Sciences, Lettres et Arts, et du Bureau des Longitudes; Membre du Sénat-Conservateur, Grand-Officier de la Légion-d'Honneur, et Comte de l'Empire.

NOUVELLE ÉDITION,

revue et augmentée par l'Auteur.

PARIS,

Mme Ve COURCIER, Imprimeur-Libraire pour les Mathématiques, quai des Augustins, n° 57.

1813.

AVERTISSEMENT

DE LA DEUXIÈME ÉDITION.

Cette édition a plusieurs avantages sur la première, qui a paru en 1797 ; elle est plus correcte : on a mis plus d'ordre dans les matières, et on les a divisées par Chapitres, ce qu'on n'avait pu faire d'abord, cet Ouvrage ayant été composé, comme d'un seul jet, à mesure qu'il s'imprimait; enfin on y a fait différentes additions, dont les principales se trouvent dans le Chapitre XIV de la seconde Partie et dans le Chapitre V de la troisième.

On avait pensé à refondre dans la première Partie de ce Traité les *Leçons sur le calcul des fonctions* (*), qui servent de commentaire et de suite à cette Partie; mais, comme elles forment un Ouvrage à part qui peut être lu séparément et indépendamment de la *Théorie des fonctions*, on s'est contenté de les citer dans tous les endroits sur lesquels elles peuvent offrir des éclaircissements et des développements utiles (**).

(*) Ces *Leçons* ont paru d'abord dans le *Recueil des Leçons de l'École Normale;* mais la seconde édition, publiée en 1806 chez Courcier, est beaucoup augmentée; c'est celle-ci qu'on a citée.

(**) Les *Leçons sur le calcul des fonctions* forment le Tome X des *Œuvres de Lagrange.* (*Note de l'Éditeur.*)

THÉORIE

DES

FONCTIONS ANALYTIQUES.

INTRODUCTION.

DES FONCTIONS EN GÉNÉRAL. DES FONCTIONS PRIMITIVES ET DÉRIVÉES. DES DIFFÉRENTES MANIÈRES DONT ON A ENVISAGÉ LE CALCUL DIFFÉRENTIEL. OBJET DE CET OUVRAGE.

On appelle *fonction* d'une ou de plusieurs quantités toute expression de calcul dans laquelle ces quantités entrent d'une manière quelconque, mêlées ou non avec d'autres quantités qu'on regarde comme ayant des valeurs données et invariables, tandis que les quantités de la fonction peuvent recevoir toutes les valeurs possibles. Ainsi, dans les fonctions, on ne considère que les quantités qu'on suppose variables, sans aucun égard aux constantes qui peuvent y être mêlées.

Le mot *fonction* a été employé par les premiers analystes pour désigner en général les puissances d'une même quantité. Depuis, on a étendu la signification de ce mot à toute quantité formée d'une manière quelconque d'une autre quantité. Leibnitz et les Bernoulli l'ont employé les premiers dans cette acception générale, et il est aujourd'hui généralement adopté.

Lorsqu'à la variable d'une fonction on attribue un accroissement quelconque, en ajoutant à cette variable une quantité indéterminée, on peut, par les règles ordinaires de l'Algèbre, si la fonction est algébrique, la développer suivant les puissances de cette indéterminée. Le premier terme du développement sera la fonction proposée, qu'on appellera *fonction primitive;* les termes suivants seront formés de différentes fonctions de la même variable, multipliées par les puissances successives de l'indéterminée. Ces nouvelles fonctions dépendront uniquement de la fonction primitive dont elles dérivent et pourront s'appeler *fonctions dérivées*. En général, quelle que soit la fonction primitive, algébrique ou non, elle peut toujours être développée ou censée développée de la même manière, et donner ainsi naissance à des fonctions dérivées. Les fonctions, considérées sous ce point de vue, constituent une Analyse d'un genre supérieur à l'Analyse ordinaire par sa généralité et ses nombreux usages, et l'on verra dans cet Ouvrage que l'Analyse qu'on appelle vulgairement *transcendante* ou *infinitésimale* n'est au fond que l'Analyse des fonctions primitives et dérivées, et que les Calculs différentiel et intégral ne sont, à proprement parler, que le calcul de ces mêmes fonctions.

Les premiers géomètres qui ont employé le Calcul différentiel, Leibnitz, les Bernoulli, L'Hôpital, etc., l'ont fondé sur la considération des quantités infiniment petites de différents ordres, et sur la supposition qu'on peut regarder et traiter comme égales les quantités qui ne diffèrent entre elles que par des quantités infiniment petites à leur égard. Contents d'arriver par les procédés de ce Calcul, d'une manière prompte et sûre, à des résultats exacts, ils ne se sont point occupés d'en démontrer les principes. Ceux qui les ont suivis, Euler, d'Alembert, etc., ont cherché à suppléer à ce défaut en faisant voir, par des applications particulières, que les différences qu'on suppose infiniment petites doivent être absolument nulles et que leurs rapports, seules quantités qui entrent réellement dans le calcul, ne sont autre chose que les limites des rapports des différences finies ou indéfinies.

Mais il faut convenir que cette idée, quoique juste en elle-même, n'est pas assez claire pour servir de principe à une science dont la certitude doit être fondée sur l'évidence, et surtout pour être présentée aux commençants; d'ailleurs, il me semble que, comme dans le Calcul différentiel, tel qu'on l'emploie, on considère et on calcule en effet les quantités infiniment petites ou supposées infiniment petites elles-mêmes, la véritable métaphysique de ce Calcul consiste en ce que l'erreur résultant de cette fausse supposition est redressée ou compensée par celle qui naît des procédés mêmes du calcul, suivant lesquels on ne retient dans la différentiation que les quantités infiniment petites du même ordre. Par exemple, en regardant une courbe comme un polygone d'un nombre infini de côtés chacun infiniment petit, et dont le prolongement est la tangente de la courbe, il est clair qu'on fait une supposition erronée; mais l'erreur se trouve corrigée dans le calcul par l'omission qu'on y fait des quantités infiniment petites. C'est ce qu'on peut voir aisément dans des exemples, mais dont il serait peut-être difficile de donner une démonstration générale.

Newton, pour éviter la supposition des infiniment petits, a considéré les quantités mathématiques comme engendrées par le mouvement, et il a cherché une méthode pour déterminer directement les vitesses ou plutôt le rapport des vitesses variables avec lesquelles ces quantités sont produites; c'est ce qu'on appelle, d'après lui, la *Méthode des fluxions* ou le *Calcul fluxionnel*, parce qu'il a nommé ces vitesses *fluxions* des quantités. Cette Méthode ou ce Calcul s'accorde, pour le fond et pour les opérations, avec le Calcul différentiel, et n'en diffère que par la Métaphysique, qui paraît en effet plus claire, parce que tout le monde a ou croit avoir une idée de la vitesse. Mais, d'un côté, introduire le mouvement dans un calcul qui n'a que des quantités algébriques pour objet, c'est y introduire une idée étrangère et qui oblige à regarder ces quantités comme des lignes parcourues par un mobile; de l'autre, il faut avouer qu'on n'a pas même une idée bien nette de ce que c'est que la vitesse d'un point à chaque instant lorsque cette vitesse est variable, et l'on peut voir, par le savant *Traité des fluxions* de Maclaurin, combien il est difficile de démontrer rigoureusement la Méthode des fluxions et combien d'artifices particuliers il faut employer pour démontrer les différentes parties de cette Méthode.

Aussi Newton lui-même, dans son Livre des *Principes*, a préféré, comme plus courte, la Méthode des dernières raisons des quantités évanouissantes, et c'est aux principes de cette Méthode que se réduisent en dernière analyse les démonstrations relatives à celle des fluxions. Mais cette Méthode a, comme celle des limites dont nous avons parlé plus haut, et qui n'en est proprement que la traduction algébrique, le grand inconvénient de considérer les quantités dans l'état où elles cessent, pour ainsi dire, d'être quantités, car, quoiqu'on conçoive toujours bien le rapport de deux quantités tant qu'elles demeurent finies, ce rapport n'offre plus à l'esprit une idée claire et précise aussitôt que ses termes deviennent l'un et l'autre nuls à la fois.

C'est pour prévenir ces difficultés qu'un habile géomètre anglais, qui a fait dans l'Analyse des découvertes importantes, a proposé dans ces derniers temps de substituer à la Méthode des fluxions, jusqu'alors suivie scrupuleusement par tous les géomètres anglais, une autre Méthode purement analytique, et analogue à la Méthode différentielle, mais dans laquelle, au lieu de n'employer que les différences infiniment petites ou nulles des quantités variables, on emploie d'abord des valeurs différentes de ces quantités, qu'on égale ensuite, après avoir fait disparaître par la division le facteur que cette égalité rendrait nul. Par ce moyen, on évite à la vérité les infiniment petits et les quantités évanouissantes; mais les procédés et les applications du calcul sont embarrassants et peu naturels, et l'on doit convenir que cette manière de rendre le Calcul différentiel plus rigoureux dans ses principes lui fait perdre ses principaux avantages, la simplicité de la méthode et la facilité des opérations. (*Voir* l'Ouvrage intitulé *The residual Analysis a new branch of the algebric art*, by John Landen, London, 1764, ainsi que le Discours publié par le même Auteur, en 1758, sur le même objet.)

Ces variations dans la manière d'établir et de présenter les principes du Calcul différentiel, et même dans la dénomination de ce Calcul, montrent, ce me semble, qu'on n'en avait pas saisi la véritable théorie, quoiqu'on eût trouvé d'abord les règles les plus simples et les plus commodes pour le mécanisme des opérations.

On trouvera de nouvelles considérations sur cet objet dans la première Leçon sur le Calcul des fonctions.

Dans un Mémoire imprimé parmi ceux de l'Académie de Berlin, de 1772, et dont l'objet était l'analogie entre les différentielles et les puissances positives et entre les intégrales et les puissances négatives, j'avançai que la théorie du développement des fonctions en série contenait les vrais principes du Calcul différentiel, dégagés de toute considération d'infiniment petits ou de limites, et je démontrai par cette théorie le théorème de Taylor, qui est le fondement de la méthode des séries, et qu'on n'avait encore démontré que par le secours de ce Calcul ou par la considération des différences infiniment petites.

Depuis, Arbogast a présenté à l'Académie des Sciences un Mémoire où la même idée est exposée avec des développements et des applications qui lui appartiennent. Mais, l'Auteur n'ayant encore rien publié sur ce sujet (*), et m'étant trouvé engagé par des circonstances particulières à développer les principes généraux de l'Analyse, j'ai rappelé mes anciennes idées sur ceux du Calcul différentiel, et j'ai fait de nouvelles réflexions tendant à les confirmer et à les *généraliser*; c'est ce qui a occasionné cet *écrit, que je ne me détermine à publier que par la considération de l'utilité dont il peut être à ceux qui étudient cette branche importante de l'Analyse.*

Il peut, au reste, paraître surprenant que cette manière d'envisager le Calcul différentiel ne se soit pas offerte plus tôt aux géomètres, et surtout qu'elle ait échappé à Newton, inventeur de la Méthode des séries et de celle des fluxions. Mais nous observerons à cet égard qu'en effet Newton n'avait d'abord employé que la simple considération des séries pour résoudre le problème troisième du second Livre des *Principes,* dans lequel il cherche la loi de la résistance nécessaire pour qu'un corps pesant décrive librement une courbe donnée, problème qui dépend naturellement du Calcul différentiel ou fluxionnel. On sait que Jean Bernoulli trouva cette solution fausse en la comparant avec

(*) L'Ouvrage que feu Arbogast a donné, en 1800, sous le titre de *Calcul des dérivations,* a un objet différent, comme l'Auteur en avertit lui-même à la fin de sa Préface.

celle qui résulte du Calcul différentiel, et son neveu, Nicolas, prétendit que l'erreur venait de ce que Newton avait pris le troisième terme de la série convergente, dans laquelle il réduisait l'ordonnée de la courbe donnée, pour la différentielle seconde de cette ordonnée, et le quatrième pour la différentielle troisième, au lieu que, suivant les règles du Calcul différentiel, ces termes ne sont, l'un que la moitié, l'autre que la sixième partie des mêmes différentielles. (*Voir* les *Mémoires de l'Académie des Sciences* de 1711 et le Tome I des *Œuvres* de Jean Bernoulli.) Newton, sans répondre, abandonna entièrement sa première Méthode et donna, dans la seconde édition des *Principes*, une solution différente du même problème, fondée sur la méthode même du Calcul différentiel. Depuis, on n'a plus parlé de l'application de la Méthode des séries à ce genre de problèmes que pour avertir de la méprise dans laquelle Newton était tombé et faire sentir la nécessité d'avoir égard à l'observation de Nicolas Bernoulli. (*Voir* l'*Encyclopédie*, aux articles *Différentiel*, *Force*.) Mais nous ferons voir que cette méprise ne vient point du fond de la méthode, mais simplement de ce que Newton n'a pas tenu compte de tous les termes auxquels il fallait avoir égard, et nous rectifierons de cette manière sa première solution, dont aucun des commentateurs des *Principes* n'a fait mention.

L'objet de cet Ouvrage est de donner la théorie des fonctions, considérées comme primitives et dérivées, de résoudre par cette théorie les principaux problèmes d'Analyse, de Géométrie et de Mécanique, qu'on fait dépendre du Calcul différentiel, et de donner par là à la solution de ces problèmes toute la rigueur des démonstrations des Anciens.

PREMIÈRE PARTIE.

EXPOSITION DE LA THÉORIE, AVEC SES PRINCIPAUX USAGES DANS L'ANALYSE.

CHAPITRE PREMIER.

DÉVELOPPEMENT EN SÉRIE D'UNE FONCTION D'UNE VARIABLE LORSQU'ON ATTRIBUE UN ACCROISSEMENT A CETTE VARIABLE. FORMATION SUCCESSIVE DES TERMES DE LA SÉRIE. THÉORÈME IMPORTANT SUR LA NATURE DE CES SÉRIES.

1. Nous désignerons en général par la caractéristique f ou F, placée devant une variable, toute fonction de cette variable, c'est-à-dire toute quantité dépendante de cette variable et qui varie avec elle suivant une loi donnée. Ainsi $f(x)$ ou $F(x)$ désignera une fonction de la variable x; $f(x^2), f(a+bx)$, ... désigneront des fonctions de x^2, de $a+bx$, .

Pour marquer une fonction de deux variables indépendantes, comme de x, y, nous écrirons $f(x, y)$, et ainsi des autres.

Lorsque nous voudrons employer d'autres caractéristiques pour marquer les fonctions, nous aurons soin d'en avertir.

Considérons donc une fonction $f(x)$ d'une variable quelconque x. Si à la place de x on y met $x+i$, i étant une quantité quelconque indéterminée, elle deviendra $f(x+i)$, et, par la théorie des séries, on pourra la développer en une série de cette forme

$$f(x)+pi+qi^2+ri^3+\ldots,$$

dans laquelle les quantités p, q, r, ..., coefficients des puissances de i, seront de nouvelles fonctions de x, dérivées de la fonction primitive x et indépendantes de l'indéterminée i.

2. Mais, pour ne rien avancer gratuitement, nous commencerons par examiner la forme même de la série qui doit représenter le développement de toute fonction $f(x)$ lorsqu'on y substitue $x+i$ à la place de x, et que nous avons supposée ne devoir contenir que des puissances entières et positives de i.

Cette supposition se vérifie en effet par le développement des différentes fonctions connues; mais personne, que je sache, n'a cherché à la démontrer *a priori*, ce qui me paraît néanmoins d'autant plus nécessaire, qu'il y a des cas particuliers où elle ne peut pas avoir lieu. D'ailleurs, le Calcul différentiel porte expressément sur cette même supposition, et les cas qui font exception sont précisément ceux où ce Calcul a été accusé d'être en défaut.

Je vais d'abord démontrer que, dans la série résultante du développement de la fonction $f(x+i)$, il ne peut se trouver aucune puissance fractionnaire de i, à moins qu'on ne donne à x des valeurs particulières.

En effet, il est clair que les radicaux de i ne pourraient venir que des radicaux renfermés dans la fonction primitive $f(x)$, et il est clair en même temps que la substitution de $x+i$ au lieu de x ne pourrait ni augmenter ni diminuer le nombre de ces radicaux, ni en changer la nature, tant que x et i sont des quantités indéterminées. D'un autre côté, on sait par la théorie des équations que tout radical a autant de valeurs différentes qu'il y a d'unités dans son exposant, et que toute fonction irrationnelle a, par conséquent, autant de valeurs différentes qu'on peut faire de combinaisons des différentes valeurs des radicaux qu'elle renferme. Donc, si le développement de la fonction $f(x+i)$ pouvait contenir un terme de la forme $ui^{\frac{m}{n}}$, la fonction $f(x)$ serait nécessairement irrationnelle et aurait par conséquent un certain nombre de valeurs différentes, qui serait le même pour la fonction $f(x+i)$, ainsi que pour son développement. Mais, ce développement étant représenté par la série

$$f(x) + pi + qi^2 + \ldots + ui^{\frac{m}{n}} + \ldots,$$

chaque valeur de $f(x)$ se combinerait avec chacune des n valeurs du radical $\sqrt[n]{i^m}$, de sorte que la fonction $f(x+i)$ développée aurait plus de valeurs différentes que la même fonction non développée, ce qui est absurde.

Cette démonstration est générale et rigoureuse tant que x et i demeurent indéterminés; mais elle cesserait de l'être si l'on donnait à x des valeurs déterminées, car il serait possible que ces valeurs détruisissent quelques radicaux dans $f(x)$ qui pourraient néanmoins subsister dans $f(x+i)$. Nous examinerons plus bas (Chap. V) ces cas particuliers et les conséquences qui en résultent.

Nous venons de voir que le développement de la fonction $f(x+i)$ ne saurait contenir, en général, des puissances fractionnaires de i; il est facile de s'assurer aussi qu'il ne pourra contenir non plus des puissances négatives de i.

Car, si parmi les termes de ce développement, il y en avait un de la forme $\frac{r}{i^m}$, m étant un nombre entier positif, en faisant $i = 0$, ce terme deviendrait infini; donc la fonction $f(x+i)$ devrait devenir infinie lorsque $i = 0$; par conséquent, il faudrait que $f(x)$ devînt infinie, ce qui ne peut avoir lieu que pour des valeurs particulières de x.

3. Nous étant ainsi assurés de la forme générale du développement de la fonction $f(x+i)$, voyons plus particulièrement en quoi ce développement consiste et ce que signifie chacun de ses termes.

On voit d'abord que, si l'on cherche dans cette fonction ce qui est indépendant de la quantité i, il n'y a qu'à faire $i = 0$, ce qui la réduit à $f(x)$. Ainsi $f(x)$ est la partie de $f(x+i)$ qui reste lorsque la quantité i devient nulle, de sorte que $f(x+i)$ sera égale à $f(x)$, plus à une quantité qui doit disparaître en faisant $i = 0$ et qui sera par conséquent ou pourra être censée multipliée par une puissance positive de i; et, comme nous venons de démontrer que dans le développement de $f(x+i)$ il ne peut entrer aucune puissance fractionnaire de i, il s'ensuit que la quantité dont il s'agit ne pourra être multipliée que par une puissance positive et entière de i; elle sera donc de la forme iP, P étant une fonction de x et i qui ne deviendra point infinie lorsque $i=0$.

On aura donc ainsi

$$f(x+i)=f(x)+i\mathrm{P};$$

donc $f(x+i)-f(x)=i\mathrm{P}$, et par conséquent divisible par i; la division faite, on aura

$$\mathrm{P}=\frac{f(x+i)-f(x)}{i}.$$

Or, P étant une nouvelle fonction de x et i, on pourra de même en séparer ce qui est indépendant de i et qui, par conséquent, ne s'évanouit pas lorsque i devient nul. Soit donc p ce que devient P lorsqu'on fait $i=0$; p sera une fonction de x sans i, et, par un raisonnement semblable au précédent, on prouvera que $\mathrm{P}=p+i\mathrm{Q}$, iQ étant la partie de P qui devient nulle lorsque $i=0$, et Q étant une nouvelle fonction de x et i qui ne devient pas infinie lorsque $i=0$.

On aura donc $\mathrm{P}-p=i\mathrm{Q}$, et par conséquent divisible par i; la division faite, on aura

$$\mathrm{Q}=\frac{\mathrm{P}-p}{i}.$$

Soit q la valeur de Q en y faisant $i=0$; q sera une fonction de x sans i, et la partie de Q qui devient nulle lorsque i devient nul sera, comme ci-dessus, de la forme iR, R étant une fonction de x et i qui ne deviendra pas infinie lorsque $i=0$ et qu'on trouvera en divisant $\mathrm{Q}-q$ par i, et ainsi de suite.

On aura, par ce procédé,

$$f(x+i)=f(x)+i\mathrm{P},\quad \mathrm{P}=p+i\mathrm{Q},\quad \mathrm{Q}=q+i\mathrm{R},\quad \mathrm{R}=r+i\mathrm{S},\quad \ldots;$$

donc, substituant successivement,

$$f(x+i)=f(x)+i\mathrm{P}=f(x)+ip+i^2\mathrm{Q}=f(x)+ip+i^2q+i^3\mathrm{R}=\ldots,$$

ce qui donnera, pour le développement de $f(x+i)$, une série de la forme que nous avons supposée au commencement.

4. Soit, par exemple, $f(x)=\frac{1}{x}$; on aura

$$f(x+i)=\frac{1}{x+i};$$

donc

$$iP=\frac{1}{x+i}-\frac{1}{x}=-\frac{i}{x(x+i)},\quad P=-\frac{1}{x(x+i)},\quad p=-\frac{1}{x^2};$$

$$iQ=-\frac{1}{x(x+i)}+\frac{1}{x^2}=\frac{i}{x^2(x+i)},\quad Q=\frac{1}{x^2(x+i)},\quad q=\frac{1}{x^3};$$

$$iR=\frac{1}{x^2(x+i)}-\frac{1}{x^3}=-\frac{i}{x^3(x+i)},\quad R=-\frac{1}{x^3(x+i)},\quad r=-\frac{1}{x^4};$$

....;

ainsi l'on aura

$$\frac{1}{x+i}=\frac{1}{x}-\frac{i}{x(x+i)}=\frac{1}{x}-\frac{i}{x^2}+\frac{i^2}{x^2(x+i)}=\frac{1}{x}-\frac{i}{x^2}+\frac{i^2}{x^3}-\frac{i^3}{x^3(x+i)}=\ldots,$$

comme il résulte de la division actuelle.

Prenons encore pour exemple la fonction irrationnelle $\sqrt{x}$. On aura donc

$$f(x)=\sqrt{x},\quad f(x+i)=\sqrt{x+i}=\sqrt{x}+iP;$$

donc

$$iP=\sqrt{x+i}-\sqrt{x}=\frac{i}{\sqrt{x+i}+\sqrt{x}},\quad P=\frac{1}{\sqrt{x+i}+\sqrt{x}},\quad p=\frac{1}{2\sqrt{x}},$$

$$iQ=P-p=\frac{1}{\sqrt{x+i}+\sqrt{x}}-\frac{1}{2\sqrt{x}}$$

$$=\frac{\sqrt{x}-\sqrt{x+i}}{2\sqrt{x}(\sqrt{x+i}+\sqrt{x})}=-\frac{i}{2\sqrt{x}(\sqrt{x+i}+\sqrt{x})^2},$$

$$Q=-\frac{1}{2\sqrt{x}(\sqrt{x+i}+\sqrt{x})^2},\quad q=-\frac{1}{8x\sqrt{x}},$$

$$iR=Q-q=\frac{1}{2\sqrt{x}}\left[\frac{1}{4x}-\frac{1}{(\sqrt{x+i}+\sqrt{x})^2}\right]$$

$$=\frac{1}{2\sqrt{x}}\,\frac{i-2x+2\sqrt{x}\sqrt{x+i}}{4x(\sqrt{x+i}+\sqrt{x})^2}=\frac{i}{2\sqrt{x}}\,\frac{\sqrt{x+i}+3\sqrt{x}}{4x(\sqrt{x+i}+\sqrt{x})^3},$$

$$R=\frac{\sqrt{x+i}+3\sqrt{x}}{8x\sqrt{x}(\sqrt{x+i}+\sqrt{x})^3},\quad r=\frac{1}{16x^2\sqrt{x}},$$

....

De sorte qu'on aura, de cette manière,

$$\sqrt{x+i} = \sqrt{x} + \frac{i}{\sqrt{x+i}+\sqrt{x}} = \sqrt{x} + \frac{i}{2\sqrt{x}} - \frac{i^2}{2\sqrt{x}(\sqrt{x+i}+\sqrt{x})^2}$$

$$= \sqrt{x} + \frac{i}{2\sqrt{x}} - \frac{i^2}{8x\sqrt{x}} + \frac{\sqrt{x+i}+3\sqrt{x}}{8x\sqrt{x}(\sqrt{x+i}+\sqrt{x})^3}i^3$$

$$= \sqrt{x} + \frac{i}{2\sqrt{x}} - \frac{i^2}{8x\sqrt{x}} + \frac{i^3}{16x^2\sqrt{x}} - \dots$$

Cette dernière série est celle que l'on trouve par l'extraction actuelle de la racine carrée ou par la formule du binôme.

5. Il serait difficile d'exécuter ces opérations sur des fonctions irrationnelles plus compliquées; mais, en faisant disparaître les irrationnalités par rapport à la quantité i, l'application de la méthode n'aura plus de difficulté.

Ainsi, en reprenant l'exemple précédent, on partira de l'équation

$$\sqrt{x+i} = \sqrt{x} + iP,$$

qui, étant élevée au carré pour dégager l'i de dessous le signe radical, devient, après la division par i,

$$1 = 2P\sqrt{x} + iP^2.$$

Faisant $i = 0$, P devient p, et l'on aura

$$1 = 2p\sqrt{x}, \quad \text{d'où} \quad p = \frac{1}{2\sqrt{x}}.$$

On fera donc $P = p + iQ$, ce qui étant substitué, on aura, après la division par i,

$$0 = \frac{1}{4x} + 2Q\sqrt{x} + \frac{iQ}{\sqrt{x}} + i^2Q^2.$$

Faisant $i = 0$, Q devient q; donc on aura

$$\frac{1}{4x} + 2q\sqrt{x} = 0,$$

d'où l'on tire

$$q = -\frac{1}{8x\sqrt{x}}.$$

On fera donc $Q = q + iR$, et ainsi de suite.

On peut, à la vérité, trouver les valeurs de p, q, r, ... d'une manière plus expéditive en faisant tout de suite l'équation

$$\sqrt{x+i} = \sqrt{x} + pi + qi^2 + ri^3 + \ldots,$$

l'élevant au carré pour dégager la quantité i de dessous le signe, et comparant ensuite les termes affectés des mêmes puissances de i pour que cette quantité puisse demeurer indéterminée, comme on le suppose; mais la méthode précédente a l'avantage de ne développer la série qu'autant qu'on veut et de donner la valeur exacte du reste. En effet, si l'on voulait, par exemple, s'arrêter au second terme pi, on aurait Qi^2 pour la valeur du reste, et l'on pourrait déterminer Q par la résolution de l'équation en Q. Dans l'exemple ci-dessus, cette équation est

$$i^2Q^2 + Q\left(2\sqrt{x} + \frac{i}{\sqrt{x}}\right) + \frac{1}{4x} = 0,$$

et, pour la résoudre de manière que l'expression de Q ne présente pas la quantité i au dénominateur, il n'y a qu'à faire $Q = \frac{1}{V}$, ce qui réduira l'équation à cette forme,

$$V^2 + 4V(2x\sqrt{x} + i\sqrt{x}) + 4xi^2 = 0,$$

d'où l'on tire

$$V = -4x\sqrt{x} - 2i\sqrt{x} \pm 4x\sqrt{x+i};$$

et, comme Q ne doit pas devenir infini lorsque $i = 0$ (n° 3), il faudra que V ne devienne pas nul dans le même cas; par conséquent, il faudra prendre le signe inférieur du radical; on aura ainsi

$$V = -2\sqrt{x}(2x+i) - 4x\sqrt{x+i},$$

et de là

$$Q = -\frac{1}{2\sqrt{x}(2x+i)+4x\sqrt{x+i}} = -\frac{1}{2\sqrt{x}(\sqrt{x+i}+\sqrt{x})^2},$$

comme plus haut. On en usera de même dans tous les cas semblables.

6. Mais le principal avantage de la méthode que nous avons exposée consiste en ce qu'elle fait voir comment les fonctions p, q, r, ... résultent de la fonction principale $f(x)$, et surtout en ce qu'elle prouve que les restes iP, iQ, iR, ... sont des quantités qui doivent devenir nulles lorsque $i=0$, d'où l'on tire cette conséquence importante que, dans la série

$$f(x)+pi+qi^2+ri^3+\ldots,$$

qui naît du développement de $f(x+i)$, on peut toujours prendre i assez petit pour qu'un terme quelconque soit plus grand que la somme de tous les termes qui le suivent, et que cela doit avoir lieu aussi pour toutes les valeurs plus petites de i.

Car, puisque les restes iP, iQ, iR, ... sont des fonctions de i qui deviennent nulles, par la nature même du développement, lorsque $i=0$, il s'ensuit que, en considérant la courbe dont i serait l'abscisse et l'une de ces fonctions l'ordonnée, cette courbe coupera l'axe à l'origine des abscisses, et, à moins que ce point ne soit un point singulier, ce qui ne peut avoir lieu que pour des valeurs particulières de x, comme il est facile de s'en convaincre avec un peu de réflexion et par un raisonnement analogue à celui du n° 2, le cours de la courbe sera nécessairement continu depuis ce point; donc elle s'approchera peu à peu de l'axe avant de le couper et s'en approchera, par conséquent, d'une quantité moindre qu'aucune quantité donnée, de sorte qu'on pourra toujours trouver une abscisse i correspondant à une ordonnée moindre qu'une quantité donnée, et alors toute valeur plus petite de i répondra aussi à des ordonnées moindres que la quantité donnée.

On pourra donc prendre i assez petit, sans être nul, pour que iP soit moindre que $f(x)$, ou pour que iQ soit moindre que p, ou pour que iR soit moindre que q, et ainsi des autres, et par conséquent pour que i^2Q soit moindre que ip ou que i^3R soit moindre que i^2q, etc.; donc, puisque (n° 3)

$$iP = ip + i^2q + i^3r + \ldots, \quad i^2Q = i^2q + i^3r + \ldots, \quad i^3R = i^3r + \ldots,$$

il s'ensuit qu'on pourra toujours donner à i une valeur assez petite pour que chaque terme de la série

$$f(x) + ip + i^2q + i^3r + \ldots$$

devienne plus grand que la somme de tous les termes suivants, et alors toute valeur de i plus petite que celle-là satisfera toujours à la même condition.

On doit regarder ce théorème comme un des principes fondamentaux de la théorie que nous nous proposons de développer; on le suppose tacitement dans le Calcul différentiel et dans celui des fluxions, et c'est par cet endroit qu'on peut dire que ces calculs donnent le plus de prise sur eux, surtout dans leur application aux problèmes géométriques et mécaniques. Les doutes qui pourraient rester sur la démonstration de ce théorème, parce que le procédé que nous avons employé pour trouver les restes iP, iQ, iR, ... n'est applicable qu'aux fonctions algébriques, seront levés dans le Chapitre V, où nous donnerons l'expression générale de ces restes et la manière d'en déterminer les limites.

7. Il faut remarquer, au reste, que la méthode que nous venons de donner pour trouver successivement les termes de la série qui représente une fonction de $x+i$, développée suivant les puissances de i, ne peut s'appliquer, en général, au développement d'une fonction de x et de i qu'autant que cette fonction est susceptible d'être réduite en une série qui procède suivant les puissances positives et entières de i, car le raisonnement du n° 2, par lequel nous avons prouvé que toute fonction de $x+i$ est, généralement parlant, susceptible de cette forme ne pourrait pas s'appliquer à une fonction quelconque de x et i. Mais,

dans les cas où cette réduction est possible, on pourra toujours appliquer à la série résultante du développement suivant les puissances ascendantes de i la conséquence que nous en avons tirée dans le numéro précédent, savoir, que la quantité i pourra être prise assez petite pour qu'un terme quelconque de la série soit plus grand que tous ceux qui le suivent, pris ensemble.

CHAPITRE II.

FONCTIONS DÉRIVÉES; LEUR NOTATION ET LEUR ALGORITHME.

8. Nous avons vu que le développement de $f(x+i)$ donne naissance à différentes autres fonctions p, q, r, ..., toutes dérivées de la fonction principale $f(x)$, et nous avons donné la manière de trouver ces fonctions dans des cas particuliers. Mais, pour établir une théorie sur ces sortes de fonctions, il faut rechercher la loi générale de leur dérivation.

Pour cela, reprenons la formule générale

$$f(x+i)=f(x)+pi+qi^2+ri^3+\ldots,$$

et supposons que l'indéterminée x devienne $x+o$, o étant une quantité quelconque indéterminée et indépendante de i; il est visible que $f(x+i)$ deviendra $f(x+i+o)$, et l'on voit en même temps que l'on aurait le même résultat en mettant simplement $i+o$ à la place de i dans $f(x+i)$. Donc aussi, le résultat doit être le même, soit qu'on mette, dans la série $f(x)+pi+qi^2+ri^3+\ldots$, $i+o$ à la place de i, soit qu'on y mette $x+o$ au lieu de x.

La première substitution donnera

$$f(x)+p(i+o)+q(i+o)^2+r(i+o)^3+\ldots,$$

savoir, en développant les puissances de $i+o$, et n'écrivant, pour plus de simplicité, que les deux premiers termes de chaque puissance, parce que la comparaison de ces termes suffira pour les déterminations dont nous avons besoin,

$$f(x)+pi+qi^2+ri^3+si^4+\ldots+po+2qio+3ri^2o+4si^3o+\ldots.$$

Pour faire l'autre substitution, soient $f(x)+f'(x)o+\ldots$, $p+p'o+\ldots$, $q+q'o+\ldots$, $r+r'o+\ldots$ ce que deviennent les fonctions $f(x)$, p, q, r, ... en y mettant $x+o$ pour x et ne considérant dans le développement que les termes qui contiennent la première puissance de o; il est clair que la même formule deviendra

$$f(x)+pi+qi^2+ri^3+si^4+\ldots+f'(x)o+p'io+q'i^2o+r'i^3o+\ldots.$$

Comme ces deux résultats doivent être identiques quelles que soient les valeurs de i et de o, on aura, en comparant les termes affectés de o, de io, de i^2o, etc.,

$$p=f'(x),\quad 2q=p',\quad 3r=q',\quad 4s=r',\quad \ldots.$$

Maintenant, de même que $f'(x)$ est la première fonction dérivée de $f(x)$, il est clair que p' est la première fonction dérivée de p, que q' est la première fonction dérivée de q, r' la première fonction dérivée de r, et ainsi de suite. Donc, si, pour plus de simplicité et d'uniformité, on dénote par $f'(x)$ la première fonction dérivée de $f(x)$, par $f''(x)$ la première fonction dérivée de $f'(x)$, par $f'''(x)$ la première fonction dérivée de $f''(x)$, et ainsi de suite, on aura

$$p=f'(x),\qquad \text{et de là}\quad p'=f''(x);$$

donc

$$q=\frac{p'}{2}=\frac{f''(x)}{2},\quad \text{et de là}\quad q'=\frac{f'''(x)}{2};$$

donc

$$r=\frac{q'}{3}=\frac{f'''(x)}{2.3},\quad \text{et de là}\quad r'=\frac{f^{\text{IV}}(x)}{2.3};$$

donc

$$s=\frac{r'}{4}=\frac{f^{\text{IV}}(x)}{2.3.4},\quad s'=\frac{f^{\text{V}}(x)}{2.3.4};$$

et ainsi de suite.

Donc, substituant ces valeurs dans le développement de la fonction $f(x+i)$, on aura

$$f(x+i)=f(x)+f'(x)i+\frac{f''(x)}{2}i^2+\frac{f'''(x)}{2.3}i^3+\frac{f^{\text{IV}}(x)}{2.3.4}i^4+\ldots.$$

Cette nouvelle expression a l'avantage de faire voir comment les termes de la série dépendent les uns des autres, et surtout comment, lorsqu'on sait former la première fonction dérivée d'une fonction primitive quelconque, on peut former toutes les fonctions dérivées que la série renferme.

9. Nous appellerons la fonction $f(x)$ *fonction primitive* par rapport aux fonctions $f'(x)$, $f''(x)$, ... qui en dérivent, et nous appellerons celles-ci *fonctions dérivées* par rapport à celle-là. Nous nommerons de plus la première fonction dérivée $f'(x)$ *fonction prime*, la seconde fonction dérivée $f''(x)$ *fonction seconde*, la troisième fonction dérivée $f'''(x)$ *fonction tierce*, et ainsi de suite.

De la même manière, si y est supposée une fonction de x, nous dénoterons ses fonctions dérivées par y', y'', y''', ..., de sorte que, y étant une fonction primitive, y' sera sa fonction *prime*, y'' en sera la fonction *seconde*, y''' la fonction *tierce*, et ainsi de suite.

De sorte que, x devenant $x+i$, y deviendra

$$y + y'i + \frac{y''i^2}{2} + \frac{y'''i^3}{2.3} + \cdots.$$

Ainsi, pourvu qu'on ait un moyen d'avoir la fonction prime d'une fonction primitive quelconque, on aura, par la simple répétition des mêmes opérations, toutes les fonctions dérivées, et par conséquent tous les termes de la série qui résulte du développement de la fonction primitive.

Au reste, pour peu qu'on connaisse le Calcul différentiel, on doit voir que les fonctions dérivées y', y'', y''', ..., relatives à x, coïncident avec les expressions $\frac{dy}{dx}$, $\frac{d^2y}{dx^2}$, $\frac{d^3y}{dx^3}$, ...

CHAPITRE III.

FONCTIONS DÉRIVÉES DES PUISSANCES, DES QUANTITÉS EXPONENTIELLES ET LOGARITHMIQUES, DES SINUS, COSINUS ET DES EXPRESSIONS COMPOSÉES DE CES FONCTIONS SIMPLES. ÉQUATIONS DÉRIVÉES.

10. Puisque tout se réduit à trouver la première fonction dérivée d'une fonction donnée, nous allons donner des règles générales pour la formation des fonctions dérivées des principales quantités qu'on emploie dans l'Analyse.

Par ce que nous venons de démontrer, on voit que la fonction dérivée $f'(x)$ d'une fonction donnée $f(x)$ de la variable x n'est autre chose que le coefficient de i dans le premier terme du développement de cette fonction, après la substitution de $x+i$ à la place de i. Ainsi il ne s'agit que de trouver ce premier coefficient.

Soit donc d'abord $f(x)=x^m$; on aura

$$f(x+i)=(x+i)^m;$$

or il est facile de démontrer, soit par les simples règles de l'Arithmétique, soit par les premières opérations de l'Algèbre, que les deux premiers termes de la puissance m du binôme $x+i$ sont $x^m+mx^{m-1}i$, soit que m soit un nombre entier ou fractionnaire, positif ou négatif; ainsi on aura

$$f'(x)=mx^{m-1}.$$

De là on tirera de la même manière

$$f''(x)=m(m-1)x^{m-2},\quad f'''(x)=m(m-1)(m-2)x^{m-3},\quad \ldots,$$

de sorte qu'on aura, par la formule générale du n° 8,

$$(x+i)^m = x^m + m x^{m-1} i + \frac{m(m-1)}{2} x^{m-2} i^2 + \frac{m(m-1)(m-2)}{2.3} x^{m-3} i^3 + \ldots,$$

ce qui est la formule connue du binôme, laquelle se trouve ainsi démontrée pour toutes les valeurs de m.

11. Soit en second lieu $f(x) = a^x$; on aura

$$f(x+i) = a^{x+i} = a^x a^i.$$

Ainsi tout se réduit à trouver les deux premiers termes de la série de a^i, développée suivant les puissances de i.

Soit, pour cela, $a = 1 + b$; alors

$$a^i = (1+b)^i = 1 + ib + \frac{i(i-1)}{2} b^2 + \frac{i(i-1)(i-2)}{2.3} b^3 + \ldots,$$

par la formule que nous venons de démontrer. Développant les produits de i, $i-1$, $i-2$, ... et ordonnant les termes suivant les puissances de i, on trouvera que les termes multipliés par i forment cette série $i\left(b - \frac{b^2}{2} + \frac{b^3}{3} - \ldots\right)$.

Donc, faisant pour abréger

$$A = b - \frac{b^2}{2} + \frac{b^3}{3} - \ldots = (a-1) - \frac{(a-1)^2}{2} + \frac{(a-1)^3}{3} - \ldots,$$

les deux premiers termes de la valeur de a^i en série seront $1 + Ai$; on aura par conséquent

$$f'(x) = A a^x.$$

On tirera de là, par la même opération répétée,

$$f''(x) = A.Aa^x = A^2 a^x, \quad f'''(x) = A^3 a^x, \quad \ldots;$$

on aura ainsi

$$f(x+i) = a^{x+i} = a^x\left(1 + Ai + \frac{A^2 i^2}{2} + \frac{A^3 i^3}{2.3} + \ldots\right).$$

Divisant par a^x et changeant i en x, on aura la série connue

$$a^x = 1 + Ax + \frac{A^2x^2}{2} + \frac{A^3x^3}{2.3} + \dots$$

12. Si dans cette formule on fait $x = 1$, on aura

$$a = 1 + A + \frac{A^2}{2} + \frac{A^3}{2.3} + \dots,$$

et, si l'on fait $x = \frac{1}{A}$, on aura

$$a^{\frac{1}{A}} = 1 + 1 + \frac{1}{2} + \frac{1}{2.3} + \frac{1}{2.3.4} + \dots$$

Ainsi la quantité $a^{\frac{1}{A}}$ est égale à un nombre constant, qui est la valeur de a, lorsque $A = 1$, et par la série précédente on trouve

$$a^{\frac{1}{A}} = 2,71828\,18284\,59045\dots$$

C'est le nombre qu'on désigne ordinairement par e, de sorte que la relation entre a et A se trouve exprimée d'une manière finie par l'équation $a^{\frac{1}{A}} = e$, laquelle donne $a = e^A$.

Donc, si $f(x) = e^{mx}$, on aura $a = e^m$, $A = m$, et par conséquent

$$f'(x) = me^{mx}, \quad f''(x) = m^2e^{mx}, \quad f'''(x) = m^3e^{mx}, \quad \dots,$$

d'où l'on tirera, comme ci-dessus,

$$e^{mx} = 1 + mx + \frac{m^2x^2}{2} + \frac{m^3x^3}{2.3} + \dots$$

Or, dans l'équation $y = a^x$, x est ce qu'on appelle le *logarithme* de y, a étant la base du système logarithmique, c'est-à-dire le nombre dont le logarithme est l'unité, de sorte que cette équation donne $x = \log y$ pour la base a. Par la même raison, l'équation $a^{\frac{1}{A}} = e$ donnera $\frac{1}{A} = \log e$ pour la base a et $A = \log a$ pour la base e.

Dans le système des logarithmes ordinaires, la base a a été prise égale à 10, parce que ces logarithmes sont plus commodes pour le calcul arithmétique; mais dans l'Analyse on préfère, comme plus simple, le système dont la base est le nombre e; c'est le système des logarithmes de Neper, qu'on nomme communément *logarithmes hyperboliques*, parce qu'ils sont représentés par l'aire de l'hyperbole équilatère entre ses asymptotes, et on les désigne par la simple caractéristique l. Ainsi on a $A = \mathrm{l}a$; par conséquent, la fonction prime de la fonction a^x est exprimée par $a^x \mathrm{l}a$ (numéro précédent).

Au reste, comme $a = e^A$, on aura $a = e^{\mathrm{l}a}$, et par conséquent $a^x = e^{x\,\mathrm{l}a}$, moyennant quoi on peut réduire toutes les exponentielles à la même base e.

13. Soit donc, en troisième lieu, $f(x) = \log x$; on aura, par la nature des logarithmes, $x = a^{f(x)}$. Or, x devenant $x + i$, $f(x)$ devient

$$f(x+i) = f(x) + if'(x) + \frac{i^2}{2}f''(x) + \ldots.$$

Faisant, pour abréger, $o = if'(x) + \frac{i^2}{2}f''(x) + \ldots$, l'équation $x = a^{f(x)}$ deviendra, en y mettant $x + i$ pour x et $f(x) + o$ pour $f(x)$,

$$x + i = a^{f(x)+o} = a^{f(x)}.a^o,$$

et, divisant cette équation par la précédente, on aura

$$1 + \frac{i}{x} = a^o = 1 + Ao + \frac{A^2o^2}{2} + \ldots \quad \text{(numéro précédent)}.$$

Effaçant l'unité de part et d'autre, et divisant par i, après avoir substitué la valeur de o, on aura, en ordonnant suivant les puissances de i,

$$\frac{1}{x} = Af'(x) + \frac{i}{2}[Af''(x) + A^2f'^2(x)] + \ldots.$$

La quantité i étant et devant demeurer indéterminée, il faudra que cette équation se vérifie indépendamment de cette quantité; par conséquent, tous les termes affectés d'une même puissance de i devront se détruire d'eux-mêmes et former autant d'équations à part. On aura donc ainsi

$$\frac{1}{x} = \mathrm{A} f'(x), \quad \mathrm{A} f''(x) + \mathrm{A}^2 f'^2(x) = 0,$$

et ainsi de suite.

Donc, $f(x)$ étant égal à $\log x$, on aura, en général,

$$f(x) = \frac{1}{\mathrm{A}x} = \frac{1}{x\,\mathrm{l}a},$$

et de là, par la formule générale du n° 10, on tirera

$$f''(x) = -\frac{1}{x^2\,\mathrm{l}a}, \quad f'''(x) = \frac{2}{x^3\,\mathrm{l}a}, \quad f^{\mathrm{IV}}(x) = -\frac{2.3}{x^4\,\mathrm{l}a}, \quad \ldots,$$

valeurs qui satisfont, comme l'on voit, aux différentes équations trouvées ci-dessus. Ainsi, par la substitution de ces valeurs dans la série $f(x) + if'(x) + \frac{i^2}{2} f''(x) + \ldots$, on aura sur-le-champ

$$\log(x+i) = \log x + \frac{i}{x\,\mathrm{l}a} - \frac{i^2}{2x^2\,\mathrm{l}a} + \frac{i^3}{3x^3\,\mathrm{l}a} - \ldots.$$

Faisant $x = 1$ et changeant i en x, on aura la formule connue

$$\log(1+x) = \frac{x - \frac{x^2}{2} + \frac{x^3}{3} - \ldots}{\mathrm{l}a}.$$

Pour les logarithmes hyperboliques où $\mathrm{l}e = 1$, on aura simplement

$$f(x) = \mathrm{l}x, \quad f'(x) = \frac{1}{x}, \quad f''(x) = -\frac{1}{x^2}, \quad \ldots.$$

14. Les sinus et cosinus d'angles considérés analytiquement ne sont que des expressions composées d'exponentielles imaginaires; ainsi, on peut déduire leurs fonctions dérivées de celles de ces exponentielles.

Soit donc, en quatrième lieu, $f(x) = \sin x$; comme on a

$$\sin x = \frac{e^{x\sqrt{-1}} - e^{-x\sqrt{-1}}}{2\sqrt{-1}}, \quad \cos x = \frac{e^{x\sqrt{-1}} + e^{-x\sqrt{-1}}}{2},$$

on fera

$$f(x) = \frac{e^{x\sqrt{-1}} - e^{-x\sqrt{-1}}}{2\sqrt{-1}},$$

et l'on aura (nº **12**), en mettant $\pm\sqrt{-1}$ au lieu de m dans e^{mx},

$$f'(x) = \frac{e^{x\sqrt{-1}} + e^{-x\sqrt{-1}}}{2} = \cos x.$$

De même, en faisant

$$f(x) = \cos x = \frac{e^{x\sqrt{-1}} + e^{-x\sqrt{-1}}}{2},$$

on trouvera

$$f'(x) = \frac{e^{x\sqrt{-1}} - e^{-x\sqrt{-1}}}{2}\sqrt{-1} = -\sin x.$$

Connaissant ainsi les fonctions primes des fonctions $\sin x$, $\cos x$, on en déduira facilement toutes les autres fonctions dérivées.

En effet, puisque $f(x) = \sin x$ a donné $f'(x) = \cos x$ et que $f(x) = \cos x$ a donné $f'(x) = -\sin x$, on aura, pour $f(x) = \sin x$,

$$f'(x) = \cos x,\quad f''(x) = -\sin x,\quad f'''(x) = -\cos x,\quad f^{\text{IV}}(x) = \sin x,\quad \ldots,$$

et, pour $f(x) = \cos x$, on aura

$$f'(x) = -\sin x,\quad f''(x) = -\cos x,\quad f'''(x) = \sin x,\quad f^{\text{IV}}(x) = \cos x,\quad \ldots.$$

D'après ces formules, on aura sur-le-champ les séries

$$\sin(x+i) = \sin x + i\cos x - \frac{i^2}{2}\sin x - \frac{i^3}{2.3}\cos x + \frac{i^4}{2.3.4}\sin x + \ldots,$$

$$\cos(x+i) = \cos x - i\sin x - \frac{i^2}{2}\cos x + \frac{i^3}{2.3}\sin x + \frac{i^4}{2.3.4}\cos x - \ldots,$$

d'où, en faisant $x = 0$ et changeant i en x, on tire les séries connues

$$\sin x = x - \frac{x^3}{2.3} + \frac{x^5}{2.3.4.5} - \ldots,\qquad \cos x = 1 - \frac{x^2}{2} + \frac{x^4}{2.3.4} - \ldots.$$

15. Les fonctions x^m, a^x, $\mathrm{l}x$, $\sin x$, $\cos x$ que nous venons de considérer doivent être regardées comme les fonctions simples analytiques d'une seule variable. Toutes les autres fonctions de la même variable se composent de celles-là par addition, soustraction, multiplication ou division, ou sont données en général par des équations dans lesquelles entrent des fonctions de ces mêmes formes. Ainsi, connaissant les fonctions primes des fonctions simples que nous venons d'examiner, on trouvera aisément les fonctions primes des fonctions composées, et, par les mêmes opérations répétées, on aura successivement les fonctions secondes, tierces, etc.

Soient p, q, r, ... des fonctions simples de x, dont p', q', r', ... soient les fonctions primes connues par les règles précédentes, et qu'on demande la fonction prime y' d'une fonction y composée de p, q, r, ...; on considérera que, x devenant $x+i$, y devient en général $y+y'i+\frac{y''i^2}{2}+\cdots$ (n° 9). Or p, q, r, ... deviennent en même temps $p+p'i+\ldots$, $q+q'i+\ldots$, $r+r'i+\ldots$, et ainsi des autres. Il n'y aura donc qu'à substituer ces valeurs dans l'expression de y, développer les termes suivant les puissances de i, et le coefficient de i sera la valeur cherchée de y'.

Ainsi, si $y=ap+bq+\ldots$, a, b, ... étant des coefficients constants quelconques, on aura sur-le-champ

$$y'=ap'+bq'+\ldots.$$

Si $y=apq$, la quantité pq deviendra

$$(p+ip'+\ldots)(q+iq'+\ldots)=pq+i(p'q+q'p)+\ldots;$$

donc

$$y'=ap'q+aq'p.$$

Si $y=apqr$, on trouvera de la même manière

$$y'=ap'qr+aq'pr+ar'pq,$$

et ainsi de suite.

Si $y=\frac{ap}{q}$, la quantité $\frac{p}{q}$ deviendra

$$\frac{p+ip'+\ldots}{q+iq'+\ldots}.$$

Développant le dénominateur en série par les règles connues, on aura

$$(p+ip'+\ldots)\left(\frac{1}{q}-\frac{iq'}{q^2}+\ldots\right)=\frac{p}{q}+i\left(\frac{p'}{q}-\frac{q'p}{q^2}\right)+\ldots;$$

donc

$$y'=\frac{ap'}{q}-\frac{apq'}{q^2}.$$

16. Soit, en général, $y=f(p)$; en regardant $f(p)$ comme une fonction primitive de p, sa fonction prime sera $f'(p)$, en sorte que, p devenant $p+o$ (j'emploie ici la quantité indéterminée o à la place de la quantité indéterminée i, qui désignera toujours l'augmentation indéterminée de x), $f(p)$ deviendra (n° 8)

$$f(p)+of'(p)+\frac{o^2}{2}f''(p)+\ldots.$$

Or, p étant une fonction de x, lorsque x devient $x+i$, p devient (n° 8)

$$p+ip'+\frac{i^2p''}{2}+\ldots;$$

donc, faisant $o=ip'+\frac{i^2}{2}p''+\ldots$, $f(p)$ deviendra, par la substitution de $x+i$ à la place de x,

$$f(p)+ip'f'(p)+\frac{i^2}{2}[p'^2f''(p)+p''f'(p)]+\ldots;$$

par conséquent, on aura

$$y'=p'f'(p),$$

d'où résulte ce principe, que la fonction prime d'une fonction d'une quantité qui est elle-même une fonction d'une autre quantité est égale au produit des fonctions primes des deux fonctions.

Supposons maintenant que y soit une fonction de p et de q, que nous désignerons par $f(p, q)$; il s'agit donc de substituer $x+i$ à la place de x dans les deux fonctions p et q. Or il est visible que l'on doit avoir le même résultat, soit qu'on fasse ces deux substitutions à la fois ou successivement, puisque les quantités p et q sont regardées comme indépendantes.

En substituant d'abord $x+i$ à la place de x dans la fonction p, la fonction $f(p, q)$, regardée seulement comme fonction de p, devient

$$f(p, q)+ip'f'(p)+\ldots;$$

j'écris simplement $f'(p)$ pour désigner la fonction prime de $f(p, q)$, prise relativement à p seul, q étant regardée comme constante. Substituons maintenant $x+i$ pour x dans q; la fonction $f(p, q)$ deviendra pareillement

$$f(p, q)+iq'f'(q)+\ldots,$$

où $f'(q)$ représente la fonction prime de $f(p, q)$, prise relativement à q seul, p étant regardée comme constante. Quant au terme $ip'f'(p)$, il est visible que, par cette nouvelle substitution, il se trouverait augmenté de termes multipliés par i^2, i^3, ... Ainsi les deux premiers termes de la série provenant du développement de $f(p, q)$, après la substitution de $x+i$ pour x, seront simplement

$$f(p, q)+i[p'f'(p)+q'f'(q)],$$

de sorte qu'on aura

$$y'=p'f'(p)+q'f'(q).$$

Si y était une fonction de p, q, r, représentée par $f(p, q, r)$, on trouverait de la même manière

$$y'=p'f'(p)+q'f'(q)+r'f'(r),$$

et ainsi de suite.

D'où il est aisé de tirer cette conclusion générale, que la fonction prime d'une fonction composée de différentes fonctions particulières sera la somme des fonctions primes relatives à chacune de ces mêmes fonctions, considérées séparément et indépendamment l'une de l'autre.

Ce principe, combiné avec le précédent, suffira pour trouver les fonctions primes de toutes sortes de fonctions, ainsi que les autres fonctions dérivées des ordres supérieurs.

Ainsi, en supposant X une fonction quelconque de x, les fonctions primes de

$$X^m, \quad lX, \quad a^X, \quad \sin X, \quad \cos X, \quad \ldots$$

seront

$$mX^{m-1}X', \frac{X'}{X}, a^X X' la, X'\cos X, -X'\sin X, \ldots,$$

et leurs fonctions secondes

$$mX^{m-1}X'' + m(m-1)X^{m-2}X'^2, \quad \frac{X''}{X} - \frac{X'^2}{X^2}, \quad a^X X'' la + a^X X'^2(la)^2,$$

$$X''\cos X - X'^2\sin X, \quad -X''\sin X - X'^2\cos X, \quad \ldots,$$

et ainsi de suite.

17. Mais la fonction y pourrait n'être donnée que par une équation quelconque entre x et y.

Représentons cette équation, en général, par $F(x,y)=0$; on aura, par la résolution, y égal à une certaine fonction de x, qu'on pourra désigner par $f(x)$, de sorte que, en substituant $f(x)$ pour y dans la fonction $F(x,y)$, elle deviendra $F[x,f(x)]$, *fonction de* x *seul que nous désignerons par* $\varphi(x)$. *Cette fonction* $\varphi(x)$ devra donc être nulle quelle que soit la valeur de x. Donc elle le sera aussi en mettant $x+i$ pour x, quelle que soit la valeur de i. Mais, par cette substitution, $\varphi(x)$ devient

$$\varphi(x) + i\varphi'(x) + \frac{i^2}{2}\varphi''(x) + \ldots;$$

donc, pour que i puisse être une quantité quelconque, il faudra que l'on ait séparément les équations

$$\varphi(x)=0, \quad \varphi'(x)=0, \quad \varphi''(x)=0, \quad \ldots,$$

dont la première est l'équation donnée, la seconde est sa fonction prime, la troisième sa fonction seconde, etc.

Or, puisque $\varphi(x) = F[x, f(x)] = F(x, y)$, $\varphi'(x)$ sera la fonction prime de $F(x, y)$, y étant regardée comme fonction de x, et, par le principe établi dans le numéro précédent, cette fonction prime sera exprimée par $F'(x) + y'F'(y)$, en désignant par $F'(x)$ et $F'(y)$ les fonctions primes de la fonction $F(x, y)$, prises relativement à x seul et à y seul.

Donc l'équation $F(x, y) = o$ donnera

$$F'(x) + y'F'(y) = o,$$

d'où l'on tire

$$y' = -\frac{F'(x)}{F'(y)}.$$

Ayant ainsi la valeur de la fonction prime y' en fonction de x et y, on aura celle de y'' en prenant la fonction prime de cette fonction, et ainsi de suite.

Il résulte de l'analyse précédente ce principe :

Lorsqu'on a une équation quelconque entre deux variables x, y, l'équation subsistera encore entre les fonctions primes de tous ses termes, ainsi qu'entre leurs fonctions secondes, etc. Nous appellerons ces nouvelles équations *équations dérivées*, et en particulier *équations primes*, *équations secondes*, etc., celles qu'on obtient en prenant les fonctions primes, secondes, etc.

Si l'équation ne contenait qu'une seule variable qui dût demeurer indéterminée, ce qui a lieu dans les équations identiques, le même principe subsisterait, et l'on aurait également une équation prime, une équation seconde, etc., qui seraient aussi identiques.

Les Leçons III, IV, V, VI et VII sur le Calcul des fonctions renferment un commentaire sur les principaux points que nous venons de traiter dans ce Chapitre; on y trouvera des développements utiles et importants et des applications nouvelles.

CHAPITRE IV.

DIGRESSION SUR LA MANIÈRE DE DÉDUIRE LES SÉRIES QUI EXPRIMENT LES EXPONENTIELLES, LES LOGARITHMES, LES SINUS, COSINUS ET LES ARCS DE SIMPLES CONSIDÉRATIONS ALGÉBRIQUES.

---

18. Les séries qui représentent les quantités exponentielles et logarithmiques, ainsi que les sinus et les cosinus, ont été trouvées d'abord par le Calcul différentiel. Halley est, je crois, le premier qui ait imaginé de déduire celles des exponentielles et des logarithmes de la formule de Newton pour les puissances du binôme (*Transactions philosophiques*, n° 216), en employant la considération de l'infini ou de l'infiniment petit. Cette méthode a été suivie par Euler et étendue aux sinus et cosinus dans les Chapitres VII et VIII du premier Tome de son *Introductio in Analysin*, etc. Mais, quoiqu'elle puisse être admise en Analyse, on ne saurait disconvenir qu'elle n'a pas l'évidence ni même la rigueur qu'on doit désirer dans les éléments d'une science, et nous croyons qu'on nous saura gré de nous écarter ici un moment de notre marche pour donner une démonstration des mêmes formules, fondée aussi uniquement sur celle du binôme, mais dégagée de toute considération de l'infini. Nous donnerons même à ces formules une généralisation qui servira à rendre les séries aussi convergentes qu'on voudra dans tous les cas.

Considérons l'équation générale

$$y = a^x,$$

dans laquelle x est le logarithme de y pour la base a; mettons à la place de a, $1 + a - 1$, ce qui est la même chose, et ensuite à la place de $(1+a-1)^x$, $[(1+a-1)^n]^{\frac{x}{n}}$, ce qui est encore la même chose que a^x; on aura

$$y=[(1+a-1)^n]^{\frac{x}{n}},$$

n étant une quantité quelconque qui disparaît d'elle-même dans la valeur de y.

Je développe maintenant le binôme $(1+a-1)^n$ dans la série

$$1+n(a-1)+\frac{n(n-1)}{2}(a-1)^2+\frac{n(n-1)(n-2)}{2.3}(a-1)^3+\ldots,$$

et j'ordonne les termes suivant les puissances de n; j'aurai

$$(1+a-1)^n=1+An+Bn^2+\ldots,$$

les coefficients A, B, ... étant donnés en a, et il est aisé de voir qu'on aura d'abord

$$A=(a-1)-\frac{(a-1)^2}{2}+\frac{(a-1)^3}{3}-\ldots,$$

cette quantité A étant la même que celle du nº **11**; à l'égard des autres coefficients, nous n'aurons pas besoin de les chercher, puisqu'ils disparaîtront du calcul, comme on va le voir.

Faisant cette substitution, nous aurons

$$y=(1+An+Bn^2+\ldots)^{\frac{x}{n}},$$

et, développant à la manière du binôme, il viendra

$$y=1+\frac{x}{n}(An+Bn^2+\ldots)+\frac{x(x-n)}{2n^2}(An+Bn^2+\ldots)^2$$
$$+\frac{x(x-n)(x-2n)}{2.3n^3}(An+Bn^2+\ldots)^3+\ldots,$$

savoir, en effaçant les puissances de n communes aux numérateurs et aux dénominateurs,

$$y=1+x(A+Bn+\ldots)+\frac{x(x-n)}{2}(A+Bn+\ldots)^2$$
$$+\frac{x(x-n)(x-2n)}{2.3}(A+Bn+\ldots)^3+\ldots.$$

Maintenant, comme la quantité n est arbitraire et doit, par la nature même de la fonction y, disparaître de l'expression de cette fonction, il faudra que tous les termes multipliés par chaque puissance de n se détruisent mutuellement. Ne tenant donc aucun compte de ces termes, qui doivent disparaître d'eux-mêmes quel que soit n, on aura simplement

$$y = a^x = 1 + x\text{A} + \frac{x^2\text{A}^2}{2} + \frac{x^3\text{A}^3}{2.3} + \cdots,$$

comme plus haut (nº **11**).

19. Cherchons de la même manière la valeur de x en y. Pour cela, nous mettrons l'équation $a^x = y$ sous la forme

$$(1 + a - 1)^{nx} = (1 + y - 1)^n,$$

qui est identique avec la précédente, et où n est encore une quantité quelconque à volonté, qui ne doit point entrer dans la valeur de x en y.

Développant les deux membres à la manière du binôme, on aura

$$1 + nx(a-1) + \frac{nx(nx-1)}{2}(a-1)^2 + \frac{nx(nx-1)(nx-2)}{2.3}(a-1)^3 + \ldots$$
$$= 1 + n(y-1) + \frac{n(n-1)}{2}(y-1)^2 + \frac{n(n-1)(n-2)}{2.3}(y-1)^3 + \ldots,$$

savoir, en effaçant l'unité de part et d'autre et divisant par n,

$$x(a-1) + \frac{x(nx-1)}{2}(a-1)^2 + \frac{x(nx-1)(nx-2)}{2.3}(a-1)^3 + \ldots$$
$$= (y-1) + \frac{n-1}{2}(y-1)^2 + \frac{(n-1)(n-2)}{2.3}(y-1)^3 + \ldots.$$

Or, n étant, comme nous l'avons déjà dit, une quantité entièrement arbitraire et qui ne doit pas entrer dans l'expression de x en y, il faudra que les termes multipliés par les différentes puissances de n se détruisent d'eux-mêmes, en sorte qu'il ne reste que ceux où n n'entrera pas. On aura ainsi, en ne tenant compte que des termes sans n, l'équation suivante, dans laquelle j'emploie, pour abréger, la quantité A déterminée ci-dessus,

$$xA = (y-1) - \tfrac{1}{2}(y-1)^2 + \tfrac{1}{3}(y-1)^3 - \ldots,$$

d'où l'on tire

$$x = \log y = \frac{(y-1) - \frac{1}{2}(y-1)^2 + \frac{1}{3}(y-1)^3 - \ldots}{A},$$

formule connue et qui s'accorde avec celle du n° **13**, A étant égal à la.

20. Mais cette formule n'est convergente que lorsque le nombre y, dont elle donne le logarithme, est peu différent de l'unité. Aussi n'est-elle d'aucune utilité pour le calcul des logarithmes ordinaires. Voici un moyen de la rendre convergente pour tous les nombres.

Il est évident que l'équation fondamentale $y = a^x$ peut se changer en celle-ci $y^m = a^{mx}$, m étant un nombre quelconque entier ou fractionnaire. Employant donc cette dernière formule à la place de l'autre, il n'y aura qu'à changer dans celle-ci y en y^m et x en mx. On aura ainsi, en général,

$$\log y = \frac{(y^m - 1) - \frac{1}{2}(y^m - 1)^2 + \frac{1}{3}(y^m - 1)^3 - \ldots}{mA},$$

où l'on pourra prendre pour m une fraction $\frac{1}{r}$, telle que $\sqrt[r]{y}$ soit toujours un nombre aussi peu différent de l'unité qu'on voudra.

Supposons, ce qui est toujours possible, que la racine r de y ne contienne que l'unité avant la virgule, et qu'après la virgule il y ait s zéros; alors, si l'on s'arrête à $2s$ décimales, il est visible que le terme $(y^m - 1)^2$ et à plus forte raison les termes suivants ne donneront rien, de sorte qu'on aura simplement, dans ce cas,

$$\log y = \frac{y^m - 1}{mA} = r\,\frac{\sqrt[r]{y} - 1}{A}.$$

De la même manière, on aura aussi, sous les mêmes conditions,

$$A = la = r(\sqrt[r]{a} - 1),$$

et par conséquent

$$\log y = \frac{\sqrt[r]{y} - 1}{\sqrt[r]{a} - 1}.$$

C'est par cette formule que Briggs a calculé les premiers logarithmes. Il avait remarqué qu'en faisant des extractions successives de racines carrées d'un nombre quelconque, si l'on s'arrête, dans une de ces extractions, à deux fois autant de décimales qu'il y aura de zéros à la suite de l'unité, lorsqu'il n'y a plus que l'unité avant la virgule, la partie décimale de cette racine se trouve toujours la moitié de celle de la racine précédente, en sorte que ces parties décimales ont entre elles le même rapport que les logarithmes des racines mêmes; c'est ce qui résulte évidemment des formules précédentes.

Ainsi, en prenant $r = 2^{60}$, on trouve, pour $a = 10$,

$$\sqrt[r]{a} = 1,00000\,00000\,00000\,00199\,71742\,08125\,50527,$$

$$\frac{1}{r} = 0,00000\,00000\,00000\,00086\,73617\,37988\,40354,$$

de sorte que

$$\frac{1}{r}\cdot\frac{1}{\sqrt[r]{a} - 1} = \frac{8673617379884 0354}{19971742081255 0527} = 0,43429\,44819\,03251\ldots = \frac{1}{A} = \frac{1}{la} = \log e.$$

Si maintenant on veut avoir, par exemple, le logarithme de 3, on fera $y = 3$, et, employant de même 60 extractions de racines carrées, on trouvera

$$\sqrt[r]{y} = 1,00000\,00000\,00000\,00095\,28942\,64074\,58932\ldots,$$

et de là

$$\log y = \frac{\sqrt[r]{y} - 1}{\sqrt[r]{a} - 1} = \frac{952894264074 58932\ldots}{19971742081255 0527\ldots} = 0,47712\,12547\,19662\ldots.$$

Cette méthode est, comme l'on voit, très-laborieuse, par le grand nombre d'extractions de racines qu'elle demande pour avoir un résultat en plusieurs décimales; mais la formule générale que nous avons donnée ci-dessus pour l'expression de x en y sert à la simplifier et à la compléter, car, quel que soit le nombre y, il suffira d'en extraire quelques racines carrées, jusqu'à ce qu'on parvienne à un nombre y''' ou $\sqrt[r]{y}$, qui n'ait que l'unité avant la virgule; alors les puissances de $y''' - 1$ seront des fractions d'autant plus petites qu'elles seront plus hautes, et, par conséquent, la série deviendra assez convergente pour qu'il suffise d'en prendre un petit nombre de termes.

21. On peut appliquer la méthode précédente à la recherche des séries qui expriment le sinus par l'arc ou l'arc par le sinus, et pour lesquelles on emploie aussi (comme l'a fait Euler dans le même Ouvrage) la considération de l'infiniment petit et de l'infini.

En effet, en partant de la formule connue pour la multiplication des angles

$$\cos nx + \sin nx\sqrt{-1} = (\cos x + \sin x\sqrt{-1})^n,$$

on a réciproquement

$$\cos x + \sin x\sqrt{-1} = (\cos nx + \sin nx\sqrt{-1})^{\frac{1}{n}},$$

où le nombre n peut être quelconque.

Maintenant, quelle que soit l'expression de $\sin x$ en série de l'arc x, elle ne peut être que de la forme $Ax + Bx^2 + \ldots$, car, puisque le sinus devient nul lorsque l'arc est nul, il est visible que cette expression ne doit contenir aucun terme sans x. Or, comme $\cos x = \sqrt{1 - \sin^2 x}$, on aura

$$\cos x = \sqrt{1 - A^2x^2 - 2ABx^3 - \ldots} = 1 - \frac{A^2x^2}{2} + \ldots.$$

Les coefficients A, B, ... sont censés indépendants de l'arc x; par conséquent, ils seront les mêmes pour tout autre arc. Substituant donc nx pour x, on aura pareillement

$$\sin nx = nAx + n^2Bx^2 + \ldots \quad \text{et} \quad \cos nx = 1 - \frac{n^2A^2x^2}{2} + \ldots.$$

Donc l'équation précédente deviendra

$$\cos x + \sin x\sqrt{-1} = \left[1 + nAx\sqrt{-1} + n^2\left(B\sqrt{-1} - \frac{A^2}{2}\right)x^2 + \ldots\right]^{\frac{1}{n}}.$$

Développons le second membre à la manière du binôme, en faisant, pour abréger,

$$X = Ax\sqrt{-1} + n\left(B\sqrt{-1} - \frac{A^2}{2}\right)x^2 + \ldots;$$

on aura

$$\cos x + \sin x\sqrt{-1} = 1 + \frac{1}{n}(nX) + \frac{1-n}{n^2}(nX)^2 + \frac{(1-n)(1-2n)}{2.3.n^3}(nX)^3 + \ldots$$

$$= 1 + X + \frac{1-n}{2}X^2 + \frac{(1-n)(1-2n)}{2.3}X^3 + \ldots.$$

Comme les valeurs de $\sin x$ et de $\cos x$ doivent être indépendantes du nombre arbitraire n, il s'ensuit que tous les termes du second membre qui se trouveront multipliés par une même puissance de n doivent se détruire d'eux-mêmes. Ne tenant donc compte que des termes où n ne se trouvera pas après le développement, il est aisé de voir que la quantité X se réduira à son premier terme $Ax\sqrt{-1}$, et que les coefficients des puissances de X se réduiront à $1, \frac{1}{2}, \frac{1}{2.3}, \ldots$, de sorte que l'on aura simplement

$$\cos x + \sin x\sqrt{-1} = 1 + Ax\sqrt{-1} + \frac{1}{2}(Ax\sqrt{-1})^2 + \frac{1}{2.3}(Ax\sqrt{-1})^3 + \ldots.$$

En effectuant les puissances de $\sqrt{-1}$, et comparant les parties réelles des deux membres ensemble et les imaginaires ensemble, on aura

$$\sin x = Ax - \frac{A^3x^3}{2.3} + \frac{A^5x^5}{2.3.4.5} - \ldots,$$

$$\cos x = 1 - \frac{A^2x^2}{2} + \frac{A^4x^4}{2.3.4} - \ldots.$$

22. Pour avoir de même la valeur de x en sinus et cosinus de x, il n'y aura qu'à reprendre la formule fondamentale

$$\cos nx + \sin nx\sqrt{-1} = (\cos x + \sin x\sqrt{-1})^n,$$

dans laquelle on mettra, à la place de $\sin nx$ et $\cos nx$, leurs valeurs en série $nAx + n^2Bx^2 + \ldots$, $1 - \frac{n^2A^2x^2}{2} + \ldots$, et l'on développera la puissance n du second membre. On aura ainsi

$$1 + nAx\sqrt{-1} + n^2\left(B\sqrt{-1} - \frac{A^2}{2}\right)x^2 + \ldots$$
$$= \cos^n x\left[1 + n\frac{\sin x}{\cos x}\sqrt{-1} + \frac{n(n-1)}{2}\left(\frac{\sin x}{\cos x}\sqrt{-1}\right)^2 + \ldots\right].$$

Or

$$\frac{\sin x}{\cos x} = \text{tang}\,x, \quad \cos x = \sqrt{1 - \sin^2 x};$$

donc

$$\cos^n x = (1 - \sin^2 x)^{\frac{n}{2}} = 1 - \frac{n}{2}\sin^2 x + \frac{n(n-2)}{2.4}\sin^4 x - \ldots.$$

Substituant ces valeurs, la quantité n ne se trouvera plus que dans les coefficients, et, ordonnant les termes suivant les puissances de cette quantité, le second membre deviendra de cette forme $1 + nP + n^2Q + \ldots$, en faisant, pour abréger,

$$P = \text{tang}\,x\sqrt{-1} - \tfrac{1}{2}(\text{tang}\,x\sqrt{-1})^2 + \tfrac{1}{3}(\text{tang}\,x\sqrt{-1})^3 - \ldots - \tfrac{1}{2}\sin^2 x - \tfrac{1}{4}\sin^4 x - \tfrac{1}{6}\sin^6 x - \ldots,$$
$$Q = \tfrac{1}{2}(\text{tang}\,x\sqrt{-1})^2 + \ldots;$$

effaçant l'unité des deux membres et divisant toute l'équation par n, elle deviendra

$$Ax\sqrt{-1} + n\left(B\sqrt{-1} - \frac{A^2}{2}\right)x^2 + \ldots = P + nQ + \ldots,$$

et, comme elle doit avoir lieu indépendamment de la quantité n, qui doit demeurer indéterminée, il faudra que les termes qui contiennent les différentes puissances de n se détruisent d'eux-mêmes, ce qui la réduira d'abord à $Ax\sqrt{-1} = P$, savoir, en développant les puissances de $\text{tang}\,x\sqrt{-1}$,

$$Ax\sqrt{-1} = (\text{tang}\,x - \tfrac{1}{3}\text{tang}^3 x + \tfrac{1}{5}\text{tang}^5 x - \ldots)\sqrt{-1}$$
$$+ \tfrac{1}{2}\text{tang}^2 x - \tfrac{1}{4}\text{tang}^4 x + \tfrac{1}{6}\text{tang}^6 x - \ldots$$
$$- \tfrac{1}{2}\sin^2 x - \tfrac{1}{4}\sin^4 x - \tfrac{1}{6}\sin^6 x - \ldots.$$

Comme on peut prendre le radical $\sqrt{-1}$ en plus ou en moins, il est visible qu'en le prenant successivement en plus et en moins, et soustrayant les deux équations l'une de l'autre, on aura, après avoir divisé par $2A\sqrt{-1}$,

$$x = \frac{\operatorname{tang} x - \frac{1}{3}\operatorname{tang}^3 x + \frac{1}{5}\operatorname{tang}^5 x - \ldots}{A}.$$

Au reste, il est visible que l'équation trouvée au n° **21**,

$$\cos x + \sin x\sqrt{-1} = 1 + Ax\sqrt{-1} + \frac{1}{2}(Ax\sqrt{-1})^2 + \frac{1}{2.3}(Ax\sqrt{-1})^3 + \ldots,$$

se réduit directement à celle-ci

$$\cos x + \sin x\sqrt{-1} = a^{x\sqrt{-1}},$$

par la formule du n° **11**, en prenant pour a une quantité dépendante de A, comme nous l'avons déterminée dans ce même endroit, c'est-à-dire en sorte que $a = e^{A}$, e étant un nombre donné qui est la base des logarithmes hyperboliques.

De cette formule on tire tout de suite, en prenant le radical en plus et ensuite en moins, les expressions connues de $\sin x$, $\cos x$ en exponentielles imaginaires,

$$\sin x = \frac{a^{x\sqrt{-1}} - a^{-x\sqrt{-1}}}{2\sqrt{-1}}, \quad \cos x = \frac{a^{x\sqrt{-1}} + a^{-x\sqrt{-1}}}{2},$$

et, passant des exponentielles aux logarithmes,

$$x\, \mathrm{l}a\sqrt{-1} = \mathrm{l}(\cos x + \sin x\sqrt{-1}) = \mathrm{l}\cos x + \mathrm{l}(1 + \operatorname{tang} x\sqrt{-1}),$$

ou bien, en prenant successivement le radical en plus et en moins, et soustrayant une équation de l'autre,

$$x = \frac{1}{\mathrm{l}a}\cdot\frac{1}{2\sqrt{-1}}\,\mathrm{l}\,\frac{1 + \operatorname{tang} x\sqrt{-1}}{1 - \operatorname{tang} x\sqrt{-1}},$$

d'où l'on peut déduire les séries trouvées ci-dessus en employant les développements des exponentielles et des logarithmes exposés dans les n^{os} **18** et **19**.

Mais il y a ici une remarque importante à faire : c'est que, dans les formules que nous venons de trouver, la quantité A, ainsi que a, étant arbitraire, le système de logarithmes peut être pris à volonté, au lieu que, dans les formules ordinaires relatives aux arcs de cercle, le module $\frac{1}{A}$ est égal à l'unité, ce qui donne pour la base le nombre e, dont le logarithme hyperbolique est l'unité. Ainsi celles-ci ne sont qu'un cas particulier de celles que nous avons trouvées, mais cette particularisation est nécessaire pour qu'elles soient applicables au cercle, comme nous l'allons démontrer.

23. Tout se réduit à prouver que dans l'expression de $\sin x$ en série le premier terme doit être simplement x, au lieu que nous l'avons supposé en général Ax (n° **21**). En employant la considération des infiniment petits, cela est évident, car on voit que, dans le cercle, le sinus, à mesure qu'il diminue, s'approche de plus en plus de l'arc, jusqu'à s'y confondre dans l'infiniment petit. Ainsi, en supposant l'arc x infiniment petit, on a $\sin x = x$; par conséquent, $A = 1$.

Mais, comme nous avons cherché à rendre notre analyse indépendante de la considération des infiniment petits, nous devons aussi en affranchir la démonstration du point dont il s'agit.

Pour cela, nous ne supposerons que le principe, établi par Archimède, que le sinus, qui est la moitié de la corde de l'arc double, est moindre que l'arc auquel il répond, et que la tangente est plus grande que ce même arc. Nous aurons ainsi

$$\sin x < x \quad \text{et} \quad \tan x > x;$$

or, comme

$$\tan x = \frac{\sin x}{\cos x} = \frac{\sin x}{\sqrt{1 - \sin^2 x}},$$

on aura

$$\frac{\sin x}{\sqrt{1 - \sin^2 x}} > x, \quad \text{et de là} \quad \sin x > \frac{x}{\sqrt{1 + x^2}}.$$

Employant donc l'expression de $\sin x$ en série trouvée dans le n° **21**, il faudra que l'on ait, quelque petit que soit l'arc x,

$$Ax - \frac{A^3x^3}{2.3} + \frac{A^5x^5}{2.3.4.5} - \ldots < x, \quad > \frac{x}{\sqrt{1+x^2}}.$$

Donc aussi, en divisant par x,

$$A - \frac{A^3x^2}{2.3} + \frac{A^5x^4}{2.3.4.5} - \ldots < 1, \quad > \frac{1}{\sqrt{1+x^2}}.$$

Comme

$$\frac{1}{\sqrt{1+x^2}} = \frac{\sqrt{1+x^2}}{1+x^2} \quad \text{et} \quad \sqrt{1+x^2} > 1,$$

il est clair que

$$\frac{1}{\sqrt{1+x^2}} > \frac{1}{1+x^2},$$

et en même temps on voit que

$$\frac{1}{1+x^2} > 1 - x^2,$$

car la différence est $\frac{x^4}{1+x^2}$; ainsi la quantité qui est plus grande que $\frac{1}{\sqrt{1+x^2}}$ sera à plus forte raison plus grande que $1 - x^2$, de sorte qu'on pourra réduire l'espèce d'équation d'inégalité ci-dessus à cette forme

$$A - \frac{A^3x^2}{2.3} + \frac{A^5x^4}{2.3.4.5} - \ldots < 1, \quad > 1 - x^2.$$

Or, en prenant x tel que $\frac{A^2x^2}{2.3}$ soit < 1, il est visible que la série $A - \frac{A^3x^2}{2.3} + \cdots$ sera convergente et $< A$, mais $> A - \frac{A^3x^2}{2.3}$, parce qu'en ajoutant ensemble le second et le troisième terme, le quatrième et le cinquième, et ainsi de suite, on n'aura que des quantités toutes négatives, et qu'au contraire, en ajoutant le troisième et le quatrième, le cinquième et le sixième, etc., on n'aura que des quantités toutes positives. Donc, x étant supposé $< \frac{\sqrt{6}}{A}$, on aura, à plus forte raison,

$$A - \frac{A^3 x^2}{2.3} < 1 \quad \text{et} \quad A > 1 - x^2;$$

par conséquent,

$$A > 1 - x^2 \quad \text{et} \quad < 1 + \frac{A^3 x^2}{2.3},$$

ce qui devant avoir lieu quelque petite que soit la valeur de x, il s'ensuit que l'on aura nécessairement $A = 1$. En effet, si $A = 1 + i$, i étant une quantité quelconque très-petite positive, il n'y aurait qu'à prendre x tel que $\frac{A^3 x^2}{2.3} < i$, et alors la condition de $A < 1 + \frac{A^3 x^2}{2.3}$ n'aurait plus lieu. De même, si $A = 1 - i$, il n'y aurait qu'à prendre $x^2 < i$, et l'autre condition $A > 1 - x^2$ serait en défaut. Donc on a nécessairement $A = 1$ dans le cercle; par conséquent, $a = e$, nombre dont le logarithme hyperbolique est l'unité (n° 12), ce qui fait rentrer nos formules dans les formules connues pour les fonctions circulaires.

CHAPITRE V.

DU DÉVELOPPEMENT DES FONCTIONS LORSQU'ON DONNE A LA VARIABLE UNE VALEUR DÉTERMINÉE. CAS DANS LESQUELS LA RÈGLE GÉNÉRALE EST EN DÉFAUT. DES VALEURS DES FRACTIONS DONT LE NUMÉRATEUR ET LE DÉNOMINATEUR S'ÉVANOUISSENT EN MÊME TEMPS. DES CAS SINGULIERS OU LE DÉVELOPPEMENT DE LA FONCTION NE PROCÈDE PAS SUIVANT LES PUISSANCES POSITIVES ET ENTIÈRES DE L'ACCROISSEMENT DE LA VARIABLE.

24. Les méthodes que nous venons de donner pour le développement de la fonction $f(x+i)$ supposent que ce développement est de la forme

$$f(x) + if'(x) + \frac{i^2}{2}f''(x) + \ldots;$$

il est donc nécessaire, avant d'aller plus loin, d'examiner quand et comment cette forme pourrait être en défaut.

Nous avons déjà démontré plus haut (nº 2) que cela ne peut arriver que lorsqu'on donnera à x une valeur déterminée telle qu'elle fasse disparaître dans la fonction $f(x)$ et dans toutes ses dérivées quelques radicaux. Or un radical ne peut disparaître dans une fonction que de deux manières, ou parce que la quantité qui multiplie le radical devient nulle, ou parce que le radical lui-même devient nul.

Dans le premier cas, il est clair que, le radical disparaissant dans $f(x)$, il pourra ne pas disparaître dans $f'(x)$, $f''(x)$, ..., ou bien que, disparaissant à la fois dans $f(x)$, $f'(x)$, il ne disparaîtra pas dans $f''(x)$, $f'''(x)$, ..., et ainsi du reste, parce que, le radical acquérant des coefficients différents dans les fonctions dérivées, ces coefficients ne peuvent pas devenir tous nuls par la même valeur supposée de la variable.

Dans le second cas, au contraire, il est évident que le radical disparaîtra nécessairement dans toutes les fonctions $f(x), f'(x), f''(x), \ldots$ à l'infini, puisque c'est la quantité radicale elle-même qui est supposée s'évanouir pour une valeur donnée de la variable x. Mais, l'évanouissement du radical ne pouvant plus avoir lieu dans la fonction $f(x+i)$, où i est une quantité indéterminée et indépendante de x, il s'ensuit que la série

$$f(x) + if'(x) + \frac{i^2}{2}f''(x) + \ldots,$$

qui représente le développement de cette fonction, deviendra fautive par l'absence du radical qu'elle doit contenir.

Donc cette série sera légitime dans le premier cas et ne le sera pas dans le second.

25. Soient $y = f(x)$, et par conséquent, en prenant les fonctions prime, seconde, etc., $y' = f'(x)$, $y'' = f''(x)$, ... Supposons que, pour une valeur donnée de x, il disparaisse dans $f(x)$ un radical, lequel ne disparaisse pas dans $f'(x)$; il est clair que, pour cette valeur de x, la fonction $f'(x)$ devra avoir un plus grand nombre de valeurs différentes que la fonction $f(x)$, à raison du radical qui se trouve dans $f'(x)$ et qui a disparu dans $f(x)$, d'où il s'ensuit que la valeur de y' ne pourra pas être donnée par une fonction de x et y qui ne contiendrait pas ce radical. Cependant, si dans l'équation $y = f(x)$ on détruit ce même radical par l'élévation aux puissances, et que l'équation résultante soit représentée par $F(x, y) = 0$, son équation prime donnera généralement, comme nous l'avons vu au n° **17**,

$$y' = -\frac{F'(x)}{F'(y)}.$$

Donc cette expression sera en défaut dans le cas où l'on donnerait à x la valeur en question, ce qui ne peut avoir lieu qu'autant que les quantités $F'(x)$ et $F'(y)$ seront l'une et l'autre nulles à la fois. Ainsi, dans le cas dont il s'agit, l'expression de y' deviendra égale à zéro divisé par zéro, et réciproquement, lorsque cela arrivera, ce sera une marque que la valeur correspondante de x aura détruit dans $f(x)$ un radical sans le détruire dans $f'(x)$.

Pour avoir dans ce cas la valeur de y', il ne suffira donc pas de s'arrêter à l'équation prime de $F(x, y) = o$, laquelle, étant

$$y' F'(y) + F'(x) = o,$$

aura lieu d'elle-même, indépendamment de la valeur de y'; mais il faudra passer à l'équation seconde, qu'on trouvera par les mêmes règles de cette forme

$$y'' F'(y) + y'^2 F''(y) + 2y' F''(y)(x) + F''(x) = o,$$

en désignant par $F''(y)$ et $F''(x)$ les fonctions primes de $F'(y)$ et $F'(x)$, prises la première relativement à y seul et la seconde relativement à x seul, c'est-à-dire les fonctions secondes de $F(y, x)$ prises relativement aux mêmes variables isolées, et par $F''(y)(x)$ la fonction prime de $F'(y)$ prise relativement à x ou la fonction prime de $F'(x)$ prise relativement à y (ces deux fonctions étant la même chose, comme il est facile de s'en convaincre et comme nous le démontrerons plus bas, lorsque nous traiterons des fonctions de plusieurs variables), c'est-à-dire la fonction seconde de $F(y, x)$ prise relativement à y et à x.

Cette équation donne généralement la valeur de y''; mais, dans le cas proposé, la quantité $F'(y)$ devenant nulle, le terme qui contient y'' disparaîtra et l'équation restante sera une équation du second degré en y', par laquelle on déterminera la valeur de y', qui sera par conséquent double.

26. Soit, par exemple,

$$f(x) = (x - a)\sqrt{x - b},$$

en sorte qu'on ait l'équation

$$y = (x - a)\sqrt{x - b};$$

on aura

$$f'(x) = y' = \sqrt{x-b} + \frac{x-a}{2\sqrt{x-b}};$$

faisant $x = a$, on a

$$y = 0, \quad y' = \sqrt{x-b} = \sqrt{a-b},$$

où l'on voit que le radical disparaît dans la valeur de y, mais non pas dans celle de y', en sorte que la valeur de y est simple et celle de y' double.

Maintenant, si l'on réduit l'équation proposée à cette forme rationnelle

$$y^2 = (x-a)^2 (x-b),$$

et qu'on en prenne l'équation prime, on aura

$$2yy' = 2(x-a)(x-b) + (x-a)^2,$$

d'où l'on tire

$$y' = \frac{2(x-a)(x-b) + (x-a)^2}{2y}.$$

Faisant $x = a$, on a $y' = \frac{0}{0}$; passant donc à l'équation seconde, on aura

$$2y'^2 + 2yy'' = 4(x-a) + 2(x-b).$$

Ici $x = a$ donne, à cause de $y = 0$ dans ce cas,

$$2y'^2 = 2(x-b) = 2(a-b); \quad \text{donc} \quad y' = \sqrt{a-b},$$

comme plus haut.

Il serait possible, au reste, que la même valeur de x qui détruit les termes de l'équation prime détruisît aussi ceux de l'équation seconde; alors il faudrait passer à l'équation tierce, laquelle, par la destruction des termes qui contiendraient y'' et y''', deviendrait une simple équation en y', mais du troisième degré, et ainsi de suite. Cela dépend de la nature du radical qui aura été détruit dans $f(x)$ et qui doit être remplacé par le degré de l'équation d'où dépend la valeur de y'; mais nous n'entrerons dans aucun détail sur ce point pour ne pas trop nous écarter de notre sujet.

27. Supposons en second lieu que la même valeur de x qui fait disparaître un radical dans $f(x)$ le fasse disparaître aussi dans $f'(x)$, sans le faire disparaître néanmoins dans $f''(x)$; alors les valeurs correspondantes de $f(x)$ et de $f'(x)$ seront en même nombre, mais celles de $f''(x)$ seront en nombre plus grand. Si donc on détruit ce radical dans l'équation $y=f(x)$, la valeur de y'' qu'on en déduira se trouvera égale à $\frac{0}{0}$, et il faudra passer aux équations dérivées d'un ordre supérieur pour avoir la valeur de y''.

Soit

$$y=(x-a)^2\sqrt{x-b};$$

on aura

$$y'=2(x-a)\sqrt{x-b}+\frac{(x-a)^2}{2\sqrt{x-b}},$$

$$y''=2\sqrt{x-b}+\frac{2(x-a)}{\sqrt{x-b}}-\frac{(x-a)^2}{4(x-b)^{\frac{3}{2}}};$$

faisant $x=a$, on a

$$y=0,\quad y'=0\quad \text{et}\quad y''=2\sqrt{x-b}=2\sqrt{a-b}.$$

Mais, si l'on réduit l'équation proposée à cette forme rationnelle

$$y^2=(x-a)^4(x-b),$$

on en tirera l'équation prime

$$2yy'=4(x-a)^3(x-b)+(x-a)^4,$$

laquelle donne, lorsque $x=a$,

$$y'=\frac{0}{0},$$

à cause de $y=0$, à moins qu'en substituant la valeur de y on ne divise le tout par $(x-a)^2$ et qu'ensuite on ne fasse $x=a$, ce qui donnera $y'=0$.

Passant à l'équation seconde, on aura

$$y'^2 + yy'' = 6(x-a)^2(x-b) + 4(x-a)^3.$$

Faisant $x = a$, on aura $y' = 0$, comme ci-dessus. Mais, pour avoir la valeur de y'', il faudra avoir recours à l'équation tierce et même à l'équation quarte. Celle-là sera

$$3y'y'' + yy''' = 18(x-a)^2 + 12(x-a)(x-b),$$

où tous les termes disparaissent lorsque $x = a$. La suivante sera

$$3y''^2 + 4y'y''' + yy^{\text{IV}} = 48(x-a) + 12(x-b).$$

Faisant $x = a$, et par conséquent $y = 0$ et $y' = 0$, on aura

$$3y''^2 = 12(x-b), \quad y'' = 2\sqrt{x-b} = 2\sqrt{a-b},$$

comme plus haut.

Nous ne pousserons pas plus loin cette analyse, qui d'ailleurs n'a plus de difficulté d'après les principes établis. Nous nous contenterons de remarquer que, si l'on construit la courbe dont x serait l'abscisse et $y = f(x)$ l'ordonnée, cette courbe aura ce qu'on appelle un point multiple dans l'endroit correspondant à la valeur donnée de x qui fera disparaître un radical dans $f(x)$ sans le faire disparaître en même temps dans $f'(x)$, qu'elle aura un point d'attouchement si la même valeur de x fait disparaître à la fois le radical dans $f(x)$ et dans $f'(x)$, que ce sera un point d'osculation si le radical disparaît en même temps dans $f''(x)$, et ainsi de suite. On en verra la raison lorsque nous appliquerons la théorie des fonctions à celle des courbes.

28. A l'occasion de la difficulté que nous venons de résoudre, nous allons donner la théorie de la méthode pour trouver la valeur d'une fraction dans le cas où le numérateur et le dénominateur deviennent zéro à la fois.

Soit $\frac{f(x)}{F(x)}$ une pareille fraction, $f(x)$ et $F(x)$ étant des fonctions de x, telle que la supposition de $x=a$ les rende toutes les deux nulles à la fois, et qu'on demande la valeur de cette fraction lorsque $x=a$.

On fera $y=\frac{f(x)}{F(x)}$, et par conséquent $yF(x)=f(x)$. En supposant $x=a$, cette équation se vérifie d'elle-même, indépendamment de la valeur de y, qui demeure par conséquent indéterminée; ainsi elle ne peut servir dans cet état à la détermination de y lorsque $x=a$. Mais, en prenant l'équation prime, on aura

$$y' F(x)+yF'(x)=f'(x);$$

la supposition de $x=a$ fait disparaître le terme $y' F(x)$, et le reste de l'équation donne $y=\frac{f'(x)}{F'(x)}$. S'il arrivait que les fonctions primes $f'(x)$, $F'(x)$ devinssent aussi nulles par la même supposition, alors on trouverait par le même principe, en substituant dans l'équation ci-dessus $f'(x)$, $F'(x)$ pour $f(x)$, $F(x)$, cette nouvelle expression de y, $y=\frac{f''(x)}{F''(x)}$, et ainsi de suite. On pourrait aussi la déduire directement de la même équation prime, en considérant que, comme elle se vérifie de nouveau d'elle-même, elle ne peut pas servir non plus à la détermination de y, que par conséquent il sera nécessaire de passer à l'équation seconde, laquelle sera

$$y'' F(x)+2y' F'(x)+yF''(x)=f''(x).$$

Comme la supposition de $x=a$ rend nulles les fonctions $F(x)$ et $F'(x)$, les termes qui contiennent y' et y'' s'en iront d'eux-mêmes, et les termes restants donneront $y=\frac{f''(x)}{F''(x)}$, comme plus haut.

Il n'est pas à craindre que les fonctions $f(x)$, $f'(x)$, $f''(x)$, ..., $F(x)$, $F'(x)$, $F''(x)$, ... à l'infini puissent devenir nulles en même temps par la supposition de $x=a$, comme quelques géomètres paraissent le supposer, car, puisque

$$f(x+i)=f(x)+if'(x)+\frac{i^2}{2}f''(x)+\dots,$$

en faisant $x=a$, on aurait $f(a+i)=0$, quel que soit i, ce qui est impossible; il en serait de même de $F(x+i)$. Mais il peut arriver que ces fonctions deviennent infinies par la même supposition de $x=a$, ce qui rendra également les fractions $\frac{f(x)}{F(x)}, \frac{f'(x)}{F'(x)}, \ldots$ indéterminées: la solution de cette difficulté dépend de l'examen du second cas du n° **24**, dont nous allons nous occuper.

29. Ce cas a lieu lorsque la supposition de $x=a$ fait disparaître dans $f(x)$ un radical en le rendant nul, auquel cas elle le fera disparaître de même dans les fonctions dérivées; mais, ce radical restant dans la fonction $f(x+i)$, il doit rester aussi dans le développement de cette fonction; par conséquent, ne pouvant affecter la valeur de x, il faudra qu'il affecte l'i, d'où il suit que ce développement doit contenir nécessairement des puissances irrationnelles de i. Il est clair, en effet, que, si $f(x)$ contient la quantité $\sqrt[m]{X}$, X étant une fonction de x qui devient nulle lorsque $x=a$, en mettant $x+i$ à la place de x, X deviendra

$$X+iX'+\frac{i^2}{2}X''+\ldots,$$

et, faisant $x=a$, on aura simplement $iX'+\frac{i^2}{2}X''+\ldots$ pour la valeur de X, de sorte que $\sqrt[m]{X}$ deviendra

$$\sqrt[m]{i\left(X'+\frac{i}{2}X''+\ldots\right)};$$

donc la fonction $f(x+i)$ contiendra, dans le cas de $x=a$, le radical $\sqrt[m]{i}$, qui devra par conséquent se trouver dans son développement suivant les puissances de i. Voyons donc ce que donnera alors le développement fautif

$$f(x)+if'(x)+\frac{i^2}{2}f''(x)+\ldots.$$

Pour cela, j'observe que les fonctions $f'(x+i)$, $f''(x+i)$, ... sont également les fonctions primes, secondes, etc., de la fonction $f(x+i)$, soit qu'on les prenne relativement à x, soit qu'on les prenne relativement à i, ce qui est évident, puisque, en augmentant soit x, soit i d'une même quantité quelconque, on a le même accroissement de la quantité $x+i$. D'où il suit que l'on aura également les valeurs de $f'(x), f''(x), \ldots$, quel que soit x, en prenant les fonctions primes, secondes, etc., de $f(x+i)$ relativement à i, et faisant ensuite $i=0$.

Or, si l'on suppose que le développement de $f(x+i)$ doive contenir, lorsque $x=a$, un terme affecté de i^m, tel que Ai^m, A étant une fonction de a et m n'étant pas un nombre entier positif, en prenant les fonctions primes, secondes, etc., relativement à i, il faudra que les développements de $f'(x+i), f''(x+i), \ldots$ contiennent les termes mAi^{m-1}, $m(m-1)Ai^{m-2}, \ldots$ (n° **10**). Donc, faisant $i=0$, on en conclura que les fonctions $f(x), f'(x), f''(x), \ldots$, lorsque $x=a$, contiendront respectivement les termes Ao^m, mAo^{m-1}, $m(m-1)Ao^{m-2}, \ldots$.

Si m est un nombre quelconque négatif, il est clair que tous ses termes seront infinis.

Si m est un nombre positif non entier, soit n le nombre entier immédiatement plus grand que m, il est visible que le terme

$$m(m-1)\ldots(m-n+1)Ao^{m-n}$$

sera infini, ainsi que tous les termes suivants, et que tous les précédents seront nuls.

Donc, en général, la fonction $f^n(x)$ et toutes les suivantes $f^{n+1}(x)$, $f^{n+2}(x), \ldots$ à l'infini (n, $n+1, \ldots$ étant des indices) seront infinies, n étant le nombre entier positif immédiatement plus grand que l'exposant m.

30. On conclura de là que le développement

$$f(x)+if'(x)+\frac{i^2}{2}f''(x)+\ldots$$

ne peut devenir fautif pour une valeur donnée de x qu'autant qu'une des fonctions $f(x), f'(x), f''(x), \ldots$ deviendra infinie, ainsi que toutes les suivantes, pour cette valeur de x. Alors, si n est l'indice de la première fonction qui devient infinie, le développement dont il s'agit devra contenir un terme de la forme i^m, m étant un nombre compris entre $n-1$ et n.

Et, si toutes les fonctions $f(x), f'(x), f''(x), \ldots$ devenaient infinies pour la même valeur de x, le développement de $f(x+i)$ contiendrait dans ce cas des puissances négatives de i.

Pour trouver alors la vraie forme du développement suivant les puissances ascendantes de i, il faudra faire d'abord, dans la fonction $f(x+i)$, x égal à la valeur donnée, et développer ensuite suivant les puissances croissantes de i par les règles connues, en ayant égard aux puissances fractionnaires ou négatives de i qui se trouveraient dans la fonction même.

Au reste, nous remarquerons que, en faisant $y=f(x)$, et prenant x et y pour les coordonnées d'une courbe, cette courbe aura dans le point où l'une des fonctions $y, y', y'', \ldots$ devient infinie, ainsi que toutes les suivantes, un rebroussement dont l'espèce dépendra de l'indice n, pourvu que l'exposant fractionnaire m ait pour dénominateur un nombre pair, et l'on déterminera la nature du rebroussement par la forme du développement de $f(x+i)$ dans ce cas.

31. Dans l'exemple du n° 27, où

$$y=(x-a)\sqrt{x-b},$$

on voit que la supposition de $x=b$ détruit le radical dans y et doit, par conséquent, le détruire aussi dans les fonctions dérivées $y', y'', \ldots$. Donc le développement

$$f(x)+if'(x)+\frac{i^2}{2}f''(x)+\ldots$$

de $f(x+i)$, en supposant

$$y=f(x)=(x-a)\sqrt{x-b},$$

sera fautif dans le cas de $x=b$. En effet, on aura, dans ce cas,

$$y=0, \quad y'=\sqrt{x-b}+\frac{x-a}{2\sqrt{x-b}}=\infty,$$

x étant égal à b, et l'on trouvera de même

$$y'' = \infty, \quad y''' = \infty, \quad \ldots.$$

Donc le développement dont il s'agit devra contenir alors un terme de la forme i^m, m étant entre o et 1.

Soit, en effet, $x = b + i$; $f(x)$ deviendra $(b - a + i)\sqrt{i}$, de sorte que le vrai développement de cette fonction sera

$$(b - a)\sqrt{i} + i^{\frac{3}{2}}.$$

32. C'est aussi de la même manière qu'on résoudra la difficulté proposée à la fin du n° 28 sur les fractions qui demeureraient toujours indéterminées, en prenant à l'infini les fonctions dérivées du numérateur et du dénominateur. Nous y avons vu que cela ne saurait arriver que dans le cas où la même valeur de x rendrait ces fonctions successives infinies. Il faudra donc alors supposer $x = a + i$ (a étant la valeur de x qui rend ces fonctions infinies) dans l'expression générale de la fraction, réduire ensuite cette expression en série suivant les puissances ascendantes de i, et le premier terme de la série, en faisant $i = 0$, donnera la valeur cherchée de la fraction pour le cas de $x = a$.

Ainsi, si l'on avait la fraction

$$\frac{\sqrt{x} - \sqrt{a} + \sqrt{x - a}}{\sqrt{x^2 - a^2}},$$

qui devient $\frac{0}{0}$ lorsque $x = a$, et dont les fonctions primes, secondes, etc., du numérateur et du dénominateur deviennent toutes infinies par la même valeur de x, en y mettant $a + i$ au lieu de x, et réduisant le numérateur et le dénominateur en série, elle deviendra

$$\frac{\sqrt{i} + \dfrac{i}{2\sqrt{a}} + \cdots}{\sqrt{2ai} + \dfrac{i\sqrt{i}}{2\sqrt{2a}} + \cdots} = \frac{1}{\sqrt{2a}} + \frac{\sqrt{i}}{2a\sqrt{2}} + \cdots,$$

de sorte qu'en faisant $i=0$ on aura $\frac{1}{\sqrt{2a}}$ pour la valeur cherchée de la fraction lorsque $x=a$.

En effet, si, suivant la méthode du n° 28, on prend les fonctions primes du numérateur et du dénominateur, on aura

$$\frac{1}{2\sqrt{x}}+\frac{1}{2\sqrt{x-a}} \quad \text{et} \quad \frac{x}{\sqrt{x^2-a^2}},$$

quantités qui deviennent infinies lorsque $x=a$; mais, en les multipliant l'une et l'autre par $2\sqrt{x-a}$, la nouvelle fraction sera

$$\frac{\frac{\sqrt{x-a}}{\sqrt{x}}+1}{\frac{2x}{\sqrt{x+a}}},$$

laquelle, en faisant $x=a$, devient $\frac{1}{\sqrt{2a}}$, comme plus haut.

Nous avons donc résolu les difficultés qui peuvent se rencontrer dans le développement de $f(x+i)$, et, quoique nous n'ayons considéré que des fonctions algébriques, il n'est pas difficile d'étendre nos solutions aux fonctions transcendantes. Comme ces difficultés n'ont lieu que pour des valeurs particulières de x, il est clair qu'elles n'influent en rien sur la théorie des fonctions dérivées $f'(x)$, $f''(x)$, ...; mais il était nécessaire de les examiner et de donner les moyens de les lever, pour ne laisser aucun nuage sur cette théorie. [*Voir* aussi la Leçon VIII du *Calcul des fonctions* (*).]

(*) *OEuvres de Lagrange*, t. X.

CHAPITRE VI.

RÉSOLUTION GÉNÉRALE DES FONCTIONS EN SÉRIES. DÉVELOPPEMENT DES FONCTIONS EN SÉRIES TERMINÉES ET COMPOSÉES D'AUTANT DE TERMES QU'ON VOUDRA. MOYEN D'EXPRIMER LES RESTES DEPUIS UN TERME QUELCONQUE PROPOSÉ. THÉORÈME NOUVEAU SUR CES SÉRIES.

---

33. Nous avons vu jusqu'ici comment on peut trouver directement tous les termes du développement de la fonction $f(x+i)$ suivant les puissances de i; on peut, de la même manière, développer une fonction quelconque suivant les puissances ascendantes d'une des variables contenues dans la fonction.

En effet, si l'on reprend la formule

$$f(x+i)=f(x)+if'(x)+\frac{i^2}{2}f''(x)+\frac{i^3}{2.3}f'''(x)+\ldots,$$

puisque x et i sont deux quantités indéterminées, on y peut substituer $x-i$ à la place de x, ce qui donnera

$$f(x)=f(x-i)+if'(x-i)+\frac{i^2}{2}f''(x-i)+\ldots.$$

De plus, on pourra mettre xz à la place de i, et l'on aura

$$f(x)=f(x-xz)+xzf'(x-xz)+\frac{x^2z^2}{2}f''(x-xz)+\ldots,$$

où z est une quantité arbitraire quelconque.

Ici $f(x)$ représente, comme l'on voit, une fonction quelconque de x, et $f'(x-xz)$, $f''(x-xz)$, ... représentent les fonctions primes, secondes, etc., de $f(x)$, en y substituant $x(1-z)$ à la place de x. Mais, quoique $f(x)$ ne représente qu'une fonction de x relativement à ses fonctions dérivées, il est clair qu'elle peut représenter en général une fonction quelconque de x et d'autres quantités quelconques, pourvu que ces quantités y soient regardées comme constantes dans la formation des fonctions dérivées $f'(x), f''(x), \ldots$.

Si dans la formule précédente on fait $z=0$, l'équation devient identique à $f(x)=f(x)$, et, si l'on fait $z=1$, la quantité $x-xz$ s'évanouit, de sorte que, si l'on dénote simplement par $f, f', f'', \ldots$ les valeurs des fonctions $f(x), f'(x), f''(x), \ldots$ lorsque $x=0$, on aura

$$f(x)=f+xf'+\frac{x^2}{2}f''+\ldots.$$

Ainsi, lorsque $f(x)$ sera une fonction donnée de plusieurs variables $x, y, \ldots$, il n'y aura qu'à chercher par les règles générales les fonctions dérivées par rapport à x seul et y faire ensuite $x=0$; on aura tous les termes du développement de la fonction suivant les puissances ascendantes de x, et il est clair que les valeurs des quantités $f', f'', \ldots$ seront des fonctions de $y, \ldots$ sans x, toutes dérivées de la fonction primitive suivant une loi dépendante de la manière dont la quantité x entrera dans cette fonction.

34. On pourrait trouver ce développement d'une manière plus simple en supposant tout de suite

$$f(x)=A+Bx+Cx^2+Dx^3+\ldots,$$

A, B, C, ... étant des quantités indépendantes de x. Pour les déterminer, on considérera que cette équation, devant être identique, doit avoir lieu pour toutes les valeurs de x. Donc : 1° en faisant $x=0$, on aura $f=A$; 2° en prenant les fonctions primes de tous ses termes (nos 10, 17), on aura encore l'équation identique

$$f'(x)=B+2Cx+3Dx^2+\ldots,$$

où, faisant de nouveau $x=0$, on aura $f'=B$; 3° en prenant de nouveau les fonctions primes, on aura

$$f''(x) = 2C + 2.3\,Dx + 3.4\,Ex^2 + \ldots,$$

où, faisant derechef $x = 0$, on aura $f'' = 2C$. Continuant de la même manière, on trouvera

$$f''' = 2.3\,D, \quad f^{\text{IV}} = 2.3.4\,E, \quad \ldots,$$

d'où l'on tire

$$A = f, \quad B = f', \quad C = \frac{1}{2} f'', \quad D = \frac{1}{2.3} f''', \quad \ldots,$$

ce qui donnera, par la substitution, la même série pour $f(x)$ que ci-dessus. Mais cette méthode est moins directe que la précédente, et elle suppose déjà la théorie des fonctions dérivées; elle est d'ailleurs moins rigoureuse, en ce qu'elle suppose de plus que la somme de tous les termes affectés de x devient nulle lorsque $x = 0$, quoique les coefficients de ces termes augmentent à l'infini dans les équations dérivées; mais le grand avantage de la méthode précédente consiste en ce qu'elle donne le moyen d'arrêter le développement de la série à tel terme que l'on voudra et de juger de la valeur du reste de la série.

Ce problème, l'un des plus importants de la théorie des séries, n'a pas encore été résolu d'une manière générale. On pourrait, à la vérité, le résoudre pour chaque fonction en particulier par les méthodes exposées dans le Chapitre premier; mais il serait impossible de parvenir par cette voie à une solution générale pour une fonction quelconque.

35. Reprenons donc la formule générale trouvée ci-dessus (n° 33),

$$f(x) = f(x - xz) + xz f'(x - xz) + \frac{x^2 z^2}{2} f''(x - xz) + \ldots,$$

et supposons qu'on veuille s'arrêter au premier terme $f(x - xz)$. Comme tous les termes suivants sont multipliés par x, nous supposerons

$$f(x) = f(x - xz) + x\mathrm{P},$$

P étant regardé comme une fonction de z qui devra être nulle lorsque $z=0$, puisqu'alors $f(x-xz)$ devient $f(x)$.

Comme cette équation doit avoir lieu quelle que soit la valeur de z, qui est arbitraire, son équation prime relativement à z aura donc lieu aussi (n° **17**). On prendra donc les fonctions primes relativement à cette variable, et il est facile de voir que la fonction prime du terme $f(x-xz)$ sera $-xf'(x-xz)$, car on a démontré (n° **16**) que, si $y=f(p)$, p étant une fonction de x, on a

$$y'=p'f'(p);$$

ainsi, en rapportant les fonctions dérivées à la variable z et faisant $p=x-xz$, on aura

$$p'=-x \quad \text{et} \quad y'=-xf'(p)=-xf'(x-xz).$$

Donc, à cause que $f(x)$ ne renferme point z, l'équation prime relative à z de l'équation ci-dessus sera

$$0=-xf'(x-xz)+xP',$$

P' étant la fonction prime de P relativement à z, d'où l'on tire

$$P'=f'(x-xz).$$

On aura donc la valeur de P en cherchant une fonction de z dont la fonction prime soit égale à $f'(x-xz)$ et qui, de plus, soit telle qu'elle devienne nulle lorsque $z=0$. Cette valeur de P ainsi trouvée, si l'on y fait $z=1$, on aura

$$f(x)=f+xP.$$

Supposons, en second lieu,

$$f(x)=f(x-xz)+xzf'(x-xz)+x^2Q,$$

Q étant une fonction de z, qui devra être nulle, comme l'on voit, lorsque $z=0$.

En prenant, comme ci-dessus, les fonctions primes relativement à z, on aura cette équation prime

$$0=-xf'(x-xz)+xf'(x-xz)-x^2zf''(x-xz)+x^2Q',$$

où les fonctions désignées par f', f'' sont les fonctions primes et secondes de $f(x)$ relativement à x et dans lesquelles on a mis ensuite $x - xz$ pour x. On tire de là, en effaçant ce qui se détruit,

$$Q' = zf''(x - xz),$$

de sorte qu'on aura la valeur de Q en cherchant une fonction de z dont la fonction prime ait la valeur qu'on vient de trouver pour Q' et qui ait la condition de devenir nulle lorsque $z = 0$. Si ensuite on fait $z = 1$, on aura

$$f(x) = f + xf' + x^2 Q.$$

Soit, en troisième lieu,

$$f(x) = f(x - xz) + xzf'(x - xz) + \frac{x^2 z^2}{2} f''(x - xz) + x^3 R;$$

R étant une fonction de z qui s'évanouisse lorsque $z = 0$. On trouvera, en prenant les fonctions primes relativement à z et effaçant les termes qui se détruisent mutuellement,

$$R' = \frac{z^2}{2} f'''(x - xz),$$

la fonction représentée par f''' étant la fonction tierce de $f(x)$ relativement à x transformée par la substitution de $x - xz$ à la place de x.

Il faudra donc, pour avoir la valeur de R, trouver une fonction primitive de z dont la fonction prime soit la valeur précédente de R' et qui soit telle qu'elle s'évanouisse lorsque $z = 0$. Cette fonction étant trouvée, on aura, en faisant $z = 1$,

$$f(x) = f + xf' + \frac{x^2}{2} f'' + x^3 R,$$

et ainsi de suite.

En continuant ainsi, on aura la formule du n° 33 :

$$f(x) = f + xf' + \frac{x^2}{2} f'' + \frac{x^3}{2.3} f''' + \ldots.$$

Mais l'analyse précédente a l'avantage de donner la manière d'avoir les restes xP, x^2Q, x^3R, ... de la série lorsqu'on veut l'interrompre à son premier, deuxième, troisième, etc., terme.

36. Voilà le problème résolu analytiquement; mais, comme les quantités P, Q, R, ... ne sont connues que par leurs fonctions primes, il reste encore à remonter de ces fonctions aux fonctions primitives, ce qui peut être souvent fort difficile et même impossible.

Cependant, si l'on connaissait la quantité P, on en pourrait déduire toutes les autres par les simples fonctions dérivées, car la comparaison des valeurs de $f(x)$ donne

$$P = zf'(x - xz) + xQ,$$

et l'on a trouvé $f'(x - xz) = P'$; donc, substituant, on aura

$$P = zP' + xQ,$$

d'où l'on tire

$$Q = \frac{P - zP'}{x}.$$

On a ensuite

$$Q = \frac{z^2}{2}f''(x - xz) + xR,$$

et l'on a trouvé

$$zf''(x - xz) = Q';$$

donc

$$Q = \frac{z}{2}Q' + xR,$$

d'où l'on tire

$$R = \frac{Q - \frac{1}{2}zQ'}{x}.$$

On trouvera de même

$$S = \frac{R - \frac{1}{3}zR'}{x},$$

et ainsi de suite.

Si l'on fait $P = zp$, $Q = z^2q$, $R = z^3r$, ..., on aura

$$q = -\frac{p'}{x}, \quad r = -\frac{q'}{2x}, \quad s = -\frac{r'}{3x}, \quad \ldots,$$

et la fonction $f(x)$ deviendra, en remettant i à la place de xz,

$$\begin{aligned} f(x) &= f(x-i) + ip \\ &= f(x-i) + if'(x-i) + i^2 q \\ &= f(x-i) + if'(x-i) + \frac{i^2}{2} f''(x-i) + i^3 r \\ &= \ldots\ldots\ldots\ldots\ldots\ldots\ldots\ldots \end{aligned}$$

Ainsi, connaissant le premier reste ip, on pourra connaître tous les autres restes $i^2 q$, $i^3 r$, ... par les simples fonctions dérivées relatives à $z = \frac{i}{x}$, et, si l'on prend simplement les fonctions dérivées relativement à i, on aura

$$q = -p', \quad r = -\frac{q'}{2}, \quad s = -\frac{r'}{3}, \quad \ldots.$$

Par exemple, en faisant $f(x) = \frac{1}{x}$ comme dans le n° 4, on aura

$$f(x-i) = \frac{1}{x-i},$$

et, prenant les fonctions dérivées par rapport à x, on aura

$$f'(x-i) = -\frac{1}{(x-i)^2}, \quad f''(x-i) = \frac{2}{(x-i)^3}, \quad \ldots;$$

or on trouve

$$p = \frac{f(x) - f(x-i)}{i} = -\frac{1}{x(x-i)};$$

de là, en prenant les fonctions dérivées par rapport à i, on tirera tout de suite

$$q = -p' = \frac{1}{x(x-i)^2}, \quad r = -\frac{q'}{2} = -\frac{1}{x(x-i)^3}, \quad \ldots.$$

Donc, si l'on fait ces substitutions dans les expressions de $f(x)$, et qu'on y mette ensuite $x+i$ à la place de x, on aura

$$\frac{1}{x+i} = \frac{1}{x} - \frac{i}{x(x+i)} = \frac{1}{x} - \frac{i}{x^2} + \frac{i^2}{x^2(x+i)} = \ldots,$$

comme dans le numéro cité.

Soit encore $f(x)=\sqrt{x}$; on aura

$$f(x-i)=\sqrt{x-i},$$

et, prenant les fonctions dérivées par rapport à x,

$$f'(x-i)=\frac{1}{2\sqrt{x-i}},\quad f''(x-i)=-\frac{1}{4(x-i)^{\frac{3}{2}}},\quad \ldots$$

Ici on aura

$$p=\frac{\sqrt{x}-\sqrt{x-i}}{i}=\frac{1}{\sqrt{x}+\sqrt{x-i}},$$

et de là, en prenant les fonctions dérivées relatives à i,

$$q=-\frac{1}{2\sqrt{x-i}(\sqrt{x}+\sqrt{x-i})^2},$$

$$\begin{aligned}r&=\frac{1}{8(x-i)^{\frac{3}{2}}(\sqrt{x}+\sqrt{x-i})^2}+\frac{1}{4(x-i)(\sqrt{x}+\sqrt{x-i})^3}\\&=\frac{\sqrt{x}+3\sqrt{x-i}}{8(x-i)^{\frac{3}{2}}(\sqrt{x}+\sqrt{x-i})^3},\end{aligned}$$

....

Par ces substitutions dans les expressions de $f(x)$, on aura, en mettant $x+i$ à la place de x,

$$\begin{aligned}\sqrt{x+i}&=\sqrt{x}+\frac{i}{\sqrt{x+i}+\sqrt{x}}=\sqrt{x}+\frac{i}{2\sqrt{x}}-\frac{i^2}{2\sqrt{x}(\sqrt{x+i}+\sqrt{x})^2}\\&=\sqrt{x}+\frac{i}{2\sqrt{x}}-\frac{i^2}{8x\sqrt{x}}+\frac{i^3(\sqrt{x+i}+3\sqrt{x})}{8x\sqrt{x}(\sqrt{x+i}+\sqrt{x})^3}\\&=\sqrt{x}+\frac{i}{2\sqrt{x}}-\frac{i^2}{8x\sqrt{x}}+\frac{i^3}{16x^2\sqrt{x}}+\ldots,\end{aligned}$$

comme dans le même numéro cité.

37. On peut aussi tirer directement de la formule du n° 3

$$f(x+i)=f(x)+iP$$

la loi de la série et l'expression des restes, en prenant alternativement les fonctions dérivées par rapport à x et à i; nous marquerons ces dernières par un trait placé au bas.

On a d'abord, par les fonctions dérivées relatives à x,

$$f'(x+i) = f'(x) + iP',$$

ensuite, par les fonctions dérivées relatives à i,

$$f'(x+i) = P + iP_{,},$$

car il est visible que, relativement à i, la dérivée de $f(x+i)$ est la même que relativement à x. On aura donc

$$f'(x) + iP' = P + iP_{,},$$

d'où l'on tire

$$P = f'(x) + i(P' - P_{,}).$$

Faisons $Q = P' - P_{,}$; on aura, en substituant la valeur de P,

$$f(x+i) = f(x) + if'(x) + i^2 Q.$$

Prenons de nouveau les fonctions dérivées par rapport à x et par rapport à i; on aura

$$f'(x+i) = f'(x) + if''(x) + i^2 Q' \quad \text{et} \quad f'(x+i) = f'(x) + 2iQ + i^2 Q_{,};$$

donc

$$f''(x) + iQ' = 2Q + iQ_{,},$$

d'où

$$Q = \frac{f''(x) + i(Q' - Q_{,})}{2}.$$

Donc, si l'on fait $R = \dfrac{Q' - Q_{,}}{2}$, on aura, en substituant,

$$f(x+i) = f(x) + if'(x) + \frac{i^2}{2} f''(x) + i^3 R.$$

On trouvera de même, en faisant $S = \dfrac{R' - R_{,}}{3}$,

$$f(x+i) = f(x) + if'(x) + \frac{i^2}{2} f''(x) + \frac{i^3}{2.3} f'''(x) + i^4 S,$$

et ainsi de suite.

Si l'on fait, par exemple, $f(x)=\frac{1}{x}$, ce qui donne

$$P=\frac{1}{i}\left(\frac{1}{x+i}-\frac{1}{x}\right)=-\frac{1}{x(x+i)},$$

on aura

$$P'=\frac{1}{x^2(x+i)}+\frac{1}{x(x+i)^2},\quad P_{,}=\frac{1}{x(x+i)^2};$$

donc

$$Q=\frac{1}{x^2(x+i)},$$

ensuite

$$Q'=-\frac{2}{x^3(x+i)}-\frac{1}{x^2(x+i)^2},\quad Q_{,}=-\frac{1}{x^2(x+i)^2},$$

et de là

$$R=-\frac{1}{x^3(x+i)};$$

on trouvera de même

$$S=\frac{1}{x^4(x+i)},$$

et ainsi de suite, ce qui redonnera la série déjà trouvée.

Mais, pour notre objet, il importe moins de connaître les restes exacts de la série développée jusqu'à un terme quelconque que d'avoir des limites de ces restes pour pouvoir apprécier l'erreur qu'on peut commettre en ne tenant compte que de quelques-uns des premiers termes.

38. Pour cela, nous allons établir ce lemme général :

Si une fonction prime de x, telle que $f'(x)$, est toujours positive pour toutes les valeurs de x depuis $x=a$ jusqu'à $x=b$, b étant $>a$, la différence des fonctions primitives qui répondent à ces deux valeurs de x, savoir $f(b)-f(a)$, sera nécessairement une quantité positive.

Reprenons la formule

$$f(x+i)=f(x)+iP,$$

dans laquelle P est une fonction de x et i, qui, en faisant $i=0$, devient

$f'(x)$ (n°s 3, 8); il est évident que, si $f'(x)$ est une quantité positive, la valeur de P sera nécessairement positive depuis $i = 0$ jusqu'à une certaine valeur de i qu'on pourra prendre aussi petite qu'on voudra. Donc, lorsque la valeur de la fonction prime $f'(x)$ est positive, on pourra toujours prendre pour i une quantité positive et assez petite pour que la quantité $f(x+i) - f(x)$ soit nécessairement positive.

Mettons successivement à la place de x les quantités

$$a, \quad a+i, \quad a+2i, \quad a+3i, \quad \ldots, \quad a+ni;$$

il en résultera que l'on peut prendre i positif et assez petit pour que toutes les quantités

$$f(a+i)-f(a), \quad f(a+2i)-f(a+i),$$
$$f(a+3i)-f(a+2i), \quad \ldots, \quad f[a+(n+1)i]-f(a+ni)$$

soient nécessairement positives si les quantités

$$f'(a), \quad f'(a+i), \quad f'(a+2i), \quad \ldots, \quad f'(a+ni)$$

le sont. Donc aussi, dans ce cas, la somme des premières quantités, c'est-à-dire la quantité $f[a+(n+1)i] - f(a)$, sera positive.

Faisons maintenant $a+(n+1)i = b$; on aura

$$i = \frac{b-a}{n+1},$$

et l'on en conclura que la quantité $f(b)-f(a)$ sera nécessairement positive si toutes les quantités

$$f'(a), \quad f'\left(a+\frac{b-a}{n+1}\right), \quad f'\left(a+\frac{2(b-a)}{n+1}\right),$$
$$f'\left(a+\frac{3(b-a)}{n+1}\right), \quad \ldots, \quad f'\left(a+\frac{n(b-a)}{n+1}\right)$$

sont positives, en prenant n aussi grand qu'on voudra.

Donc, à plus forte raison, la quantité $f(b)-f(a)$ sera positive, si $f'(x)$ est toujours une quantité positive, en donnant à x toutes les valeurs possibles, depuis $x=a$ jusqu'à $x=b$, puisque parmi ces valeurs se trouveront nécessairement les valeurs

$$a,\quad a+\frac{b-a}{n+1},\quad a+\frac{2(b-a)}{n+1},\quad \ldots,\quad a+\frac{n(b-a)}{n+1},$$

en prenant n aussi grand qu'on voudra.

39. A l'aide de ce lemme, on peut trouver des limites en plus et en moins de toute fonction primitive dont on connaît la fonction prime.

Soit la fonction primitive $F(z)$ dont la fonction prime $F'(z)$ soit exprimée par $z^m Z$, Z étant une fonction donnée de z. Soient M la plus grande et N la plus petite valeur de Z pour toutes les valeurs de z comprises entre les quantités a et b, en regardant comme plus grandes les négatives moindres et comme moindres les négatives plus grandes, ce qui est conforme à la marche du calcul, puisque, par exemple, $-1>-2$, $-5>-7$, et de même $-2<-1$, et ainsi des autres. Donc les quantités $M-Z$ et $Z-N$ seront toujours positives depuis $z=a$ jusqu'à $z=b$, et il en sera de même des quantités $z^m(M-Z)$ et $z^m(Z-N)$.

Donc : 1° si l'on fait $f'(z)=z^m(M-Z)$, on aura, par le lemme précédent,

$$f(b)-f(a)>0;$$

or, $z^m Z$ étant $F'(z)$, sa fonction primitive sera $F(z)$, et, comme M est une quantité constante, la fonction primitive de Mz^m est $\frac{Mz^{m+1}}{m+1}$; donc on aura

$$f(z)=\frac{Mz^{m+1}}{m+1}-F(z),$$

et, faisant successivement $z=a$ et $z=b$, l'équation

$$f(b)-f(a)>0$$

donnera

$$\frac{Mb^{m+1}}{m+1}-F(b)-\frac{Ma^{m+1}}{m+1}+F(a)>0,$$

d'où l'on tire

$$F(b)<F(a)+\frac{M(b^{m+1}-a^{m+1})}{m+1}.$$

2° Si l'on fait $f'(z) = z^m(Z - N)$, on aura aussi

$$f(b) - f(a) > 0,$$

et l'on trouvera, comme ci-dessus,

$$f(z) = F(z) - \frac{N z^{m+1}}{m+1};$$

donc, faisant successivement $z = a$ et $z = b$, l'équation

$$f(b) - f(a) > 0$$

donnera

$$F(b) - \frac{N b^{m+1}}{m+1} - F(a) + \frac{N a^{m+1}}{m+1} > 0,$$

d'où l'on tire

$$F(b) > F(a) + \frac{N(b^{m+1} - a^{m+1})}{m+1}.$$

Appliquons ces résultats aux quantités P, Q, R, ... du n° 35.

Comme ces quantités sont regardées comme des fonctions de z, nous supposerons d'abord $P = F(z)$, et par conséquent

$$P' = F'(z) = f'(x - xz);$$

donc, puisqu'on a supposé $F'(z) = z^m Z$, prenant $m = 0$, on aura

$$Z = f'(x - xz).$$

Faisons maintenant $a = 0$ et $b = 1$; la condition de la fonction P, qui doit être nulle lorsque $z = 0$, donnera $F(a) = 0$, et alors $F(b)$ sera la valeur de P répondant à $z = 1$.

Donc, si M et N sont la plus grande et la plus petite valeur de $f'(x - xz)$ relativement à toutes les valeurs de z, depuis $z = 0$ jusqu'à $z = 1$, on aura

$$F(b) < M \quad \text{et} \quad > N.$$

Par conséquent, M et N seront les deux limites de la quantité P, en y faisant $z = 1$.

Supposons, en second lieu, $Q = F(z)$; on aura

$$Q' = F'(z) = z f''(x - xz);$$

donc, faisant $m = 1$, on aura

$$Z = f''(x - xz).$$

Soient pareillement $a = 0$ et $b = 1$; on aura aussi, par la condition de la fonction Q, qui doit être nulle lorsque z est nul,

$$F(a) = 0,$$

et alors $F(b)$ sera égale à la valeur de Q répondant à $z = 1$.

Donc, si M_1 et N_1 sont la plus grande et la plus petite valeur de $f''(x - xz)$ pour toutes les valeurs de z, depuis $z = 0$ jusqu'à $z = 1$, on aura

$$F(b) < \frac{M_1}{2} \quad \text{et} \quad > \frac{N_1}{2},$$

de sorte que $\frac{M_1}{2}$ et $\frac{N_1}{2}$ seront les limites de la valeur Q lorsque z y est égal à 1.

Supposons, en troisième lieu, $R = F(z)$; on aura

$$R' = F'(z) = \frac{z^2}{2} f'''(x - xz);$$

donc, faisant $m = 2$, $a = 0$, $b = 1$, on trouvera de la même manière que, si M_2 et N_2 sont la plus grande et la plus petite valeur de $\frac{1}{2} f'''(x - xz)$, en donnant à z toutes les valeurs depuis zéro jusqu'à l'unité, on aura $\frac{M_2}{3}$ et $\frac{N_2}{3}$ pour les limites de la valeur de la quantité R lorsqu'on y fait $z = 1$. Et ainsi de suite.

Maintenant il est clair que, en donnant à z, dans une fonction de $x(1 - z)$, toutes les valeurs depuis $z = 0$ jusqu'à $z = 1$, les valeurs que recevra cette fonction seront les mêmes que celles que recevrait une pareille fonction de u en donnant successivement à u toutes les valeurs depuis $u = 0$ jusqu'à $u = x$, car, faisant $x(1 - z) = u$, $z = 0$ donne $u = x$, $z = 1$ donne $u = 0$, et les valeurs intermédiaires de z donneront des valeurs de u intermédiaires entre celles-ci. D'où il est aisé de conclure que les quantités M et N seront la plus grande et la plus petite valeur de $f'(u)$ relativement à toutes les valeurs de u, depuis $u=0$ jusqu'à $u=x$, et que, par conséquent, toute valeur intermédiaire entre M et N pourra être exprimée par $f'(u)$, en donnant à u une valeur intermédiaire entre o et x. Donc la valeur de la quantité P relative à $z=1$ pourra être exprimée par $f'(u)$, u étant une quantité entre o et x. On en conclura de même que la valeur de Q répondant à $z=1$ pourra être exprimée par $\frac{1}{2}f''(u)$, en donnant à u une valeur intermédiaire entre o et x, et l'on en conclura pareillement que la valeur de R relative à $z=1$ pourra être exprimée par $\frac{1}{2.3}f'''(u)$, en prenant pour u une quantité entre o et x. Et ainsi de suite.

40. D'où résulte enfin ce théorème nouveau et remarquable par sa simplicité et sa généralité, qu'*en désignant par u une quantité inconnue, mais renfermée entre les limites* o *et x, on peut développer successivement toute fonction de x et d'autres quantités quelconques suivant les puissances de x de cette manière,*

$$\begin{aligned} f(x) &= f + xf'(u) \\ &= f + xf' + \frac{x^2}{2}f''(u) \\ &= f + xf' + \frac{x^2}{2}f'' + \frac{x^3}{2.3}f'''(u) \\ &= \ldots\ldots\ldots\ldots\ldots\ldots, \end{aligned}$$

les quantités f, f', f'', ... étant les valeurs de la fonction $f(x)$ et de ses dérivées $f'(x)$, $f''(x)$, ..., lorsqu'on y fait $x=0$.

Ainsi, pour le développement de $f(z+x)$ suivant les puissances de x, on aura

$$f=f(z), \quad f'=f'(z), \quad f''=f''(z), \quad \ldots,$$

où l'on remarquera que les quantités $f'(z)$, $f''(z)$, ... sont également les fonctions primes, secondes, etc. de $f(z)$, ce qui est évident; car il est visible que $f'(z+x)$, $f''(z+x)$, ... sont également les fonctions primes, secondes, etc. de $f(z+x)$, soit qu'on les prenne relativement à x ou relativement à z, puisque l'augmentation de $z+x$ est la même en changeant x en $x+i$ ou z en $z+i$.

Prenant donc $f'(z), f''(z), \ldots$ pour les fonctions dérivées de $f(z)$, on aura

$$\begin{aligned} f(z+x) &= f(z) + xf'(z+u) \\ &= f(z) + xf'(z) + \frac{x^2}{2}f''(z+u) \\ &= f(z) + xf'(z) + \frac{x^2}{2}f''(z) + \frac{x^3}{2.3}f'''(z+u) \\ &= \ldots\ldots\ldots\ldots\ldots\ldots\ldots\ldots, \end{aligned}$$

où u désigne une quantité inconnue, mais renfermée entre les limites o et x.

En changeant z en x et x en i, on aura le développement de $f(x+i)$ suivant les puissances de i, et l'on voit que dans ce développement la série infinie, à commencer d'un terme quelconque, est toujours égale à la valeur de ce premier terme en y mettant $x+j$ à la place de x, j étant une quantité entre o et i, que par conséquent la plus grande et la plus petite valeur de ce terme relativement à toutes les valeurs de j, depuis o jusqu'à i, seront les limites de la valeur du reste de la série continuée à l'infini.

Si l'on fait $f(z) = z^m$, on aura le développement du binôme $(z+x)^m$, et l'on en conclura que la somme de tous les termes, à commencer d'un terme quelconque

$$\frac{m(m-1)\ldots(m-n+1)}{1.2\ldots n} z^{m-n} x^n,$$

sera renfermée entre ces limites

$$\frac{m(m-1)\ldots(m-n+1)}{1.2\ldots n} z^{m-n} x^n$$

et

$$\frac{m(m-1)\ldots(m-n+1)}{1.2\ldots n} (z+x)^{m-n} x^n;$$

car il est évident que la plus grande et la plus petite valeur de $(z+u)^{m-n}$ seront $(z+x)^{m-n}$ et z^{m-n}.

La perfection des méthodes d'approximation dans lesquelles on emploie les séries dépend non-seulement de la convergence des séries, mais encore de ce qu'on puisse estimer l'erreur qui résulte des termes qu'on néglige, et à cet égard on peut dire que presque toutes les méthodes d'approximation dont on fait usage dans la solution des problèmes géométriques et mécaniques sont encore très-imparfaites. Le théorème précédent pourra servir, dans beaucoup d'occasions, à donner à ces méthodes la perfection qui leur manque et sans laquelle il est souvent dangereux de les employer.

On trouve dans la Leçon IX du *Calcul des fonctions* (*) une méthode plus simple d'avoir les limites du développement d'une fonction, avec de nouvelles remarques sur ce sujet. (*Voir* aussi un Mémoire de M. Ampère dans le Tome VI du *Journal de l'École Polytechnique*.)

(*) *Œuvres de Lagrange*, t. X.

CHAPITRE VII.

DES ÉQUATIONS DÉRIVÉES ET DE LEUR USAGE DANS L'ANALYSE POUR LA TRANSFORMATION DES FONCTIONS. THÉORIE GÉNÉRALE DE CES ÉQUATIONS ET DES CONSTANTES ARBITRAIRES QUI Y ENTRENT.

41. Jusqu'à présent, nous n'avons considéré les fonctions dérivées que comme pouvant servir à la formation des séries; mais ces fonctions, considérées en elles-mêmes, offrent un nouveau système d'opérations algébriques et fournissent des transformations qui sont d'un usage immense dans toute l'Analyse.

Nous avons déjà vu (n° 17) que, si l'on a une équation quelconque en x et y ou simplement en x, laquelle doive avoir lieu quelle que soit la valeur de x, les équations dérivées qu'on obtiendra en prenant les fonctions dérivées de chaque terme de la proposée auront lieu aussi. Chacune de ces équations, et même une combinaison quelconque de ces équations, pourra donc tenir lieu de l'équation primitive, et l'on obtiendra souvent par ce moyen des équations subsidiaires plus simples ou plus faciles à résoudre que les équations principales.

Nous avons nommé *équations primes*, *secondes*, etc. les équations dérivées qu'on obtient en prenant les fonctions primes, secondes, etc. de tous les termes de l'équation primitive donnée; mais nous nommerons en général *équations dérivées du premier ordre*, *du second ordre*, etc. les équations qu'on pourra former par une combinaison quelconque de l'équation primitive et de son équation prime, ou de celles-ci et de l'équation seconde, et ainsi de suite.

Ainsi, l'équation primitive contenant x et y, l'équation dérivée du premier ordre contiendra x, y et y', l'équation dérivée du second contiendra x, y, y' et y'', et ainsi du reste.

42. Nous allons montrer, par quelques exemples, l'usage des équations dérivées pour la transformation des fonctions, et d'abord nous remarquerons que, par la combinaison d'une fonction avec sa fonction prime, on peut faire disparaître un exposant quelconque.

Soit l'équation

$$y = X^m,$$

X étant une fonction quelconque de x; en prenant les fonctions primes, on aura (nº 16)

$$y' = mX^{m-1}X';$$

donc, divisant cette équation par la précédente, on aura

$$\frac{y'}{y} = \frac{mX'}{X}, \quad \text{savoir,} \quad Xy' - mX'y = 0,$$

équation dérivée du premier ordre où la puissance X^m ne se trouve plus, et qui, dans cet état, est bien plus commode pour développer la valeur de y en série par la méthode usitée des coefficients indéterminés.

En effet, si l'on a, par exemple,

$$X = a + bx + cx^2 + dx^3 + \ldots,$$

et qu'on suppose

$$y = A + Bx + Cx^2 + Dx^3 + \ldots,$$

on aura, en prenant les fonctions primes,

$$X' = b + 2cx + 3dx^2 + \ldots,$$

$$y' = B + 2Cx + 3Dx^2 + \ldots;$$

donc, substituant et réunissant les termes affectés de la même puissance de x, on aura

$$aB - mbA + [2aC + bB - m(2cA + bB)]x$$
$$+ [3aD + 2bC + cB - m(3dA + 2cB + bC)]x^2$$
$$+ \ldots\ldots\ldots\ldots\ldots\ldots\ldots\ldots = 0,$$

équation qui, devant être identique, c'est-à-dire avoir lieu quel que soit x, pour que l'expression supposée de y soit vraie, donnera autant d'équations particulières qu'il y a de différentes puissances de x, et l'on tirera de ces équations

$$B = \frac{mbA}{a},$$

$$C = \frac{2mcA + (m-1)bB}{2a},$$

$$D = \frac{3mdA + (2m-1)cB + (m-2)bC}{3a},$$

$$\dots\dots\dots\dots\dots\dots\dots\dots$$

On aura ainsi successivement tous les coefficients B, C, D, ... par des formules dont la loi est visible, et qu'on pourra, par conséquent, continuer aussi loin qu'on voudra.

Mais le premier coefficient A demeure indéterminé; il faut, pour le déterminer, recourir à l'équation primitive $y = X^m$; faisant $x = 0$, on a d'un côté $X = a$ et de l'autre $y = A$; donc $A = a^m$.

43. On peut de même, par les fonctions dérivées, faire disparaître les logarithmes, les exponentielles et les sinus et cosinus.

En effet, si $y = lX$, on aura l'équation du premier ordre

$$y'X - X' = 0;$$

si $y = e^X$, on aura celle-ci

$$y' - X'y = 0;$$

mais, pour faire disparaître les sinus ou cosinus, il faudra aller à une équation du second ordre.

Soit donc $y = \sin X$, X étant toujours une fonction quelconque de x; en prenant les fonctions primes, on aura (n° 14)

$$y' = X' \cos X,$$

et, prenant de nouveau les fonctions primes,

$$y'' = X'' \cos X - X'^2 \sin X;$$

donc, éliminant de ces trois équations $\sin X$ et $\cos X$, on aura cette équation dérivée du second ordre

$$X'y'' - X''y' + X'^3 y = 0,$$

où il n'y a plus de transcendantes; on trouvera la même équation en faisant $y = \cos X$.

Si l'on fait ici pour X et y les mêmes substitutions que ci-dessus (nº 42), et qu'après avoir ordonné les termes suivant les puissances de x on égale à zéro la somme de tous ceux qui se trouveront multipliés par la même puissance de x, on aura autant d'équations particulières qui serviront à déterminer les coefficients indéterminés de l'expression supposée de y par les deux qui précèdent. A l'égard des deux premiers, ils demeureront indéterminés; mais il faudra les déterminer de manière que l'équation primitive et l'équation prime aient lieu en faisant $x = 0$. Or l'équation $y = \sin X$ devient alors $A = \sin a$, et l'équation $y' = X' \cos X$ devient $B = b \cos a$.

44. Non-seulement l'équation dérivée du second ordre que nous venons de trouver peut servir à développer en série la valeur de $\sin X$ ou $\cos X$; elle peut servir aussi à trouver une autre transformation de cette valeur au moyen des exponentielles.

Supposons, en effet, $y = e^V$, e étant le nombre dont le logarithme hyperbolique est l'unité (nº 12) et V une fonction indéterminée de x. En prenant les fonctions primes et secondes, on aura

$$y' = V'e^V, \quad y'' = (V'^2 + V'')e^V,$$

et, ces valeurs étant substituées dans l'équation dont il s'agit, on aura, après la division par la quantité e^V qui en multiplie tous les termes,

$$X'(V'' + V'^2) - X''V' + X'^3 = 0.$$

J'observe qu'on peut satisfaire à cette équation en faisant

$$V' = mX',$$

m étant un coefficient constant, ce qui donne $V'' = mX''$; car, substituant ces valeurs, l'équation se réduit à

$$(1 + m^2) X'^3 = 0;$$

donc

$$1 + m^2 = 0 \quad \text{et} \quad m = \sqrt{-1}.$$

Ainsi l'on aura

$$V' = X' \sqrt{-1},$$

et de là, en remontant à l'équation primitive,

$$V = X\sqrt{-1} + a,$$

a étant une constante arbitraire; donc

$$e^V = e^{a + X\sqrt{-1}} = e^a e^{X\sqrt{-1}} = A e^{X\sqrt{-1}},$$

en faisant $e^a = A$ pour plus de simplicité.

On aura donc

$$y = A e^{X\sqrt{-1}},$$

et, comme le radical $\sqrt{-1}$ peut être pris également en plus et en moins, on aura également

$$y = B e^{-X\sqrt{-1}},$$

B étant une autre constante arbitraire; en effet, il est aisé de voir que chacune de ces deux valeurs satisfait à l'équation

$$X' y'' - X'' y' + X'^3 y = 0,$$

et l'on voit aussi facilement que leur somme y satisfait encore, parce que les quantités y, y', y'' n'y sont que sous la forme linéaire, de sorte qu'on aura, en général,

$$y = A e^{X\sqrt{-1}} + B e^{-X\sqrt{-1}},$$

A et B étant de nouveau deux coefficients indéterminés comme ci-dessus.

Cette expression de y convient également à $\sin X$ et à $\cos X$; la différence consiste dans les constantes A et B, qui doivent se déterminer par la comparaison des valeurs de y et de y' pour une valeur quelconque de X. Ainsi, puisque $\sin X$ doit devenir nul lorsque $X=0$ par la nature des sinus, il faudra que l'on ait

$$A+B=0;$$

de plus, y' étant égal à $X'\cos X$ et l'expression précédente de y donnant

$$y'=X'(Ae^{X\sqrt{-1}}-Be^{-X\sqrt{-1}})\sqrt{-1},$$

on aura

$$\cos X=(Ae^{X\sqrt{-1}}-Be^{-X\sqrt{-1}})\sqrt{-1}.$$

Faisant $X=0$, on sait que $\cos X=1$; donc

$$(A-B)\sqrt{-1}=1.$$

Ces deux équations donnent

$$A=\frac{1}{2\sqrt{-1}} \quad \text{et} \quad B=-\frac{1}{2\sqrt{-1}};$$

donc enfin

$$\sin X=\frac{e^{X\sqrt{-1}}-e^{-X\sqrt{-1}}}{2\sqrt{-1}};$$

on trouvera de la même manière

$$\cos X=\frac{e^{X\sqrt{-1}}+e^{-X\sqrt{-1}}}{2},$$

expressions connues et que nous avions déjà trouvées par une autre voie (nº **22**).

45. Dans les exemples précédents, nous avons cherché l'équation dérivée et nous avons ensuite déterminé par cette équation la valeur de la fonction primitive y. Cette dernière opération est, comme l'on voit, l'inverse de celle par laquelle on descend de la fonction primitive aux fonctions dérivées; elle peut toujours s'exécuter par le moyen des séries, en employant, comme nous l'avons fait, une série avec des coefficients indéterminés, et faisant des équations séparées des termes affectés de chaque puissance de x. De cette manière, on détermine les coefficients les uns par les autres, et l'on a souvent l'avantage d'apercevoir la loi générale qui règne entre ces coefficients.

Mais on peut aussi trouver immédiatement chaque coefficient par la méthode des n°s 33 et suivants, car il n'y a qu'à chercher successivement les valeurs des fonctions dérivées, et, si l'on désigne par (y), (y'), (y''), ... les valeurs de y, y', y'', ... lorsque $x = 0$, on a, en général,

$$y = (y) + x(y') + \frac{x^2}{2}(y'') + \ldots.$$

Cette formule a l'avantage de faire voir pourquoi il reste des coefficients indéterminés, comme nous l'avons trouvé ci-dessus. En effet, si l'on veut déterminer la valeur de y par une équation dérivée du premier ordre, cette équation donnera la valeur de y' en x et y, et de là on trouvera une équation du second ordre en y'', y', y, x, une équation du troisième en y''', y'', y', y, x, et ainsi de suite, de sorte que, en substituant successivement dans ces équations les valeurs de y', y'', ... données par les équations précédentes, on aura en dernière analyse y', y'', y''', ... exprimés en x et y. Donc, faisant $x = 0$, on aura (y'), (y''), (y'''), ... exprimés en (y), qui demeurera indéterminé.

De même, si l'on ne fait dépendre la détermination de y que d'une équation dérivée du second ordre en x, y, y' et y'', on en tirera successivement une équation tierce entre x, y, y', y'', y''', et ainsi de suite, et, par des substitutions successives, on aura en dernière analyse y'', y''', ... donnés en x, y, y', de sorte que, en faisant $x = 0$, on aura les valeurs de (y''), (y'''), (y^{IV}), ... exprimées en (y) et (y'), ces deux quantités demeurant indéterminées, et ainsi de suite.

Ainsi, lorsqu'on part d'une équation dérivée du premier ordre il reste une indéterminée (y), lorsqu'on part d'une équation du second ordre il reste deux indéterminées (y) et (y'), et ainsi de suite, et l'on voit que ces indéterminées sont constantes, puisque ce sont les valeurs de y, y', y'', ... lorsque $x = 0$.

46. Quoique la conclusion précédente soit fondée sur la théorie des séries, il n'est pas difficile de se convaincre qu'elle doit avoir lieu généralement quelle que soit l'expression de y, puisqu'on peut toujours regarder une expression en série comme le développement d'une expression finie. Mais, comme c'est là une propriété caractéristique des équations dérivées entre deux variables, il est important de l'établir sur la nature même de ces équations.

Considérons donc, en général, l'équation à deux variables $F(x,y)=0$, et désignons simplement par $F(x, y)'=0$ son équation prime, par $F(x,y)''=0$ l'équation seconde, et ainsi de suite, en regardant x et y comme variables à la fois. Soient $a, b, c, \ldots$ des constantes quelconques contenues dans la fonction $F(x, y)$; ces constantes seront les mêmes dans les fonctions dérivées. Ainsi, puisque les équations $F(x,y)=0$ et $F(x, y)'=0$ ont lieu en même temps, on pourra en éliminer une constante a, et l'équation résultante sera une équation du premier ordre entre x, y et y', qui renfermera une constante de moins que l'équation primitive et qui aura par conséquent lieu en même temps que celle-ci. De même, les trois équations $F(x,y)=0$, $F(x,y)'=0$, $F(x,y)''=0$ ayant lieu à la fois, on pourra en éliminer deux constantes a, b, et l'équation résultante sera une équation du second ordre entre x, y, y' et y'', qui renfermera deux constantes de moins que l'équation primitive et qui aura lieu en même temps qu'elle; et ainsi de suite.

Donc, puisque dans les équations à deux variables une équation du premier ordre peut renfermer une constante de moins que l'équation primitive, une équation du second ordre peut renfermer deux constantes de moins que l'équation primitive, et ainsi de suite, il s'ensuit réciproquement que l'équation primitive doit contenir une constante de plus que l'équation dérivée du premier ordre, deux constantes de plus que l'équation dérivée du second ordre, et ainsi de suite, constantes qui seront par conséquent arbitraires, et il est visible en même temps qu'elles ne sauraient en contenir davantage, puisqu'on ne pourrait pas les faire disparaître toutes par le moyen des équations dérivées.

Donc, si l'on n'a pour la détermination d'une fonction qu'une équation du premier ordre, ou du second, ou etc., l'équation primitive, prise dans toute sa généralité, devra contenir une constante arbitraire, ou deux, etc., suivant l'ordre de l'équation donnée, et l'on déterminera ces constantes par des valeurs particulières données de la fonction ou de ses dérivées.

Si donc on trouve d'une manière quelconque une équation en x et y qui satisfasse à une équation donnée d'un ordre quelconque et qui renferme autant de constantes arbitraires qu'il y a d'unités dans l'indice de cet ordre, on en conclura que cette équation sera l'équation primitive de l'équation donnée et pourra, dans tous les cas, être employée à la place de celle-ci.

47. Au lieu d'éliminer à la fois les deux constantes a et b des trois équations $F(x, y) = o$, $F(x, y)' = o$, $F(x, y)'' = o$, on peut n'éliminer d'abord que la constante b ou a des deux premières; on aura ainsi deux équations du premier ordre, dont l'une ne renfermera que la constante a et l'autre la constante b. Si maintenant on élimine de chacune de ces équations la constante a ou b par le moyen de son équation prime, on aura deux équations du second ordre sans a ni b, qui devront coïncider avec l'équation résultante de l'élimination simultanée de ces constantes par le moyen des trois équations $F(x, y) = o$, $F(x, y)' = o$, $F(x, y)'' = o$, parce que la valeur de y'' que ces équations du second ordre donneront, et qui sera exprimée en x, y et y', sans a ni b, ne peut qu'être la même, de quelque manière qu'elle soit déduite de l'équation primitive.

D'où l'on peut conclure qu'une équation du second ordre peut être dérivée de deux équations différentes du premier ordre renfermant chacune une constante arbitraire de plus.

Et l'on prouvera de la même manière qu'une équation du troisième ordre pourra être dérivée de trois équations différentes du second ordre renfermant chacune une constante arbitraire, et ainsi de suite.

En même temps on voit que, si pour une équation donnée du second ordre on en trouve deux du premier ordre qui satisfassent chacune à cette équation et qui renferment chacune une constante arbitraire a ou b, on en pourra déduire immédiatement l'équation primitive, car il suffira de chasser de ces équations la quantité y', et l'on aura une équation en x et y, avec deux constantes arbitraires a et b.

Il en sera de même pour les équations du troisième ordre, car, si l'on trouve trois équations du second ordre qui satisfassent chacune à une équation du troisième ordre et qui aient en même temps les constantes arbitraires a, b, c, on aura, en éliminant y' et y'', une équation en x, y et a, b, c, qui sera par conséquent l'équation primitive de l'équation donnée, et ainsi de suite.

48. Mais, si pour une équation du second ordre on en trouve deux du premier ordre qui y satisfassent et dont une seule renferme une constante arbitraire, alors, en éliminant y', on aura une équation en x et y qui ne renfermera qu'une constante arbitraire et qui ne sera pas l'équation primitive complète de la proposée du second ordre. Mais cette équation satisfera également aux deux du premier ordre, puisqu'elle satisfait à celle du second ordre, qui est également dérivée de ces deux-ci ; donc elle pourra être regardée comme l'équation primitive complète de l'équation du premier ordre qui ne renferme point de constante arbitraire. D'où je conclus qu'étant proposée une équation du premier ordre en x, y et y', si l'on en déduit d'une manière quelconque une équation du second, soit en éliminant une constante ou non et qu'ensuite on trouve une autre équation primitive du premier ordre, avec une constante arbitraire a, on aura, par l'élimination de y' entre celle-ci et la proposée, une équation en x et y qui contiendra la constante arbitraire a et qui sera par conséquent l'équation primitive complète de la proposée.

On prouvera de la même manière que, si de la proposée du premier ordre on déduit une équation du troisième ordre, et qu'ensuite on trouve pour celle-ci une équation primitive du second avec une constante arbitraire dans laquelle la proposée ne soit pas renfermée, il n'y aura qu'à éliminer les y'' et y' au moyen de la proposée, et l'on aura une équation en x et y qui renfermera une constante arbitraire et qui sera par conséquent l'équation primitive complète de la proposée; et ainsi de suite.

On peut appliquer le même raisonnement aux équations des ordres supérieurs au premier et en tirer des conclusions semblables.

Le sujet de ce Chapitre est traité avec plus de détail dans les Leçons X, XI et XII du *Calcul des fonctions* (*), où le lecteur trouvera une analyse complète des sections angulaires.

(*) *Œuvres de Lagrange*, t. X.

CHAPITRE VIII.

OU L'ON EXAMINE LES CAS SIMPLES DANS LESQUELS ON PEUT PASSER DES FONCTIONS OU DES ÉQUATIONS DÉRIVÉES DU PREMIER ORDRE AUX FONCTIONS OU AUX ÉQUATIONS PRIMITIVES. DES ÉQUATIONS LINÉAIRES DES DIFFÉRENTS ORDRES, ET DE CELLES QU'ON PEUT RENDRE LINÉAIRES.

---

49. Une équation du premier ordre en x, y et y' étant donnée, si l'on peut, par des opérations quelconques, la ramener à la forme

$$f(x, y)' = 0,$$

où $f(x, y)'$ désigne la fonction prime d'une fonction de x, y marquée par $f(x, y)$, on aura sur-le-champ l'équation primitive

$$f(x, y) = a,$$

dans laquelle a sera la constante arbitraire.

Par exemple, l'équation $y' = 0$ donne sur-le-champ $y = a$; l'équation $xy' - y = 0$, étant divisée par x^2, se réduit à $\left(\frac{y}{x}\right)' = 0$; j'entends par $\left(\frac{y}{x}\right)'$ la fonction prime de la quantité $\frac{y}{x}$ renfermée entre les deux parenthèses; d'où l'on tire $\frac{y}{x} = a$, ou bien, en divisant la même équation par xy, elle devient

$$\frac{y'}{y} - \frac{1}{x} = 0,$$

dans laquelle les variables x, y ne sont plus mêlées. Prenant donc la fonction primitive de chaque terme, on aura

$$ly - lx = la,$$

la caractéristique l indiquant les logarithmes hyperboliques, d'où l'on tire $\frac{y}{x} = a$, comme plus haut.

En général, si l'on peut réduire l'équation à la forme

$$f(x) + y' \mathrm{F}(y) = 0,$$

où les variables sont séparées, il n'y aura qu'à prendre les fonctions primitives de $f(x)$ et de $y' \mathrm{F}(y)$, et faire la somme égale à une constante arbitraire a, et la même chose aura lieu si l'on peut ramener la proposée à cette forme par une substitution quelconque.

Soit, par exemple, une équation de la forme

$$y' = f\left(\frac{y}{x}\right).$$

Je fais $\frac{y}{x} = u$; donc $y = xu$, $y' = xu' + u$, et l'équation devient, par ces substitutions,

$$xu' + u = f(u),$$

laquelle peut se mettre sous la forme

$$\frac{1}{x} + \frac{u'}{u - f(u)} = 0,$$

qui est comprise dans la précédente.

Si l'on avait l'équation

$$y = xf(y'),$$

au lieu de la réduire à la forme précédente, j'en prendrais les fonctions primes, ce qui me donnerait

$$y' = xy'' f'(y') + f(y'),$$

équation réductible à la forme

$$\frac{1}{x} + \frac{y'' f'(y')}{f(y') - y'} = 0,$$

et qui, en faisant $y' = u$, rentre encore dans le cas précédent. Ayant trouvé ainsi une équation primitive entre x et u avec une constante arbitraire, c'est-à-dire entre x et y', on chassera y' par le moyen de la proposée, et l'on aura une équation entre x et y avec la constante arbitraire, laquelle sera, par conséquent, l'équation primitive complète de la proposée. Cette dernière méthode est, comme l'on voit, une application de la théorie du Chapitre précédent.

50. De cette manière, on ramène, comme l'on voit, la recherche des fonctions primitives de deux variables à celle des fonctions primitives d'une seule variable; mais, comme on n'y parvient ordinairement qu'en employant pour x et y d'autres variables, comme t et u, c'est-à-dire en substituant pour x et y des fonctions données de t et u, il faut observer, à l'égard de ces substitutions, que, u devenant fonction de t en vertu de l'équation qui a lieu entre x et y, ces deux variables devront être aussi regardées comme fonctions de t. Donc, ayant supposé $y=f(x)$, on aura, en regardant maintenant x et y comme fonctions de t, $y'=x'f'(x)$ (n° 16); mais, lorsqu'on regarde y simplement comme fonction de x, on a $y'=f'(x)$, comme nous l'avons fait jusqu'ici; donc, pour passer de cette hypothèse à celle où x et y sont fonctions de t, il faut mettre à la place de y' la quantité $\frac{y'}{x'}$.

Ainsi, ayant à transformer l'équation

$$y'=\mathrm{F}(x, y),$$

on commencera par la changer en

$$y'=x'\,\mathrm{F}(x, y);$$

ensuite on y substituera pour x, y, x', y' leurs valeurs en t, u et u', où u' sera la fonction prime de u, regardé comme fonction de t.

De même, puisque y'' est la fonction prime de y', regardé comme fonction de x, il faudra substituer pour y'' la quantité $\frac{\left(\frac{y'}{x'}\right)'}{x'}$, c'est-à-dire $\frac{y''}{x'^2}-\frac{y'x''}{x'^3}$, et ainsi de suite.

Donc, si dans une équation, au lieu de regarder y comme fonction de x, on voulait réciproquement regarder x comme fonction de y, alors la fonction prime de y deviendrait l'unité, et l'on y substituerait simplement $\frac{1}{x'}$ pour y', $-\frac{x''}{x'^3}$ pour y'', et ainsi de suite.

51. Il y a, au reste, une manière générale de trouver l'équation primitive d'une équation dérivée d'un ordre quelconque : elle consiste à rendre le premier membre de l'équation, dont le second est zéro, une fonction dérivée exacte par le moyen d'un multiplicateur. On trouvera dans la Leçon XIII du *Calcul des fonctions* une démonstration de l'existence de ce multiplicateur dans toutes les équations dérivées [1]; mais la recherche en est le plus souvent très-difficile, ce qui rend cette méthode plus curieuse qu'utile.

52. Quant à la manière de trouver les fonctions primitives des fonctions d'une seule variable, comme de $F(x)$ ou de $y' F(y)$, on sait que, si $F(x)$ est une fonction rationnelle de x, on peut toujours la décomposer en différents termes de la forme x^m ou $\frac{1}{(a+bx)^m}$, m étant un nombre entier positif et $a+bx$ un facteur du dénominateur de la fonction, s'il en a un. Ainsi la fonction primitive de $F(x)$ sera composée d'autant de termes de la forme $\frac{x^{m+1}}{m+1}$ et $\frac{(a+bx)^{1-m}}{b(1-m)}$, ou $\mathrm{l}x$ si $m=-1$, et $\frac{\mathrm{l}(a+bx)}{b}$ si $m=1$, et il en sera de même de la fonction primitive de $y' F(y)$ (n° 32).

Si $F(x)$ contient des quantités irrationnelles, on les fera disparaître par des substitutions, ce qui n'est possible en général, par les méthodes connues, que pour les radicaux de la forme $\sqrt{a+bx+cx^2}$. Quand il y a dans $F(x)$ des radicaux plus compliqués, ou même quand il y a plus d'un radical de cette forme, la recherche de la fonction primitive devient impossible en général par les méthodes connues, et l'on ne peut l'obtenir que par le moyen des séries, soit en faisant disparaître les radicaux par leur résolution en série, soit en employant la méthode générale pour le développement en série de toute fonction de x (n° 33).

[1] *Œuvres de Lagrange*, t. X.

Pour cela, on supposera $f'(x) = F(x)$; de là on aura

$$f''(x) = F'(x), \quad f'''(x) = F''(x), \quad \ldots.$$

Donc la valeur de $f(x)$, fonction primitive de $F(x)$, sera représentée ainsi,

$$f(x) = f + xF + \frac{x^2}{2}F' + \frac{x^3}{2.3}F'' + \ldots,$$

les quantités f, F, F′, ... étant les valeurs de $f(x)$, $F(x)$, $F'(x)$, ... lorsque $x = 0$, où l'on voit que f sera une constante indéterminée.

53. Si, pour une équation proposée d'un ordre quelconque, on parvient à trouver une équation d'un ordre inférieur qui ne renferme point de constantes arbitraires ou qui n'en renferme pas autant qu'il peut y en avoir, alors cette équation ne pourra pas être regardée comme une équation primitive complète, mais elle ne sera qu'un cas particulier de cette équation, dans lequel on aurait donné aux constantes arbitraires des valeurs particulières.

Mais il y a un cas très-étendu, dans lequel il suffit d'avoir plusieurs valeurs particulières de y en x pour pouvoir en obtenir la valeur complète : c'est celui où l'équation d'un ordre quelconque ne renferme les y, y', y'', ... que sous la forme linéaire.

Soit, en effet, proposée l'équation

$$Ay + By' + Cy'' + Dy''' + \ldots = 0,$$

dans laquelle A, B, C, ... soient des fonctions données de x seul. Soient p, q, r, ... des fonctions différentes de x qui, étant substituées pour y, satisfassent chacune en particulier à cette équation. Je dis que l'on aura, en général,

$$y = ap + bq + cr + \ldots,$$

a, b, c, ... étant des constantes arbitraires, ce qui est évident, car cette expression de y, étant substituée dans la même équation, y satisfera indépendamment des constantes. D'où il suit que, si le nombre des valeurs particulières p, q, r, ... est égal à celui de l'ordre de l'équation proposée, c'est-à-dire à l'indice de la fonction dérivée $y'''\cdots$ la plus élevée, on aura l'expression complète de y. L'analyse du n° 44 fournit un exemple de cette méthode.

Mais il y a plus : on peut alors trouver aussi la valeur complète de y, qui satisfera à l'équation

$$Ay + By' + Cy'' + \ldots = X,$$

X étant aussi une fonction quelconque de x.

Comme cette méthode est une des plus utiles dans ce genre d'analyse, je crois devoir l'exposer ici en peu de mots.

54. Supposons que l'équation proposée soit du troisième ordre ; on verra aisément que la méthode est générale pour un ordre quelconque. Soit donc l'équation

$$Ay + By' + Cy'' + y''' = X,$$

et soient p, q, r trois valeurs différentes et particulières de y et x qui satisfassent à l'équation

$$Ay + By' + Cy'' + y''' = 0,$$

en sorte que l'on ait

$$Ap + Bp' + Cp'' + p''' = 0,$$

$$Aq + Bq' + Cq'' + q''' = 0,$$

$$Ar + Br' + Cr'' + r''' = 0.$$

Supposons $y = ap + bq + cr$, et regardons a, b, c comme trois fonctions inconnues de x qu'il s'agira de déterminer; en prenant les fonctions primes, secondes et tierces de y, on aura d'abord

$$y' = ap' + bq' + cr' + pa' + qb' + rc'.$$

Je suppose $pa' + qb' + rc' = 0$; j'aurai simplement

$$y' = ap' + bq' + cr'.$$

De là, en prenant de nouveau les fonctions primes, j'aurai

$$y'' = ap'' + bq'' + cr'' + a'p' + b'q' + c'r'.$$

Je suppose derechef $a'p' + b'q' + c'r' = 0$; j'aurai simplement

$$y'' = ap'' + bq'' + cr'',$$

d'où je tire, en prenant encore les fonctions primes,

$$y''' = ap''' + bq''' + cr''' + a'p'' + b'q'' + c'r''.$$

Je substitue maintenant les valeurs de y, y', y'' et y''' dans l'équation proposée; il est visible que, par la nature des quantités p, q, r, les termes qui contiendront a, b, c se détruiront, et il ne restera que l'équation

$$a'p'' + b'q'' + c'r'' = X,$$

qui, étant combinée avec les deux équations supposées

$$a'p + b'q + c'r = 0,$$
$$a'p' + b'q' + c'r' = 0,$$

servira à déterminer les trois quantités a', b', c', les quantités p, q, r et leurs fonctions primes et secondes étant connues, ainsi que la quantité X.

Supposons donc qu'on ait trouvé $a' = P$, $b' = Q$, $c' = R$; ces quantités P, Q, R étant des fonctions connues de x, il n'y aura qu'à les regarder comme des fonctions primes et en chercher les fonctions primitives, qui contiendront chacune une constante arbitraire qui pourra lui être ajoutée. On aura ainsi les valeurs des inconnues a, b, c, qu'on substituera ensuite dans l'expression de y.

55. Lorsque l'équation n'est que du premier ordre, on n'a besoin que d'une valeur p, et l'on peut toujours la trouver, car on a alors l'équation

$$Ap + p' = 0,$$

à laquelle satisfait cette valeur $p = e^{-M}$, M étant la fonction primitive de A, de manière que $M' = A$, et e dénotant toujours le nombre dont le logarithme hyperbolique est l'unité; en effet, on aura, en prenant les fonctions primes,

$$p' = -M'e^{-M} = -Ap.$$

Pour les équations d'un ordre supérieur au premier, il n'y a pas de méthode générale pour trouver les valeurs de p, q, ..., à moins que les coefficients A, B, C, ... ne soient constants. Mais, dans ce cas, il est aisé de les trouver, car il n'y a qu'à supposer $p = e^{mx}$, m étant une constante indéterminée; on aura

$$p' = me^{mx}, \quad p'' = m^2 e^{mx}, \quad \ldots;$$

donc l'équation

$$Ap + Bp' + Cp'' + Dp''' + \ldots = 0$$

deviendra

$$A + Bm + Cm^2 + Dm^3 + \ldots = 0,$$

laquelle sera, généralement parlant, d'un degré égal à l'ordre de l'équation proposée. Elle aura donc autant de racines qu'il y a d'unités dans ce degré, et, si l'on désigne ces racines par m, n, ..., on aura

$$p = e^{mx}, \quad q = e^{nx}, \quad \ldots,$$

de sorte que, dans ce cas, la difficulté est réduite à la résolution des équations.

56. On peut souvent rendre linéaires des équations qui ne le sont pas, par le moyen des substitutions, et, comme cette transformation est toujours avantageuse, voici deux cas très-étendus où elle réussit.

Le premier est celui de l'équation

$$y = xf(y') + F(y'),$$

qui est plus générale que celle que nous avons traitée ci-dessus (n° 54). J'en prends d'abord les fonctions primes; j'ai

$$y' = xy''f'(y') + f(y') + y''F'(y');$$

je fais $y' = z$, et par conséquent $y'' = z'$; j'ai

$$z = xz'f'(z) + f(z) + z'F'(z),$$

équation du premier ordre en x et z, où z est censé fonction de x.

Maintenant je regarde x comme une fonction de z; il faudra mettre $\frac{1}{x'}$ à la place de z' (n° 50), et il viendra l'équation

$$xf'(z) + [f(z) - z]x' + F'(z) = 0,$$

qui est, comme l'on voit, du premier ordre et linéaire en x. On pourra donc, par la méthode précédente, en trouver l'équation primitive en x et z; mais la proposée, par la substitution de z au lieu de y', devient

$$y = xf(z) + F(z);$$

éliminant donc z de ces deux équations, on aura une équation en x et y, qui sera l'équation primitive de l'équation proposée.

Le second cas est celui de l'équation

$$y' + My^2 + N = 0,$$

M et N étant des fonctions de x. Ici je fais $y = \frac{z'}{Mz}$, ce qui donne

$$y' = \frac{z''}{Mz} - \frac{z'^2}{Mz^2} - \frac{z'M'}{M^2z};$$

substituant ces valeurs et multipliant par Mz, l'équation devient

$$z'' - \frac{M'z'}{M} + MNz = 0,$$

qui est, comme l'on voit, du second ordre, mais linéaire par rapport à z.

Supposons qu'on ait trouvé d'une manière quelconque deux valeurs particulières de y en x, c'est-à-dire sans constante arbitraire, que nous dénoterons par p et q. Pour la valeur p, on aura $\frac{z'}{Mz} = p$, d'où l'on tire $z = e^P$, en dénotant par P la fonction primitive de pM; on aura de même, pour la valeur q, $z = e^Q$, Q étant la fonction primitive de qM. Ayant ainsi deux valeurs particulières de z, on aura la valeur complète (n° 53)

$$z = ae^P + be^Q,$$

a et b étant deux constantes arbitraires; donc, puisque $y = \frac{z'}{\mathrm{M}z}$ et que $\mathrm{P}' = p\mathrm{M}$, $\mathrm{Q}' = q\mathrm{M}$, on aura cette valeur complète de y,

$$y = \frac{ape^{\mathrm{P}} + bqe^{\mathrm{Q}}}{ae^{\mathrm{P}} + be^{\mathrm{Q}}},$$

c'est-à-dire, en faisant $\frac{b}{a} = c$,

$$y = \frac{p + cqe^{\mathrm{Q}-\mathrm{P}}}{1 + ce^{\mathrm{Q}-\mathrm{P}}},$$

où c est la constante arbitraire.

Par exemple, si $\mathrm{N} = -m\mathrm{M}$, m étant une constante, il est aisé de voir que l'on satisfera à la proposée en y en faisant $y = \sqrt{m}$, et, à cause de l'ambiguïté du radical, on aura

$$p = \sqrt{m}, \quad q = -\sqrt{m};$$

donc, nommant L la fonction primitive de M, on aura

$$\mathrm{P} = \mathrm{L}\sqrt{m}, \quad \mathrm{Q} = -\mathrm{L}\sqrt{m},$$

et la valeur complète de y sera

$$\frac{\left(1 - ce^{-2\mathrm{L}\sqrt{m}}\right)\sqrt{m}}{1 + ce^{-2\mathrm{L}\sqrt{m}}}.$$

Au reste, dans ce cas, l'équation proposée peut se mettre sous la forme

$$\frac{y'}{y^2 - m} + \mathrm{M} = 0,$$

où les variables x et y sont séparées, et dont on peut trouver l'équation primitive, comme nous l'avons montré plus haut.

57. Lorsque l'équation proposée n'est pas linéaire en y, y', y'', ... ou qu'elle n'est pas comprise sous la forme précédente, je ne connais aucune méthode générale pour compléter les valeurs particulières de y qu'on aurait trouvées; mais on y peut toujours parvenir par le moyen des séries.

Supposons, en effet, que, pour une équation du premier ordre en x, y et y', la valeur complète de y soit $f(x, a)$, a étant la constante arbitraire. En donnant à a une valeur particulière h, la quantité $f(x, a)$ deviendra une valeur particulière de y, que nous nommerons p et que nous supposerons connue d'une manière quelconque. Faisons maintenant $a = h + i$, et développons la fonction $f(x, h+i)$ en série ascendante suivant les puissances de i; le premier terme sera $f(x, h) = p$, et les autres termes seront de la forme $qi + ri^2 + \ldots$, $q, r, \ldots$ étant des fonctions de x. Si l'on substitue cette expression de y dans l'équation donnée du premier ordre, il faudra qu'elle se vérifie indépendamment de la constante i, qui doit demeurer arbitraire.

Soit donc

$$y' = F(x, y)$$

l'équation du premier ordre à laquelle satisfait la valeur particulière $y = p$; on aura, d'après cette condition,

$$p' = F(x, p).$$

Substituons pour y la série $p + iq + i^2 r + \ldots$, et développons aussi la fonction $F(x, y)$ en série suivant les puissances de i; si l'on dénote simplement par $F'(y)$, $F''(y)$, ... les fonctions primes, secondes, etc. de $F(x, y)$ prises relativement à y seul, et qu'on fasse, pour abréger, $o = iq + i^2 r + \ldots$, on aura, par la théorie exposée plus haut sur le développement des fonctions,

$$F(x, y) = F(x, p) + o\,F'(p) + \frac{o^2}{2} F''(p) + \ldots.$$

D'un autre côté, on aura, en prenant les fonctions primes,

$$y' = p' + q'i + r'i^2 + \ldots;$$

donc, substituant ces valeurs dans l'équation $y' = F(x, y)$ et ordonnant les termes suivant les puissances de i, on aura, à cause de $p' = F(x, p)$,

$$iq' + i^2 r' + \ldots = iq\,F'(p) + i^2\left[r\,F'(p) + \frac{q^2}{2} F''(p)\right] + \cdots,$$

d'où l'on tire, par la comparaison des termes affectés des mêmes puissances de i, les équations suivantes :

$$q' = q\,\mathrm{F}'(p), \quad r' = r\,\mathrm{F}'(p) + \frac{q^2}{2}\mathrm{F}''(p), \quad \ldots,$$

qui serviront à déterminer successivement toutes les inconnues q, r, ...

Comme les quantités $\mathrm{F}'(p)$, $\mathrm{F}''(p)$, ... sont des fonctions données de x, il est visible qu'on n'aura pour ces inconnues que des équations linéaires du premier ordre, susceptibles de la méthode du n° 55; il ne sera pas même nécessaire d'avoir les valeurs complètes de q, r, ..., il suffira d'avoir des valeurs quelconques qui satisfassent à ces équations de condition.

Ayant ainsi déterminé les valeurs des quantités q, r, s, ..., on aura cette valeur complète de y,

$$y = p + iq + i^2 r + \ldots,$$

dans laquelle i sera la constante arbitraire qui manquait à la valeur particulière $y = p$. Cette valeur sera à la vérité exprimée par une série, mais la convergence de cette série ne dépendra que de la valeur de la constante i.

Cette méthode est aussi applicable, avec l'extension convenable, aux équations des ordres supérieurs au premier; mais les équations qu'on trouvera pour la détermination des fonctions inconnues seront du même ordre, et par conséquent on ne pourra trouver, en général, les valeurs de ces fonctions que dans le cas où les coefficients seront constants.

Au reste, cette méthode est le fondement des solutions des principaux problèmes de la théorie des planètes. Comme les excentricités et les inclinaisons qu'on doit regarder comme des constantes arbitraires sont fort petites, et que l'effet des attractions est aussi très-petit, le cercle fournit d'abord des valeurs particulières, et l'on complète ensuite ces valeurs par des séries qui procèdent suivant les puissances de ces constantes très-petites.

CHAPITRE IX.

DES VALEURS SINGULIÈRES QUI NE SONT PAS COMPRISES DANS LES ÉQUATIONS PRIMITIVES COMPLÈTES. DES ÉQUATIONS PRIMITIVES SINGULIÈRES.

58. La méthode que nous venons d'exposer pour trouver l'équation primitive par le moyen des séries est fondée sur la supposition que toute fonction $F(x, y)$ de deux variables x, y puisse toujours, par la substitution de $p+qi+ri^2+\ldots$ à la place de y, se développer en une série ascendante suivant les puissances entières de i; mais, comme cette série résulte du développement d'une fonction de $y+o$, en faisant $o=qi+ri^2+\ldots$ et donnant à y une valeur particulière p, il s'ensuit de la théorie que nous avons donnée dans le Chapitre V que ce développement pourrait contenir des puissances fractionnaires ou négatives de o, auquel cas la série dont il s'agit contiendrait nécessairement de pareilles puissances de i. Alors la série qui doit représenter la valeur de y pourra ne plus avoir la même forme; mais, comme $y=f(x, a)$, et qu'on suppose $a=h+i$ et $p=f(x, h)$, le premier terme sera toujours p et le second pourra encore être supposé de la forme qi, car, s'il était de la forme qi^n, n étant un exposant quelconque, il n'y aurait qu'à substituer $i^{\frac{1}{n}}$ à la place de i et supposer que a devienne $h+i^{\frac{1}{n}}$, ce qui est indifférent, puisqu'on regarde i comme une constante arbitraire; mais les termes suivants pourront être de la forme $ri^m+si^n+\ldots$, où m devra être >1, $n>m$, $\ldots$, par hypothèse.

Substituant donc, dans $F(x, y)$, pour y, la série

$$p+qi+ri^m+si^n+\ldots,$$

et développant suivant les puissances ascendantes de i, on aura une série de cette forme

$$F(x, p) + Pi^\mu + Qi^\nu + \ldots,$$

μ étant différent de l'unité, $\nu > \mu$, ..., et P, Q, ... étant des fonctions données de x. Donc l'équation

$$y' = F(x, y)$$

deviendra, par ces substitutions,

$$iq' + i^m r' + i^n s' + \ldots = Pi^\mu + Qi^\nu + \ldots,$$

laquelle devra se vérifier indépendamment de la valeur de i.

Donc, si $\mu > 1$, on pourra faire $q' = 0$, $m = \mu$ et $r' = P$, ensuite $n = \nu$, $s' = Q$, ... Ainsi, on aura d'abord q égal à une constante, ou plus simplement $q = 1$; ensuite, comme P ne dépend que de q et de x, on trouvera la valeur de r en prenant la fonction primitive de P, et ainsi de suite.

59. Mais si $\mu < 1$, alors il sera impossible de satisfaire à l'équation de manière que i demeure une constante arbitraire, et l'on devra en conclure que la valeur particulière p, ne pouvant pas être complétée ainsi, ne saurait être contenue dans l'expression générale $f(x, a)$, qui représente la valeur complète de y.

Maintenant il est visible que, quel que puisse être le premier terme Pi^μ du développement de $F(x, y)$ par la substitution de $p + qi + ri^m + \ldots$ à la place de y, il ne peut venir que des termes $p + qi$, de sorte qu'il sera le même que si l'on substituait simplement $p + qi$ à la place de y. Donc le développement de $F(x, y)$ par la substitution de $p + o$ à la place de y sera $F(x, p) + \frac{Po^\mu}{q^\mu} + \ldots$; donc, puisque la série résultante de ce développement contient un terme affecté de o^μ, où μ est > 0 et < 1, il s'ensuit de la théorie donnée au nº 29 que la fonction prime $F'(y)$ devra devenir infinie lorsque $y = p$.

De là on tire cette conclusion que la valeur particulière p ne pourra pas être contenue dans l'expression complète de y si cette valeur rend la fonction $F'(y)$ infinie, c'est-à-dire la fonction $\frac{1}{F'(y)}$ nulle.

Réciproquement donc, l'équation $\frac{1}{F'(y)} = 0$ donnera toutes les valeurs de y qui, pouvant satisfaire à l'équation $y' = F(x, y)$ comme valeurs particulières, ne seront pas renfermées dans la valeur complète. On pourra appeler ces valeurs *valeurs singulières,* pour les distinguer des autres, et, en général, on pourra appeler *équation primitive singulière* toute équation en x et y qui satisfera à une équation du premier ordre entre x, y et y', ou à une équation d'un ordre supérieur, et qui ne sera pas comprise dans l'équation primitive complète, c'est-à-dire qui ne sera pas un cas particulier de cette équation.

60. Nous venons de voir qu'il y a une espèce d'équations qui peuvent satisfaire à des équations d'un ordre supérieur et qui ne satisfont pas aux équations d'où celles-ci peuvent être dérivées, parce qu'elles ne sont pas renfermées dans les équations complètes d'un ordre inférieur à celles-ci. Ces équations ne forment pas une exception à la théorie générale exposée plus haut (nº 46), mais elles résultent d'une considération particulière dans la manière dont les équations d'un ordre supérieur sont dérivées par l'élimination des constantes. En effet, on y a vu que les deux équations $F(x, y) = 0$ et $F(x, y)' = 0$ donnent, par l'élimination d'une constante a, une équation dérivée du premier ordre entre x, y et y', dont $F(x, y) = 0$ sera l'équation primitive.

Or il est évident que le résultat de cette élimination serait le même si la quantité a, au lieu d'être constante, était une fonction quelconque de x; mais, dans ce cas, la fonction prime de $F(x, y)$ ne serait plus simplement $F(x, y)'$: elle contiendrait de plus une partie provenant de la variation de a, et, si l'on désigne par $F'(a)$ la fonction prime de $F(x, y)$ prise relativement à la variable a, on aura $a' F'(a)$ pour la partie dont il s'agit, a' étant la fonction prime de a regardé comme fonction de x.

Ainsi, dans le cas où a serait fonction de x, l'équation prime de

$F(x, y) = o$ serait

$$F(x, y)' + a' F'(a) = o;$$

donc, pour qu'elle se réduise à $F(x, y)' = o$, comme dans le cas de a constante, il faudra que l'on ait $F'(a) = o$, équation qui servira à déterminer la valeur de a, et qui n'est autre chose, comme l'on voit, que l'équation prime de l'équation primitive, prise relativement à a, d'où il s'ensuit que, si l'on substitue cette valeur de a dans l'équation primitive $F(x, y) = o$, on aura une équation en x et y, qui satisfera également à l'équation du premier ordre et qui ne sera pas renfermée dans l'équation primitive, où a est la constante arbitraire.

On pourra appliquer la même théorie aux équations des ordres supérieurs et en déduire des conclusions semblables.

61. Pour voir maintenant si l'équation qui résulte de cette considération est la même que l'équation primitive singulière, déduite de l'analyse précédente, supposons, comme plus haut (n° 58), que l'équation du premier ordre soit réduite à la forme $y' = F(x, y)$ et que son équation primitive complète soit $y = f(x, a)$, a étant la constante arbitraire. Pour en déduire l'équation primitive où a est variable, on prendra l'équation prime relativement à a seul, et, si l'on désigne par $\varphi(x, a)$ la fonction prime de $f(x, a)$ prise relativement à a, on aura $\varphi(x, a) = o$, d'où l'on tirera a, qu'on substituera dans $f(x, a)$, et l'on aura une valeur particulière de y qui satisfera aussi à la proposée du premier ordre. Nous appellerons p cette valeur particulière, comme dans le numéro cité.

Maintenant, puisque la valeur complète $f(x, a)$ de y doit satisfaire à l'équation $y' = F(x, y)$ quelle que soit la constante a, il s'ensuit que, en faisant la substitution, l'équation résultante

$$f'(x, a) = F[x, f(x, a)]$$

devra avoir lieu quelle que soit la valeur de a. Par conséquent, son équation prime, prise relativement à a regardée comme seule variable, devra avoir lieu aussi quelle que soit la valeur de a (n° 17).

Puisque $f'(x, a)$ est la fonction prime de $f(x, a)$ prise relativement à x, la fonction prime de celle-ci prise relativement à a sera donc la fonction seconde de $f(x, a)$, prise d'abord relativement à x et ensuite relativement à a, laquelle est la même chose, comme nous le démontrerons plus bas, que la fonction seconde de $f(x, a)$ prise d'abord relativement à a et ensuite relativement à x. Ainsi, ayant désigné par $\varphi(x, a)$ la fonction prime de $f(x, a)$ par rapport à a, on aura $\varphi'(x, a)$ pour la fonction prime de $f'(x, a)$ prise également par rapport à a, les traits appliqués aux caractéristiques f et φ ne se rapportant qu'à la variable x.

A l'égard de la fonction $F[x, f(x, a)]$, comme elle résulte de la substitution de $f(x, a)$ à la place de y dans $F(x, y)$, sa fonction prime relativement à a sera exprimée par $F'(y).\varphi(x, a)$ (n° 16), puisque nous avons désigné par $F'(y)$ la fonction prime de $F(x, y)$ relativement à y, et par $\varphi(x, a)$ la fonction prime de $f(x, a)$ ou y relativement à a.

Donc l'équation prime de l'équation

$$f'(x, a) = F(x, y)$$

prise relativement à a sera

$$\varphi'(x, a) = F'(y).\varphi(x, a),$$

d'où l'on tire

$$F'(y) = \frac{\varphi'(x, a)}{\varphi(x, a)}.$$

Or nous venons de trouver que, pour avoir la valeur particulière p, il faut substituer dans $f(x, a)$ la valeur de a tirée de l'équation $\varphi(x, a) = 0$. Dénotons par X cette valeur de a, qui sera une fonction de x; la fonction $\varphi(x, a)$ aura cette forme

$$\varphi(x, a) = V(X - a)^m,$$

m étant > 0, et V étant une fonction de x qui ne deviendra ni nulle ni infinie lorsque $a = X$; on tirera de là

$$\varphi'(x, a) = V'(X - a)^m + mVX'(X - a)^{m-1}.$$

Donc on aura

$$F'(y) = \frac{V'}{V} + \frac{mX'}{X-a}.$$

Mais y devient p lorsque $a = X$; donc $F'(y)$ deviendra infini lorsque $y = p$, comme dans le cas du n° 59. Ainsi les deux méthodes des n°s 58 et 60 conduisent aux mêmes résultats et donnent les mêmes valeurs singulières; mais la seconde a l'avantage d'être plus directe et de donner la vraie métaphysique de cette espèce de paradoxe.

62. Supposons, pour donner un exemple, que l'équation primitive soit

$$x^2 - 2ay - a^2 - b^2 = 0;$$

en prenant les fonctions primes, on aura l'équation prime

$$x - ay' = 0;$$

éliminant a par le moyen de l'équation primitive, on aura l'équation du premier ordre

$$x - (-y + \sqrt{x^2 + y^2 - b^2})y' = 0,$$

dont celle-là sera l'équation primitive complète, a étant la constante arbitraire.

Maintenant, si l'on prend la fonction prime de la même équation

$$x^2 - 2ay - a^2 - b^2 = 0$$

relativement à la quantité a regardée comme une fonction de x, on aura

$$-2(y+a)a' = 0,$$

ce qui donne

$$y + a = 0, \quad a = -y,$$

et, substituant cette valeur dans la même équation primitive, on aura

$$x^2 + y^2 - b^2 = 0.$$

Cette équation satisfera par conséquent aussi à la même équation du premier ordre, ce qui est aisé à vérifier, car elle donne

$$y^2 = b^2 - x^2 \quad \text{et} \quad yy' = -x,$$

valeurs qui, étant substituées dans la quantité

$$x + yy' - y'\sqrt{x^2 + y^2 - b^2},$$

la rendent identiquement nulle. Ce sera donc l'équation primitive singulière.

En effet, suivant la théorie du n° 61, on aura, dans le cas présent,

$$F(x, y) = \frac{x}{-y + \sqrt{x^2 + y^2 - b^2}} \quad \text{et} \quad p = \sqrt{b^2 - x^2};$$

donc, en prenant les fonctions primes relativement à y seul, on trouvera

$$F'(y) = \frac{x}{(-y + \sqrt{x^2 + y^2 - b^2})\sqrt{x^2 + y^2 - b^2}},$$

quantité qui devient infinie, comme l'on voit, par la supposition de $y = p = \sqrt{b^2 - x^2}$.

63. Supposons maintenant que l'on ait l'équation du premier ordre $y' = F(y)$ et que la fonction $F(y)$ de y soit telle qu'elle devienne nulle lorsque y est égal à une constante donnée b; il est visible que cette valeur de y satisfera à l'équation, car $y = b$ donne aussi $y' = 0$. On demande si cette valeur de y est une valeur particulière comprise dans la valeur complète ou bien si ce n'est qu'une valeur singulière. On prendra la fonction prime de $F(y)$, et, si $F'(y)$ devient infini lorsque $y = b$, la valeur b ne sera qu'une valeur singulière; sinon, elle sera une valeur particulière.

Soit

$$F(y) = K(y - b)^m,$$

m étant > 0 et K une constante; on aura

$$F'(y) = mK(y - b)^{m-1},$$

quantité qui devient infinie lorsque $m < 1$; donc la valeur $y = b$ sera une valeur singulière si $m > 0$ et < 1, et une simple valeur particulière si $m =$ ou > 1. En effet, l'équation

$$y' = K(y - b)^m,$$

étant divisée par $(y - b)^m$ et mise sous la forme

$$(y - b)^{-m} y' - K = 0,$$

a pour équation primitive

$$\frac{(y - b)^{1-m}}{1 - m} - Kx = a,$$

a étant la constante arbitraire, d'où l'on tire

$$y = b + [(m - 1)(a + Kx)]^{\frac{1}{1-m}}.$$

Donc, pour que l'on ait $y = b$, il faudra que la quantité $(a + Kx)^{\frac{1}{1-m}}$ devienne nulle. Or, si $m > 0$ et < 1, l'exposant $\frac{1}{1 - m}$ sera positif; par conséquent, il sera impossible de donner à a une valeur qui fasse évanouir la quantité dont il s'agit. Mais si $m > 1$, alors, l'exposant $\frac{1}{1 - m}$ devenant négatif, la quantité $(a + Kx)^{\frac{1}{1-m}}$ deviendra nulle lorsque a sera infini; car, faisant $a = \frac{1}{c}$, cette quantité deviendra

$$\frac{c^{\frac{1}{m-1}}}{(1 + Kcx)^{\frac{1}{m-1}}},$$

laquelle devient zéro lorsque $c = 0$.

La même chose a lieu lorsque $m = 1$; alors l'équation primitive contient des logarithmes ou des exponentielles, car on a

$$y' = K(y - b)$$

et, divisant par $y - b$,

$$\frac{y'}{y - b} - K = 0,$$

dont l'équation primitive est

$$l(y-b) - Kx = l a,$$

d'où l'on tire

$$y = b + ae^{Kx},$$

e étant le nombre dont le logarithme hyperbolique est l'unité et a la constante arbitraire. Ici il est évident qu'en faisant a égal à zéro on aura $y = b$.

Supposons encore

$$F(y) = \sqrt{Y},$$

Y étant une fonction de y qui devienne nulle lorsque $y = b$; on aura

$$F'(y) = \frac{Y'}{2\sqrt{Y}};$$

donc, puisque Y devient nul lorsque $y = b$, si Y' ne devient pas nul en même temps, $F'(y)$ deviendra alors infini et la valeur $y = b$ ne sera qu'une valeur singulière. Donc, pour que cette valeur soit une simple valeur particulière, il faudra que Y' devienne nul en même temps que Y, en faisant $y = b$.

Cette théorie des équations primitives singulières est présentée d'une manière plus générale et avec de nouveaux détails dans les Leçons XIV, XV, XVI et XVII sur le *Calcul des fonctions* (*), auxquelles nous renvoyons les lecteurs qui désireraient approfondir davantage ce point d'Analyse.

(*) *Œuvres de Lagrange*, t. X.

CHAPITRE X.

DE L'EMPLOI DES FONCTIONS DÉRIVÉES DANS L'ANALYSE ET DE LA DÉTERMINATION DES CONSTANTES ARBITRAIRES. APPLICATION A LA SOMMATION DES SUITES ET A LA RÉSOLUTION DES ÉQUATIONS DU TROISIÈME DEGRÉ.

---

64. Par les principes que nous venons d'établir à l'égard des constantes arbitraires, on voit que ces constantes forment la liaison entre les équations primitives et les équations dérivées; celles-ci sont par elles-mêmes plus générales que les équations d'où elles dérivent, à raison des constantes qui ont disparu ou qui peuvent avoir disparu; elles équivalent proprement à toutes les équations primitives qui ne différeraient entre elles que par les valeurs de ces constantes.

On peut donc toujours passer d'une équation regardée comme primitive à une de ses dérivées d'un ordre quelconque, et réciproquement revenir de celle-ci à celle-là, pourvu que cette dernière opération introduise toujours des constantes arbitraires et qu'on ait soin de déterminer ces constantes d'une manière conforme à l'équation primitive, comme nous en avons déjà donné des exemples (nos 49 et suivants). Avec cette attention, on pourra employer dans l'Analyse les opérations relatives aux fonctions, comme on y emploie les opérations ordinaires d'Algèbre.

Ainsi, ayant une équation en x et y, on pourra immédiatement en déduire des équations dérivées d'un ordre quelconque; mais, pour revenir de celles-ci à une équation en x et y, il faudra tenir compte des constantes arbitraires et les déterminer de manière que les valeurs de y et de ses dérivées y', y'', ... soient les mêmes pour une valeur donnée de x, comme $x = 0$, que celles qui résultent de l'équation donnée.

Si l'équation proposée n'était que du premier ordre en x, y, y', alors, cette équation ne pouvant fournir que les valeurs de $y', y'', \ldots$ en x et y, ces valeurs, pour $x = 0$, contiendraient la valeur indéterminée de y; par conséquent, les constantes arbitraires dépendraient alors de cette valeur, qui serait elle-même une constante arbitraire, de sorte que, dans ce cas, toutes les constantes arbitraires se réduiraient à une seule. Elles se réduiraient à deux, par la même raison, si l'équation proposée était du second ordre en x, y, y' et y'', et ainsi de suite.

65. Pour faire mieux sentir l'esprit et l'usage de ces opérations, nous allons les appliquer encore à quelques exemples qui serviront en même temps d'exercice de calcul.

Soit proposée la série

$$1 + \frac{m}{n}x + \frac{m(m+1)}{n(n+1)}x^2 + \frac{m(m+1)(m+2)}{n(n+1)(n+2)}x^3 + \ldots,$$

dont on demande la somme.

Supposons-la égale à y, en sorte qu'on ait une équation en x et y; je multiplie cette équation par x^{n-1}, ce qui donne

$$yx^{n-1} = x^{n-1} + \frac{m}{n}x^n + \frac{m(m+1)}{n(n+1)}x^{n+1} + \ldots.$$

Je prends les fonctions primes de tous les termes; j'ai

$$\begin{aligned} &y'x^{n-1} + (n-1)yx^{n-2} \\ &\quad = (n-1)x^{n-2} + mx^{n-1} + \frac{m(m+1)}{n}x^n + \frac{m(m+1)(m+2)}{n(n+1)}x^{n+1} + \ldots, \end{aligned}$$

où l'on voit qu'il a disparu un facteur du dénominateur de chaque terme.

Je multiplie maintenant l'équation précédente par x^{m-n}; j'ai celle-ci

$$\begin{aligned} &y'x^{m-1} + (n-1)yx^{m-2} \\ &\quad = (n-1)x^{m-2} + mx^{m-1} + \frac{m(m+1)}{n}x^m + \frac{m(m+1)(m+2)}{n(n+1)}x^{m+1} + \ldots. \end{aligned}$$

Je fais le premier membre égal à p', p' étant la fonction prime de p, et je prends l'équation primitive; j'ai

$$p = \frac{n-1}{m-1}x^{m-1} + x^m + \frac{m}{n}x^{m+1} + \frac{m(m+1)}{n(n+1)}x^{m+2} + \ldots.$$

Je n'ajoute point de constante arbitraire ici, parce qu'elle peut être censée renfermée dans p.

Maintenant, en comparant cette nouvelle série avec la proposée, qu'on a supposée égale à y, il est visible qu'on aura l'équation

$$p = \frac{n-1}{m-1}x^{m-1} + x^m y;$$

prenant les fonctions primes, et substituant pour p' sa valeur $y'x^{m-1} + (n-1)yx^{m-2}$, on aura cette équation du premier ordre linéaire en y

$$(n-1)x^{m-2} + y'x^m + mx^{m-1}y = y'x^{m-1} + (n-1)yx^{m-2},$$

laquelle se réduit à cette forme

$$y' + \frac{n-1-mx}{x(1-x)}y = \frac{n-1}{x(1-x)}.$$

Cette équation étant susceptible de la méthode du n° 55, on pourra donc trouver la valeur y en x, qui sera, par conséquent, la somme de la série proposée; mais cette valeur devra contenir une constante arbitraire, qu'on déterminera de manière que y soit égal à 1 lorsque $x=0$, comme il résulte de la série donnée.

Si la série n'avait contenu que des facteurs simples, comme

$$1 + \frac{m}{n}x + \frac{m+1}{n+1}x^2 + \frac{m+2}{n+2}x^3 + \ldots,$$

on eût trouvé, par les mêmes opérations,

$$p = \frac{n-1}{m-1}x^{m-1} + x^m + x^{m+1} + x^{m+2} + \ldots.$$

Or on sait que

$$1 + x + x^2 + \ldots = \frac{1}{1-x};$$

donc on aurait, dans ce cas,

$$p = \frac{n-1}{m-1} x^{m-1} + \frac{x^m}{1-x};$$

prenant les fonctions primes et substituant la valeur de p', on aurait

$$y'x^{m-1} + (n-1)yx^{m-2} = (n-1)x^{m-2} + \frac{mx^{m-1}}{1-x} + \frac{x^m}{(1-x)^2},$$

savoir,

$$y' + \frac{(n-1)y}{x} = \frac{n-1}{x} + \frac{m}{1-x} + \frac{x}{(1-x)^2},$$

équation également linéaire du premier ordre.

Cette méthode s'applique à des séries plus compliquées et peut conduire à des équations linéaires d'un ordre supérieur au premier. J'ai cru devoir au moins l'indiquer, étant presque la seule méthode générale pour la sommation des suites.

66. Soit maintenant proposée l'équation

$$y = Ax + Bx^2 + x^3,$$

dans laquelle on demande l'expression de x en y. Cette expression peut s'obtenir par la formule connue pour la résolution des équations du troisième degré. Voici comment on y peut parvenir par la théorie des fonctions.

En prenant les fonctions primes et secondes, on aura

$$y' = A + 2Bx + 3x^2, \quad y'' = 2B + 6x;$$

si donc je forme la quantité

$$y + (m + nx)y' + (p + qx + rx^2)y'',$$

où m, n, p, q, r sont des coefficients arbitraires, j'aurai un quadrinôme qui contiendra les puissances x, x^2 et x^3, et je pourrai faire évanouir les termes multipliés par chacune de ces puissances; j'aurai ainsi une équation du second ordre de la forme

$$y + (m + nx)y' + (p + qx + rx^2)y'' = C,$$

où C sera une quantité constante; et cette équation renfermera encore deux coefficients indéterminés.

Je pourrai donc encore faire en sorte qu'étant multipliée par $2y'$ elle ait une équation primitive; car, pour cela, il suffira de faire $q = 2m$, $r = n$, et l'équation primitive sera

$$y^2 + (p + 2mx + nx^2)y'^2 = 2Cy + a,$$

a étant une constante arbitraire qu'on déterminera, comme nous l'avons dit, en supposant $x = 0$ et mettant pour y et y' leurs valeurs tirées de l'équation proposée. Or elle donne, dans ce cas, $y = 0$, $y' = A$; donc, faisant ces substitutions dans l'équation précédente, elle donnera $pA^2 = a$.

Ainsi l'on aura cette équation en y du premier ordre

$$y^2 + (p + 2mx + nx^2)y'^2 = 2Cy + pA^2,$$

où x ne monte qu'au second degré, circonstance sans laquelle on n'aurait rien gagné pour la détermination de x en y.

Mais, avant d'aller plus loin, il faut satisfaire aux conditions nécessaires pour que la quantité

$$y + (m + nx)y' + (p + 2mx + nx^2)y'',$$

après la substitution des valeurs de y, y', y'', devienne égale à une constante C. Cette substitution donne la quantité

$$Ax + Bx^2 + x^3 + (m + nx)(A + 2Bx + 3x^2) + (p + 2mx + nx^2)(2B + 6x);$$

développant, ordonnant les termes suivant les puissances de x, et égalant à C le terme sans x et les autres à zéro, on aura

$$mA + 2pB = C, \quad (1+n)A + 6mB + 6p = 0,$$
$$(1+4n)B + 15m = 0, \quad 1 + 9n = 0,$$

d'où l'on tire

$$n = -\frac{1}{9}, \quad m = -\frac{B}{27}, \quad p = \frac{B^2 - 4A}{27} \quad \text{et} \quad C = \frac{2B^3 - 9AB}{27}.$$

Retenons, pour plus de simplicité, les quantités p et C, et substituons celles de m et n dans l'équation ci-dessus; elle deviendra, en tirant la valeur de y',

$$y' = \frac{3\sqrt{pA^2 + 2Cy - y^2}}{\sqrt{9p - \frac{2B}{3}x - x^2}}.$$

Il faut maintenant en déduire l'équation primitive en x et y; mais, pour éviter les imaginaires, on doit distinguer deux cas, l'un où les radicaux sont réels, l'autre où ils sont imaginaires; car, puisque toute valeur réelle de x donne pour y et y' des valeurs réelles, il est visible que les deux radicaux de l'équation précédente seront réels ou imaginaires ensemble.

Supposons donc, en premier lieu, que $\sqrt{pA^2 + 2Cy - y^2}$ soit une quantité réelle; il faudra donc que $pA^2 + C^2 > (y - C)^2$; par conséquent, on pourra supposer

$$y - C = \sqrt{pA^2 + C^2}\sin z,$$

ce qui donnera

$$\sqrt{pA^2 + 2Cy - y^2} = \sqrt{pA^2 + C^2}\cos z,$$

et, prenant les fonctions primes,

$$y' = \sqrt{pA^2 + C^2}\, z' \cos z;$$

substituant ces valeurs dans l'équation précédente, elle deviendra, en divisant par 3,

$$\left(9p - \frac{2B}{3}x - x^2\right)^{-\frac{1}{2}} = \frac{z'}{3},$$

dont l'équation primitive peut être mise sous la forme

$$x + \frac{B}{3} = \sqrt{9p + \frac{B^2}{9}} \sin\left(\frac{z}{3} + \alpha\right),$$

α étant une constante arbitraire qu'il faudra déterminer en sorte que $x = 0$ donne $y = 0$, conformément à la proposée. Soit a la valeur de z lorsque $y = 0$; on aura donc les deux équations

$$-C = \sqrt{pA^2 + C^2} \sin a,$$

et

$$\frac{B}{3} = \sqrt{9p + \frac{B^2}{9}} \sin\left(\frac{a}{3} + \alpha\right),$$

par lesquelles on déterminera d'abord a, ensuite α. Après quoi on déterminera z par l'équation

$$\sin z = \frac{y - C}{\sqrt{pA^2 + C^2}},$$

et l'on aura

$$x = -\frac{B}{3} + \sqrt{9p + \frac{B^2}{9}} \sin\left(\frac{z}{3} + \alpha\right),$$

et, comme au même sinus de z répond aussi l'angle z augmenté d'une ou de deux circonférences, on aura les trois valeurs de x en prenant pour z ces trois valeurs z, $z + c$, $z + 2c$, c dénotant la circonférence du cercle.

C'est le cas qu'on appelle *irréductible* et où les trois racines sont réelles.

Supposons, en second lieu, que le radical $\sqrt{pA^2 + 2Cy - y^2}$ soit imaginaire; il n'y aura qu'à multiplier le numérateur et le dénominateur de l'expression de y' par $\sqrt{-1}$, et l'on aura

$$y' = \frac{3\sqrt{-pA^2 - 2Cy + y^2}}{\sqrt{-9p + \frac{2B}{3}x + x^2}},$$

quantité toute réelle.

Ici j'observe que, si l'on fait

$$X = \frac{B}{3} + x + \sqrt{-9p + \frac{2B}{3}x + x^2},$$

$$Y = -C + y + \sqrt{-pA^2 - 2Cy + y^2},$$

et qu'on prenne les fonctions primes, en regardant toujours y comme fonction de x, on aura

$$X' = X\left(-9p + \frac{2B}{3}x + x^2\right)^{-\frac{1}{2}},$$

$$Y' = y'Y(-pA^2 - 2Cy + y^2)^{-\frac{1}{2}},$$

de sorte qu'on pourra réduire l'équation précédente à cette forme

$$\frac{X'}{X} = \frac{Y'}{3Y},$$

dont les deux membres ont pour fonctions primitives lX et $\frac{1}{3}lY$. On aura donc cette équation primitive

$$lX = \tfrac{1}{3}lY + lb,$$

b étant une constante arbitraire, et, passant des logarithmes aux nombres, on aura

$$X = b\sqrt[3]{Y}.$$

Pour déterminer b, on fera de nouveau $x = 0$ et $y = 0$. Or X devient $\frac{B}{3} + \sqrt{-9p}$, et Y devient $-C + \sqrt{-pA^2}$; donc on aura

$$b = \frac{\frac{1}{3}B + \sqrt{-9p}}{\sqrt[3]{-C + \sqrt{-pA^2}}}.$$

Maintenant, ayant la valeur de X en x, il est aisé d'en tirer x; car, en carrant l'équation

$$\sqrt{-9p + \frac{2B}{3}x + x^2} = X - \frac{B}{3} - x,$$

on en déduira sur-le-champ

$$x = \frac{(X - \frac{4}{3}B)^2 + 9p}{2X};$$

par conséquent, en mettant pour X la valeur trouvée en y, savoir $b\sqrt[3]{Y}$, on aura

$$x = \frac{(b\sqrt[3]{Y} - \frac{4}{3}B)^2 + 9p}{2b\sqrt[3]{Y}}.$$

Cette expression ne peut donner, comme l'on voit, qu'une seule valeur réelle de x; c'est le cas où l'équation a deux racines imaginaires.

Si l'on fait $B = 0$, les formules qu'on vient de trouver dans les deux cas se simplifient beaucoup et se réduisent aux formules connues pour la résolution des équations du troisième degré, privées du second terme; mais nous ne nous arrêterons pas davantage sur ce problème, qui appartient proprement à l'Algèbre, et que nous n'avons traité ici qu'en passant et pour montrer, par différentes applications, la manière d'employer l'algorithme des fonctions.

CHAPITRE XI.

OU L'ON DONNE L'ÉQUATION PRIMITIVE D'UNE ÉQUATION DU PREMIER ORDRE DANS LAQUELLE LES VARIABLES SONT SÉPARÉES, MAIS OU L'ON NE PEUT POINT OBTENIR DIRECTEMENT LES FONCTIONS PRIMITIVES DE CHACUN DES DEUX MEMBRES. PROPRIÉTÉS REMARQUABLES DE CES FONCTIONS PRIMITIVES.

---

67. Prenons pour dernier exemple l'équation du premier ordre

$$y' = \frac{\sqrt{A + By + Cy^2 + Dy^3 + Ey^4}}{\sqrt{A + Bx + Cx^2 + Dx^3 + Ex^4}}.$$

En la divisant par le radical en y, on aurait une équation où les variables x et y seraient séparées; mais il serait impossible d'obtenir ainsi l'équation primitive, parce que les deux membres ne sont point réductibles en particulier à des fonctions primes.

Voici néanmoins comment on y peut parvenir par le moyen des fonctions dérivées.

Je suppose d'abord que x et y soient fonctions d'une autre variable t; il faudra, pour cela, substituer $\frac{y'}{x'}$ à la place de y' (n° 50); x' et y' seront alors les fonctions primes de x et y, regardées comme fonctions de t. En supposant que x soit une fonction quelconque de t, l'équation donnera pour y une fonction déterminée de t; ainsi je puis supposer que x soit une telle fonction de t que l'on ait l'équation

$$x' = \sqrt{A + Bx + Cx^2 + Dx^3 + Ex^4};$$

l'équation précédente, où l'on a mis $\frac{y'}{x'}$ pour y', donnera pareillement

$$y' = \sqrt{A + By + Cy^2 + Dy^3 + Ey^4}.$$

Qu'on fasse disparaître les radicaux dans ces deux équations, qu'ensuite on prenne les fonctions primes, on aura, après avoir divisé l'une par x', l'autre par y',

$$2x'' = B + 2Cx + 3Dx^2 + 4Ex^3,$$
$$2y'' = B + 2Cy + 3Dy^2 + 4Ey^3.$$

Faisons $x + y = p$, $x - y = q$, ce qui donne

$$x = \frac{p+q}{2}, \quad y = \frac{p-q}{2};$$

les deux équations précédentes, ajoutées et retranchées, donneront

$$p'' = B + Cp + \frac{3D}{4}(p^2 + q^2) + \frac{E}{2}(p^3 + 3pq^2),$$
$$q'' = Cq + \frac{3D}{2}pq + \frac{E}{2}(3p^2q + q^3).$$

De plus, comme $p'q' = x'^2 - y'^2$, si l'on substitue les valeurs de x' et de y' tirées des premières équations, on aura

$$p'q' = Bq + Cpq + \frac{D}{4}(3p^2q + q^3) + \frac{E}{2}(p^3q + pq^3).$$

Maintenant je fais cette combinaison :

$$qp'' - p'q' = \frac{D}{2}q^3 + Epq^3;$$

multipliant les deux membres par $\frac{2p'}{q^3}$, ils deviennent les fonctions primes de $\frac{p'^2}{q^2}$ et de $Dp + Ep^2$, de sorte que j'aurai d'abord cette équation primitive du premier ordre

$$\frac{p'^2}{q^2} = Dp + Ep^2 + a,$$

où a est une constante arbitraire.

Pour la déterminer, soit m la valeur de y lorsque $x=0$; on aura dans ce cas, par les équations ci-dessus,

$$x'=\sqrt{A},\quad y'=\sqrt{A+Bm+Cm^2+Dm^3+Em^4};$$

je fais cette dernière quantité égale à n, pour abréger.

Ainsi, puisque $p=x+y$, $q=x-y$, $p'=x'+y'$, $q'=x'-y'$, on aura, lorsque $x=0$,

$$p=m,\quad q=-m,\quad p'=\sqrt{A}+n,\quad q'=\sqrt{A}-n.$$

Faisant ces substitutions dans l'équation qu'on vient de trouver, on aura

$$a=\frac{(\sqrt{A}+n)^2}{m^2}-Dm-Em^2,$$

où l'on voit que, puisque m est une quantité indéterminée, la constante a demeure aussi indéterminée; mais les déterminations précédentes seraient utiles si, par d'autres combinaisons, on trouvait de nouvelles équations primitives avec des constantes arbitraires.

Nous avons donc l'équation

$$p'=q\sqrt{a+Dp+Ep^2},$$

qui, quoique du premier ordre, peut néanmoins donner tout de suite l'équation primitive en x et y de la proposée, puisque la valeur de p', qui est $x'+y'$, est déjà connue en x et y. En effet, substituant les valeurs de p, q et p', on aura

$$\sqrt{A+Bx+Cx^2+Dx^3+Ex^4}+\sqrt{A+By+Cy^2+Dy^3+Ey^4}$$
$$=(x-y)\sqrt{a+D(x+y)+E(x+y)^2},$$

où a est la constante arbitraire.

Cette équation en x et y est, comme l'on voit, sous une forme assez simple, et la méthode par laquelle nous y sommes parvenus est fort remarquable; mais cette équation n'est pas la seule qu'on puisse obtenir par les formules que nous venons de trouver.

En effet, si l'on substitue la valeur précédente de p' dans l'équation trouvée plus haut, qui donne la valeur de $p'q'$, on en tirera

$$q' = \frac{B + Cp + \frac{1}{3}D(3p^2 + q^2) + \frac{1}{2}E(p^3 + pq^2)}{\sqrt{a + Dp + Ep^2}}.$$

Ici, remettant pour p et q leurs valeurs $x+y$ et $x-y$, et pour q' sa valeur $x'-y' = \sqrt{A+Bx+Cx^2+Dx^3+Ex^4} - \sqrt{A+By+Cy^2+Dy^3+Ey^4}$, on aura une nouvelle équation en x et y avec la constante arbitraire a, qui sera également l'équation primitive de la proposée, mais qui ne sera qu'une transformée de l'équation précédente.

68. L'équation du premier ordre dont nous venons de trouver l'équation primitive peut toujours, par des transformations convenables, se réduire à la forme

$$z' = \frac{\sqrt{A + B\cos z}}{\sqrt{A + B\cos u}},$$

z étant ici une fonction de u. Comme cette équation, traitée directement de la même manière, est susceptible d'une analyse beaucoup plus simple et plus élégante, j'ai cru qu'on ne serait pas fâché de la trouver ici.

On regardera u et z comme fonctions d'une autre variable t, et, après avoir substitué, en conséquence, $\frac{z'}{u'}$ à la place de z' (n° 50), on fera ces deux équations séparées

$$u' = \sqrt{A + B\cos u}, \quad z' = \sqrt{A + B\cos z};$$

après les avoir carrées, on en prendra les fonctions primes; on aura, en divisant l'une par u' et l'autre par z', ces deux-ci du second ordre :

$$2u'' = -B\sin u, \quad 2z'' = -B\sin z.$$

Soient maintenant $z + u = 2p$, $z - u = 2q$; les deux équations précédentes, ajoutées et retranchées, deviendront par les théorèmes connus,

$$2p'' = -\mathrm{B}\sin p\cos q,\quad 2q'' = -\mathrm{B}\cos p\sin q.$$

Il est d'abord visible que, si l'on ajoute ces deux équations après avoir multiplié la première par q' et la seconde par p', le premier membre deviendra la fonction prime de $2p'q'$, et le second la fonction prime de $-\mathrm{B}\sin p\sin q$, de sorte qu'on aura d'abord cette équation primitive du premier ordre,

$$2p'q' = -\mathrm{B}\sin p\sin q + a,$$

a étant la constante arbitraire.

Pour la déterminer, supposons que $u = 0$ donne $z = m$; on aura donc dans ce cas

$$u' = \sqrt{\mathrm{A}+\mathrm{B}},\quad z' = \sqrt{\mathrm{A}+\mathrm{B}\cos m},\quad p = q = \frac{m}{2},$$

$$p' = \frac{z'+u'}{2},\quad q' = \frac{z'-u'}{2};$$

donc

$$2p'q' = \frac{z'^2 - u'^2}{2} = \frac{\mathrm{B}(\cos m - 1)}{2},$$

$$\sin p\sin q = \sin^2\frac{m}{2} = \frac{1-\cos m}{2},$$

de sorte que l'on aura

$$a = 2p'q' + \mathrm{B}\sin p\sin q = 0.$$

On aura donc simplement l'équation

$$2p'q' = -\mathrm{B}\sin p\sin q,$$

d'où l'on peut conclure que cette équation primitive, ne renfermant point de constante arbitraire, doit être comprise dans les équations du premier ordre en z et u, d'où nous sommes partis. En effet, ces équations donnent, en substituant les valeurs de p et q,

$$2p'q' = \frac{z'^2 - u'^2}{2} = \frac{\mathrm{B}}{2}(\cos z - \cos u) = -\mathrm{B}\sin p\sin q.$$

Divisons maintenant par cette équation du premier ordre les deux équations ci-dessus du second en p et q; on aura ces deux-ci,

$$\frac{p''}{p'q'} = \frac{\cos q}{\sin q}, \quad \frac{q''}{p'q'} = \frac{\cos p}{\sin p},$$

dont la première étant multipliée par q' et la seconde par p' donneront ces équations primitives

$$\mathrm{l}p' = \mathrm{l}\sin q + \mathrm{l}a, \quad \mathrm{l}q' = \mathrm{l}\sin p + \mathrm{l}b,$$

ou bien, en passant des logarithmes aux nombres,

$$p' = a\sin q, \quad q' = b\sin p,$$

a et b étant des constantes arbitraires qu'on déterminera par les mêmes suppositions que ci-dessus, d'où l'on aura

$$a = \frac{\sqrt{A + B\cos m} + \sqrt{A + B}}{2\sin\frac{m}{2}},$$

$$b = \frac{\sqrt{A + B\cos m} - \sqrt{A + B}}{2\sin\frac{m}{2}}.$$

Les deux équations qu'on vient de trouver pourraient donner chacune une équation primitive en u et z par la substitution des valeurs de p, q, p', q'; on aurait ainsi

$$\sqrt{A + B\cos z} + \sqrt{A + B\cos u} = 2a\sin\frac{z - u}{2},$$

$$\sqrt{A + B\cos z} - \sqrt{A + B\cos u} = 2b\sin\frac{z + u}{2}.$$

Comme les valeurs de a et b renferment l'indéterminée m, chacune de ces valeurs pourra être regardée aussi comme indéterminée en particulier; ainsi, dans chacune de ces équations à part, on pourra regarder a ou b comme constante arbitraire; mais, si l'on voulait faire une combinaison quelconque de ces équations, il faudrait employer les valeurs de a et b trouvées ci-dessus, et alors la quantité m serait la seule constante arbitraire.

Ces dernières équations étant compliquées de radicaux, il sera à propos de chercher encore une autre équation primitive d'après les mêmes équations du premier ordre

$$p' = a \sin q, \quad q' = b \sin p;$$

or, en divisant l'une par l'autre, on a

$$\frac{p'}{q'} = \frac{a \sin q}{b \sin p},$$

et, multipliant en croix,

$$bp' \sin p = aq' \sin q,$$

d'où l'on tire tout de suite l'équation primitive

$$b \cos p = a \cos q + c,$$

c étant une nouvelle constante arbitraire qu'il faudra déterminer comme ci-dessus. Or, en faisant $u = 0$ et $z = m$, on a

$$p = q = \frac{m}{2};$$

donc l'équation précédente donnera

$$c = (b - a) \cos \frac{m}{2} = - \frac{\sqrt{A + B} \cos \frac{m}{2}}{\sin \frac{m}{2}}.$$

Substituant les valeurs de a, b, c ainsi que celles de $p = \frac{z + u}{2}$ et $q = \frac{z - u}{2}$ dans la même équation, et faisant les réductions des sinus et cosinus, elle prendra cette forme très-simple

$$\cos \frac{z}{2} \cos \frac{u}{2} + \sin \frac{z}{2} \sin \frac{u}{2} \frac{\sqrt{A + B \cos m}}{\sqrt{A + B}} = \cos \frac{m}{2};$$

c'est l'équation primitive de la proposée du premier ordre en u, z et z', et l'angle m en est la constante arbitraire.

69. On peut regarder les angles $\frac{z}{2}$, $\frac{u}{2}$ et $\frac{m}{2}$ comme les trois côtés d'un triangle sphérique; il est visible qu'alors, dans l'équation précédente, la quantité $\frac{\sqrt{A+B\cos m}}{\sqrt{A+B}}$ sera le cosinus de l'angle compris entre les côtés $\frac{z}{2}$ et $\frac{u}{2}$, et par conséquent opposé au côté $\frac{m}{2}$, par les formules connues de la Trigonométrie sphérique; c'est la valeur de z' lorsque $u=0$ et $z=m$. Ainsi cet angle sera constant en même temps que le côté $\frac{m}{2}$, tandis que les deux autres varient.

Soit M cet angle constant; on aura donc

$$\frac{\sqrt{A+B\cos m}}{\sqrt{A+B}}=\cos M,$$

d'où l'on tire

$$\frac{A}{B}=\frac{\cos^2 M-\cos m}{\sin^2 M}=2\left(\frac{\sin\frac{m}{2}}{\sin M}\right)^2-1.$$

Si l'on fait cette substitution dans l'équation proposée en u, z et z', et qu'on suppose, pour abréger, $\frac{\sin M}{\sin\frac{m}{2}}=\mu$, elle se réduira à cette forme

$$z'=\frac{\sqrt{1-\mu^2\sin^2\frac{z}{2}}}{\sqrt{1-\mu^2\sin^2\frac{u}{2}}},$$

dont l'équation primitive sera la relation entre les côtés $\frac{z}{2}$, $\frac{u}{2}$ et $\frac{m}{2}$ d'un triangle sphérique dans lequel μ sera le rapport des sinus des angles aux sinus des côtés opposés, rapport qu'on sait être le même pour tous les angles et les côtés opposés, de sorte que, ce rapport seul étant donné, il restera l'angle ou le côté pour arbitraire.

La considération du triangle sphérique peut servir à faire voir plus facilement comment l'équation entre ses trois côtés satisfait à l'équation précédente du premier ordre. Cette équation étant

$$\cos\frac{z}{2}\cos\frac{u}{2}+\cos M\sin\frac{z}{2}\sin\frac{u}{2}=\cos\frac{m}{2},$$

si l'on prend les fonctions primes, en regardant z comme fonction de u, et m, M comme constantes, on aura

$$\left(\cos M\cos\frac{z}{2}\sin\frac{u}{2}-\sin\frac{z}{2}\cos\frac{u}{2}\right)z'+\cos M\sin\frac{z}{2}\cos\frac{u}{2}-\cos\frac{z}{2}\sin\frac{u}{2}=0.$$

Substituons à la place de cos M sa valeur tirée de la même équation; il viendra celle-ci :

$$\frac{\cos\frac{z}{2}\cos\frac{m}{2}-\cos\frac{u}{2}}{\sin\frac{z}{2}}z'+\frac{\cos\frac{u}{2}\cos\frac{m}{2}-\cos\frac{z}{2}}{\sin\frac{u}{2}}=0.$$

Maintenant, si dans le même triangle sphérique, dont $\frac{u}{2}$, $\frac{z}{2}$, $\frac{m}{2}$ sont les trois côtés et M l'angle opposé au côté $\frac{m}{2}$, on désigne par U et Z les angles opposés aux côtés $\frac{u}{2}$ et $\frac{z}{2}$, on aura également

$$\cos\frac{u}{2}=\cos\frac{z}{2}\cos\frac{m}{2}+\cos U\sin\frac{z}{2}\sin\frac{m}{2},$$

$$\cos\frac{z}{2}=\cos\frac{u}{2}\cos\frac{m}{2}-\cos Z\sin\frac{u}{2}\sin\frac{m}{2};$$

je donne à cos Z le signe —, parce que je suppose l'angle Z obtus. Donc, faisant ces substitutions et divisant toute l'équation par $\sin\frac{m}{2}$, elle deviendra

$$z'\cos U-\cos Z=0,\quad \text{d'où}\quad z'=\frac{\cos Z}{\cos U}.$$

Mais, par la propriété générale des triangles sphériques, on a

$$\frac{\sin U}{\sin\frac{u}{2}}=\frac{\sin Z}{\sin\frac{z}{2}}=\frac{\sin M}{\sin\frac{m}{2}}=\mu;$$

donc

$$\sin U = \mu \sin \frac{u}{2}, \quad \sin Z = \mu \sin \frac{z}{2},$$

et de là

$$\cos U = \sqrt{1 - \mu^2 \sin^2 \frac{u}{2}}, \quad \cos Z = \sqrt{1 - \mu^2 \sin^2 \frac{z}{2}};$$

substituant ces valeurs, on aura la même équation du premier ordre en u et z.

Si l'angle Z, que nous avons supposé obtus, était aigu, ainsi que l'angle U, alors, au lieu de l'équation $z' = \frac{\cos Z}{\cos U}$, on aurait celle-ci,

$$z' + \frac{\cos Z}{\cos U} = 0,$$

qui ne diffère que par le signe de z' et dont l'équation primitive sera la même.

70. Voici encore une considération essentielle sur ces sortes d'équations : l'équation du n° 68 étant mise sous cette forme

$$\frac{z'}{\sqrt{A + B \cos z}} = \frac{1}{\sqrt{A + B \cos u}},$$

supposons que $f(u)$ soit la fonction primitive de $\frac{1}{\sqrt{A + B \cos u}}$; $f(z)$ sera pareillement la fonction primitive de $\frac{z'}{\sqrt{A + B \cos z}}$, z étant regardé comme une fonction de u dont z' est la fonction prime. Ainsi, en repassant aux fonctions primitives, on aura sur-le-champ cette équation primitive

$$f(z) = f(u) + k,$$

k étant la constante arbitraire.

Cette équation devra donc coïncider avec l'équation primitive que nous avons trouvée au n° 68, et où la constante arbitraire est m; par conséquent, sa constante arbitraire ne pourra être qu'une fonction de la constante arbitraire m. Soit donc $k = \mathrm{F}(m)$; on aura

$$f(z) = f(u) + \mathrm{F}(m).$$

Mais m est la valeur de z lorsque $u = 0$; supposant donc, pour plus de simplicité, que la fonction $f(u)$ soit prise de manière qu'elle soit nulle lorsque $u = 0$, il faudra qu'en faisant $u = 0$ on ait aussi $z = m$; par conséquent, on aura $f(m) = \mathrm{F}(m)$; donc l'équation primitive qu'on vient de trouver deviendra

$$f(z) = f(u) + f(m),$$

à laquelle satisfera cette relation algébrique :

$$\cos\frac{z}{2}\cos\frac{u}{2} + \sin\frac{z}{2}\sin\frac{u}{2}\sqrt{\frac{\mathrm{A}+\mathrm{B}\cos m}{\mathrm{A}+\mathrm{B}}} = \cos\frac{m}{2}.$$

Ainsi, quoiqu'on ne puisse pas trouver la forme algébrique des fonctions $f(u)$, $f(z)$, $f(m)$, on peut néanmoins trouver une relation algébrique entre trois quantités z, u, m, telle que l'on ait

$$f(z) = f(u) + f(m).$$

Donc aussi, si dans l'équation précédente on change z en y et u en z, on aura

$$\cos\frac{y}{2}\cos\frac{z}{2} + \sin\frac{y}{2}\sin\frac{z}{2}\sqrt{\frac{\mathrm{A}+\mathrm{B}\cos m}{\mathrm{A}+\mathrm{B}}} = \cos\frac{m}{2}$$

et

$$f(y) = f(z) + f(m).$$

En changeant encore y en x, z en y, ce qui donnera

$$\cos\frac{x}{2}\cos\frac{y}{2} + \sin\frac{x}{2}\sin\frac{y}{2}\sqrt{\frac{\mathrm{A}+\mathrm{B}\cos m}{\mathrm{A}+\mathrm{B}}} = \cos\frac{m}{2},$$

on aura de même

$$f(x) = f(y) + f(m),$$

et ainsi de suite.

On aura donc successivement

$$f(z)=f(u)+f(m), \quad f(y)=f(u)+2f(m), \quad f(x)=f(u)+3f(m), \quad \ldots,$$

et les relations entre y, u et m, entre x, u et m, etc., se tireront des relations précédentes, en éliminant d'abord z, ensuite y, etc.

On peut appliquer cette théorie à la forme générale de l'équation que nous avons considérée dans le n° 67 et en tirer des conclusions semblables; mais, si l'on rapporte, comme au n° 69, les formules précédentes aux triangles sphériques, il en résulte une construction élégante que voici.

Soit formé un triangle sphérique dont les trois côtés soient z, u, m (pour éviter les fractions, je substitue les quantités $2z$, $2u$, $2m$ à la place de z, u, m dans les formules du numéro cité) et où l'angle entre u et m soit obtus; l'angle compris entre les deux côtés u et z demeurant constant, qu'on transporte alternativement la base m le long de ces mêmes côtés prolongés, de manière qu'il en résulte une suite de triangles, dont chacun ait toujours un côté commun avec le triangle précédent, et qui aient tous la même base m et l'angle commun M au sommet; alors, si les côtés qui comprennent cet angle sont successivement pour ces différents triangles u et z, z et y, y et x, ..., on aura

$$f(z)=f(u)+f(m), \quad f(y)=f(u)+2f(m), \quad f(x)=f(u)+3f(m), \quad \ldots,$$

$f(u)$ étant la fonction primitive de la fonction $\frac{1}{\sqrt{1-\mu^2\sin^2 u}}$, dans laquelle $\mu=\frac{\sin M}{\sin m}$, et ainsi des autres fonctions semblables en z, y, ...

Par cette construction, on peut trouver facilement les valeurs des côtés y, x, ... des nouveaux triangles, car, en considérant les triangles isoscèles qui ont pour côtés la base m transportée alternativement, les perpendiculaires abaissées de leurs sommets sur leurs bases respectives couperont ces bases en deux parties égales, et les triangles rectangles formés par ces perpendiculaires et par les côtés qui comprennent l'angle commun M donneront tout de suite, par l'analogie connue pour les triangles rectangles, ces équations

$$\tang\frac{u+y}{2}=\cos M\tang z,$$

$$\tang\frac{x+z}{2}=\cos M\tang y,$$

$$\dots\dots\dots\dots\dots\dots;$$

et, si l'on fait $u=m$, en sorte que le premier triangle soit isoscèle, ayant z pour base, on aura de plus l'équation

$$\tang\frac{z}{2}=\cos M\tang m,$$

et l'on aura alors

$$f(z)=2f(m),\quad f(y)=3f(m),\quad f(x)=4f(m),\quad \dots.$$

Nous remarquerons ici que cette construction est pour les triangles sphériques ce que la construction du problème 29 des questions géométriques de l'*Arithmétique* de Newton est pour les triangles rectilignes.

En effet, si l'on rend rectilignes les triangles sphériques dont les côtés sont u, z, y, ... et les bases m, les équations ci-dessus deviennent

$$z=2m\cos M,\quad u+y=2z\cos M,\quad x+z=2y\cos M,\quad \dots,$$

et il est facile de prouver qu'alors la fonction $f(u)$ devient proportionnelle à l'angle dont le sinus est $\frac{u\sin M}{m}$, parce que $\sin u$ et $\sin m$ se changent en u et m, de sorte que, en prenant la base m pour le sinus de l'angle opposé M, on aura, à cause de $u=m$,

$$z=\sin 2M,\quad y=\sin 3M,\quad \dots.$$

71. Nous nous sommes un peu étendu sur les propriétés des fonctions de la forme $f(u)$, parce que les géomètres s'en sont beaucoup

occupés et que ces fonctions se présentent dans la solution de plusieurs problèmes.

Si l'on demande, par exemple, le mouvement d'un pendule qui oscille d'une manière quelconque, et qu'on nomme r la longueur du pendule, ψ l'angle dont il est éloigné de la verticale dans un instant quelconque, α la plus grande valeur de ψ, β la plus petite, en prenant l'unité pour la gravité et faisant

$$\sin u = \sqrt{\frac{\cos\beta - \cos\psi}{\cos\beta - \cos\alpha}},$$

$$\mu = \sqrt{\frac{\cos^2\beta - \cos^2\alpha}{(\cos\beta + \cos\alpha)^2 + \sin^2\alpha}},$$

$$\lambda = \sqrt{\frac{2(\cos\beta + \cos\alpha)}{(\cos\beta + \cos\alpha)^2 + \sin^2\alpha}},$$

on aura $\lambda\sqrt{r}f(u)$ pour l'expression du temps depuis le point le plus bas, dans laquelle on suppose, comme ci-dessus,

$$f'(u) = \frac{1}{\sqrt{1 - \mu^2 \sin^2 u}}.$$

La vitesse angulaire de rotation autour de la verticale sera exprimée par

$$\frac{\sqrt{2}\sin\alpha\sin\beta}{\sqrt{r}\sin^2\psi\sqrt{\cos\alpha + \cos\beta}}$$

et sera, par conséquent, nulle lorsque le pendule passera par la verticale, dans lequel cas on a $\beta = 0$; c'est le cas des oscillations ordinaires.

72. On peut appeler *analyse directe* des fonctions la manière de trouver les fonctions et les équations dérivées, parce qu'elle n'est fondée, en effet, que sur des méthodes directes, et qu'elle n'emploie que des opérations qu'on peut toujours exécuter par les règles que nous avons exposées. Mais la manière de revenir de ces fonctions et de ces équations à celles d'où elles peuvent être dérivées, et qu'on

peut regarder comme leurs primitives, forme une autre partie de l'analyse des fonctions, qu'on peut appeler *analyse inverse,* parce qu'elle dépend des mêmes méthodes et des mêmes règles, mais prises inversement, et qui, par cette raison, ne s'appliquent pas toujours avec la même facilité ni le même succès. Il en est de ces deux parties de l'analyse des fonctions comme de celles de l'Arithmétique et de l'Algèbre qui ont pour objet les opérations directes de la multiplication et de l'élévation aux puissances, et les opérations inverses de la division et de l'extraction des racines. Les opérations de la première espèce sont toujours possibles par les règles connues et donnent toujours des résultats exacts; celles de la seconde espèce, au contraire, ne le sont que dans certains cas, au moins rigoureusement, et, dans tous les autres, elles ne peuvent donner que des résultats approchés.

L'analyse directe des fonctions est donc renfermée dans les règles que nous avons données pour trouver les fonctions dérivées, du moins pour ce qui regarde les fonctions d'une seule variable. Quant à l'analyse inverse, elle dépend aussi des mêmes règles; mais la difficulté consiste dans leur application aux différents cas.

Nous avons indiqué les méthodes connues pour les principales formes de fonctions ou d'équations, et nous nous sommes surtout appliqué à bien établir les principes généraux de cette analyse inverse.

Comme notre dessein n'est pas d'en donner un Traité complet, nous n'ajouterons point ici d'autres détails; mais ceux qui savent le Calcul différentiel ne peuvent manquer d'apercevoir la conformité de l'analyse des fonctions avec ce Calcul, et la correspondance des analyses directes et inverses avec les deux parties de ce Calcul qu'on appelle *Calculs différentiel et intégral.* Ainsi, il leur sera aisé, s'ils le jugent à propos, de transporter aux fonctions les différentes méthodes d'intégration trouvées jusqu'à présent.

CHAPITRE XII.

DU DÉVELOPPEMENT DES FONCTIONS DE DEUX VARIABLES. DE LEURS FONCTIONS DÉRIVÉES. NOTATION DE CES FONCTIONS ET CONDITIONS AUXQUELLES ELLES DOIVENT SATISFAIRE. LOI GÉNÉRALE QUI RÈGNE ENTRE LES TERMES DU DÉVELOPPEMENT D'UNE FONCTION DE PLUSIEURS VARIABLES ET CEUX QUI RÉSULTENT DU DÉVELOPPEMENT DE CES TERMES EUX-MÊMES.

---

73. Nous n'avons encore traité que des fonctions d'une seule variable; il n'est pas difficile d'étendre la théorie de ces fonctions aux fonctions de deux ou de plusieurs variables.

Soit $f(x, y)$ une fonction quelconque de deux variables x et y, qu'on regarde comme indépendantes l'une de l'autre. Si, dans cette fonction, on met à la fois $x+i$ à la place de x et $y+o$ à la place de y, i et o étant deux quantités indéterminées, qu'ensuite on développe la nouvelle fonction $f(x+i, y+o)$ suivant les puissances ascendantes de i et o, il est clair que le premier terme, sans i ni o, sera $f(x, y)$, et que les autres seront de nouvelles fonctions de x et de y, multipliées successivement par i, o, i^2, io, o^2, i^3, ...; ces fonctions dérivent de la fonction primitive $f(x, y)$, et c'est la loi de cette dérivation qu'il s'agit de déterminer.

Pour y parvenir de la manière la plus simple, on commencera par supposer qu'il n'y ait que la variable x qui devienne $x+i$, la variable y demeurant la même. Dans ce cas, désignant, comme on l'a fait jusqu'ici, par f', f'', f''', ... les fonctions primes, secondes, tierces, etc. relativement à x seul, on aura

$$f(x+i, y)=f(x, y)+if'(x, y)+\frac{i^2}{2}f''(x, y)+\frac{i^3}{2.3}f'''(x, y)+\ldots.$$

Substituons maintenant partout $y+o$ à la place de y; on aura

$$f(x+i, y+o) = f(x, y+o) + if'(x, y+o) + \frac{i^2}{2}f''(x, y+o) + \frac{i^3}{2.3}f'''(x, y+o) + \ldots.$$

Or, si l'on désigne par $f_{,}, f_{,,}, f_{,,,}, \ldots$ les fonctions primes, secondes, tierces, etc. relativement à y, il est clair que la fonction $f(x, y+o)$, considérée comme fonction de $y+o$ et indépendamment de x, deviendra

$$f(x, y) + of_{,}(x, y) + \frac{o^2}{2}f_{,,}(x, y) + \frac{o^3}{2.3}f_{,,,}(x, y) + \ldots.$$

De même, en supposant toujours que les traits appliqués au bas de la lettre f indiquent les fonctions primes, secondes, etc. relativement à y des fonctions déjà désignées par $f', f'', \ldots$, on aura

$$f'(x, y+o) = f'(x, y) + of'_{,}(x, y) + \frac{o^2}{2}f'_{,,}(x, y) + \ldots,$$

$$f''(x, y+o) = f''(x, y) + of''_{,}(x, y) + \frac{o^2}{2}f''_{,,}(x, y) + \ldots,$$

et ainsi de suite.

Faisant donc ces substitutions et ordonnant les termes par rapport aux puissances et aux produits de i et o, on aura

$$\begin{aligned} f(x+i, y+o) = f(x, y) &+ if'(x, y) + of_{,}(x, y) \\ &+ \frac{i^2}{2}f''(x, y) + iof'_{,}(x, y) + \frac{o^2}{2}f_{,,}(x, y) + \frac{i^3}{2.3}f'''(x, y) \\ &+ \frac{i^2 o}{2}f''_{,}(x, y) + \frac{io^2}{2}f'_{,,}(x, y) + \frac{o^3}{2.3}f_{,,,}(x, y) + \ldots, \end{aligned}$$

où la forme générale des termes est

$$\frac{i^m o^n}{(1.2.3\ldots m)(1.2.3\ldots n)}f_n^m(x, y).$$

74. Dans le procédé que nous venons de suivre pour avoir le développement de $f(x+i, y+o)$, nous avons commencé par substituer, dans $f(x, y)$, $x+i$ pour x, et nous avons développé suivant i; nous avons ensuite substitué, dans tous les termes de ce développement, $y+o$ pour y, et nous avons développé suivant o. Or il est visible qu'on aurait identiquement le même résultat si l'on commençait par la substitution de $y+o$ pour y et par le développement suivant o, et qu'on fît ensuite la substitution de $x+i$ pour x et le développement suivant i. De cette manière, on aurait d'abord les fonctions primes, secondes, etc. relativement à y, savoir $f_{,}(x, y)$, $f_{,,}(x, y)$, ...; ensuite on aurait les fonctions primes, secondes, etc. de celles-ci relativement à x, qui, suivant la notation que nous venons d'établir, seraient représentées par $f'_{,}(x, y)$, $f''_{,}(x, y)$, ..., $f'_{,,}(x, y)$, $f''_{,,}(x, y)$, ..., et l'on obtiendrait ainsi la même formule que ci-dessus, comme cela doit être. Or, dans le premier procédé, la fonction $f'_{,}(x, y)$ s'obtient en prenant d'abord la fonction prime de $f(x, y)$ relativement à x, ce qui donne $f'(x, y)$, et ensuite la fonction prime de celle-ci relativement à y; et, dans le second procédé, la même fonction s'obtient en prenant d'abord la fonction prime de $f(x, y)$ relativement à y, ce qui donne $f_{,}(x, y)$, et ensuite la fonction prime de celle-ci relativement à x.

D'où il suit qu'il est indifférent dans quel ordre se fasse la double opération nécessaire pour passer de la fonction primitive $f(x, y)$ à la fonction dérivée $f'_{,}(x, y)$; et, comme on doit dire la même chose des autres fonctions marquées par des traits placés au haut ou au bas de la caractéristique f, on en peut conclure en général que les opérations indiquées par ces traits sont absolument indépendantes entre elles et qu'elles conduisent aux mêmes résultats, quelque ordre qu'on suive en prenant les fonctions primes relativement à x et à y, indiquées par chacun des traits supérieurs ou inférieurs. Ainsi, par exemple, on aura également la valeur de $f''_{,}(x, y)$ en prenant la fonction seconde de $f(x, y)$ relativement à x et ensuite la fonction prime de celle-ci relativement à y, ou en prenant d'abord la fonction prime de $f(x, y)$ relativement à y et ensuite la fonction seconde de celle-ci relativement à x, ou bien en prenant la fonction prime de $f(x, y)$ relativement à x, ensuite la fonction prime de celle-ci relativement à y, et enfin la fonction prime de cette dernière relativement à x; et ainsi des autres.

Il est évident que cette conclusion a lieu en général quelles que soient les variables x, y, indépendantes ou non.

75. Soit, par exemple,

$$f(x,y) = x\sqrt{2xy+y^2};$$

on aura la fonction prime relativement à x,

$$f'(x,y) = \sqrt{2xy+y^2} + \frac{xy}{\sqrt{2xy+y^2}},$$

et sa fonction prime relativement à y sera

$$f_{,}(x,y) = \frac{x^2+xy}{\sqrt{2xy+y^2}};$$

ensuite la fonction prime de $f'(x,y)$ relativement à y sera

$$f'_{,}(x,y) = \frac{x+y}{\sqrt{2xy+y^2}} + \frac{x^2y}{(2xy+y^2)^{\frac{3}{2}}},$$

et la fonction prime de $f_{,}(x,y)$ relativement à x sera

$$f'_{,}(x,y) = \frac{2x+y}{\sqrt{2xy+y^2}} - \frac{(x^2+xy)y}{(2xy+y^2)^{\frac{3}{2}}}.$$

Quoique ces deux expressions de $f'_{,}(x,y)$ paraissent différentes, elles sont cependant identiques, car elles se réduisent l'une et l'autre à

$$\frac{3x^2y+3xy^2+y^3}{(2xy+y^2)^{\frac{3}{2}}}.$$

Ensuite, en prenant la fonction prime de $f'(x,y)$ relativement à x, c'est-à-dire la fonction seconde de $f(x,y)$ relativement à x, on aura

$$f''(x,y) = \frac{2y}{\sqrt{2xy+y^2}} - \frac{xy^2}{(2xy+y^2)^{\frac{3}{2}}} = \frac{3xy^2+2y^3}{(2xy+y^2)^{\frac{3}{2}}},$$

et, prenant maintenant la fonction prime de celle-ci relativement à y, on aura, après les réductions,

$$f''_{,}(x, y) = \frac{3x^2y^2 + 3xy^3}{(2xy + y^2)^{\frac{5}{2}}}.$$

De même, en prenant la fonction prime de $f'_{,}(x, y)$ relativement à x, on trouvera

$$f''_{,}(x, y) = \frac{3x^2y^2 + 3xy^3}{(2xy + y^2)^{\frac{5}{2}}},$$

et ainsi de suite.

Il résulte de là que, afin que des fonctions données de x et y puissent être prises pour des fonctions dérivées d'une même fonction primitive, il faut qu'elles satisfassent à certaines conditions.

Ainsi, si $F(x, y)$ et $\varphi(x, y)$ représentent des fonctions données de x, y, pour qu'on puisse supposer

$$F(x, y) = f'(x, y) \quad \text{et} \quad \varphi(x, y) = f_{,}(x, y),$$

il faudra que l'on ait

$$f'_{,}(x, y) = F_{,}(x, y) = \varphi'(x, y).$$

Et, en général, pour qu'on puisse supposer

$$F(x, y) = f^{m}_{n}(x, y) \quad \text{et} \quad \varphi(x, y) = f^{p}_{q}(x, y),$$

il faudra que l'on ait

$$f^{m+p}_{n+q}(x, y) = F^{p}_{q}(x, y) = \varphi^{m}_{n}(x, y).$$

Par exemple, si

$$F(x, y) = \frac{y}{x^2 + y^2}, \quad \varphi(x, y) = -\frac{x}{x^2 + y^2},$$

on pourra supposer

$$F(x, y) = f'(x, y), \quad \varphi(x, y) = f_{,}(x, y),$$

car on trouve

$$F_{,}(x, y) = \frac{x^2 - y^2}{(x^2 + y^2)^2} = \varphi'(x, y);$$

mais on ne pourrait pas supposer

$$F(x,y)=f'_{\prime}(x,y) \quad \text{et} \quad \varphi(x,y)=f''(x,y),$$

car alors il faudrait que

$$F'(x,y)=\varphi_{\prime}(x,y),$$

ce qui n'est pas.

76. En général, quel que soit le nombre des variables qui entrent dans une fonction, si l'on donne un accroissement à chacune de ces variables, et qu'on développe la fonction suivant les dimensions formées par ces différents accroissements, qu'on développe ensuite de la même manière les fonctions produites par le premier développement, et ainsi de suite, il règne entre ces différents développements une loi que nous allons exposer d'une manière générale, parce qu'elle peut être utile dans quelques occasions.

Soit $f(x, y, z, \ldots)$ une fonction de plusieurs variables indépendantes x, y, z, ...; supposons que, par la substitution de $x+\alpha$, $y+\beta$, $z+\gamma$, ... à la place de x, y, z, ... et par le développement suivant les puissances et les produits de α, β, γ, ..., cette fonction devienne

$$f(x,y,z,\ldots)+f(1)+f(2)+f(3)+\ldots.$$

Je dénote par $f(1)$ la somme de tous les termes où les quantités α, β, γ, ... seront à la première dimension, par $f(2)$ la somme de tous les termes où ces mêmes quantités formeront deux dimensions, et ainsi de suite.

Supposons, de plus, qu'en faisant la même substitution et le même développement dans les fonctions $f(1)$, $f(2)$, $f(3)$, ... elles deviennent

$$\begin{array}{l} f(1)+f(1,1)+f(1,2)+f(1,3)+\ldots, \\ f(2)+f(2,1)+f(2,2)+f(2,3)+\ldots, \\ f(3)+f(3,1)+f(3,2)+f(3,3)+\ldots, \\ \ldots\ldots\ldots\ldots\ldots\ldots\ldots\ldots\ldots\ldots, \end{array}$$

où je dénote par $f(1, 1)$, $f(1, 2)$, ... les rangs successifs des termes du développement de $f(1)$, de manière que, puisque les quantités α, β, γ, ... sont à la première dimension dans $f(1)$, elles formeront deux dimensions dans $f(1, 1)$, trois dimensions dans $f(1, 2)$, et ainsi des autres. Par cette notation, on voit qu'en général la quantité désignée par $f(m, n)$ renfermera tous les termes du développement de $f(m)$, où les quantités α, β, γ, ... formeront $m+n$ dimensions.

Cela posé, si l'on substitue d'abord $x+\alpha$, $y+\beta$, $z+\gamma$, ... dans la fonction $f(x, y, z, \ldots)$, elle deviendra

$$f(x, y, z, \ldots) + f(1) + f(2) + f(3) + \ldots,$$

et, si l'on substitue ensuite, dans cette quantité, $x+m\alpha$, $y+m\beta$, $z+m\gamma$, ... à la place de x, y, z, il est clair qu'elle deviendra

$$\begin{array}{l} f(x, y, z, \ldots) + f(1) + f(2) + f(3) + \ldots, \\ \quad + mf(1) + m^2 f(2) + m^3 f(3) + \ldots, \\ \quad + mf(1, 1) + m^2 f(1, 2) + m^3 f(1, 3) + \ldots, \\ \quad + mf(2, 1) + m^2 f(2, 2) + m^3 f(2, 3) + \ldots, \\ \quad + mf(3, 1) + m^2 f(3, 2) + m^3 f(3, 3) + \ldots, \\ \quad + \ldots\ldots\ldots\ldots\ldots\ldots\ldots\ldots \end{array}$$

D'un autre côté, il est visible que ces deux substitutions successives équivalent à une substitution unique qu'on ferait dans la fonction $f(x, y, z, \ldots)$, en mettant

$$x + (1+m)\alpha, \quad y + (1+m)\beta, \quad z + (1+m)\gamma, \quad \ldots$$

à la place de $x, y, z, \ldots$, et qui donnerait, par le développement,

$$f(x, y, z, \ldots) + (1+m) f(1) + (1+m)^2 f(2) + (1+m)^3 f(3) + \ldots.$$

Ainsi, il faudra que ces deux développements soient identiques et que, par conséquent, les termes qui renferment les mêmes dimensions α, β, γ, ... soient égaux de part et d'autre, quelle que soit d'ailleurs la quantité m. On aura donc les comparaisons suivantes :

$$f(1) + m\,f(1) = (1+m)f(1),$$
$$f(2) + m^2 f(2) + m\,f(1,1) = (1+m)^2 f(2),$$
$$f(3) + m^3 f(3) + m^2 f(1,2) + m\,f(2,1) = (1+m)^3 f(3),$$
$$f(4) + m^4 f(4) + m^3 f(1,3) + m^2 f(2,2) + m f(3,1) = (1+m)^4 f(4),$$
$$\dots\dots\dots\dots\dots\dots$$

Et, comparant encore les termes affectés des mêmes puissances de m, on tirera ces valeurs :

$$f(1,1) = 2f(2),$$
$$f(1,2) = 3f(3),\quad f(2,1) = 3f(3),$$
$$f(1,3) = 4f(4),\quad f(2,2) = 6f(4),\quad f(3,1) = 4f(4),$$
$$\dots\dots\dots\dots\dots\dots$$

Donc, par les termes du premier développement général, on pourra avoir immédiatement ceux de tous les développements partiels suivants.

77. A l'imitation de ce que nous avons pratiqué pour les fonctions d'une seule variable, si l'on regarde z comme une fonction de x et y, on pourra dénoter par z', $z_{\prime}$, z'', $z'_{\prime}$, $z_{\prime\prime}$, ... ces différentes fonctions dérivées, en appliquant à la lettre z les mêmes traits qu'on appliquerait à la caractéristique f de la fonction $f(x, y)$ qu'on suppose représenter la valeur de z, et l'on nommera ces fonctions de la même manière.

Ainsi, x devenant $x+i$ et y devenant $y+o$, la quantité z, fonction de x, y, deviendra (n° 73)

$$z + iz' + oz_{\prime} + \frac{i^2}{2}z'' + ioz'_{\prime} + \frac{o^2}{2}z_{\prime\prime} + \frac{i^3}{2.3}z''' + \frac{i^2 o}{2}z''_{\prime} + \frac{io^2}{2}z'_{\prime\prime} + \frac{o^3}{2.3}z_{\prime\prime\prime} + \dots,$$

le terme général de cette série étant, comme dans l'endroit cité,

$$\frac{i^m o^n}{(1.2.3\dots m)(1.2.3\dots n)}\, z^m_n.$$

A l'égard de la manière de trouver ces différentes fonctions, il est clair qu'il n'y a qu'à suivre les mêmes règles que pour les fonctions d'une seule variable, les traits supérieurs de la caractéristique indiquant l'ordre de la fonction dérivée relativement à x seul et les traits inférieurs indiquant l'ordre de la fonction dérivée relativement à y seul.

Ainsi, en prenant les fonctions primes de z selon x et y, on aura les valeurs de z' et $z_{\prime}$, et de là, en prenant encore les fonctions primes relativement à x et à y, on aura les fonctions dérivées du second ordre z'', $z'_{\prime}$, $z_{\prime\prime}$, et ainsi de suite.

Il est bon de remarquer ici que, pour les fonctions de deux variables, il y a deux fonctions dérivées du premier ordre z' et $z_{\prime}$, trois du second ordre z'', $z'_{\prime}$, $z_{\prime\prime}$, ..., de sorte que, pour l'ordre $m^{\text{ième}}$, il y aura un nombre $m+1$ de fonctions dérivées.

Comme nous distinguons ces fonctions dérivées par des traits supérieurs qui se rapportent à l'une des variables x et par des traits inférieurs qui se rapportent à l'autre variable y, nous nommerons fonctions *primes, secondes*, etc., selon x ou y, les fonctions marquées par de seuls traits supérieurs ou inférieurs, et nous nommerons simplement fonctions *primo-primes*, *secundo-primes*, *primo-secondes* les fonctions marquées à la fois par des traits supérieurs et inférieurs, en énonçant le trait supérieur le premier et l'inférieur le second.

On trouvera plus de détails sur ce sujet dans la Leçon XIX du *Calcul des fonctions* (*).

(*) *Œuvres de Lagrange*, t. X.

CHAPITRE XIII.

OU L'ON DONNE LA MANIÈRE DE DÉVELOPPER LES FONCTIONS D'UN NOMBRE QUELCONQUE DE VARIABLES EN SÉRIES TERMINÉES, COMPOSÉES D'AUTANT DE TERMES QU'ON VOUDRA, ET D'AVOIR LA VALEUR DES RESTES.

---

78. Par une méthode analogue à celle du Chapitre VI, on peut aussi avoir le développement d'une fonction quelconque de x et y suivant les puissances de x et y et déterminer les restes de la série lorsqu'on veut l'arrêter à des termes quelconques. En changeant, dans la formule du n° 73, x et y en $x-i$, $y-i$, ensuite i et o en xz, yz, on aura

$$) = f(x-xz, y-yz) + xzf'(x-xz, y-yz) + yzf_{\prime}(x-xz, y-yz)$$
$$+ \frac{x^2z^2}{2}f''(x-xz, y-yz) + xyz^2f'_{\prime}(x-xz, y-yz) + \frac{y^2z^2}{2}f_{\prime\prime}(x-xz, y-yz) + \ldots$$

où z sera une quantité quelconque indéterminée qui, étant supposée égale à zéro, rendra l'équation identique, et qui, étant faite égale à 1, donnera

$$f(x,y) = f + xf' + yf_{\prime} + \frac{x^2}{2}f'' + xyf'_{\prime} + \frac{y^2}{2}f_{\prime\prime} + \ldots,$$

formule générale du développement de la fonction $f(x,y)$ suivant les puissances de x et y, dans laquelle les quantités désignées par f, f', $f_{\prime}$, ... dénotent les valeurs des fonctions dérivées suivant x et y, en faisant $x = 0$ et $y = 0$.

Supposons maintenant qu'on ne veuille faire ce développement que par parties, et arrêtons-nous d'abord au premier terme; nous ferons

$$f(x,y)=f(x-xz,y-yz)+\mathrm{P},$$

P étant une fonction de z qui devra être évidemment nulle lorsque $z=0$. Puisque la quantité z peut être quelconque, nous pouvons prendre l'équation prime relativement à z, et, par les principes et la notation établis, il est facile de voir que la fonction prime de $f(x-xz,y-yz)$, prise relativement à z, sera

$$-xf'(x-xz,y-yz)-yf_{\prime}(x-xz,y-yz);$$

donc, désignant par P′ la fonction prime de P, prise aussi relativement à z, on aura, pour la détermination de P, l'équation du premier ordre

$$\mathrm{P}'=xf'(x-xz,y-yz)+yf_{\prime}(x-xz,y-yz).$$

Considérons, en second lieu, les trois premiers termes du développement de $f(x,y)$, et faisons

$$f(x,y)=f(x-xz,y-yz)+xzf'(x-xz,y-yz)+yzf_{\prime}(x-xz,y-yz)+\mathrm{Q};$$

Q sera une fonction de z qui devra, par la nature même de cette équation, devenir nulle lorsque $z=0$. A cause de l'indétermination de z, on pourra prendre l'équation prime relativement à z, et, désignant par Q′ la fonction prime de Q, on trouvera, après avoir effacé les termes qui se détruisent dans l'équation prime, cette équation du premier ordre pour la détermination de Q,

$$\mathrm{Q}'=x^2zf''(x-xz,y-yz)+2xyzf'_{\prime}(x-xz,y-yz)+y^2zf_{\prime\prime}(x-xz,y-yz),$$

et ainsi de suite.

Pour déduire de ces équations les valeurs de P, Q, ..., il faudrait chercher les fonctions primitives des quantités P′, Q′, ... relativement à z et les prendre telles qu'elles soient nulles lorsque $z=0$. Mais, comme nous n'avons pas besoin des expressions générales de ces quantités, mais seulement de leurs valeurs relatives à $z=1$, que même il suffit d'avoir des limites de ces valeurs, on pourra faire usage de la méthode employée dans le Chapitre cité pour parvenir à des conclusions semblables à celles du n° 39.

Ainsi, en désignant par λ un nombre indéterminé, ou plutôt inconnu, toujours compris entre o et 1, et qui devra être partout le même dans la même fonction, mais qui pourra être différent dans les différentes fonctions, on trouvera les expressions suivantes :

$$P = xf'(\lambda x, \lambda y) + yf_{,}(\lambda x, \lambda y),$$

$$Q = \tfrac{1}{2}[x^2 f''(\lambda x, \lambda y) + 2xyf'_{,}(\lambda x, \lambda y) + y^2 f_{,,}(\lambda x, \lambda y)],$$

et ainsi des autres.

Donc enfin, substituant ces valeurs de P, Q, ... dans les développements de $f(x, y)$ et faisant $z = 1$, on aura ces formules générales, qui renferment une extension du théorème du n° 40 :

$$\begin{aligned}
f(x, y) &= f + xf'(\lambda x, \lambda y) + yf_{,}(\lambda x, \lambda y) \\
&= f + xf' + yf_{,} + \frac{x^2}{2}f''(\lambda x, \lambda y) \\
&\qquad + xyf'_{,}(\lambda x, \lambda y) + \frac{y^2}{2}f_{,,}(\lambda x, \lambda y) \\
&= f + xf' + yf_{,} + \frac{x^2}{2}f'' + xyf'_{,} + \frac{y^2}{2}f_{,,} \\
&\qquad + \frac{x^3}{2.3}f'''(\lambda x, \lambda y) + \frac{x^2 y}{2}f''_{,}(\lambda x, \lambda y) \\
&\qquad + \frac{xy^2}{2}f'_{,,}(\lambda x, \lambda y) + \frac{y^3}{2.3}f_{,,,}(\lambda x, \lambda y) \\
&= \ldots\ldots\ldots\ldots\ldots\ldots\ldots\ldots
\end{aligned}$$

Donc, si l'on a la fonction $f(x+i, y+o)$ à développer suivant les puissances de i et de o, il n'y aura qu'à mettre i et o à la place de x et y dans les formules précédentes, et les quantités $f, f', f_{,}, \ldots$ deviendront $f(x, y), f'(x, y), f_{,}(x, y), \ldots$, où les fonctions dérivées peuvent être prises relativement à x et y, puisque la fonction $f(x+i, y+o)$ est telle, que ses dérivées relativement à x et y sont les mêmes que les dérivées relativement à i et o. Ainsi, on aura

$$f(x+i, y+o) = f(x, y) + if'(x+\lambda i, y+\lambda o) + of_{,}(x+\lambda i, y+\lambda o)$$

$$= f(x, y) + if'(x, y) + of_{,}(x, y) + \frac{i^2}{2}f''(x+\lambda i, y+\lambda o) + iof'_{,}(x+\lambda i, y+\lambda o) + \frac{o^2}{2}f_{,,}(x+\lambda i, y+\lambda o)$$

$$= f(x, y) + if'(x, y) + of_{,}(x, y) + \frac{i^2}{2}f''(x, y) + iof'_{,}(x, y) + \frac{o^2}{2}f_{,,}(x, y) + \frac{i^3}{2.3}f'''(x+\lambda i, y+\lambda o) + \frac{i^2 o}{2}f''_{,}(x+\lambda i, y+\lambda o) + \frac{io^2}{2}f'_{,,}(x+\lambda i, y+\lambda o) + \frac{o^3}{2.3}f_{,,,}(x+\lambda i, y+\lambda o)$$

$$= \ldots\ldots\ldots\ldots\ldots\ldots\ldots\ldots\ldots\ldots$$

La quantité λi répond, comme l'on voit, à la quantité que nous avons désignée par j dans le n° 40; nous préférons ici l'expression λi, parce que le même coefficient λ se trouve dans la quantité λo. De ces formules, qu'il serait maintenant aisé d'étendre aux fonctions de trois ou d'un plus grand nombre de variables, on peut déduire la conclusion suivante :

Lorsque, dans le développement d'une fonction suivant les puissances et les produits de certaines quantités, on veut s'arrêter aux termes d'un ordre donné, c'est-à-dire dans lesquels ces quantités forment des dimensions d'un degré égal à l'exposant de cet ordre, on peut supposer le reste du développement égal aux seuls termes de l'ordre suivant, mais en y conservant ces mêmes quantités sous les fonctions, et les multipliant toutes par un coefficient λ dont la valeur sera entre les limites o et 1, et qui sera la même dans la même fonction, mais qui pourra être différente dans les différentes fonctions.

79. Au reste, on pourrait aussi appliquer au développement de la fonction $f(x+i, y+o)$ la méthode du n° 37, en prenant les fonctions dérivées par rapport à i et o. En effet, soit

$$f(x+i, y+o) = f(x, y) + iP + oQ.$$

En prenant d'abord les fonctions dérivées par rapport à x et y, on aura

$$f'(x+i, y+o) = f'(x, y) + iP' + oQ',$$
$$f_{,}(x+i, y+o) = f_{,}(x, y) + iP_{,} + oQ_{,}.$$

Ensuite, si l'on prend les fonctions dérivées par rapport à i et o, et qu'on les désigne par des traits placés au haut et au bas, mais en arrière des lettres, on aura aussi

$$f'(x+i, y+o) = P + i\,'P + o\,'Q,$$
$$f_{,}(x+i, y+o) = Q + i_{,}P + o_{,}Q,$$

puisqu'il est évident que les fonctions dérivées de $f(x+i, y+o)$ sont les mêmes par rapport à x et i et par rapport à y et o. De là on aura

$$P = f'(x, y) + i(P' - {}'P) + o(Q' - {}'Q),$$
$$Q = f_{,}(x, y) + i(P_{,} - {}_{,}P) + o(Q_{,} - {}_{,}Q).$$

Donc, si l'on fait

$$R = P' - {}'P, \quad S = Q' - {}'Q + P_{,} - {}_{,}P, \quad T = Q_{,} - {}_{,}Q,$$

on aura, en substituant ces valeurs,

$$f(x+i, y+o) = f(x, y) + if'(x, y) + of_{,}(x, y) + i^2R + ioS + o^2T,$$

et l'on pourra de la même manière pousser le développement aussi loin qu'on voudra, de sorte qu'en connaissant les expressions analytiques des premiers restes P, Q on trouvera tous les suivants par les simples fonctions dérivées de ces restes.

80. Puisque les fonctions dérivées de deux variables se forment de la même manière et par les mêmes règles que celles d'une seule

variable, en considérant chaque variable séparément et successivement, il s'ensuit que tout ce que nous avons démontré sur les fonctions d'une seule variable peut s'appliquer de même aux fonctions de deux variables.

Ainsi, il sera facile d'étendre aux fonctions de deux variables les remarques que nous avons faites dans le Chapitre V, sur le développement des fonctions lorsqu'on donne aux variables des valeurs déterminées, et d'en déduire des conséquences et des résultats semblables.

Enfin, il est visible qu'on pourra traiter aussi par les mêmes principes les fonctions de trois ou d'un plus grand nombre de variables, puisqu'il ne s'agira que de répéter les mêmes opérations séparément pour chaque variable.

CHAPITRE XIV.

DES ÉQUATIONS DÉRIVÉES D'UNE ÉQUATION ENTRE TROIS VARIABLES. DES FONCTIONS ARBITRAIRES QUI ENTRENT DANS LES ÉQUATIONS PRIMITIVES COMPLÈTES ENTRE TROIS VARIABLES.

---

81. Lorsqu'une fonction z n'est donnée que par une équation entre x, y, z, on considérera que, comme cette équation doit avoir lieu quelles que soient les valeurs de x et y, il s'ensuit qu'elle aura lieu aussi en y mettant $x+i$ et $y+o$ à la place de x et y, quelles que soient les quantités i et o, de sorte que, en développant, après cette substitution, l'équation suivant les puissances et les produits de i et o, il faudra que les termes multipliés par une même puissance ou produits de i et o forment des équations séparées. Mais nous venons de voir que, dans le développement d'une fonction de x et y, les termes multipliés par i donnent la fonction prime selon x, ceux multipliés par o donnent la fonction prime selon y, ceux multipliés par $\frac{i^2}{2}$ donnent la fonction seconde selon x, etc. Donc, ayant une équation quelconque entre x, y, z, et regardant z comme une fonction de x et y donnée par cette équation, on pourra, en prenant les différentes fonctions dérivées de tous ses termes, en déduire autant d'équations dérivées de différents ordres, qu'on appellera de même *équations primes, secondes*, etc. selon x ou y, *équations primo-primes, secundo-primes*, etc., et en général, *équations dérivées du premier ordre, du second ordre*, etc. Ces équations serviront à trouver les valeurs de z', $z_{\prime}$, z'', $z'_{\prime}$, $z_{\prime\prime}$, ...

Si donc on représente par

$$F(x, y, z) = 0$$

l'équation proposée pour la détermination de z, et qu'on désigne simplement par $F'(x)$, $F'(y)$, $F'(z)$ les fonctions primes de $F(x, y, z)$ prises relativement à x, y, z, considérées séparément et comme des variables indépendantes, il est aisé de voir, par les principes établis pour les fonctions d'une seule variable, que $i[F'(x)+z'F'(z)]$ sera le terme affecté de i, et $o[F'(y)+z_{,}F'(z)]$ le terme affecté de o dans le développement de $F(x, y, z)$, après la substitution de $x+i$ et $y+o$ pour x et y, z étant regardé comme fonction de x et y.

Ainsi, $F'(x)+z'F'(z)$ sera la fonction prime relative à x, et $F'(y)+z_{,}F'(z)$ la fonction prime relative à y de $F(x, y, z)$, de sorte qu'on aura ces deux équations primes

$$F'(x)+z'F'(z)=0, \quad F'(y)+z_{,}F'(z)=0,$$

d'où l'on tire

$$z'=-\frac{F'(x)}{F'(z)}, \quad z_{,}=-\frac{F'(y)}{F'(z)}.$$

Ayant ainsi les valeurs de z' et $z_{,}$, on en déduira celles de z'', $z'_{,}$, $z_{,,}$, ... en prenant de nouveau les fonctions primes de celles-ci relatives à x et y, et ainsi de suite.

82. On peut aussi rapporter immédiatement cette théorie à celle des fonctions d'une variable en regardant z comme donné en x et y, et y comme une fonction indéterminée de x. Ainsi, en regardant d'abord y et z comme fonctions de x, la fonction prime de $F(x, y, z)$ sera

$$F'(x)+y'F'(y)+z'F'(z);$$

mais, z étant considéré comme fonction de x et y, et y comme fonction de x, la fonction prime de z sera représentée par $z'+y'z_{,}$; mettant cette valeur à la place de z', on aura

$$F'(x)+z'F'(z)+y'[F'(y)+z_{,}F'(z)]$$

pour la fonction prime de $F(x, y, z)$.

Donc, ayant l'équation

$$F(x, y, z) = 0,$$

on aura l'équation prime

$$F'(x) + z' F'(z) + y'[F'(y) + z_{,} F'(z)] = 0.$$

Mais, y étant regardé comme une fonction indéterminée de x, l'équation précédente doit avoir lieu quelle que soit la fonction y'; elle se décomposera donc en ces deux-ci,

$$F'(x) + z' F'(z) = 0, \quad F'(y) + z_{,} F'(z) = 0,$$

comme plus haut.

On pourrait trouver de la même manière les équations dérivées des ordres supérieurs.

83. Cela posé, considérons en général l'équation

$$F(x, y, z) = 0;$$

elle donne les deux équations primes

$$F'(x) + z' F'(z) = 0, \quad F'(y) + z_{,} F'(z) = 0,$$

qui auront par conséquent lieu en même temps que la proposée. Donc une combinaison quelconque de ces trois équations aura lieu aussi et pourra, par conséquent, tenir lieu de l'équation primitive.

Soient a et b deux constantes quelconques contenues dans la fonction $F(x, y, z)$; ces constantes seront les mêmes dans les fonctions dérivées $F'(x)$, $F'(y)$, $F'(z)$; ainsi l'on pourra, au moyen des trois équations dont il s'agit, éliminer ces deux constantes, et l'équation résultante sera une équation du premier ordre entre x, y, z, z' et $z_{,}$ qui renfermera deux constantes de moins que l'équation primitive. Donc, réciproquement, si l'on n'a pour la détermination de z en x et y qu'une équation du premier ordre entre x, y, z, z' et $z_{,}$, l'équation primitive entre x, y et z devra contenir deux constantes arbitraires.

Ceci est analogue à ce que nous avons vu relativement aux fonctions d'une seule variable (n° 46); mais nous avons vu aussi (n° 60) que la quantité arbitraire qui doit se trouver dans l'équation primitive peut n'être pas constante et donner cependant, par l'élimination, la même équation du premier ordre. La même chose peut donc avoir lieu ici; et il est aisé de concevoir qu'on aura encore la même équation du premier ordre par l'élimination des deux arbitraires a et b, quoiqu'elles ne soient pas constantes, pourvu que les deux équations primes soient encore de la même forme.

Désignons simplement par $F'(a)$ et $F'(b)$ les fonctions primes de $F(x, y, z)$ prises relativement aux quantités a et b contenues dans cette dernière fonction; il est aisé de voir, par les principes établis, que, si a et b sont regardés comme des fonctions de x et y, la fonction prime de $F(x, y, z)$ relative à x devra être augmentée, à raison des deux nouvelles variables a et b, de la quantité $a' F'(a) + b' F'(b)$, et que la fonction prime relative à y devra être augmentée pareillement de $a_{,} F'(a) + b_{,} F'(b)$.

Supposons $b = f(a)$; on aura, en prenant les fonctions primes relativement à x et y,

$$b' = a' f'(a), \quad b_{,} = a_{,} f'(a);$$

donc les quantités à ajouter aux deux fonctions primes seront

$$a'[F'(a) + f'(a) F'(b)], \quad a_{,}[F'(a) + f'(a) F'(b)];$$

par conséquent, elles disparaîtront à la fois en prenant a telle qu'elle satisfasse à l'équation

$$F'(a) + f'(a) F'(b) = 0,$$

la fonction $f(a)$ de a, qu'on a prise pour b, demeurant absolument arbitraire.

De là résultent donc ces conclusions importantes :

1° Que l'équation primitive qui satisfait, en général, à une équation du premier ordre doit renfermer une fonction arbitraire;

2° Que, si pour une équation donnée du premier ordre on trouve une équation primitive

$$F(x, y, z) = 0$$

qui renferme deux constantes arbitraires a et b, il n'y aura qu'à faire $b=f(a)$ et prendre a de manière qu'elle satisfasse à l'équation

$$F'(a)+f'(a)F'(b)=0;$$

la fonction désignée par $f(a)$ sera la fonction arbitraire;

3° Qu'ayant une équation quelconque entre x, y, z qui renferme une fonction donnée, on en peut déduire une équation du premier ordre où cette fonction ne se trouve plus. En effet, si $\varphi(p)$ est la fonction qu'on veut faire disparaître, p étant une fonction donnée de x, y, z, il n'y aura qu'à prendre les deux équations primes suivant x et suivant y de l'équation proposée; on aura trois équations qui renfermeront $\varphi(p)$ et $\varphi'(p)$, en désignant par $\varphi'(p)$ la fonction prime de $\varphi(p)$ prise relativement à p, d'où, éliminant ces deux fonctions, il résultera une équation du premier ordre où la fonction $\varphi(p)$ ne se trouvera plus.

84. Soit, par exemple,

$$z-ax-by-c=0$$

une équation donnée; les deux équations primes seront

$$z'-a=0, \quad z_{\prime}-b=0;$$

éliminant a et b de ces trois équations, on aura l'équation du premier ordre

$$z-xz'-yz_{\prime}-c=0,$$

dont

$$z-ax-by-c=0$$

sera l'équation primitive, a et b étant les constantes arbitraires.

Maintenant, en supposant

$$z-ax-by-c=F(x,y,z),$$

on aura

$$F'(a)=-x, \quad F'(b)=-y.$$

Donc, faisant $b=f(a)$, l'équation pour déterminer a sera

$$-x-yf'(a)=0,$$

d'où l'on tire

$$f'(a) = -\frac{x}{y},$$

ce qui donne

$$a = \varphi\left(\frac{x}{y}\right),$$

φ désignant la fonction inverse de f'. Ainsi, la fonction f étant indéterminée, la fonction φ le sera aussi; donc a et b seront deux fonctions indéterminées de $\frac{x}{y}$ ou plutôt dépendantes d'une même fonction indéterminée de $\frac{x}{y}$, et $b + \frac{ax}{y}$ sera, par conséquent, une fonction indéterminée de $\frac{x}{y}$. Désignant donc cette fonction simplement par $\varphi\left(\frac{x}{y}\right)$, l'équation primitive deviendra

$$z - y\varphi\left(\frac{x}{y}\right) - c = 0.$$

Si l'on prend les deux équations primes de celle-ci, on aura

$$-\varphi\left(\frac{x}{y}\right) = 0, \quad z_{,} - \varphi\left(\frac{x}{y}\right) + \varphi\left(\frac{x}{y}\right)\frac{x}{y} = 0.$$

Éliminant de ces trois équations les deux inconnues $\varphi\left(\frac{x}{y}\right)$ et $\varphi'\left(\frac{x}{y}\right)$, on aura, comme plus haut,

$$z - xz' - yz_{,} - c = 0,$$

pour l'équation dérivée du premier ordre, délivrée de la fonction $\varphi\left(\frac{x}{y}\right)$.

CHAPITRE XV.

FORMULE REMARQUABLE POUR LE DÉVELOPPEMENT EN SÉRIE D'UNE FONCTION QUELCONQUE DE L'INCONNUE z DE L'ÉQUATION $z = x + yf(z)$.

85. Cette propriété des équations primes de pouvoir servir à faire disparaître une fonction quelconque est très-utile dans beaucoup d'occasions, et surtout pour les développements en série.

Pour en donner un exemple, soit proposée l'équation

$$z = x + yf(z)$$

pour la détermination de z, $f(z)$ étant une fonction quelconque de z, et supposons qu'on demande la valeur de z en série suivant les puissances de y; il est visible que les deux premiers termes seront $x + yf(x)$, et si, pour trouver les termes suivants, on suppose

$$z = x + yf(x) + Ay^2 + By^3 + \ldots,$$

il faudra développer la fonction $f(z)$ suivant les puissances de y et comparer ensuite les termes pour pouvoir déterminer les valeurs de A, B, ... Mais, de cette manière, on n'aurait pas la loi de ces valeurs; il y aura donc de l'avantage à employer, au lieu de l'équation proposée, une équation du premier ordre où la fonction $f(z)$ ne se trouve pas.

Prenant donc les équations primes suivant x et suivant y, on aura

$$z' = 1 + yf'(z)z', \quad z_{,} = f(z) + yf'(z)z_{,},$$

en dénotant par $f'(z)$ la fonction prime de $f(z)$ relativement à z, d'où, éliminant $f'(z)$, on tire d'abord

$$z_{,} - z' f(z) = 0.$$

Mais l'équation primitive donne

$$f(z) = \frac{z - x}{y};$$

donc, substituant cette valeur dans la dernière équation, on aura cette équation du premier ordre, délivrée de $f(z)$:

$$z'(z - x) - y z_{,} = 0.$$

Comme le premier terme de l'expression de z en série de y est évidemment x, nous supposerons, en général,

$$z = x + Ay + By^2 + Cy^3 + \ldots,$$

A, B, C, ... étant des fonctions de x; nous aurons

$$z' = 1 + A'y + B'y^2 + C'y^3 + \ldots,$$

A′, B′, ... étant les fonctions primes de A, B, ..., regardées comme fonctions de x; ensuite

$$z_{,} = A + 2By + 3Cy^2 + 4Dy^3 + \ldots;$$

donc on aura, en substituant ces valeurs,

$$(1 + A'y + B'y^2 + C'y^3 + \ldots)(A + By + Cy^2 + \ldots) - A - 2By - 3Cy^2 - \ldots = 0,$$

savoir

$$(AA' - B)y + (BA' + AB' - 2C)y^2 + (CA' + BB' + AC' - 3D)y^3 + \ldots = 0,$$

d'où l'on tire tout de suite

$$B = AA', \quad C = \frac{1}{2}(AB' + BA'), \quad D = \frac{1}{3}(AC' + BB' + CA'), \quad \ldots.$$

Ici la quantité A demeure indéterminée; mais nous avons déjà vu que les deux premiers termes de z dans l'équation proposée sont $x+yf(x)$; par conséquent, on aura $A=f(x)$, et de là

$$A'=f'(x),\quad B=f(x)f'(x),\quad B'=f(x)f''(x)+[f'(x)]^2;$$

donc

$$C=\frac{1}{2}[2f(x)f'^2(x)+f^2(x)f''(x)],$$

. . . .

Mais, en examinant les expressions de B, C, ..., on voit d'abord qu'elles peuvent se mettre sous cette forme,

$$B=\left(\frac{A^2}{2}\right)',\quad C=\frac{1}{2}(AB)',\quad D=\frac{1}{3}\left(AC+\frac{1}{2}B^2\right)',\quad E=\frac{1}{4}(AD+BC)',\quad \ldots,$$

en dénotant, en général, par le caractère ( )′ la fonction prime selon x de la quantité renfermée entre les deux crochets, et, si l'on fait les substitutions successives, on trouve que ces expressions sont réductibles à celles-ci, plus simples,

$$B=\frac{1}{2}(A^2)',\quad C=\frac{1}{2.3}(A^3)'',\quad D=\frac{1}{2.3.4}(A^4)''',\quad \ldots,$$

en marquant par un trait, deux traits, etc. les fonctions primes, secondes, etc. des quantités renfermées entre les crochets, relativement à la variable x, de sorte que, en substituant la valeur de A, on aura enfin

$$z=x+yf(x)+\frac{y^2}{2}[f^2(x)]'+\frac{y^3}{2.3}[f^3(x)]''+\frac{y^4}{2.3.4}[f^4(x)]'''+\ldots.$$

86. Supposons maintenant qu'on demande la valeur d'une fonction quelconque $\varphi(z)$ de z, développée de même suivant les puissances de y; on fera $u=\varphi(z)$, et, prenant les équations primes pour faire disparaître la fonction φ, on aura

$$u'=\varphi'(z)z',\quad u_{\prime}=\varphi'(z)z_{\prime},$$

d'où l'on tire

$$\frac{u'}{u_{,}} = \frac{z'}{z_{,}}.$$

Substituant la valeur de $\frac{z'}{z_{,}}$, tirée de l'équation $z'(z-x) - yz_{,} = 0$ du numéro précédent, on aura cette équation du premier ordre

$$u'(z-x) - yu_{,} = 0.$$

Supposons ici

$$u = P + Qy + Ry^2 + Sy^3 + \ldots,$$

P, Q, R, ... étant des fonctions de x; substituant cette valeur, ainsi que celle de z trouvée ci-dessus, on aura

$$+ Q'y + R'y^2 + S'y^3 + \ldots)\left\{f(x) + \frac{y}{2}[f^2(x)]' + \frac{y^3}{2.3}[f^3(x)]'' + \ldots\right\} - Q - 2Ry - 3Sy^2 - \ldots =$$

d'où l'on tire

$$= P'f(x), \quad 2R = Q'f(x) + \frac{P'}{2}[f^2(x)]', \quad 3S = R'f(x) + \frac{Q'}{2}[f^2(x)]' + \frac{P'}{2.3}[f^3(x)]'', \quad \ldots$$

Or, en substituant successivement les valeurs de Q, R, ..., il est aisé de reconnaître que les expressions de ces quantités peuvent se réduire à cette forme simple

$$Q = P'f(x), \quad R = \frac{1}{2}[P'f^2(x)]', \quad S = \frac{1}{2.3}[P'f^3(x)]'', \quad \ldots.$$

La fonction P demeure indéterminée, à cause de l'élimination de la fonction φ; mais, puisque $u = \varphi(z) = \varphi[x + yf(x) + \ldots]$, il est visible qu'on aura $P = \varphi(x)$, et par conséquent $P' = \varphi'(x)$.

Donc, enfin, on aura

$$\varphi(z) = \varphi(x) + y\varphi'(x)f(x) + \frac{y^2}{2}[\varphi'(x)f^2(x)]' + \frac{y^3}{2.3}[\varphi'(x)f^3(x)]'' + \ldots,$$

formule très-remarquable et d'un grand usage dans l'Analyse, surtout pour le retour des suites.

87. On pourrait parvenir immédiatement à ce dernier résultat par la formule du n° 33, car il n'y aurait qu'à regarder u comme une fonction de y et chercher les fonctions primes, secondes, etc. de u relatives à y, c'est-à-dire les valeurs de $u_{,}$, $u_{,,}$, ... Faisant ensuite $y=0$, on aurait

$$u,\ u_{,},\ \frac{1}{2}u_{,,},\ \frac{1}{2.3}u_{,,,},\ \ldots$$

pour les coefficients P, Q, R, S, ... de la série.

Tout se réduit donc à trouver ces fonctions dérivées et à les mettre sous une forme simple et régulière. Pour cela, nous reprendrons les deux équations primes trouvées ci-dessus (n°s 85, 86),

$$z_{,}-z'f(z)=0,\quad \frac{u'}{u_{,}}=\frac{z'}{z_{,}},$$

lesquelles donnent celles-ci :

$$u_{,}=u'f(z),\quad z_{,}=z'f(z).$$

On aura donc : 1°

$$u_{,}=u'f(z);$$

2° en prenant les fonctions primes selon y,

$$u_{,,}=u'_{,}f(z)+u'z_{,}f'(z);$$

$f'(z)$ dénote la fonction prime de z relativement à z; or, de la première équation on tire aussi cette équation prime relative à x,

$$u'_{,}=u''f(z)+u'z'f'(z);$$

donc, substituant, on aura

$$u_{,,}=u''f^2(z)+2u'z'f'(z)f(z)=[u'f^2(z)]';$$

3° en prenant encore les fonctions primes relatives à y, on aura

$$u_{,,,}=[u'f^2(z)]'_{,};$$

or

$$[u'f^2(z)]_{,}=u'_{,}f^2(z)+2u'z_{,}zf(z);$$

substituant les valeurs de $u'_{,}$ et de $z_{,}$ données ci-dessus, on aura

$$[u'f^2(z)]_{,} = u''f^3(z) + 3u'z'f'(z)f^2(z) = [u'f^3(z)]';$$

donc, prenant les fonctions primes relatives à x, on aura

$$[u'f^2(z)]'_{,} = [u'f^3(z)]'' = u_{,,,},$$

et ainsi de suite.

Donc, puisque $u = \varphi(z)$, on aura

$$u' = z'\varphi'(z),$$

par conséquent

$$u_{,} = z'\varphi'(z)f(z), \quad u_{,,} = [z'\varphi'(z)f^2(z)]', \quad u_{,,,} = [z'\varphi'(z)f^3(z)]'', \quad \ldots,$$

$\varphi'(z)$ étant la fonction prime de $\varphi(z)$ relativement à z seul.

Faisons maintenant $y = 0$; l'équation proposée

$$z = x + yf(z)$$

donnera $z = x$; donc

$$z' = 1, \quad \varphi(z) = \varphi(x), \quad \varphi'(z) = \varphi'(x) \quad \text{et} \quad f(z) = f(x);$$

donc enfin

$$P = \varphi(x), \quad Q = \varphi'(x)f(x), \quad R = \frac{1}{2}[\varphi'(x)f^2(x)]', \quad S = \frac{1}{2.3}[\varphi'(x)f^3(x)]'', \quad \ldots,$$

comme ci-dessus.

Pour montrer par une application l'usage de cette formule, soit proposée l'équation

$$z = x + yz^m,$$

x et y étant des quantités données, et qu'on demande la valeur de z^n en série suivant les puissances de y; on fera donc

$$f(z) = z^m, \quad \varphi(z) = z^n;$$

donc aussi

$$f(x) = x^m, \quad \varphi(x) = x^n, \quad \varphi'(x) = nx^{n-1},$$

et l'on aura sur-le-champ

$$P = x^n,$$

$$Q = n x^{m+n-1},$$

$$R = \frac{n}{2}\,(x^{2m+n-1})' = \frac{n(2m+n-1)}{2}\,x^{2m+n-2},$$

$$S = \frac{n}{2.3}\,(x^{3m+n-1})'' = \frac{n(3m+n-1)(3m+n-2)}{2.3}\,x^{3m+n-3},$$

$$\dots\dots\dots\dots\dots\dots\dots\dots,$$

de sorte qu'on aura

$$z^n = x^n + n x^{m+n-1} y + \frac{n(2m+n-1)}{2} x^{2m+n-2} y^2 + \frac{n(3m+n-1)(3m+n-2)}{2.3} x^{3m+n-3} y^3 + \dots$$

Voyez aussi sur ce sujet la Note XI du *Traité de la résolution des équations numériques*, seconde édition (1).

(1) *Œuvres de Lagrange*, t. VIII.

CHAPITRE XVI.

MÉTHODE GÉNÉRALE POUR TROUVER L'ÉQUATION PRIMITIVE D'UNE ÉQUATION DU PREMIER ORDRE ENTRE PLUSIEURS VARIABLES, LORSQUE LES FONCTIONS DÉRIVÉES SONT LINÉAIRES, ET POUR TROUVER L'ÉQUATION PRIMITIVE D'UNE ÉQUATION QUELCONQUE DU PREMIER ORDRE ENTRE TROIS VARIABLES.

---

88. Nous avons vu comment on peut faire disparaître une fonction arbitraire contenue dans une équation donnée, au moyen de ses équations primes; mais il y a, pour y parvenir, un moyen plus simple à quelques égards, fondé sur la considération que nous avons employée plus haut (n° 82).

Considérons en général l'équation

$$F[x, y, z, \varphi(p)] = 0,$$

dans laquelle p soit égale à $f(x, y, z)$, les deux fonctions désignées par les caractéristiques F et f étant données, et la *fonction marquée* par la caractéristique φ étant arbitraire; on peut supposer y une fonction de x telle que la fonction prime de p soit nulle; alors p pourra être traitée comme constante dans la fonction $F[x, y, z, \varphi(p)]$, pourvu qu'on détermine y' par la condition que la fonction prime de $f(x, y, z)$ soit nulle.

Désignons simplement par $F'(x)$, $F'(y)$, $F'(z)$ et de même par $f'(x)$, $f'(y)$, $f'(z)$ les fonctions primes de $F[x, y, z, \varphi(p)]$ et de $f(x, y, z)$, prises relativement à x, y, z isolées et regardées comme indépendantes; on aura, comme dans l'endroit cité, les deux équations primes

$$F'(x) + z' F'(z) + y'[F'(y) + z_{,} F'(z)] = 0,$$
$$f'(x) + z' f'(z) + y'[f'(y) + z_{,} f'(z)] = 0,$$

dont la première contiendra $\varphi(p)$ et dont la seconde ne contiendra point p: celle-ci servira à éliminer l'inconnue y'; la première, jointe à son équation primitive, servira à éliminer l'inconnue $\varphi(p)$.

Cette méthode a l'avantage de pouvoir s'appliquer aux équations qui contiendraient plusieurs fonctions arbitraires de la même fonction p.

En effet, si l'on avait l'équation

$$F[x, y, z, \varphi(p), \psi(p)] = 0,$$

on trouverait d'abord, comme ci-dessus, une équation du premier ordre sans la fonction $\varphi(p)$, mais qui contiendrait encore la fonction $\psi(p)$; ensuite, appliquant à cette équation le même procédé et éliminant de nouveau la fonction y' qui paraîtra dans son équation prime par la même équation ci-dessus, on aura une équation du second ordre qui contiendra $\psi(p)$ et d'où l'on éliminera cette fonction par le moyen de l'équation du premier ordre; et ainsi de suite, quel que puisse être le nombre des fonctions arbitraires de la même quantité p.

Mais, si l'équation proposée contenait les fonctions $\varphi(p)$ et $\psi(q)$, p et q étant des fonctions différentes de x, y, z, on ne pourrait pas parvenir à une équation du second ordre, débarrassée des fonctions $\varphi(p)$ et $\psi(q)$ et de leurs dérivées; il faudrait alors passer à des équations d'un ordre supérieur.

89. Considérons les équations du premier ordre qui peuvent résulter de l'élimination d'une fonction arbitraire $\varphi(p)$, et supposons, pour plus de simplicité, ce qui est toujours possible, que l'équation primitive soit de la forme

$$F(x, y, z) = \varphi(p), \quad p \text{ étant} = f(x, y, z);$$

on aura alors les deux équations primes

$$F'(x) + z' F'(z) + y'[F'(y) + z_, F'(z)] = 0,$$
$$f'(x) + z' f'(z) + y'[f'(y) + z_, f'(z)] = 0,$$

qui seront délivrées de $\varphi(p)$, et il ne s'agira plus que d'éliminer y'.

Le résultat de cette élimination est

$$\frac{F'(x)+z'F'(z)}{f'(x)+z'f'(z)}=\frac{F'(y)+z_{,}F'(z)}{f'(y)+z_{,}f'(z)},$$

d'où résulte cette équation du premier ordre

$$F'(x)f'(y)-F'(y)f'(x)+z'[F'(z)f'(y)-F'(y)f'(z)]+z_{,}[F'(x)f'(z)-F'(z)f'(x)]=0,$$

qui ne contient que x, y, z avec les fonctions primes z' et $z_{,}$.

Cette équation pourra donc être mise sous cette forme

$$z'+Mz_{,}+N=0,$$

en faisant

$$M=\frac{F'(x)f'(z)-F'(z)f'(x)}{F'(z)f'(y)-F'(y)f'(z)},$$

$$N=\frac{F'(x)f'(y)-F'(y)f'(x)}{F'(z)f'(y)-F'(y)f'(z)},$$

d'où l'on peut conclure :

1° Que toutes les équations du premier ordre entre x, y, z' et $z_{,}$ qui ne seront pas réductibles à la forme précédente ne pourront pas être dérivées d'une équation primitive entre x, y, z et $\varphi(p)$, p étant une fonction de x, y, z;

2° Que toutes les équations du premier ordre réductibles à la forme précédente pourront toujours avoir pour équation primitive une équation de la forme supposée $F(x, y, z)=\varphi(p)$, p étant égal à $f(x, y, z)$.

Car les valeurs des coefficients M et N étant données en fonction de x, y, on aura deux équations par lesquelles on pourra déterminer les deux fonctions marquées par les caractéristiques F et f, et la fonction marquée pour φ demeurera arbitraire.

Ce problème étant l'un des plus intéressants de la théorie des fonctions, je vais en donner ici une solution directe.

90. Regardons, ce qui est permis, y et z comme des fonctions de x dont les fonctions primes soient y' et z', et considérons les deux quan-

tités $z'+N$ et $Mz'+Ny'$; ces quantités deviendront, par la substitution des expressions précédentes de M et de N,

$$\frac{f'(y)[F'(z)z'+F'(x)]-F'(y)[f'(z)z'+f'(x)]}{F'(z)f'(y)-F'(y)f'(z)},$$

$$\frac{F'(x)[f'(z)z'+f'(y)y']-f'(x)[F'(z)z'+F'(y)y']}{F'(z)f'(y)-F'(y)f'(z)}.$$

Si l'on ajoute, et qu'on retranche en même temps du numérateur de la première la quantité $F'(y)f'(y)y'$ et du numérateur de la seconde la quantité $F'(x)f'(x)$, et qu'on fasse attention que $F'(x)+F'(y)y'+F'(z)z'$ est la fonction prime de $F(x,y,z)$, que nous dénoterons simplement par $F(x,y,z)'$; que de même $f'(x)+f'(y)y'+f'(z)z'$ est la fonction prime de $f(x,y,z)$, que nous dénoterons pareillement par $f(x,y,z)'$, on aura

$$z'+N=\frac{f'(y)F(x,y,z)'-F'(y)f(x,y,z)'}{F'(z)f'(y)-F'(y)f'(z)},$$

$$Mz'+Ny'=\frac{F'(x)f(x,y,z)'-f'(x)F(x,y,z)'}{F'(z)f'(y)-F'(y)f'(z)}.$$

Donc, si l'on fait les deux équations

$$z'+N=0,\quad Mz'+Ny'=0,$$

ces équations seront équivalentes à ces deux-ci,

$$F(x,y,z)'=0\quad\text{et}\quad f(x,y,z)'=0,$$

dont les équations primitives sont évidemment

$$F(x,y,z)=A,\quad f(x,y,z)=B,$$

A et B étant des constantes arbitraires, de sorte que ces équations primitives seront complètes à cause des deux constantes arbitraires A et B.

Mais il est possible qu'en cherchant les équations primitives des équations

$$z'+N=0,\quad Mz'+Ny'=0,$$

où M et N sont des fonctions données de x, y, z, on ne les trouve pas sous la forme précédente. Cependant, sous quelque forme qu'elles puissent se présenter, si elles renferment deux constantes arbitraires a et b, elles doivent être comprises dans les précédentes, et les constantes A et B ne pourront qu'être fonctions des constantes a et b. Si donc on tire de ces équations primitives les valeurs des constantes a et b en x, y, z, et que ces valeurs soient P et Q, en sorte que les équations dont il s'agit soient réduites à la forme $P = a$, $Q = b$, il s'ensuit que les fonctions $F(x, y, z)$ et $f(x, y, z)$ ne pourront être aussi que des fonctions de P et Q.

Donc, puisque l'équation primitive d'où l'équation du premier ordre $z' + Mz_{,} + N = 0$ est dérivée, est de la forme

$$F(x, y, z) = \varphi(p) = \varphi[f(x, y, z)],$$

cette équation primitive deviendra

$$\text{fonct.}(P, Q) = \varphi[\text{fonct.}(P, Q)],$$

la fonction marquée par φ demeurant arbitraire : d'où il résulte que P sera une fonction quelconque de Q, de sorte que l'équation primitive de l'équation du premier ordre

$$z' + Mz_{,} + N = 0$$

pourra être réduite, en général, à cette forme très-simple,

$$P = \varphi(Q),$$

la fonction marquée par la caractéristique φ étant arbitraire. Cette méthode réduit, comme l'on voit, la détermination de la fonction de deux variables à celle de deux fonctions d'une seule variable, et elle est surtout remarquable par la simplicité et la généralité du résultat.

91. La méthode précédente peut s'étendre aussi aux fonctions de plus de deux variables. Ainsi, si u est une fonction de trois variables x, y, z, déterminée par l'équation

$$F(x, y, z, u) = \varphi(p, q),$$

p et q étant des fonctions données de x, y, z, u, et $\varphi(p, q)$ étant une fonction quelconque de p, q, on trouvera, par une analyse semblable à celle du n° 89, et regardant y et z comme des fonctions de x dont on déterminera les fonctions primes y' et z' par la supposition que p et q demeurent constantes, on trouvera, dis-je, une équation du premier ordre, dérivée de la fonction φ, de la forme suivante,

$$u' + \mathrm{L}u_{,} + \mathrm{M}\,{}_{,}u + \mathrm{N} = 0,$$

L, M, N étant des fonctions données de x, y, z, u, et u', $u_{,}$, ${}_{,}u$ étant les fonctions primes de u relativement à x, y et z, de sorte que toute équation entre x, y, z, u et les fonctions primes de u qui ne serait pas de cette forme ne pourra pas être dérivée d'une équation primitive de la forme ci-dessus.

Pour les équations du premier ordre réductibles à la forme précédente, on trouvera aussi, par une analyse semblable à celle du numéro précédent, que, si l'on regarde y, z, u comme des fonctions de x déterminées par ces trois équations du premier ordre,

$$u' + \mathrm{N} = 0, \quad \mathrm{L}u' + \mathrm{N}y' = 0, \quad \mathrm{M}u' + \mathrm{N}z' = 0,$$

et qu'on en cherche les équations primitives qui devront renfermer trois constantes arbitraires a, b, c, qu'ensuite on tire de ces équations les valeurs de ces constantes, de manière que l'on ait

$$a = \mathrm{P}, \quad b = \mathrm{Q}, \quad c = \mathrm{R},$$

P, Q, R étant des fonctions données de x, y, z, u, on aura sur-le-champ

$$\mathrm{P} = \varphi(\mathrm{Q}, \mathrm{R})$$

pour l'équation primitive de l'équation proposée, dans laquelle $\varphi(\mathrm{P}, \mathrm{Q})$ sera une fonction arbitraire de P et Q.

Cette méthode est présentée d'une manière plus simple et plus directe dans la Leçon XX du *Calcul des fonctions* (*), à laquelle nous nous contentons de renvoyer.

92. Mais, si l'on avait, pour la détermination de z en fonction de x et y, une équation quelconque du premier ordre entre x, y, z, z' et $z_,$ non réductible à la forme du n° 89, la même méthode ne servirait plus. Cependant on peut toujours, quelle que soit la forme de l'équation proposée, la ramener à la forme du n° 91 en y introduisant une variable de plus.

Soit donc proposée l'équation

$$z' = \mathrm{F}(x, y, z, z_,),$$

la fonction indiquée par la caractéristique F étant donnée; je suppose $z_, = u$, et, comme z est fonction de x, y, il est clair que u sera aussi fonction de x, y; donc, prenant les fonctions primes relativement à x seul, on aura $z'_, = u'$. Maintenant, l'équation proposée deviendra

$$z' = \mathrm{F}(x, y, z, u);$$

prenant les fonctions primes relativement à y seul, et observant que z et u sont fonctions de x, y, on aura

$$z'_, = \mathrm{F}'(y) + z_, \mathrm{F}'(z) + u_, \mathrm{F}'(u),$$

où les quantités $\mathrm{F}'(y)$, $\mathrm{F}'(z)$, $\mathrm{F}'(u)$ dénotent les fonctions primes de $\mathrm{F}(x, y, z, u)$ prises relativement aux variables isolées y, z, u, ainsi que nous l'avons pratiqué jusqu'ici; donc, substituant u et u' pour $z_,$ et $z'_,$, on aura l'équation

$$u' = \mathrm{F}'(y) + u\mathrm{F}'(z) + u_, \mathrm{F}'(u),$$

dans laquelle les quantités $\mathrm{F}'(y)$, $\mathrm{F}'(z)$, $\mathrm{F}'(u)$ seront des fonctions données de x, y, z et u.

Cette équation serait donc susceptible de la méthode précédente si u était une fonction des variables x, y, z, regardées comme indépendantes entre elles; mais rien n'empêche de les regarder comme telles et de regarder en même temps u comme une simple fonction de x, y, z, pourvu qu'on exprime, d'une manière conforme à cette supposition, les fonctions primes u' et $u_,$ qui se rapportent aux seules variables x et y.

Qu'on dénote par u', $u_{\prime}$ et ${}_{\prime}u$ les fonctions primes de u relativement à x, y, z, il est facile de voir, par les principes établis pour la formation des fonctions primes, que, puisque z est essentiellement une fonction de x et y dont z' et $z_{\prime}$ sont les fonctions primes relativement à chacune de ces variables isolées, la valeur complète de la fonction prime de u relativement à x sera $u' + {}_{\prime}uz'$, et que la valeur complète de la fonction prime de u relativement à y sera $u_{\prime} + {}_{\prime}uz_{\prime}$; ces valeurs sont celles qui, dans l'équation ci-dessus, sont représentées simplement par u' et $u_{\prime}$; mais on a supposé $z_{\prime} = u$, et, par l'équation proposée, on a $z' = F(x, y, z, u)$; donc les valeurs à substituer à u' et $u_{\prime}$ seront $u' + {}_{\prime}uF(x, y, z, u)$ et $u_{\prime} + {}_{\prime}uu$. Faisant donc ces substitutions dans la dernière équation en u, u', $u_{\prime}$ et ordonnant les termes suivant les quantités u', $u_{\prime}$ et ${}_{\prime}u$, on aura

$$u' - u_{\prime}F'(u) + {}_{\prime}u[F(x, y, z, u) - uF'(u)] - F'(y) - uF'(z) = 0,$$

équation qui, étant comparée à la formule générale du n° 91, donne

$$L = -F'(u), \quad M = F(x, y, z, u) - uF'(u), \quad N = -F'(y) - uF'(z),$$

de sorte que les trois équations par lesquelles il faudra déterminer y, z, u en fonction de x seront

$$\begin{gathered} u' - F'(y) - uF'(z) = 0, \\ u'F'(u) + y'[F'(y) + uF'(z)] = 0, \\ u'[F(x, y, z, u) - uF'(u)] - z'[F'(y) + uF'(z)] = 0. \end{gathered}$$

Ainsi la difficulté est réduite à trouver les équations primitives d'où celles-ci peuvent être déduites; mais il suffira d'en trouver une, et il serait même inutile de trouver les deux autres.

93. En effet, supposons qu'on ait trouvé les trois équations primitives avec les trois constantes arbitraires a, b, c, et soient P, Q, R les valeurs de ces constantes qui en résultent; on aura

$$P = \varphi(Q, R)$$

pour la forme générale de l'équation primitive en u (n° 91).

Cette équation, où la caractéristique φ désigne une fonction arbitraire, satisfera dans toute son étendue à l'équation du premier ordre en u, dans laquelle u est regardée comme fonction de x, y, z; mais u a été supposée égale à $z_{,}$, et z doit être, d'après l'équation proposée, une fonction de x et y; donc l'équation

$$P = \varphi(Q, R)$$

est trop générale, et il faudra encore chercher les limitations qu'on doit donner à la fonction arbitraire relativement aux deux quantités P et Q, pour que cette équation réponde exactement à l'équation proposée.

Mais, sans entrer dans cette recherche, j'observe que, quelle que puisse être la vraie forme de la fonction arbitraire, on peut la supposer égale à une constante, de sorte que $P = a$, c'est-à-dire une des équations primitives des trois équations ci-dessus, avec une constante arbitraire, donnera une valeur de u qui satisfera à l'équation en u.

Maintenant, en remettant $z_{,}$ pour u dans cette équation, on aura une équation du premier ordre entre x, y, z et $z_{,}$, dans laquelle z devra être regardée comme fonction de x et y; mais, puisque cette équation ne contient que la fonction prime $z_{,}$ relative à y, on pourra regarder x comme constante et z comme une simple fonction de y; on trouvera donc son équation primitive par l'analyse des fonctions d'une seule variable, et, puisque x est regardée comme constante, la constante arbitraire qui entrera dans cette équation primitive pourra être aussi une fonction quelconque de x, que nous nommerons p.

On aura ainsi une valeur de z en x et y, avec les deux quantités a et p, qui satisfera à l'équation proposée. La constante a demeurera arbitraire; mais la fonction p devra être déterminée conformément à cette équation. Pour cela, il n'y aura qu'à y substituer l'expression de z dont il s'agit; tous les termes qui renfermeront y se détruiront, et il ne restera que des termes qui contiendront x, p et p', de sorte que l'on aura de nouveau une équation du premier ordre entre les variables x et p, dont l'équation primitive donnera la valeur de p en x, avec une nouvelle constante arbitraire b.

De cette manière, on aura enfin une valeur de z en x et y, avec deux constantes arbitraires a et b, qui satisfera à la proposée indépendamment des constantes. Cette valeur ne sera que particulière; mais on pourra, par la méthode du n° 83, trouver la valeur générale de z, qui contiendra une fonction arbitraire.

En effet, si

$$f(x, y, z, a, b) = 0$$

est l'équation trouvée pour la détermination de z, on fera $b = \varphi(a)$, et l'on égalera à zéro la fonction prime de $f[x, y, z, a, \varphi(a)]$ prise relativement à la quantité a, regardée comme seule variable; on aura une équation qui servira à déterminer a, et l'équation

$$f[x, y, z, a, \varphi(a)] = 0$$

sera l'équation primitive cherchée de la proposée du premier ordre, la fonction marquée par la caractéristique φ demeurant arbitraire.

J'ai cru devoir exposer cette méthode avec tout le détail nécessaire pour la faire bien entendre, parce qu'elle est nouvelle et qu'elle réduit toute l'analyse inverse des fonctions de deux variables qui ne passent pas le premier ordre à l'analyse des fonctions d'une seule variable.

94. Pour éclaircir cette méthode par un exemple dont le calcul soit assez simple, supposons que l'équation proposée soit de cette forme

$$z' = \mathrm{A}y + \mathrm{B}z + f(x, z_{,}),$$

A et B étant des constantes, et $f(x, z_{,})$ une fonction quelconque donnée de x et de $z_{,}$. En rapportant cette équation à la formule générale du numéro précédent, on aura

$$\mathrm{F}(x, y, z, z_{,}) = \mathrm{A}y + \mathrm{B}z + f(x, z_{,});$$

donc

$$\mathrm{F}(x, y, z, u) = \mathrm{A}y + \mathrm{B}z + f(x, u),$$

et de là, en prenant les fonctions primes relativement à y et z,

$$F'(y) = A, \quad F'(z) = B,$$

de sorte que, en faisant ces substitutions dans les trois équations du premier ordre entre x, y, z, u, la première d'entre elles deviendra

$$u' - A - Bu = 0,$$

laquelle ne contenant que la variable u, qu'on suppose fonction de x, aura une équation primitive indépendamment des deux autres. En effet, si l'on multiplie cette équation par e^{-Bx}, e étant le nombre dont le logarithme hyperbolique est l'unité, son premier membre deviendra la fonction prime de

$$ue^{-Bx} + \frac{Ae^{-Bx}}{B},$$

comme il est aisé de s'en assurer en cherchant la fonction prime de cette quantité par les formules du Chapitre III.

Ainsi, comme le second membre est nul, on aura, en passant aux fonctions primitives,

$$\left(u + \frac{A}{B}\right) e^{-Bx} = a,$$

a étant une constante arbitraire. Cette équation donnera donc

$$u = -\frac{A}{B} + ae^{Bx},$$

et, substituant pour u sa valeur $z_{,}$, on aura l'équation prime

$$z_{,} = -\frac{A}{B} + ae^{Bx},$$

dans laquelle, $z_{,}$ étant la fonction prime de z relativement à y seul, on pourra regarder x comme constante et z comme fonction de y. Ainsi, comme le second membre ne contient ni y ni z, sa fonction primitive dans cette supposition sera simplement

$$\left(-\frac{A}{B} + ae^{Bx}\right) y;$$

donc, passant des fonctions primes relatives à y seul aux fonctions primitives, on aura l'équation primitive

$$z = \left(-\frac{A}{B} + ae^{Bx}\right) y + p,$$

p étant une fonction quelconque de x qui peut être ajoutée comme constante, puisque sa fonction prime relativement à y est nulle.

De cette expression de z on tirera celles des deux fonctions primes z' et $z_{,}$ relatives à x et y, et l'on aura

$$z' = aBe^{Bx}y + p',$$

$$z_{,} = -\frac{A}{B} + ae^{Bx};$$

ces valeurs étant substituées dans l'équation proposée, elle deviendra

$$aBe^{Bx}y + p' = Ay + B\left(-\frac{A}{B} + ae^{Bx}\right)y + Bp + f\left(x, -\frac{A}{B} + ae^{Bx}\right),$$

laquelle se réduit à

$$p' = Bp + f\left(x, -\frac{A}{B} + ae^{Bx}\right),$$

où l'on voit que les y ont disparu, de manière qu'on pourra déterminer p en fonction de x seul.

Qu'on multiplie cette équation par e^{-Bx} et qu'on suppose

$$e^{-Bx} f\left(x, -\frac{A}{B} + ae^{Bx}\right) = F'(x),$$

elle deviendra

$$(pe^{-Bx})' = F'(x),$$

et, passant aux fonctions primitives, on aura

$$pe^{-Bx} = F(x) + b,$$

b étant une constante arbitraire. De là on tire

$$p = e^{Bx}[F(x) + b];$$

donc, substituant cette valeur dans l'expression de z trouvée ci-dessus,

on aura

$$z = \left(-\frac{A}{B} + ae^{Bx}\right)y + [F(x) + b]e^{Bx}.$$

Cette valeur de z n'est que particulière; mais, comme elle contient les deux constantes arbitraires a et b, elle donnera la valeur générale si l'on fait $b = \varphi(a)$ et que l'on détermine a par l'équation

$$y + F'(a) + \varphi'(a) = 0,$$

en désignant par $F'(a)$ la fonction prime de $F(x)$ prise relativement à a.

Si $B = 0$, le calcul devient plus simple, et l'on trouvera, en faisant $f(x, Ax + a) = F'(x)$, les deux équations

$$z = (Ax + a)y + F(x) + \varphi(a),$$
$$y + F'(a) + \varphi'(a) = 0,$$

d'où il faudra éliminer a.

95. Cette dernière méthode est néanmoins sujette à quelques difficultés que nous avons résolues complétement dans la même Leçon XX déjà citée, où cette matière est envisagée d'une manière plus générale que nous ne l'avons fait ici.

Nous ne nous étendrons pas davantage sur ce qui regarde les fonctions de plusieurs variables. Ceux qui connaissent le Calcul qu'on appelle *aux différences partielles* pourront aisément le rapprocher de l'analyse de ces fonctions et donner par là à cette analyse les développements qu'on y pourrait encore désirer.

Notre objet, dans cette première Partie, n'a été que d'établir la théorie des fonctions et des équations dérivées d'une manière purement analytique et indépendante de toute supposition ou considération étrangère.

SECONDE PARTIE.

APPLICATION DE LA THÉORIE DES FONCTIONS A LA GÉOMÉTRIE.

CHAPITRE PREMIER.

DES DIFFÉRENTES MANIÈRES DONT ON A CONSIDÉRÉ LES TANGENTES. THÉORIE DES TANGENTES ET DES CONTACTS DE DIFFÉRENTS ORDRES, D'APRÈS LES PRINCIPES DE LA GÉOMÉTRIE ANCIENNE.

1. Les opérations ordinaires de l'Algèbre suffisent pour résoudre les problèmes de la théorie des courbes, qui ne consistent que dans des rapports de lignes tirées d'une certaine manière et terminées aux courbes; mais la détermination des tangentes, des rayons de courbure, des aires, etc., dépend essentiellement des opérations relatives aux fonctions.

Suivant les anciens géomètres, une ligne droite est tangente d'une courbe lorsque, ayant un point commun avec la courbe, on ne peut mener par ce point aucune droite entre elle et la courbe: c'est par ce principe qu'ils ont déterminé les tangentes dans le petit nombre des courbes qu'ils ont considérées. Mais depuis que, par l'application de l'Algèbre à la Géométrie, les courbes ont été soumises à l'analyse, on a envisagé les tangentes sous d'autres points de vue: on les a regardées comme des sécantes dont les deux points d'intersection sont réunis, ou comme le prolongement des côtés infiniment petits de la courbe, considérée comme un polygone d'une infinité de côtés, ou comme la direction du mouvement composé par lequel la courbe peut être décrite, et ces différentes manières de considérer les tangentes ont donné lieu aux méthodes algébriques fondées sur l'égalité des racines des équations et aux méthodes différentielles fondées sur le rapport des différences infiniment petites ou des fluxions des coordonnées. Ces méthodes ne laissent rien à désirer pour la généralité et la simplicité; mais ceux qui admirent avec raison l'évidence et la rigueur des anciennes démonstrations regrettent de ne pas trouver ces avantages dans les principes de ces nouvelles méthodes. La théorie des fonctions que nous avons développée dans la première Partie nous met en état de traiter le problème des tangentes et les autres problèmes du même genre d'après les notions et les principes des anciens, et de donner ainsi aux résultats de l'Analyse le caractère qui distingue leurs solutions.

2. Pour considérer ces questions d'une manière générale, soient

$$y = f(x)$$

l'équation d'une courbe quelconque proposée et

$$q = \mathrm{F}(p)$$

l'équation d'une ligne droite ou d'une autre courbe qu'on veut comparer à celle-là; x et y sont l'abscisse et l'ordonnée de la première courbe; p et q sont aussi l'abscisse et l'ordonnée de l'autre courbe, rapportées aux mêmes axes que x et y.

Pour que ces deux courbes aient un point commun relatif à l'abscisse x, il faut que, en faisant $p = x$, on ait $q = y$; donc $y = \mathrm{F}(x)$, et, par conséquent,

$$\mathrm{F}(x) = f(x).$$

Pour comparer maintenant le cours de ces courbes au delà de ce point, on mettra dans leurs équations $x + i$ à la place de x et de p, et l'on aura $f(x+i)$ et $\mathrm{F}(x+i)$ pour les ordonnées répondant au même point de l'axe des x et éloignées de la quantité i de l'ordonnée qui passe par le point commun. Donc la différence de ces ordonnées sera

$f(x+i) - F(x+i)$, savoir, en développant les fonctions et observant que l'on a déjà $f(x) - F(x) = 0$,

$$i[f'(x) - F'(x)] + \frac{i^2}{2}[f''(x) - F''(x)] + \frac{i^3}{2.3}[f'''(x) - F'''(x)] + \ldots,$$

et cette différence exprimera la distance des points des deux courbes qui répondent à la même abscisse $x+i$.

On voit d'abord, en général, que cette distance sera d'autant plus petite et que, par conséquent, les courbes se rapprocheront d'autant plus qu'il y aura plus de termes qui disparaîtront au commencement de cette série.

Ainsi le rapprochement sera plus grand si l'on a $f'(x) = F'(x)$, c'est-à-dire si les fonctions primes des ordonnées des deux courbes deviennent égales pour la même abscisse x; il sera plus grand encore si, de plus, les fonctions secondes $f''(x)$ et $F''(x)$ des mêmes ordonnées deviennent aussi égales, et ainsi de suite.

3. Mais, pour voir de plus près en quoi consistent ces différents degrés de rapprochement, nous considérerons une troisième courbe quelconque, rapportée aux mêmes axes par les coordonnées r et s, et dont l'équation soit

$$s = \varphi(r),$$

et nous supposerons d'abord qu'elle ait aussi avec les deux autres un point commun pour la même abscisse x, ce qui exige que les ordonnées à cette abscisse soient égales, et, par conséquent, que l'on ait aussi

$$\varphi(x) = f(x) = F(x).$$

Soient D la différence des ordonnées des deux premières courbes pour la même abscisse $x+i$, et Δ la différence des ordonnées de la première courbe et de la troisième pour cette même abscisse $x+i$; on aura

$$D = f(x+i) - F(x+i),$$

et de même

$$\Delta = f(x+i) - \varphi(x+i).$$

Il est clair que la troisième courbe ne pourra passer entre les deux premières, à moins que pour une valeur quelconque de i, aussi petite qu'on voudra, la valeur de D ne surpasse celle de Δ, abstraction faite des signes.

Développons les fonctions $f(x+i)$, $F(x+i)$, $\varphi(x+i)$ partiellement, suivant la formule du n° 40 de la première Partie, et arrêtons-nous d'abord aux deux premiers termes. Nommant j une quantité indéterminée, mais renfermée entre les limites o et i, on aura, par cette formule,

$$f(x+i)=f(x)+if'(x)+\frac{i^2}{2}f''(x+j),$$

et de même

$$F(x+i)=F(x)+if'(x)+\frac{i^2}{2}F''(x+j),$$

$$\varphi(x+i)=\varphi(x)+i\varphi'(x)+\frac{i^2}{2}\varphi''(x+j),$$

où la quantité j pourra n'être pas la même dans les trois fonctions, pourvu qu'elle soit renfermée entre les mêmes limites.

Faisant ces substitutions dans les expressions de D et Δ, on aura, à cause de $f(x)=F(x)=\varphi(x)$, en vertu du point commun aux trois courbes,

$$D=i[f'(x)-F'(x)]+\frac{i^2}{2}[f''(x+j)-F''(x+j)],$$

$$\Delta=i[f'(x)-\varphi'(x)]+\frac{i^2}{2}[f''(x+j)-\varphi''(x+j)].$$

Supposons maintenant que les deux premières courbes soient telles que l'on ait $f'(x)=F'(x)$; la valeur D se réduira à

$$D=\frac{i^2}{2}[f''(x+j)-F''(x+j)],$$

et il est aisé de se convaincre que, tant que le terme affecté de i dans l'expression de Δ ne sera pas nul, on pourra toujours prendre i assez petit pour que la quantité Δ devienne plus grande que la quantité D, abstraction faite des signes. En effet, en divisant ces deux quantités par i, il suffira que la quantité $f'(x) - \varphi'(x)$ soit plus grande que $\frac{i}{2}[\varphi''(x+j) - F''(x+j)]$, ce qui est évidemment toujours possible, en prenant i aussi petit qu'on voudra, et il est visible aussi que, aussitôt que cette condition aura lieu pour une valeur déterminée de i, elle aura lieu, à plus forte raison, pour toutes les valeurs plus petites de i.

Donc la troisième courbe ne pourra, dans ce cas, passer entre les deux premières, à moins que la quantité $f'(x) - \varphi'(x)$ ne devienne nulle, c'est-à-dire qu'on n'ait

$$\varphi'(x) = f'(x),$$

auquel cas la conclusion précédente cessera d'avoir lieu.

4. Supposons ensuite que l'on ait à la fois $F'(x) = f'(x)$ et $F''(x) = f''(x)$; en prenant trois termes dans le développement des fonctions, nous aurons, par la même formule du n° 40 (Ire Partie),

$$f(x+i) = f(x) + i f'(x) + \frac{i^2}{2} f''(x) + \frac{i^3}{2.3} f'''(x+j),$$

$$F(x+i) = F(x) + i F'(x) + \frac{i^2}{2} F''(x) + \frac{i^3}{2.3} F'''(x+j),$$

$$\varphi(x+i) = \varphi(x) + i \varphi'(x) + \frac{i^2}{2} \varphi''(x) + \frac{i^3}{2.3} \varphi'''(x+j).$$

Ces valeurs étant substituées dans les expressions générales de D et Δ, à cause de $f(x) = F(x) = \varphi(x)$ et $f'(x) = F'(x)$, $f''(x) = F''(x)$, donneront

$$D = \frac{i^3}{2.3}[f'''(x+j) - F'''(x+j)],$$

$$\Delta = i[f'(x) - \varphi'(x)] + \frac{i^2}{2}[f''(x) - \varphi''(x)] + \frac{i^3}{2.3}[f'''(x+j) - \varphi'''(x+j)].$$

Ici, il est aisé de voir que, tant que les termes affectés de i et de i^2 dans l'expression de Δ ne seront pas nuls, on pourra prendre i assez petit pour que la quantité Δ devienne plus grande que D, abstraction faite des signes. Car, divisant ces deux quantités par i, il suffira que la quantité $f'(x) - \varphi'(x) + \frac{i}{2}[f''(x) - \varphi''(x)]$ soit plus grande que $\frac{i^2}{2.3}[\varphi'''(x+j) - F'''(x+j)]$, ce qui est évidemment possible lorsque $f'(x) - \varphi'(x)$ n'est pas nulle, et, si $f'(x) - \varphi'(x)$ est nulle, alors, en divisant encore par i, il suffira que $f''(x) - \varphi''(x)$ soit une quantité plus grande que $\frac{i}{3}[\varphi'''(x+j) - F'''(x+j)]$, ce qui est encore visiblement possible, en diminuant la valeur de i tant qu'on voudra, pourvu que $f''(x) - \varphi''(x)$ ne soit pas nulle.

Donc, dans ce cas, la troisième courbe ne pourra passer entre les deux premières, à moins qu'on n'ait à la fois

$$\varphi'(x) = f'(x) \quad \text{et} \quad \varphi''(x) = f''(x).$$

On prouvera de la même manière que, si l'on a pour les deux premières courbes

$$f'(x) = F'(x), \quad f''(x) = F''(x) \quad \text{et} \quad f'''(x) = F'''(x),$$

la troisième courbe ne pourra passer entre les deux premières, à moins que l'on n'ait aussi

$$\varphi'(x) = f'(x), \quad \varphi''(x) = f''(x), \quad \varphi'''(x) = f'''(x),$$

et ainsi de suite.

5. On peut conclure de là, en général, que, si l'on a une courbe quelconque et qu'une autre courbe donnée aît un point commun avec celle-là, ce qui exige que leurs ordonnées pour la même abscisse soient égales, que de plus les fonctions primes de ces ordonnées pour la même abscisse commune soient aussi égales, alors il sera impossible qu'aucune autre courbe qu'on mènerait par le même point commun passe entre les deux courbes, à moins que la fonction prime de son ordonnée pour la même abscisse ne soit aussi égale à la fonction prime de l'ordonnée commune aux deux courbes.

Et si, outre les fonctions primes de ces ordonnées, leurs fonctions secondes pour la même abscisse étaient aussi égales, alors il serait impossible qu'aucune autre courbe qui passerait par le point commun passât entre les deux courbes, à moins que les fonctions prime et seconde de son ordonnée ne fussent respectivement égales aux fonctions prime et seconde de l'ordonnée commune aux deux courbes, et ainsi du reste.

A proprement parler, ces courbes ne coïncident que dans le point où les ordonnées sont égales, et l'égalité des fonctions primes, secondes, etc. de ces ordonnées ne les rend pas plus coïncidentes dans d'autres points, mais elle les fait approcher de manière qu'aucune autre courbe pour laquelle la même égalité n'aurait pas lieu ne puisse passer entre elles.

C'est là l'idée nette qu'on doit se faire de ces différents degrés de rapprochement des courbes que l'on appelle communément *contact*, *osculation*, etc., et que la manière ordinaire de concevoir le Calcul différentiel fait regarder comme des coïncidences plus ou moins rigoureuses ou plus ou moins étendues.

CHAPITRE II.

DES LIGNES DROITES TANGENTES, DES CERCLES TANGENTS ET DU LIEU DE LEURS CENTRES. DES CERCLES OSCULATEURS ET DU LIEU DE LEURS CENTRES. ANALYSE GÉNÉRALE DU CONTACT DES COURBES PLANES. DU CONTACT DANS DES CAS SINGULIERS ET DES LIGNES ASYMPTOTES.

---

6. Soit proposée une courbe quelconque représentée par l'équation

$$y = f(x);$$

comparons-la d'abord avec une ligne droite quelconque. Puisque nous avons représenté en général par $q = F(p)$ l'équation de la courbe à laquelle on veut comparer la proposée (n° 2), on aura, pour la ligne droite,

$$F(p) = a + bp,$$

a et b étant deux constantes qui déterminent la position de cette droite.

La condition d'un point commun donne d'abord

$$f(x) = F(x) = a + bx,$$

et l'on pourra y satisfaire au moyen d'une des indéterminées a ou b.

Supposons ensuite $f'(x) = F'(x)$; il est clair qu'en changeant, dans $a + bp$, p en x, et prenant la fonction prime, on aura

$$F'(x) = b;$$

donc

$$f'(x) = b.$$

Ainsi les valeurs de a et b seront déterminées par ces deux conditions, car on aura

$$b = f'(x) \quad \text{et} \quad a = f(x) - x f'(x).$$

Donc l'équation de la ligne droite deviendra

$$q = f(x) - x f'(x) + p f'(x),$$

p et q étant les deux coordonnées et l'abscisse x étant regardée comme constante.

Je dis maintenant que cette droite a la propriété qu'aucune autre droite ne pourra être menée entre elle et la courbe.

Car, soit

$$s = \varphi(r) = g + hr$$

l'équation d'une autre droite quelconque; pour qu'elle passe par le même point commun, il faudra que l'on ait aussi $\varphi(x) = f(x)$, et, pour qu'elle puisse passer entre la courbe et la droite que nous venons de déterminer, il faudra de plus que l'on ait $\varphi'(x) = f'(x)$ (n° 3); ces deux conditions donnent

$$g + hx = f(x) \quad \text{et} \quad h = f'(x),$$

d'où l'on tire, pour g et h, les mêmes valeurs que nous venons de trouver pour a et b, de sorte que cette dernière droite coïncidera avec la première.

Donc la droite déterminée par l'équation

$$q = a + bp,$$

où $a = f(x) - x f'(x)$ et $b = f'(x)$, sera tangente de la courbe représentée par l'équation $y = f(x)$, au point qui répond à l'abscisse $p = x$.

Puisque $y = f(x)$, on aura, suivant la notation employée dans la première Partie,

$$y' = f'(x);$$

donc les expressions de a et b seront plus simplement

$$a = y - xy' \quad \text{et} \quad b = y'.$$

Dans l'équation de la ligne droite

$$q = a + bp,$$

il est aisé de voir que b exprime la tangente de l'angle que cette droite fait avec l'axe et que $-\frac{a}{b}$ est l'abscisse qui répond au point où la même droite coupe l'axe. Donc, cette droite étant tangente à la courbe au point où $p = x$, y' sera la tangente de l'angle qu'elle fait avec l'axe, et $x + \frac{a}{b} = \frac{y}{y'}$ sera ce qu'on appelle la *sous-tangente*.

7. Représentons par

$$s = \alpha + \beta r$$

une autre droite qui passe par le même point de la courbe, r et s étant les deux coordonnées de cette droite; on aura pour ce point

$$r = p = x, \quad s = q = y;$$

donc

$$a + bx = \alpha + \beta x.$$

Pour que cette droite coupe la première sous un angle dont la tangente soit m, comme b et β sont les tangentes des angles que ces deux droites font avec le même axe, on aura, par les formules connues de la Trigonométrie,

$$\beta = \frac{b + m}{1 - bm},$$

donc

$$\alpha = a - \frac{x(1 + b^2)m}{1 - bm},$$

où il n'y aura qu'à substituer les valeurs de a et b.

Si l'on veut que cette seconde droite soit perpendiculaire à la tangente, on fera $m = \infty$, c'est-à-dire $\frac{1}{m} = 0$, et l'on aura simplement

$$\alpha = a + x\left(b + \frac{1}{b}\right) = y + \frac{x}{y'}$$

et

$$\beta = -\frac{1}{b} = -\frac{1}{y'}.$$

Ainsi $-\frac{1}{y'}$ sera la tangente de l'angle que cette perpendiculaire qu'on appelle communément *normale* fera avec l'axe, et $x+\frac{\alpha}{\beta}=-yy'$ sera la partie de l'axe comprise entre le point où elle coupe l'axe et l'ordonnée, c'est-à-dire la *sous-normale*.

Si les deux coordonnées x, y de la courbe étaient exprimées en fonction d'une troisième variable quelconque, alors, prenant x' et y' pour les fonctions primes de x et y relativement à cette autre variable, il n'y aurait qu'à mettre partout, dans les formules précédentes, $\frac{y'}{x'}$ à la place de y' (n° 50, Ire Partie).

Il serait superflu d'appliquer ces formules à des exemples; car, pour peu qu'on sache les premiers éléments du Calcul différentiel, on ne peut manquer d'apercevoir l'identité des formules précédentes avec les formules différentielles connues. Il suffit de mettre $\frac{dy}{dx}$ à la place de la fonction dérivée y'.

8. Prenons maintenant le cercle pour le comparer avec la courbe proposée. L'équation générale du cercle rapportée aux coordonnées rectangles p et q est

$$(p-a)^2+(q-b)^2=c^2,$$

où a et b sont les coordonnées qui répondent au centre et c est le rayon du cercle. De là on tire

$$q=b+\sqrt{c^2-(p-a)^2}=\mathrm{F}(p);$$

donc

$$\mathrm{F}(x)=b+\sqrt{c^2-(x-a)^2}, \quad \text{et} \quad \mathrm{F}'(x)=-\frac{x-a}{\sqrt{c^2-(x-a)^2}}.$$

Faisons donc

$$\mathrm{F}(x)=f(x)=y, \quad \text{et} \quad \mathrm{F}'(x)=f'(x)=y',$$

et tirons de ces équations les valeurs de a et b; la seconde donne

$$\sqrt{c^2-(x-a)^2}=-\frac{x-a}{y'},$$

d'où l'on tire

$$x - a = \frac{cy'}{\sqrt{1 + y'^2}};$$

ensuite la première donne

$$y - b = \sqrt{c^2 - (x - a)^2} = -\frac{x - a}{y'} = -\frac{c}{\sqrt{1 + y'^2}};$$

donc

$$a = x - \frac{cy'}{\sqrt{1 + y'^2}}, \quad b = y + \frac{c}{\sqrt{1 + y'^2}}.$$

Si l'on regarde le rayon c comme donné, il ne reste plus d'arbitraires dans l'équation, et l'on en conclura que le cercle donné, dont le centre est déterminé par les coordonnées a et b, est tel, qu'on ne pourrait mener entre lui et la courbe aucun autre arc de même rayon, mais placé différemment.

Car, pour un autre cercle du même rayon c, rapporté aux coordonnées r et s, et dont les coordonnées du centre seraient g et h, on aurait l'équation

$$s = \varphi(r) = h + \sqrt{c^2 - (r - g)^2},$$

et, pour que ce cercle eût le même point commun avec la courbe proposée et pût passer entre cette courbe et le cercle déjà déterminé, il faudrait que l'on eût aussi

$$\varphi(x) = f(x) = y, \quad \text{et} \quad \varphi'(x) = f'(x) = y',$$

équations qui serviraient à déterminer les deux quantités g et h; or il est visible que ces équations sont de la même forme que les précédentes, les quantités g et h étant à la place de a et b : donc elles donneront pour g et h les mêmes valeurs que l'on a trouvées pour a et b; par conséquent, le nouveau cercle se confondra avec le cercle déterminé par ces valeurs.

Donc, suivant la même notion des tangentes, le cercle de rayon c, dont le centre sera déterminé par les coordonnées a et b, sera tangent à la courbe proposée, dont x et y sont les coordonnées.

Comme cette conclusion a lieu quelle que soit la valeur du rayon c, on peut regarder c comme indéterminé dans les expressions de a et b; alors ces coordonnées a et b appartiendront à une ligne droite dont l'équation résultera de l'élimination de c et qui sera, par conséquent,

$$b = y + \frac{x-a}{y'}.$$

Cette droite sera donc le lieu des centres de tous les cercles qui peuvent être tangents à la courbe; elle sera donc normale à la courbe : en effet, on voit que l'équation de cette droite, où a et b sont les coordonnées, coïncide avec celle de la normale trouvée plus haut (n° **7**), en y changeant r et s en a et b.

9. Maintenant, parmi ces différents cercles qui satisfont aux conditions $F(x) = f(x) = y$, $F'(x) = f'(x) = y'$, on peut en trouver un qui satisfasse de plus à la condition $F''(x) = f''(x) = y''$.

En effet, ayant trouvé ci-dessus

$$F'(x) = -\frac{x-a}{\sqrt{c^2-(x-a)^2}},$$

on en déduira

$$F''(x) = -\frac{c^2}{[c^2-(x-a)^2]^{\frac{3}{2}}}.$$

Ainsi, on aura l'équation

$$y'' = -\frac{c^2}{[c^2-(x-a)^2]^{\frac{3}{2}}};$$

or on a déjà trouvé dans le même endroit

$$\sqrt{c^2-(x-a)^2} = -\frac{x-a}{y'} = -\frac{c}{\sqrt{1+y'^2}};$$

donc on aura

$$y'' = \frac{(1+y'^2)^{\frac{3}{2}}}{c},$$

et de là

$$c = \frac{(1+y'^2)^{\frac{3}{2}}}{y''}.$$

Substituant cette valeur dans les expressions de a et b, on aura

$$a = x - \frac{y'(1+y'^2)}{y''}, \quad b = y + \frac{1+y'^2}{y''}.$$

Les trois constantes a, b, c qui entrent dans l'équation générale du cercle étant ainsi déterminées, on en peut conclure qu'aucun autre cercle ne pourra passer entre la courbe proposée et celui qui est déterminé par ces valeurs de a, b, c. En effet, pour qu'une autre courbe quelconque rapportée aux coordonnées r, s et représentée par l'équation $s = \varphi(r)$ pût passer entre la courbe et le cercle dont il s'agit, il faudrait que l'on eût (n° 4)

$$\varphi(x) = f(x) = y, \quad \varphi'(x) = f'(x) = y', \quad \varphi''(x) = f''(x) = y'';$$

or, si cette courbe est un cercle, prenant les quantités g, h, k à la place de a, b, c, on aura pour $\varphi(x)$, $\varphi'(x)$, $\varphi''(x)$ les mêmes expressions que pour $F(x)$, $F'(x)$, $F''(x)$, en substituant seulement dans celles-ci g, h, k au lieu de a, b, c; donc les trois équations que l'on aura pour la détermination de g, h, k seront les mêmes que celles par lesquelles on a déterminé a, b, c; donc les valeurs de g, h, k seront nécessairement les mêmes que celles de a, b, c; par conséquent, le nouveau cercle, qui devrait passer entre la courbe et le cercle déjà déterminé, coïncidera avec celui-ci et n'en formera qu'un avec lui.

Donc ce cercle aura, relativement aux cercles, la même propriété que la tangente à l'égard des lignes droites; ce sera ce que les géomètres appellent *cercle osculateur* ou *cercle de courbure*, parce qu'il sert à mesurer la courbure de la courbe.

La quantité c sera le rayon de ce cercle, qu'on nomme simplement *rayon de courbure*, et les quantités a, b seront les coordonnées de la courbe qui sera le lieu de tous les centres de ces cercles.

Si l'on veut transporter ces formules au Calcul différentiel, il n'y aura qu'à substituer $\frac{dy}{dx}$ à la place de y' et $\frac{d^2y}{dx^2}$ à la place de y''.

10. On peut maintenant présenter cette théorie d'une manière plus générale.

Soient x, y les coordonnées de la courbe proposée, qui peut être quelconque, et p, q les coordonnées de la courbe qu'on veut lui comparer, et qui est supposée donnée.

Supposons que l'équation de cette courbe renferme, avec les variables p et q, des constantes indéterminées a, b, c, ..., et représentons-la par

$$F(p, q, a, b, c, \ldots) = 0.$$

Si dans cette équation on change p en x, q en y, on a

$$F(x, y, a, b, c, \ldots) = 0,$$

équation qui donne la condition nécessaire pour que la courbe donnée ait un point commun avec la courbe proposée.

Dénotons par $F(x, y, a, b, c, \ldots)'$ la fonction prime, par $F(x, y, a, b, c, \ldots)''$ la fonction seconde, etc. de la fonction $F(x, y, a, b, c, \ldots)$, en regardant y comme fonction de x, et a, b, c, ... comme des constantes.

Cela posé, s'il n'y a que deux constantes indéterminées a et b, et qu'on les détermine par les deux équations

$$F(x, y, a, b) = 0, \quad F(x, y, a, b)' = 0,$$

alors la courbe donnée, dont l'équation est

$$F(p, q, a, b) = 0,$$

sera tangente de la courbe proposée au point où $p = x$.

S'il y a trois constantes indéterminées a, b, c, et qu'on les détermine par les trois équations

$$F(x, y, a, b, c) = 0, \quad F(x, y, a, b, c)' = 0, \quad F(x, y, a, b, c)'' = 0,$$

la courbe donnée, dont l'équation est

$$F(p, q, a, b, c) = 0,$$

sera osculatoire de la courbe proposée, c'est-à-dire aura même courbure, au point qui répond à l'abscisse $p = x$, et ainsi de suite.

Cela suit immédiatement des principes établis ci-dessus, car l'équation prime

$$F(x, y, a, b, c, \ldots)' = 0$$

donne la valeur de y' en $x, y, a, b, c, \ldots$, l'équation seconde

$$F(x, y, a, b, c, \ldots)'' = 0$$

donne celle de y'' en x, y, y' et $a, b, c, \ldots$, et ainsi de suite.

On peut en général appeler *contact du premier ordre* le rapprochement de deux courbes qui se touchent dans un point, *contact du second ordre* lorsqu'elles ont de plus la même courbure, et ainsi de suite.

On peut appeler aussi les constantes $a, b, c, \ldots$, qui déterminent le contact, *éléments du contact*.

Ainsi, le contact d'un ordre quelconque m dépendra de $m+1$ éléments $a, b, c, \ldots$, et la détermination de ces éléments se tirera de l'équation

$$F(x, y, a, b, c, \ldots) = 0$$

de la courbe donnée qui forme le contact et des équations dérivées de celle-ci jusqu'à celle de l'ordre $m^{\text{ième}}$.

La propriété analytique de ces contacts est donc que, lorsque deux courbes ont entre elles un contact d'un ordre donné, leurs ordonnées et les fonctions primes, secondes, etc. de ces ordonnées jusqu'à l'ordre du contact sont les mêmes, et leur propriété géométrique consiste en ce qu'une autre courbe qui n'aura pas avec elle un contact du même ordre ne pourra être menée entre l'une et l'autre (n° 5).

11. La courbe donnée qui forme le contact, étant, par exemple, une ligne droite dont l'équation la plus générale est

$$y - a - bx = 0,$$

ne sera susceptible que d'un contact du premier ordre, puisqu'il n'y a que deux éléments a et b, et l'on aura pour la détermination de ces éléments les deux équations

$$y - a - bx = 0, \quad y' - b = 0,$$

d'où l'on tire

$$b = y' \quad \text{et} \quad a = y - xy',$$

comme ci-dessus (n° 6).

Prenons pour la courbe du contact un cercle dont l'équation la plus générale est

$$(x - a)^2 + (y - b)^2 - c^2 = 0;$$

elle ne sera susceptible que d'un contact du second ordre, puisqu'il n'y a que trois éléments a, b, c. On déterminera donc ces éléments par les trois équations

$$(x - a)^2 + (y - b)^2 - c^2 = 0, \quad x - a + (y - b)y' = 0, \quad 1 + (y - b)y'' + y'^2 = 0,$$

dont la seconde et la troisième sont les équations prime et seconde de la première. De ces équations on tire tout de suite

$$y - b = -\frac{1 + y'^2}{y''}, \quad x - a = \frac{(1 + y'^2)y'}{y''}, \quad c = \frac{(1 + y'^2)^{\frac{3}{2}}}{y''},$$

comme plus haut (n° 9).

Si l'on prenait l'équation à la parabole

$$y = a + bx + cx^2,$$

qui n'a aussi que trois constantes arbitraires, on aurait de même, pour la détermination de ces constantes, regardées comme éléments d'un contact du second ordre, les équations

$$y - a - bx - cx^2 = 0, \quad y' - b - 2cx = 0, \quad y'' - 2c = 0,$$

lesquelles donnent

$$c = \frac{y''}{2}, \quad b = y' - xy'', \quad a = y - xy' + \frac{x^2 y''}{2}.$$

Mais, si l'on prenait l'équation à la parabole cubique

$$y = a + bx + cx^2 + dx^3,$$

elle pourrait avoir un contact du troisième ordre, dont les éléments seraient a, b, c, d et se détermineraient par les équations

$$y - a - bx - cx^2 - dx^3 = 0, \quad y' - b - 2cx - 3dx^2 = 0,$$
$$y'' - 2c - 6dx = 0, \qquad y''' - 6d = 0;$$

on aurait ainsi

$$d = \frac{y'''}{6}, \quad c = \frac{y''}{2} - \frac{xy'''}{2}, \quad b = y' - xy'' + \frac{x^2y'''}{2}, \quad a = y - xy' + \frac{x^2y''}{2} - \frac{x^3y'''}{6},$$

et ainsi de suite.

12. Enfin, si l'on demande la courbe la plus simple qui aura avec une courbe proposée un contact d'un ordre quelconque m, prenant x et y pour l'abscisse et l'ordonnée de la proposée, p et q pour celles de la courbe cherchée, et regardant y comme fonction de x, q comme fonction de p, on fera

$$q = y + (p - x)y' + \frac{(p - x)^2}{2}y'' + \frac{(p - x)^3}{2.3}y''' + \ldots,$$

en prenant dans le second membre autant de termes qu'il y a d'unités dans $m + 1$.

Car, en prenant les fonctions dérivées relativement à p et faisant $p = x$, on aura $q = y, q' = y', q'' = y'', \ldots$ jusqu'à $q^{m} = y^{m}$; donc ces deux courbes auront, dans le point commun qui répond à $p = x$, les conditions nécessaires pour un contact de l'ordre $m^{\text{ième}}$ (n° 10).

La courbe représentée par l'équation précédente, et qui est, comme l'on voit, du genre parabolique, aura ainsi, dans le point commun à la courbe proposée, le cours le plus approchant de celui de cette courbe, de manière qu'aucune autre courbe du même genre ne pourra passer entre ces deux si elle n'est pas d'un degré plus haut.

13. La théorie que nous venons de donner sur le contact des courbes n'est qu'une suite de la théorie générale du développement des fonc-

tions, exposée dans la première Partie. Mais nous avons vu (n°s 29 et suiv., Ire Partie) qu'il y a des cas particuliers où ce développement échappe à la forme générale, et que ces cas sont ceux où une valeur donnée de x rend infinies les fonctions dérivées $f'(x), f''(x), \ldots$. Alors le développement de $f(x+i)$ contiendra nécessairement, pour cette valeur de x, d'autres puissances de i que les simples puissances i, $i^2, \ldots$, et l'analyse des n°s 3 et 4 se trouvera en défaut. Quoique ces exceptions ne portent aucune atteinte à la théorie générale, il est nécessaire, pour ne rien laisser à désirer, de voir comment elle doit être modifiée dans les cas particuliers dont il s'agit.

Supposons donc qu'en faisant $x=m$ la fonction $f(x+i)$, développée en une série ascendante de i, soit de la forme

$$f(m) + A i^{\lambda} + B i^{\lambda+\mu} + C i^{\lambda+\mu+\nu} + \ldots,$$

$\mu, \nu, \ldots$ étant toujours des nombres positifs.

Je remarque d'abord qu'on peut trouver les coefficients A, B, C, ..., ainsi que les exposants $\lambda, \mu, \nu, \ldots$, par une méthode semblable à celle du n° 3 de la première Partie. On fera d'abord

$$f(m+i) = f(m) + i^{\lambda} P,$$

et l'on prendra pour i^{λ} la plus haute puissance de i qui divisera $f(m+i) - f(m)$, après les réductions convenables, de manière que le quotient P ne devienne ni nul ni infini en faisant $i = 0$. Lorsque $m = 0$, l'exposant λ pourra être négatif; dans tout autre cas, il sera évidemment toujours positif (*). On fera ensuite

$$P = A + i^{\mu} Q,$$

A étant la valeur de P lorsque $i = 0$, et l'on prendra pour i^{μ} la plus

(*) Une inadvertance singulière a été commise ici par Lagrange. L'exposant λ ne peut jamais être négatif, car le développement de $f(m+i)$ ne peut contenir de puissances négatives de i que si $f(m)$ est infini; d'ailleurs l'hypothèse de $m = 0$ ne saurait constituer aucune particularité : on peut toujours faire en sorte qu'il en soit ainsi, par un déplacement de l'origine des coordonnées sur l'axe des abscisses.

Je n'ai pas cru pouvoir me permettre la moindre altération au texte de l'illustre auteur, et j'ai laissé subsister la faute dans cette nouvelle édition. (*Note de l'éditeur.*)

haute puissance positive de i qui divisera $P - A$, de manière que le quotient Q ne devienne ni nul ni infini lorsque $i = o$. On continuera en supposant

$$Q = B + i^{\nu} R,$$

B étant la valeur de Q lorsque $i = o$, et i^{ν} la plus haute puissance positive de i qui divisera $Q - B$, en sorte que le quotient R ne soit ni nul ni infini lorsque $i = o$; et ainsi de suite. On aura, de cette manière,

$$\begin{aligned} f(m+i) &= f(m) + i^{\lambda} P = f(m) + i^{\lambda} A + i^{\lambda+\mu} Q \\ &= f(m) + i^{\lambda} A + i^{\lambda+\mu} B + i^{\lambda+\mu+\nu} R \\ &= \ldots\ldots\ldots\ldots\ldots\ldots\ldots\ldots \end{aligned}$$

On a, pour trouver les termes successifs d'une série, des méthodes plus courtes ou d'un calcul plus facile, mais la précédente a l'avantage de ne développer la série qu'autant que l'on veut et de donner la valeur du reste. Nous n'aurons pas besoin, pour notre objet, de connaître ces restes; il nous suffira de savoir qu'ils peuvent toujours s'exprimer par des quantités de la forme que nous venons de trouver.

Cela posé, considérons la courbe représentée par l'équation

$$y = f(x),$$

x étant l'abscisse et y l'ordonnée; supposons qu'elle ait un point commun avec une autre courbe, dont l'ordonnée soit $F(x)$, et que ce point réponde à l'abscisse m, en sorte que l'on ait $F(m) = f(m)$. Au delà de ce point, les ordonnées des deux courbes seront $f(m+i)$, $F(m+i)$ pour une abscisse quelconque $m+i$, et leur différence, que je désignerai par D, sera $f(m+i) - F(m+i)$.

Développons la fonction $F(m+i)$ comme la fonction $f(m+i)$, et soient

$$F(m+i) = F(m) + i^{\rho} p, \quad p = \alpha + i^{\sigma} q, \quad q = \beta + i^{\tau} r, \quad \ldots,$$

σ, τ, ... étant des nombres positifs, et α, β, ... étant les valeurs de p, q, ... lorsque $i = o$; on aura d'abord, à cause de $F(m) = f(m)$,

$$D = i^{\lambda} A - i^{\rho} \alpha + i^{\lambda+\mu} Q - i^{\rho+\sigma} q + \ldots.$$

Les deux premiers termes du développement de $f(m+i)$ étant $f(m)+i^{\lambda}A$, et ceux du développement de $F(m+i)$ étant $F(m)+i^{\rho}\alpha$, supposons qu'ils deviennent égaux, en sorte qu'on ait aussi $\rho=\lambda$ et $\alpha=A$: la première de ces deux conditions dépendra de la nature des fonctions désignées par f et F, mais la seconde pourra toujours être remplie comme la condition de $F(m)=f(m)$ par le moyen des constantes arbitraires a, b, c, ... qui entreront dans la fonction $F(x)$. On aura donc, dans ce cas,

$$D=i^{\lambda+\mu}Q-i^{\rho+\sigma}q+\ldots,$$

et il sera impossible qu'aucune autre courbe passe entre les deux courbes dont il s'agit, dans le même point qui répond à l'abscisse m, à moins que les deux premiers termes du développement de $\varphi(m+i)$, $\varphi(x)$ étant l'ordonnée de cette autre courbe, ne soient aussi les mêmes que ceux du développement de $f(m+i)$.

Car, s'ils sont différents, ils ne pourront pas se détruire dans l'expression de la différence Δ des deux ordonnées $f(m+i)$ et $\varphi(m+i)$, et l'on aura en général

$$\Delta=i^{\lambda}A-i^{\rho}\alpha+i^{\lambda+\mu}Q-i^{\rho+\sigma}q+\ldots,$$

à cause de $\varphi(m)=f(m)$ par la condition supposée de la coïncidence des courbes dans le point qui répond à $x=m$. Cette expression de Δ étant comparée à celle $D=i^{\lambda+\mu}Q-i^{\rho+\sigma}q+\ldots$, il est facile de voir que, à cause que les exposants μ, σ, ... sont nécessairement positifs par la nature du développement, il sera toujours possible de prendre i assez petit pour que la valeur de Δ surpasse celle de D, abstraction faite des signes, tant qu'on n'aura pas $\rho=\lambda$ et $\alpha=A$, comme dans les deux premières courbes. Donc, dans tout autre cas, la troisième courbe passera nécessairement en dehors des deux autres.

En poussant plus loin le développement des fonctions $f(m+i)$ et $F(m+i)$, on prouvera de la même manière que, si les trois premiers termes du développement de ces fonctions sont les mêmes, aucune autre courbe ne pourra passer entre elles, à moins qu'elle n'ait aussi les mêmes termes communs avec celles-là; et ainsi de suite.

On pourra donc appeler aussi, comme dans le n° **10**, *contact du premier ordre, du second,* etc. le rapprochement de deux courbes pour lesquelles les deux premiers termes, ou les trois premiers, ou etc. seront les mêmes dans les développements des fonctions qui représentent les ordonnées.

Ainsi, la courbe dont l'équation est

$$y=f(x)$$

étant donnée, la courbe la plus simple qui aura avec elle un contact du premier ordre au point où $x=m$ sera représentée par l'équation

$$y=f(m)+A(x-m)^{\lambda},$$

et celle qui aura un contact du second ordre le sera par

$$y=f(m)+A(x-m)^{\lambda}+B(x-m)^{\lambda+\mu};$$

et ainsi de suite. Car, en substituant $m+i$ pour x, on aura simplement les deux premiers termes $f(m)+Ai^{\lambda}$, ou les trois premiers $f(m)+Ai^{\lambda}+Bi^{\lambda+\mu}$, ou etc. du développement de $f(m+i)$. Ces courbes auront donc aussi dans le même point le cours le plus approchant de celui de la courbe proposée et pourront, par conséquent, servir à en faire connaître les propriétés comme les points singuliers, les points de rebroussement, etc., sur quoi *voir* l'*Analyse des lignes courbes* de Cramer.

14. Supposons maintenant que, dans l'équation

$$y=f(x)$$

de la courbe proposée, on substitue $\frac{1}{i}$ à la place de x, et qu'on développe la fonction $f\left(\frac{1}{i}\right)$ en une série ascendante de la forme

$$Ai^{\lambda}+Bi^{\lambda+\mu}+Ci^{\lambda+\mu+\nu}+\ldots.$$

Si l'on fait la même chose pour l'équation

$$y = F(x)$$

d'une autre courbe, et que les premiers termes du développement de $F\left(\frac{1}{i}\right)$ soient les mêmes que ceux du développement de $f\left(\frac{1}{i}\right)$, on pourra prouver, par un raisonnement semblable à celui qui a été fait ci-dessus, qu'on pourra toujours prendre i assez petit pour qu'aucune autre courbe, représentée par l'équation $y = \varphi(x)$ et dont la fonction $\varphi\left(\frac{1}{i}\right)$ développée de même en série ascendante n'aurait pas autant de termes identiques avec ceux de ces courbes, ne puisse passer entre ces mêmes courbes dans les points qui répondront à l'abscisse $x = \frac{1}{i}$ et à toutes les abscisses plus grandes à l'infini, puisque, dès que la condition qui peut empêcher que cette courbe ne passe entre les deux autres aura lieu pour une certaine valeur de i, elle aura lieu, à plus forte raison, pour toutes les valeurs de i plus petites.

D'où l'on peut conclure que la courbe dont l'équation sera simplement

$$y = Ax^{-\lambda}, \quad \text{ou} \quad y = Ax^{-\lambda} + Bx^{-\lambda-\mu}, \quad \text{ou} \quad \text{etc.}$$

ira en s'approchant continuellement de la courbe proposée à mesure que les abscisses x deviendront plus grandes, mais sans pouvoir jamais l'atteindre, de manière qu'elle parviendra à un terme passé lequel aucune autre courbe du même genre parabolique ou hyperbolique, qui ne sera pas d'un degré plus haut, ne pourra passer entre les deux courbes. Cette seconde courbe sera donc une asymptote de la première, et cette idée de l'asymptote me paraît la plus simple et la plus générale qu'on en puisse donner, en même temps qu'elle est aussi la plus propre à caractériser la nature du rapprochement qui constitue le vrai asymptotisme.

CHAPITRE III.

PROBLÈMES DIRECTS ET INVERSES SUR LE CONTACT DES COURBES. ANALYSE DES CAS OU L'ON PROPOSE UNE RELATION ENTRE LES DEUX ÉLÉMENTS DU CONTACT DU PREMIER ORDRE. DE LA COURBE REPRÉSENTÉE PAR L'ÉQUATION PRIMITIVE SINGULIÈRE D'UNE ÉQUATION DU PREMIER ORDRE.

---

15. Les problèmes qu'on peut proposer sur les tangentes, les rayons de courbure, etc., et en général sur les contacts des courbes, sont de deux sortes, directs ou inverses. Les problèmes directs se réduisent toujours à trouver quelques-uns des éléments du contact d'un certain ordre, et, comme ils ne dépendent que de l'analyse directe des fonctions, ils sont toujours résolubles analytiquement. Dans les problèmes inverses, on suppose qu'il y a une relation donnée entre quelques-uns de ces éléments et les coordonnées x, y avec les fonctions dérivées y', y'', ..., et cette relation, en y substituant les expressions générales des éléments en x, y, y', y'', ..., devient une équation dérivée d'un certain ordre, dont il faut trouver l'équation primitive pour avoir celle de la courbe cherchée en x et y. Ces problèmes conduisent donc immédiatement à des équations dérivées, et leur solution, dépendant essentiellement de l'analyse inverse des fonctions, se trouve sujette à toutes les difficultés de cette analyse.

Il y a cependant des cas où l'on peut les résoudre directement par des considérations particulières, qui méritent d'autant plus d'attention, qu'elles tiennent à des finesses d'analyse qu'il est intéressant de connaître.

Ces cas sont ceux où la relation donnée n'est qu'entre les éléments mêmes du contact, sans que les coordonnées x, y y entrent.

Pour donner d'abord, par un exemple, une idée de ces sortes de problèmes, supposons qu'on demande la courbe dont chaque tangente coupera deux ordonnées (prolongées s'il est nécessaire) répondant aux abscisses données $x=m$ et $x=n$, de manière que le produit des parties de ces ordonnées comprises entre la même tangente et l'axe des abscisses soit toujours constant et égal à K.

Puisque l'équation à la tangente est (n° 6)

$$q = a + bp,$$

en faisant successivement $p=m$ et $p=n$, on aura les deux valeurs de q, dont le produit devra être égal à K; on aura donc, entre les éléments du contact a et b, l'équation

$$(a+mb)(a+nb) = \mathrm{K}.$$

La marche naturelle et directe serait donc de substituer à la place de a et b leurs valeurs $y - xy'$ et y' (numéro cité); on aurait alors cette équation du premier ordre

$$[y+(m-x)y'][y+(n-x)y'] = \mathrm{K},$$

dont il ne serait pas aisé de trouver l'équation primitive par les méthodes ordinaires.

Mais, si l'on prend les fonctions primes de cette équation, il vient celle-ci,

$$[y+(n-x)y'](m-x)y'' + [y+(m-x)y'](n-x)y'' = 0,$$

dont tous les termes se trouvent multipliés par y'', de sorte qu'elle peut se décomposer dans ces deux :

$$y''=0 \quad \text{et} \quad [y+(n-x)y'](m-x) + [y+(m-x)y'](n-x) = 0.$$

La première, qui est du second ordre, donne sur-le-champ celle-ci du premier,

$$y' = \mathrm{A},$$

où A est une constante arbitraire; ainsi, par les principes établis dans les nos 46 et suivants de la première Partie, on aura l'équation primitive complète de la proposée en y substituant simplement cette valeur de y'.

Cette équation sera donc de la forme

$$(y - Ax + mA)(y - Ax + nA) = K,$$

savoir, en développant les termes,

$$(y - Ax)^2 + (y - Ax)(m + n)A + mnA^2 - K = 0,$$

d'où, en extrayant la racine, on tire

$$y = Ax + B,$$

en prenant pour B la racine de l'équation

$$B^2 + (m + n)AB + mnA^2 - K = 0.$$

D'où l'on voit que l'on n'a de cette manière qu'une équation à la ligne droite.

En effet, l'équation $y'' = 0$ ayant donné $y' = A$, celle-ci donnera l'équation primitive

$$y = Ax + B,$$

A et B étant deux constantes arbitraires; mais, par la théorie des numéros cités ci-dessus, ces deux constantes ne peuvent pas être arbitraires à la fois, car il faut que l'équation trouvée coïncide avec la proposée pour une valeur de x; or, faisant $x = 0$, on a

$$y = B, \quad y' = A;$$

donc on aura entre A et B cette équation de condition,

$$(B + mA)(B + nA) = K,$$

qui est la même que celle que nous avons trouvée ci-dessus pour la détermination de B en A.

Venons maintenant à l'autre équation, qui n'est que du premier ordre. Celle-ci servira également à trouver une équation primitive de la proposée par l'élimination de y'. En effet, elle donne

$$y' = \frac{(2x - m - n)y}{2(m - x)(n - x)},$$

valeur qui, étant substituée dans la proposée, la réduira à celle-ci,

$$y^2 + \frac{4K(m - x)(n - x)}{(m - n)^2} = 0,$$

équation à l'ellipse ou à l'hyperbole, suivant que K sera une quantité positive ou négative. Le grand axe sera $m - n$, le petit axe $2\sqrt{\pm K}$, et les deux sommets seront aux points où $x = m$ et où $x = n$.

La propriété des tangentes qui nous a conduits à cette équation est démontrée dans la proposition XLII du Livre III des *Coniques* d'Apollonius; mais l'analyse précédente a l'avantage de faire voir que cette propriété appartient uniquement aux sections coniques.

16. Si on examine maintenant les deux solutions qu'on vient de trouver, il est facile de voir que la première ne donne que la ligne droite même qu'on a supposée tangente, en regardant les deux éléments a et b comme constants; car l'équation $y = Ax + B$ ne diffère point de l'équation $q = a + bp$ de cette tangente, l'équation entre les deux constantes A et B étant évidemment la même que celle que l'on a supposée entre les quantités b et a.

En effet, il est visible que toute droite peut résoudre le problème, pourvu qu'il y ait entre ses deux constantes la relation donnée par les conditions du problème, et, comme il reste une constante arbitraire, il s'ensuit que l'équation de cette droite doit être l'équation primitive complète de l'équation du premier ordre donnée par le problème. Donc, analytiquement parlant, le problème est résolu complétement par l'équation même

$$y = a + bx,$$

a et b étant deux constantes, dont l'une est arbitraire et l'autre en dépend par l'équation

$$(a+mb)(a+nb)=\mathrm{K}.$$

A l'égard de la seconde solution, comme elle ne contient point de constante arbitraire, elle est à la rigueur moins générale que la première et ne peut être qu'un cas particulier de celle-ci ou bien une solution singulière provenant de la considération que nous avons développée dans le n° **60** de la Ire Partie.

Il est d'abord facile de se convaincre que cette dernière solution ne peut être un cas particulier de la première, car il faudrait pour cela que l'équation $y=a+bx$ de la première pût satisfaire à l'équation

$$y^2+\frac{4\mathrm{K}(m-x)(n-x)}{(m-n)^2}=0$$

de la seconde, en déterminant convenablement sa constante arbitraire, et par conséquent qu'en éliminant y de ces deux équations la résultante ne contînt plus que des constantes, ce qui n'est pas.

Elle ne peut donc être qu'une solution singulière, et, en effet, nous avons vu (Ire Partie, n° **59**) que le caractère de l'équation primitive singulière de toute équation du premier ordre de la forme $y'=\mathrm{F}(x,y)$ est de rendre infinie la fonction $\mathrm{F}'(y)$, c'est-à-dire la fonction prime de $\mathrm{F}(x,y)$ prise relativement à y seul. Or, l'équation de notre problème

$$[y+(m-x)y'][y+(n-x)y']=\mathrm{K},$$

étant mise sous la forme précédente, donne

$$\mathrm{F}(x,y)=\frac{y(2x-m-n)+\sqrt{4\mathrm{K}(m-x)(n-x)+(m-n)^2y^2}}{2(m-x)(n-x)},$$

d'où l'on tire

$$\mathrm{F}'(y)=\frac{(m-n)^2y+(2x-m-n)\sqrt{4\mathrm{K}(m-x)(n-x)+(m-n)^2y^2}}{2(m-x)(n-x)\sqrt{4\mathrm{K}(m-x)(n-x)+(m-n)^2y^2}},$$

où l'on voit que $\mathrm{F}'(y)$ devient infini par l'équation

$$4\mathrm{K}(m-x)(n-x)+(m-n)^2y^2=0,$$

qui est celle de la seconde solution.

17. En examinant la manière dont nous sommes parvenus à cette solution, on verra qu'elle dépend de cette circonstance que les fonctions primes de a et b regardés comme fonctions de x, y, y' sont entre elles dans un rapport qui ne contient pas la fonction seconde y''; en effet, ayant $b = y'$ et $a = y - xy'$, on a

$$b' = y'' \quad \text{et} \quad a' = -xy'',$$

ce qui donne

$$\frac{a'}{b'} = -x,$$

de sorte que, prenant la fonction prime de l'équation

$$(a + mb)(a + nb) = \text{K}$$

et divisant par b', on a une équation qui est également du premier ordre, et le résultat de l'élimination de y' entre ces deux équations donne l'équation aux sections coniques trouvées plus haut. Or je considère que les quantités a et b sont données par les équations (n° 11)

$$y = a + bx \quad \text{et} \quad y' = b.$$

Ainsi l'équation dont il s'agit est le résultat de l'élimination de a, b et y' entre les équations

$$y = a + bx, \quad y' = b, \quad (a + mb)(a + nb) = \text{K}$$

et l'équation prime de cette dernière divisée par b'. On obtiendra donc aussi le même résultat en éliminant d'abord une des deux quantités a ou b entre les deux équations

$$y = a + bx \quad \text{et} \quad (a + mb)(a + nb) = \text{K},$$

et ensuite éliminant l'autre par le moyen de l'équation résultante et de son équation prime prise en faisant varier cette dernière quantité. Ainsi, éliminant d'abord a, on a l'équation

$$[y + (m - x)b][y + (n - x)b] = \text{K}.$$

Prenant l'équation prime relativement à b et divisant par b', on a

$$[y+(m-x)b](n-x)+[y+(n-x)b](m-x)=0,$$

d'où l'on tire

$$b=\frac{(2x-m-n)y}{2(m-x)(n-x)},$$

valeur qui, substituée dans l'autre équation, donnera comme ci-dessus l'équation

$$(m-n)^2y^2+4K(m-x)(n-x)=0,$$

qui renferme la seconde solution.

On peut encore considérer que l'équation

$$(a+mb)(a+nb)=K,$$

qui contient la relation entre a et b, dans laquelle consiste la condition du problème, donne, par la résolution, $a=f(b)$, valeur qui, étant substituée dans l'équation

$$y=a+bx,$$

la réduit à celle-ci,

$$y=f(b)+bx,$$

qui ne contient plus que la constante arbitraire b, qu'on éliminera par l'équation prime prise relativement à b, savoir

$$f'(b)+x=0,$$

ce qui donnera encore le même résultat. Or, par ce qu'on a vu ci-dessus, l'équation

$$y=f(b)+bx$$

est l'équation primitive complète de l'équation du premier ordre donnée par le problème; donc l'équation résultante de l'élimination de b entre celle-ci et l'équation

$$f'(b)+x=0$$

sera précisément l'équation primitive singulière, d'après la théorie du n° 60 de la Ire Partie.

D'un autre côté, comme l'équation $y=f(b)+bx$ est l'équation générale des tangentes de la courbe cherchée (n° 15), on en peut conclure que pour avoir l'équation de cette courbe il n'y a qu'à regarder la constante arbitraire b qui différentie les tangentes comme variable et la déterminer par la condition que l'équation prime relative à cette seule variable ait lieu en même temps, et de là on voit aussi que l'équation primitive singulière que nous avons trouvée pour l'équation du premier ordre donnée par le problème n'est autre chose que l'équation de la courbe formée par l'intersection continuelle des droites représentées par l'équation primitive complète de la même équation du premier ordre.

18. Après avoir ainsi éclairci la matière par un exemple, nous allons la traiter d'une manière générale. Soit, comme dans le n° 10,

$$F(x, y, a, b)=0$$

l'équation de la courbe du contact, que nous avons supposée ci-dessus une ligne droite, et soit

$$\varphi(a, b)=0$$

l'équation qui détermine la relation entre les deux éléments a et b, donnée par la nature du problème proposé; suivant la théorie donnée dans ce même numéro, il faudra déterminer a et b par les deux équations

$$F(x, y, a, b)=0 \quad \text{et} \quad F(x, y, a, b)'=0.$$

Or nous avons vu dans la Ire Partie (n° 46) que, si l'on élimine a et b des trois équations

$$F(x, y, a, b)=0, \quad F(x, y, a, b)'=0, \quad F(x, y, a, b)''=0,$$

on a une équation du second ordre entre x, y, y' et y'', que nous désignerons par $V=0$, et dont

$$F(x, y, a, b)=0$$

sera l'équation primitive complète, a et b étant les constantes arbitraires; nous y avons vu aussi que, si l'on élimine a ou b des deux premières, les deux résultantes seront des équations primitives du premier ordre de la même équation $V=0$, et dont celle-ci sera le résultat, en prenant de nouveau les fonctions primes et éliminant la constante qui y était restée (n° 47). Donc, si de ces deux premières équations on tire les valeurs de a et b, que nous désignerons par P et Q, en sorte que l'on ait $a=P$, $b=Q$, P et Q étant des fonctions de x, y et y'; qu'ensuite on prenne les fonctions primes de ces équations, en y regardant toujours a et b comme constantes, on aura les équations du second ordre $P'=0$, $Q'=0$, qui devront coïncider avec l'équation $V=0$, de sorte qu'on aura nécessairement

$$P'=MV, \quad Q'=NV,$$

M et N étant des fonctions de x, y et y' sans y''; car si, par exemple, M contenait encore y'', alors l'équation $P'=0$ donnerait, outre $V=0$, cette autre équation du second ordre, $M=0$, qui ne serait pas comprise dans la même équation $V=0$, ce qui ne se peut.

Substituant donc ces valeurs de a et b dans l'équation du problème

$$\varphi(a, b)=0,$$

on aura

$$\varphi(P, Q)=0;$$

prenant ensuite l'équation prime, on aura

$$P'\varphi'(P)+Q'\varphi'(Q)=0,$$

en dénotant par $\varphi'(P)$ et $\varphi'(Q)$ les fonctions primes de $\varphi(P, Q)$ prises relativement à P et Q isolés; donc, mettant pour P' et Q' les expressions ci-dessus, cette dernière équation deviendra

$$V[M\varphi'(P)+N\varphi'(Q)]=0,$$

laquelle se décompose naturellement en ces deux-ci :

$$V=0 \quad \text{et} \quad M\varphi'(P)+N\varphi'(Q)=0.$$

La première, $V=0$, sera du second ordre et aura pour équation primitive complète

$$F(x, y, a, b)=0,$$

c'est-à-dire l'équation même de la courbe du contact, dans laquelle une seule des deux constantes a et b sera arbitraire, l'autre étant déterminée par l'équation même du problème $\varphi(a, b) = 0$.

L'autre équation,

$$M\varphi'(P) + N\varphi'(Q) = 0,$$

ne sera que du premier ordre et sans constante arbitraire; mais, étant combinée avec l'équation $\varphi(P, Q) = 0$, elle donnera, par l'élimination de y', une équation entre x et y qui sera l'équation primitive singulière de cette dernière $\varphi(P, Q) = 0$.

Cette équation sera donc le résultat de l'élimination des quantités a, b et y' entre les quatre équations

$$F(x, y, a, b) = 0, \quad F(x, y, a, b)' = 0, \quad \varphi(a, b) = 0, \quad M\varphi'(a) + N\varphi'(b) = 0.$$

Or, en regardant a et b comme des fonctions de x et y, les équations

$$a = P, \quad b = Q,$$

résultant des deux premières, donnent ces deux équations primes

$$a' = P' = MV \quad \text{et} \quad b' = Q' = NV';$$

donc

$$\frac{N}{M} = \frac{b'}{a'},$$

de sorte que la dernière équation se réduira à celle-ci,

$$\varphi'(a) + \frac{b'\varphi'(b)}{a'} = 0,$$

qui n'est autre chose que l'équation prime de $\varphi(a, b) = 0$, divisée par a'. D'un autre côté, dans la supposition de a et b variables, il est évident que la fonction prime de $F(x, y, a, b)$ n'est pas simplement $F(x, y, a, b)'$, mais qu'il y faut ajouter les termes dus à la variation de a et b, qui sont $a'F'(a) + b'F'(b)$, en désignant par $F'(a)$ et $F'(b)$ les fonctions primes de $F(x, y, a, b)$ prises relativement à a et à b, regardés comme seules variables. Donc, prenant les fonctions primes de l'équation

$$F(x, y, a, b) = 0,$$

on aura

$$F(x, y, a, b)' + a' F'(a) + b' F'(b) = 0.$$

Mais on a déjà l'équation

$$F(x, y, a, b)' = 0;$$

on aura donc nécessairement, dans la supposition de a et b variables, l'équation

$$a' F'(a) + b' F'(b) = 0,$$

d'où l'on tire

$$\frac{b'}{a'} = -\frac{F'(a)}{F'(b)};$$

c'est la valeur de $\frac{N}{M}$, qu'on peut trouver directement de cette manière, et qu'on voit clairement ne pouvoir être une fonction du premier ordre, puisqu'elle ne contient que les quantités x, y et a, b.

Donc l'équation dont il s'agit sera, en dernière analyse, le résultat de l'élimination de a, b et $\frac{b'}{a'}$ entre les quatre équations

$$F(x, y, a, b) = 0, \quad \varphi(a, b) = 0,$$

$$F'(a) + \frac{b'}{a'} F'(b) = 0, \quad \varphi'(a) + \frac{b'}{a'} \varphi'(b) = 0,$$

dont les deux dernières sont les fonctions primes des deux premières, prises relativement à a et b et divisées par a'; l'équation

$$F(x, y, a, b) = 0$$

n'est plus nécessaire ici et se trouve remplacée par l'équation

$$F'(a) + \frac{b'}{a'} F'(b) = 0,$$

qui en est une suite. Donc, si on réduit d'abord les deux premières en une seule par l'élimination de b, il ne s'agira plus que de prendre l'équation prime de celle-ci relativement à a seul et d'éliminer ensuite a par le moyen de ces deux; le résultat sera nécessairement le même qu'auparavant.

Si donc on tire de l'équation

$$\varphi(a, b) = 0,$$

donnée par les conditions du problème entre les éléments du contact a, b, la valeur de b en a, et qu'on suppose $b = \psi(a)$ (ψ étant aussi la caractéristique d'une fonction), qu'on substitue cette valeur dans l'équation

$$F(x, y, a, b) = 0$$

de la courbe du contact, qu'ensuite on prenne la fonction prime de $F[x, y, a, \psi(a)]$ relativement à a seul, fonction que nous désignerons par $a' F'[a, \psi(a)]$, a' étant la fonction prime de a regardé comme fonction de x, on aura ces deux équations,

$$F[x, y, a, \psi(a)] = 0 \quad \text{et} \quad F'[a, \psi(a)] = 0,$$

d'où il faudra éliminer a; et il est visible que le résultat ne sera autre chose que l'équation primitive singulière de l'équation du premier ordre, dont

$$F[x, y, a, \psi(a)] = 0$$

sera l'équation primitive complète (n° **60**, Ire Partie).

La courbe représentée par cette équation singulière sera proprement celle qui résout le problème, et qui aura la propriété d'être touchée dans chaque point par une des courbes représentées par l'équation

$$F[x, y, a, \psi(a)] = 0,$$

a étant constant pour la même courbe, mais variable d'une courbe à l'autre.

19. La manière dont nous sommes parvenus à cette dernière solution est la plus directe, analytiquement parlant; mais on y peut parvenir plus simplement par la considération suivante. Puisque le problème consiste à trouver la courbe qui aura, dans chaque point, un contact du premier ordre avec la courbe représentée par l'équation

$$F[x, y, a, \psi(a)] = 0,$$

a étant un paramètre indéterminé, il s'ensuit (n° **10**) que l'équation de la courbe cherchée doit donner pour y et pour y' des fonctions de x de la même forme que celles qui résultent des équations

$$F[x, y, a, \psi(a)] = 0 \quad \text{et} \quad F[x, y, a, \psi(a)]' = 0,$$

en désignant par $F[x, y, a, \psi(a)]'$ la fonction prime de $F[x, y, a, \psi(a)]$ relative à x et y. Or, a étant une quantité indéterminée, on peut la supposer telle que la courbe cherchée soit représentée par la même équation

$$F[x, y, a, \psi(a)] = 0,$$

pourvu que l'équation prime de celle-ci soit aussi de la même forme

$$F[x, y, a, \psi(a)]' = 0.$$

Mais, si a est une quantité variable, la fonction prime complète de $F[x, y, a, \psi(a)]$ sera, comme nous l'avons vu ci-dessus,

$$F[x, y, a, \psi(a)]' + a' F'[a, \psi(a)].$$

Donc la condition dont il s'agit sera remplie si l'on détermine a par l'équation

$$F'[a, \psi(a)] = 0,$$

ce qui donnera la dernière solution que nous venons de trouver.

Toute équation entre x, y et un paramètre indéterminé a, que nous dénoterons, pour plus de simplicité, par

$$f(x, y, a) = 0,$$

représente, en donnant successivement à a toutes les valeurs possibles, une famille d'une infinité de courbes qui varient de forme ou de position, ou de l'une et de l'autre à la fois, à raison des variations du paramètre, et, si l'on élimine ce paramètre par le moyen des fonctions primes, l'équation résultante du premier ordre appartiendra à toute cette famille de courbes; elle appartiendra donc aussi à la courbe formée par toutes ces courbes, et qui les enveloppera, ayant avec chacune d'elles un contact du premier ordre. La même équation

$$f(x, y, a) = 0,$$

ainsi que son équation prime

$$f(x, y, a)' = 0,$$

prise relativement à x et y seuls, devront donc avoir lieu aussi pour chaque point de cette courbe enveloppante, en regardant le paramètre a comme une quantité variable. Or, dans cette hypothèse, la fonction prime complète de $f(x, y, a)$ est $f(x, y, a)' + a'f'(a)$, en dénotant par $f'(a)$ la fonction prime de $f(x, y, a)$ prise relativement à a seul, et par a' la fonction prime de a, regardée comme une fonction quelconque de x; donc il faudra que la valeur de a soit telle que l'on ait $f'(a) = 0$, ce qui donnera l'équation primitive singulière de l'équation du premier ordre qui répond à l'équation

$$f(x, y, a) = 0,$$

dans laquelle a est regardée comme une constante arbitraire (n° 60, Ire Partie).

D'où l'on peut conclure, en général, que l'équation primitive singulière d'une équation du premier ordre représente toujours la courbe enveloppante de toutes les courbes qui peuvent être représentées par son équation primitive complète, en donnant à la constante arbitraire toutes les valeurs possibles.

CHAPITRE IV.

DES CONTACTS DU SECOND ORDRE. THÉORIE ET CONSTRUCTION DES ÉQUATIONS PRIMITIVES SINGULIÈRES DANS LES ORDRES SUPÉRIEURS. EXEMPLE CONTENANT LA THÉORIE ANALYTIQUE DES DÉVELOPPÉES.

---

20. Considérons maintenant les contacts du second ordre, et, prenant

$$F(x, y, a, b, c) = 0$$

pour l'équation de la courbe du contact, supposons qu'il y ait entre les trois éléments a, b, c la relation donnée par l'équation

$$\varphi(a, b, c) = 0.$$

Comme les valeurs de ces éléments doivent se tirer des trois équations (n° 10)

$$F(x, y, a, b, c) = 0, \quad F(x, y, a, b, c)' = 0, \quad F(x, y, a, b, c)'' = 0,$$

si l'on désigne ces valeurs par P, Q, R, l'équation du problème sera

$$\varphi(P, Q, R) = 0,$$

qu'on voit être du second ordre. Les trois équations

$$a = P, \quad b = Q, \quad c = R$$

donneront, en prenant les fonctions primes dans la supposition de a, b, c constantes, la même équation

$$V = 0$$

du troisième ordre, qui sera le résultat de l'élimination de a, b, c au moyen des trois équations précédentes, combinées avec l'équation tierce (n° 46, Ire Partie)

$$F(x, y, a, b, c)''' = 0;$$

par conséquent, on aura nécessairement

$$P' = MV, \quad Q' = NV, \quad R' = LV,$$

M, N, L étant des fonctions de x, y, y' et y'' sans y''', de sorte qu'en prenant les fonctions primes de l'équation

$$\varphi(P, Q, R) = 0,$$

on aura

$$P' \varphi'(P) + Q' \varphi'(Q) + R' \varphi'(R) = 0,$$

savoir

$$V[M \varphi'(P) + N \varphi'(Q) + L \varphi'(R)] = 0,$$

équation qui se partage naturellement dans ces deux-ci,

$$V = 0 \quad \text{et} \quad M \varphi'(P) + N \varphi'(Q) + L \varphi'(R) = 0,$$

dont la première est du troisième ordre et dont la seconde n'est que du second.

L'équation $V = 0$ a, comme nous l'avons déjà vu, pour équation primitive complète l'équation même

$$F(x, y, a, b, c) = 0$$

de la courbe du contact, dans laquelle a, b, c sont les trois constantes arbitraires; mais, comme l'équation du problème

$$\varphi(P, Q, R) = 0$$

n'est que du second ordre, il doit y avoir une relation entre ces trois constantes qui les réduise à deux arbitraires, et cette relation est donnée par l'équation

$$\varphi(a, b, c) = 0,$$

qui résulte de la précédente, en substituant les valeurs de P, Q, R tirées des équations $a = P$, $b = Q$, $c = R$.

L'autre équation étant du second ordre, on pourra, par son moyen, éliminer la fonction y'' de l'équation

$$\varphi(P, Q, R) = 0,$$

et la résultante sera une équation primitive de celle-ci du premier ordre, mais qui ne contiendra point de constante arbitraire. Cette équation sera donc le résultat de l'élimination des quantités a, b, c et y'', au moyen des équations

$$F(x, y, a, b, c) = 0, \quad F(x, y, a, b, c)' = 0, \quad F(x, y, a, b, c)'' = 0,$$
$$\varphi(a, b, c) = 0 \quad \text{et} \quad M\varphi'(a) + N\varphi'(b) + L\varphi'(c) = 0.$$

Or, en regardant a, b, c comme des fonctions de x, y, la fonction prime de $F(x, y, a, b, c)$ sera

$$F(x, y, a, b, c)' + a' F'(a) + b' F'(b) + c' F'(c),$$

en dénotant simplement par $F'(a)$, $F'(b)$, $F'(c)$ les fonctions primes de $F(x, y, a, b, c)$ prises relativement à a, b, c, regardées comme seules variables; donc les deux équations

$$F(x, y, a, b, c) = 0 \quad \text{et} \quad F(x, y, a, b, c)' = 0$$

emporteront celle-ci :

$$a' F'(a) + b' F'(b) + c' F'(c) = 0.$$

De plus, la fonction prime de $F(x, y, a, b, c)'$ sera, par la même raison,

$$F(x, y, a, b, c)'' + a' F'(a)' + b' F'(b)' + c' F'(c)',$$

en dénotant de même par $F'(a)'$, $F'(b)'$, $F'(c)'$ les fonctions primes de $F(x, y, a, b, c)'$ prises relativement à a, b, c, regardées comme seules variables; et, comme dans la formation de ces fonctions dérivées on regarde les quantités a, b, c comme indépendantes de x et y, il est aisé de prouver, par les principes établis dans la Ire Partie (n° 74), que les fonctions $F'(a)'$, $F'(b)'$, $F'(c)'$ seront la même chose que les fonctions primes des fonctions $F'(a)$, $F'(b)$, $F'(c)$, prises relativement à x et y. Donc les deux équations

$$F(x, y, a, b, c)' = 0 \quad \text{et} \quad F(x, y, a, b, c)'' = 0$$

emporteront encore nécessairement cette autre-ci :

$$a' F'(a)' + b' F'(b)' + c' F'(c)' = 0.$$

Si donc on combine les deux équations

$$F'(a) + \frac{b'}{a'} F'(b) + \frac{c'}{a'} F'(c) = 0,$$

$$F'(a)' + \frac{b'}{a'} F'(b)' + \frac{c'}{a'} F'(c)' = 0$$

avec l'équation

$$\varphi'(a) + \frac{b'}{a'} \varphi'(b) + \frac{c'}{a'} \varphi'(c) = 0,$$

qui résulte de $\varphi(a, b, c) = 0$, en prenant les fonctions primes, on aura, par l'élimination des quantités $\frac{b'}{a'}$ et $\frac{c'}{a'}$, une équation en a, b, c et x, y, y', sans y'', laquelle sera équivalente à celle qu'on aurait déduite des deux équations

$$F(x, y, a, b, c)'' = 0 \quad \text{et} \quad M\varphi'(a) + N\varphi'(b) + L\varphi'(c) = 0$$

par l'élimination de y''. Ainsi, il n'y aura plus qu'à éliminer a, b, c au moyen des équations

$$F(x, y, a, b, c) = 0, \quad F(x, y, a, b, c)' = 0 \quad \text{et} \quad \varphi(a, b, c) = 0,$$

et le résultat final sera la même équation primitive du premier ordre de l'équation

$$\varphi(P, Q, R) = 0,$$

laquelle, ne contenant point, par sa nature, de constantes arbitraires, ne pourra être qu'une équation primitive singulière.

En effet, si, pour simplifier la solution, on commence par tirer la valeur c de l'équation

$$\varphi(a, b, c) = 0,$$

et qu'on la représente par $\psi(a, b)$, alors la solution se réduira à éliminer a, b et $\frac{b'}{a'}$ entre les deux équations

$$F[x, y, a, b, \psi(a, b)] = 0, \quad F[x, y, a, b, \psi(a, b)]' = 0$$

et les deux équations primes de celles-ci, prises relativement à a et b seuls, et divisées par a', procédé analogue à celui du n° 18.

21. En général, si l'on a une équation en x, y et deux constantes arbitraires a et b, que nous représenterons par

$$f(x, y, a, b) = 0,$$

en éliminant ces deux constantes par le moyen des deux équations dérivées

$$f(x, y, a, b)' = 0 \quad \text{et} \quad f(x, y, a, b)'' = 0,$$

on aura une équation du second ordre

$$V = 0,$$

qui appartiendra à toutes les courbes représentées par l'équation

$$f(x, y, a, b) = 0,$$

en donnant à a et b des valeurs quelconques, et dont, par conséquent, celle-ci sera l'équation primitive complète.

Donc elle appartiendra aussi à la courbe ou aux courbes formées par toutes ces courbes, et qui les envelopperont de manière qu'elles aient avec chacune d'elles un contact du second ordre, c'est-à-dire dans lequel les y, y' et y'' soient les mêmes. Mais, les quantités a et b étant constantes dans chaque courbe enveloppée et variables dans les courbes enveloppantes, pour que les y, y' et y'' soient les mêmes dans les deux hypothèses, il faudra que les équations d'où elles dépendent soient aussi les mêmes. Or, dans la supposition de a et b variables, l'équation

$$f(x, y, a, b) = 0$$

donne l'équation prime

$$f(x, y, a, b)' + a' f'(a) + b' f'(b) = 0;$$

donc, pour que cette équation se réduise à

$$f(x, y, a, b)' = 0,$$

comme dans le cas de a et b constantes, il faudra que l'on ait

$$a' f'(a) + b' f'(b) = 0.$$

De la même manière, l'équation

$$f(x, y, a, b)' = 0$$

donne, dans le cas de a et b variables, cette équation dérivée

$$f(x, y, a, b)'' + a' f'(a)' + b' f'(b)' = 0,$$

laquelle ne peut se réduire à

$$(x, y, a, b)'' = 0,$$

comme dans le cas de a et b constantes, qu'en supposant

$$a' f'(a)' + b' f'(b)' = 0.$$

Ayant ainsi les quatre équations

$$f(x, y, a, b) = 0, \quad f(x, y, a, b)' = 0,$$

$$f'(a) + \frac{b'}{a'} f'(b) = 0 \quad \text{et} \quad f'(a)' + \frac{b'}{a'} f'(b)' = 0,$$

il n'y aura qu'à éliminer a, b et $\frac{b'}{a'}$, et l'on aura une équation du premier ordre entre x, y et y', qui sera celle des courbes enveloppantes et qui sera en même temps l'équation primitive singulière de la même équation $V = 0$.

On voit par là comment la théorie des équations primitives singulières peut s'étendre au second ordre et aux ordres supérieurs. On voit en même temps que ces équations représentent toujours des courbes enveloppantes et qui ont des contacts d'un ordre donné avec les courbes enveloppées, représentées par les équations primitives complètes, dans lesquelles les constantes arbitraires varient d'une courbe à l'autre. Ceci peut servir de supplément et de complément à la théorie des équations primitives exposée dans la première Partie (n° 60).

Au reste, de même que les quatre équations ci-dessus

$$f(x, y, a, b) = 0, \quad f(x, y, a, b)' = 0,$$

$$f'(a) + \frac{b'}{a'} f'(b) = 0, \quad f'(a)' + \frac{b'}{a'} f'(b)' = 0$$

donnent, par l'élimination de a, b et $\frac{b'}{a'}$, une équation du premier ordre en x, y et y', ces équations donneront également, par l'élimination de ces trois dernières quantités, une équation en a, b et $\frac{b'}{a'}$ qui renfermera les relations que doivent avoir entre elles les deux variables a et b, d'où l'on voit que ces quantités, qui sont indépendantes entre elles dans chacune des courbes enveloppées, ne le sont plus lorsqu'elles se rapportent à la courbe enveloppante. On trouvera des résultats semblables pour les équations et les courbes des ordres supérieurs.

22. Supposons qu'on demande la courbe qui aura dans chacun de ses points un contact du second ordre avec un cercle représenté par l'équation

$$(x - a)^2 + (y - b)^2 = c^2,$$

et dont les éléments du contact a, b, c aient entre eux la relation déterminée par l'équation

$$\varphi(a, b, c) = 0.$$

La marche naturelle pour résoudre ce problème serait de substituer dans cette équation les valeurs des éléments a, b, c trouvées plus haut (n° **11**), ce qui donnerait une équation du second ordre, d'où il faudrait remonter à l'équation primitive.

Mais, sans chercher cette équation du second ordre, on peut d'abord conclure, de ce que nous venons de démontrer, que l'on aura son équation primitive complète en supposant les quantités a, b, c constantes, ce qui redonnera la même équation au cercle. On en conclura ensuite que la même équation admettra aussi une équation primitive singulière du premier ordre, qu'on obtiendra en faisant varier les quantités a, b, c de manière que les équations primes et secondes de l'équation au cercle soient les mêmes que si ces quantités étaient regardées comme constantes, et que cette équation primitive représentera alors la courbe ou les courbes formées par la réunion de tous les cercles représentés par la même équation, c'est-à-dire qui envelopperont ou embrasseront tous ces cercles.

Cette équation sera donc, par les principes établis ci-dessus, le résultat de l'élimination des quantités a, b, c et $\frac{b'}{a'}$, $\frac{c'}{a'}$ entre les trois équations

$$(x-a)^2+(y-b)^2=c^2,\quad x-a+y'(y-b)=0,\quad \varphi(a,b,c)=0,$$

et les équations primes de celles-ci, prises relativement aux seules variables a, b, c, savoir

$$x-a+\frac{b'}{a'}(y-b)=\frac{cc'}{a'},\quad 1+\frac{b'}{a'}y'=0,\quad \varphi'(a)+\frac{b'}{a'}\varphi'(b)+\frac{c'}{a'}\varphi'(c)=0.$$

Mais, comme cette équation en x et y pourrait se présenter sous une forme assez compliquée, il sera plus simple de chercher à déterminer les valeurs mêmes de x et y par une troisième variable.

Pour cela, on éliminera d'abord y' au moyen des deux équations

$$x-a+y'(y-b)=0\quad \text{et}\quad 1+\frac{b'}{a'}y'=0;$$

on aura celle-ci,

$$x-a-\frac{a'(y-b)}{b'}=0,$$

qui, étant combinée avec la première,

$$(x-a)^2+(y-b)^2=c^2,$$

donnera sur-le-champ

$$x=a+\frac{ca'}{\sqrt{a'^2+b'^2}},\quad y=b+\frac{cb'}{\sqrt{a'^2+b'^2}}.$$

De plus, si l'on substitue ces mêmes valeurs de x et y dans l'équation

$$x-a+\frac{b'}{a'}(y-b)=\frac{cc'}{a'},$$

on aura celle-ci,

$$c'=\sqrt{a'^2+b'^2},$$

laquelle, étant combinée avec l'équation

$$\varphi(a,b,c)=0$$

donnée par le problème, servira à déterminer deux des trois variables a, b, c par la troisième, moyennant quoi les valeurs de x et y seront aussi exprimées par cette seule variable.

23. Comme les quantités a et b sont les coordonnées de la courbe qui est le lieu de tous les centres des cercles osculateurs (n° 9), si l'on suppose cette courbe donnée, on aura une équation entre a et b par laquelle on pourra déterminer b en a. Soit donc

$$b=\varphi(a);$$

on aura

$$b'=a'\varphi'(a),\quad \text{et de là}\quad c'=a'\sqrt{1+[\varphi'(a)]^2}.$$

Ainsi, en désignant par A la fonction primitive de $a'\sqrt{1+[\varphi'(a)]^2}$, on aura

$$c=\mathrm{A}+h,$$

h étant une constante arbitraire; ces valeurs de b et c étant substituées dans les expressions de x, y, on aura la courbe cherchée.

Nous remarquerons maintenant que, quelle que soit la courbe des centres, l'équation

$$c' = \sqrt{a'^2 + b'^2}$$

fait voir que le rayon c est égal à l'arc de cette courbe (*voir* ci-après le n° 29), de sorte que, si l'on nomme s cet arc, on aura

$$c = s + h.$$

Nous remarquerons, de plus, que le rayon c sera nécessairement tangent à la même courbe, car l'angle que la tangente de cette courbe fait avec l'axe a pour tangente la quantité $\frac{b'}{a'}$ (n° 7), et, comme le rayon du cercle osculateur est perpendiculaire à la courbe dont les coordonnées sont x et y (n° 8), la tangente de l'angle qu'il fait avec l'axe sera (n° 7) $-\frac{1}{y'} = \frac{b'}{a'}$, en vertu de l'équation $1 + \frac{b'y'}{a'} = 0$, et par conséquent la même que celle de la tangente à la courbe.

Mais, quoique cette propriété soit démontrée de cette manière, il est bon de faire voir qu'elle est une conséquence nécessaire de l'analyse employée dans la solution de la question. Pour cela, nous reprendrons les deux premières équations

$$(x-a)^2 + (y-b)^2 = c^2 \quad \text{et} \quad x - a + y'(y-b) = 0,$$

lesquelles donnent

$$a = x - \frac{cy'}{\sqrt{1+y'^2}} \quad \text{et} \quad b = y + \frac{c}{\sqrt{1+y'^2}},$$

et nous observerons que ces expressions de a et b peuvent représenter à la fois les coordonnées de la perpendiculaire à la courbe dont x et y sont les coordonnées, en regardant x et y comme constantes et c comme une variable, ainsi qu'on l'a vu dans le n° 8, et les coordonnées de la courbe des centres, en regardant x et y comme variables et c comme donnée en x et y (n° 9).

Donc la perpendiculaire dont il s'agit sera tangente de cette dernière courbe si la fonction prime de b, regardée comme fonction de a, est la même pour la droite et pour la courbe (n° **10**), ou, en général, si les valeurs de a' et de b', regardées comme fonctions d'une troisième variable, sont les mêmes, et par conséquent aussi, si les valeurs de $\frac{a'}{c'}$ et $\frac{b'}{c'}$ sont les mêmes, soit que les quantités x et y soient traitées comme variables ou non, c'est-à-dire si dans ces valeurs les parties dépendantes des variations de x et y sont nulles; or c'est ce qui a lieu en effet, comme on le voit par les équations de l'article précédent,

$$a'(x-a)+b'(y-b)=cc' \quad \text{et} \quad a'+b'y'=0,$$

qui servent à la détermination de $\frac{a'}{c'}$ et de $\frac{b'}{c'}$, et qui sont les équations primes de

$$(x-a)^2+(y-b)^2=c^2 \quad \text{et} \quad x+a-y'(y-b)=0,$$

en y traitant x et y comme constantes, et a, b comme seules variables.

Donc, puisque le rayon osculateur d'une courbe est partout tangent à la courbe des centres et est en même temps égal à l'arc de cette courbe, il s'ensuit qu'il peut être pris pour ce même arc étendu en ligne droite, et qu'ainsi toute courbe peut être regardée comme formée par le développement de celle qui est le lieu des centres des cercles osculateurs. C'est en quoi consiste la théorie des développées d'Huygens, qui n'avait été démontrée que par des considérations géométriques. L'analyse précédente fournit en même temps l'explication d'un paradoxe qui se présente lorsqu'on cherche, par les formules connues, la courbe formée par le développement d'une courbe donnée.

Si l'on substitue dans l'équation de cette courbe les expressions de ses coordonnées a et b en x, y, y' et y'', on a évidemment une équation du second ordre, d'où il paraît s'ensuivre que l'équation en x et y de la courbe cherchée devrait contenir deux constantes arbitraires, tandis que la génération de cette courbe par le développement de la courbe donnée n'admet qu'une seule constante arbitraire dépendant du point où commence le développement.

La raison de cette différence consiste, comme nous venons de le démontrer, en ce que l'équation de la courbe engendrée par le développement est proprement l'équation primitive complète d'une équation du premier ordre qui n'est elle-même que l'équation primitive singulière de l'équation du second ordre, donnée par les conditions du problème et qui, par sa nature, ne peut point avoir de constante arbitraire, de sorte qu'il ne peut y avoir qu'une constante arbitraire, à raison de la première équation primitive.

CHAPITRE V.

DES PLUS GRANDES ET DES MOINDRES VALEURS DES FONCTIONS D'UNE VARIABLE.

24. Il y a un genre de questions qui, quoique indépendantes de la considération des tangentes, peuvent néanmoins s'y rapporter : ce sont celles qu'on appelle *de maximis et minimis*, et qui consistent à trouver, pour une fonction donnée d'une variable, la valeur de cette variable qui rend celle de la fonction la plus grande ou la plus petite. Comme les courbes ne sont que la représentation ou le tableau de toutes les valeurs de la fonction de l'abscisse, représentée par l'ordonnée, il est visible que la question de trouver la plus grande ou la plus petite valeur d'une fonction donnée d'une variable revient à déterminer la plus grande ou la plus petite ordonnée de la courbe dont cette variable serait l'abscisse et la fonction donnée serait l'ordonnée.

Or l'inspection seule de la courbe suffit pour faire voir que ces ordonnées ne peuvent être que celles qui répondent aux points dont les tangentes seront parallèles à l'axe des abscisses. Si la courbe est convexe à l'axe, l'ordonnée sera alors évidemment un minimum, et, si la courbe est concave, l'ordonnée est un maximum.

Nous avons vu (n° 7) que la tangente de l'angle que la tangente d'une courbe fait avec l'axe est exprimée en général par y', y étant l'ordonnée que l'on suppose fonction de l'abscisse x ; donc, pour que cette tangente devienne parallèle à l'axe, il faut que l'on ait $y'=0$; or, si l'on fait $y'=0$ dans les expressions des coordonnées a et b (n° 9), qui déterminent le lieu du centre du cercle osculateur, on a

$$a=x,\quad b=y+\frac{1}{y''},$$

d'où l'on voit que, si y'' est une quantité positive, ce centre tombera au delà de la courbe, qui sera par conséquent convexe vers l'axe, et que, si y'' est une quantité négative, le même centre tombera en deçà de la courbe, c'est-à-dire du côté de l'axe, et que, par conséquent, la courbe sera alors concave vers l'axe. Donc, la fonction y sera un maximum ou un minimum lorsque sa fonction prime y' sera nulle, et, en particulier, elle sera un minimum lorsque la fonction seconde y'' sera en même temps une quantité positive, et un maximum lorsque y'' sera une quantité négative : c'est en quoi consiste la méthode connue *de maximis et minimis*.

25. Mais il n'est pas inutile de faire voir comment cette méthode peut se déduire directement de l'analyse des fonctions sans la considération intermédiaire des courbes.

Soit $f(x)$ la fonction de x dont on demande le maximum ou le minimum. Soit a la valeur de x qui répond au maximum ou au minimum; il faudra que la valeur de $f(a)$ soit toujours plus grande ou toujours moindre que la valeur de $f(a+i)$, quelle que soit la quantité i, positive ou négative, et quelque petite qu'elle puisse être. Je dis quelque petite que la quantité i puisse être, car une quantité est censée devenir un maximum ou un minimum lorsqu'elle parvient au terme de son accroissement ou de sa diminution, de manière qu'en deçà et au delà de ce terme elle se trouve moindre dans le cas du maximum ou plus grande dans le cas du minimum que dans le même terme. Concevons x à la place de a; la condition du maximum sera

$$f(x+i) < f(x), \quad \text{ou} \quad f(x+i) - f(x) < 0,$$

et celle du minimum sera

$$f(x+i) > f(x), \quad \text{ou} \quad f(x+i) - f(x) > 0,$$

quelque petit que soit i, positif ou négatif.

Développons la fonction $f(x+i)$ en série par nos formules (n° **40**, Ire Partie), et arrêtons-nous d'abord aux deux premiers termes; on aura ainsi

$$f(x+i)=f(x)+if'(x)+\frac{i^2}{2}f''(x+j),$$

j étant une quantité renfermée entre les limites o et i. Il faudra donc que l'on ait

$$if'(x)+\frac{i^2}{2}f''(x+j)<0 \text{ pour le maximum et } >0 \text{ pour le minimum.}$$

Or nous avons déjà vu (n° 3) que l'on peut prendre i assez petit pour que la valeur absolue du terme $if'(x)$ soit plus grande que celle du terme $\frac{i^2}{2}f''(x+j)$, ce qui étant vrai pour une valeur de i aura lieu aussi pour toutes les valeurs de i plus petites; donc la quantité

$$if'(x)+\frac{i^2}{2}f''(x+j)$$

deviendra alors positive ou négative, suivant que la quantité $if'(x)$ le sera. Mais celle-ci change de signe avec la quantité i; donc il sera impossible que la condition du maximum ou du minimum ait lieu, à moins que l'on n'ait $f'(x)=0$.

Prenons maintenant dans le développement de $f(x+i)$ un terme de plus; nous aurons

$$f(x+i)=f(x)+if'(x)+\frac{i^2}{2}f''(x)+\frac{i^3}{2.3}f'''(x+j);$$

donc, à cause de $f'(x)=0$, il faudra que l'on ait

$$\frac{i^2}{2}f''(x)+\frac{i^3}{2.3}f'''(x+j)<0 \text{ pour le maximum et } >0 \text{ pour le minimum.}$$

On peut aussi prendre i assez petit pour que la valeur absolue du terme $\frac{i^2}{2}f''(x)$ soit plus grande que celle de $\frac{i^3}{2.3}f'''(x+j)$; alors la quantité

$$\frac{i^2}{2}f''(x)+\frac{i^3}{2.3}f'''(x+j)$$

sera positive ou négative, suivant que celle de $\frac{i^2}{2}f''(x)$ le sera. Donc, puisque la valeur de i^2 est toujours positive, il faudra que l'on ait

$$f''(x) < 0 \text{ pour le maximum et } f''(x) > 0 \text{ pour le minimum.}$$

Si l'on fait $f''(x) = 0$, alors, reprenant le développement de $f(x+i)$ et employant un terme de plus, on aurait

$$f(x+i) = f(x) + if'(x) + \frac{i^2}{2}f''(x) + \frac{i^3}{2.3}f'''(x) + \frac{i^4}{2.3.4}f^{\text{IV}}(x+j);$$

donc, puisqu'on suppose $f'(x) = 0$ et $f''(x) = 0$, on aurait pour le maximum la condition

$$\frac{i^3}{2.3}f'''(x) + \frac{i^4}{2.3.4}f^{\text{IV}}(x+j) < 0,$$

et pour le minimum la condition opposée. Or on peut prendre i assez petit pour que la valeur absolue du terme $\frac{i^3}{2.3}f'''(x)$ surpasse celle du terme $\frac{i^4}{2.3.4}f^{\text{IV}}(x+j)$; alors la valeur de

$$\frac{i^3}{2.3}f'''(x) + \frac{i^4}{2.3.4}f^{\text{IV}}(x+j)$$

sera positive ou négative, suivant celle de $\frac{i^3}{2.3}f'''(x)$. Mais celle-ci change de signe avec la quantité i; donc il sera impossible que la condition du maximum ou du minimum ait lieu, à moins qu'on n'ait $f'''(x) = 0$.

Employons encore le terme suivant dans le développement de $f(x+i)$; on aura

$$f(x+i) = f(x) + if'(x) + \frac{i^2}{2}f''(x) + \frac{i^3}{2.3}f'''(x) + \frac{i^4}{2.3.4}f^{\text{IV}}(x) + \frac{i^5}{2.3.4.5}f^{\text{V}}(x+j),$$

et les conditions du minimum ou du maximum deviendront

$$\frac{i^4}{2.3.4}f^{\text{IV}}(x) + \frac{i^5}{2.3.4.5}f^{\text{V}}(x+j) < 0 \text{ ou } > 0,$$

à cause de $f'(x) = 0$, $f''(x) = 0$ et $f'''(x) = 0$. On prouvera ici, comme plus haut, que l'on pourra prendre i assez petit pour que le terme affecté de i^4, pris absolument, c'est-à-dire abstraction faite du signe, devienne plus grand que l'autre terme affecté de i^5, et que, par conséquent, la somme des deux termes soit nécessairement positive ou négative, selon que le terme $\frac{i^4}{2.3.4}f^{\text{IV}}(x)$ le sera. D'où il est aisé de conclure, à cause que i^4 est toujours une quantité positive, qu'il faudra que l'on ait

$$f^{\text{IV}}(x) < 0 \text{ pour le maximum} \quad \text{et} \quad f^{\text{IV}}(x) > 0 \text{ pour le minimum,}$$

et ainsi de suite.

26. Donc, en général, si y est une fonction quelconque de x, on aura d'abord, pour le maximum ou le minimum, la condition $y' = 0$, laquelle donnera la valeur de x, ensuite $y'' < 0$ ou > 0, ce qui s'accorde avec ce que nous avons trouvé ci-dessus (n° 24). Mais nous venons de trouver de plus que, si $y'' = 0$, il faudra que l'on ait aussi en même temps $y''' = 0$, ensuite

$$y^{\text{IV}} < 0 \text{ pour le maximum} \quad \text{et} \quad y^{\text{IV}} > 0 \text{ pour le minimum;}$$

et ainsi de suite. En général, si une fonction dérivée d'un ordre quelconque pair disparaît, il faudra que la fonction de l'ordre impair suivant disparaisse aussi, et que la suivante de l'ordre pair soit négative pour le maximum et positive pour le minimum.

Si la fonction y n'est donnée que par une équation

$$F(x, y) = 0,$$

il n'y aura qu'à prendre l'équation prime

$$F'(x) + y' F'(y) = 0,$$

et faire $y' = 0$, ce qui la réduira à celle-ci,

$$F'(x) = 0,$$

laquelle, combinée avec $F(x, y) = 0$, servira à déterminer les valeurs de x et y répondant au maximum ou au minimum. Ensuite on prendra l'équation seconde, et, faisant de même $y' = 0$, on aura la valeur de y'', dans laquelle on substituera les valeurs trouvées de x et y, et l'on pourra juger, par cette valeur, du maximum ou du minimum; et ainsi de suite.

Si la fonction y'' ou $f''(x)$ devenait infinie, c'est-à-dire si $\frac{1}{y''} = 0$, ce serait une marque que le développement de $f(x+i)$ contiendrait, pour la valeur trouvée de x, un terme de la forme Ai^m, m étant entre 1 et 2 (n° **30**, Ire Partie); et, en considérant la courbe de l'équation $y = f(x)$, on pourrait connaître, par la forme de son cours dans le point donné, si la fonction y est un maximum ou un minimum (n° **24**). On pourrait même donner pour cela des règles générales, mais qui nous écarteraient trop de notre objet.

Nous ne nous arrêterons pas à donner des exemples des règles précédentes pour la détermination des maxima et minima; comme elles s'accordent en tout avec celles que l'on connaît d'après le Calcul différentiel, on pourra en faire les mêmes applications. Il n'y aura qu'à changer les symboles

$$y', y'', y''', \ldots \quad \text{en} \quad \frac{dy}{dx}, \frac{d^2y}{dx^2}, \frac{d^3y}{dx^3}, \ldots.$$

CHAPITRE VI.

DE LA MESURE DES AIRES ET DE LA LONGUEUR DES ARCS DANS LES COURBES PLANES. DE LA MESURE DES SOLIDITÉS ET DE CELLE DES SURFACES DES CONOÏDES. PRINCIPE GÉNÉRAL DE LA SOLUTION ANALYTIQUE DE CES QUESTIONS.

27. Je viens maintenant à la détermination des aires des courbes, qu'on appelle communément *quadrature des courbes*. Considérons, en général, la courbe représentée par l'équation

$$y = f(x),$$

y étant l'ordonnée rectangulaire correspondante à l'abscisse x, dont elle est une fonction donnée. L'espace terminé par cette courbe, par l'axe des abscisses et par une ordonnée quelconque y sera donc aussi déterminé par une fonction de la même abscisse x, que nous désignerons par $F(x)$. Supposons que x devienne $x+i$; cette fonction deviendra $F(x+i)$, et il est clair que $F(x+i)-F(x)$ sera alors la portion de l'espace correspondante à la partie i de l'axe et terminée par les deux ordonnées $f(x)$ et $f(x+i)$ répondantes aux abscisses x et $x+i$. Or, quelle que soit la courbe proposée, il est aisé de se convaincre, même sans figure, que, si les ordonnées vont en augmentant ou en diminuant depuis $f(x)$ jusqu'à $f(x+i)$, l'espace dont il s'agit sera, dans le premier cas, plus grand que l'espace rectangulaire $if(x)$ et moindre que l'espace rectangulaire $if(x+i)$, et, dans le second cas, plus grand que ce dernier et moindre que le premier. Donc il sera toujours nécessairement renfermé entre ces limites $if(x)$ et $if(x+i)$, lesquelles seront, par conséquent, les limites de la quantité $F(x+i)-F(x)$ qui doit représenter ce même espace.

Développons les fonctions $f(x+i)$ et $F(x+i)$ suivant notre formule (n° **40**, Ire Partie), et arrêtons-nous au premier terme pour la première et aux deux premiers pour la seconde; on aura

$$f(x+i)=f(x)+if'(x+j)$$

et

$$F(x+i)=F(x)+iF'(x)+\frac{i^2}{2}F''(x+j),$$

où j est une quantité indéterminée qui peut n'être pas la même pour les deux fonctions, mais qui doit toujours être renfermée entre les limites o et i. Il faudra donc que la fonction $F(x)$ soit telle que la quantité $iF'(x)+\frac{i^2}{2}F''(x+j)$ soit renfermée entre les limites $if(x)$ et $if(x)+i^2f'(x+j)$, quelle que soit la valeur de i, et par conséquent en prenant i aussi petit qu'on voudra. Or, l'intervalle entre les deux limites étant $i^2f'(x+j)$, la différence de la quantité dont il s'agit et de l'une des limites, savoir

$$i[F'(x)-f(x)]+\frac{i^2}{2}F''(x+j),$$

devra être moindre que $i^2f'(x+j)$, abstraction faite des signes de ces quantités. Mais il est aisé de prouver que cette condition ne peut avoir lieu pour une valeur de i aussi petite qu'on voudra, à moins que le terme affecté de i ne disparaisse; car autrement on pourra toujours prendre i tel que la première quantité soit plus grande que la seconde, puisqu'il suffira que i soit plus petit que $\frac{F'(x)-f(x)}{f'(x+j)-\frac{1}{2}F''(x+j)}$. On aura donc nécessairement

$$F'(x)=f(x),$$

et cette condition suffira pour la détermination de la fonction $F(x)$, puisque l'on voit qu'elle ne sera autre chose que la fonction primitive de $f(x)$.

Donc, en général, la fonction prime de la fonction qui exprime l'aire d'une courbe par l'abscisse est la fonction qui représente l'ordonnée de cette courbe, et, réciproquement, la fonction qui exprime l'aire ne peut être que la fonction primitive de celle qui exprime l'ordonnée. Ainsi, l'équation d'une courbe étant donnée, pour avoir l'expression de l'aire, c'est-à-dire la quadrature de la courbe, il n'y aura qu'à chercher la fonction primitive de celle qui représente l'ordonnée, et l'on pourra ajouter à cette fonction primitive une constante arbitraire (n° 49, Ire Partie), qu'on déterminera par la condition que l'expression de l'aire devienne nulle au point où l'on voudra la faire commencer.

Nous avons supposé, dans l'analyse précédente, que les ordonnées allaient en augmentant ou en diminuant depuis $f(x)$ jusqu'à $f(x+i)$: cette condition n'aurait pas lieu s'il y avait entre ces deux ordonnées un maximum ou un minimum; mais, comme on peut prendre l'intervalle i aussi petit que l'on veut, il est clair qu'on pourra toujours faire tomber la seconde ordonnée $f(x+i)$ en deçà du maximum ou du minimum, et que, par conséquent, la conclusion que nous en avons tirée demeurera toujours la même.

Si la fonction $f(x)$ exprimait l'aire de la section d'un solide faite perpendiculairement à l'abscisse x, on prouverait de la même manière que la solidité serait exprimée par la fonction primitive de $f(x)$. Car, désignant par $F(x)$ la solidité, la différence $F(x+i) - F(x)$ exprimerait la portion du solide comprise entre les deux sections $f(x+i)$ et $f(x)$, et cette portion serait nécessairement intermédiaire entre les deux solides prismatiques $if(x)$ et $if(x+i)$, en prenant la quantité i aussi petite qu'on voudrait; d'où l'on conclurait, comme ci-dessus,

$$F'(x) = f(x).$$

Ainsi, en faisant tourner une courbe autour de l'axe des x, on a un conoïde dont la section perpendiculaire à l'axe et répondante à l'abscisse x est un cercle du rayon y et dont l'aire est $\frac{\pi y^2}{2}$, où π est la circonférence du cercle dont le rayon $= 1$. Or, par la nature de la courbe, on a $y = f(x)$; donc l'aire de la section sera $\frac{1}{2}\pi[f(x)]^2$, et la solidité

$F(x)$ du conoïde sera donnée par la fonction prime

$$F'(x) = \frac{1}{2}\pi[f(x)]^2.$$

28. Le problème de la quadrature des courbes est, comme l'on voit, le problème le plus simple de l'analyse inverse des fonctions, puisqu'il ne consiste qu'à trouver la fonction primitive d'une fonction donnée. Nous avons indiqué dans la première Partie (chap. VIII) les moyens par lesquels on peut faciliter cette recherche; nous ajouterons ici une observation essentielle.

Comme il est souvent avantageux de substituer d'autres variables à la place de celle qui entre dans la fonction, pour simplifier ou décomposer cette fonction en d'autres plus simples, il ne faudra pas oublier alors de multiplier la fonction dont il s'agit par la fonction prime de sa variable. En effet, nommant u l'aire de la courbe dont y est l'ordonnée, et regardant y et u comme fonctions de x, nous venons de voir que l'on a $u' = y$; mais, si l'on suppose x fonction d'une autre variable, et qu'on désigne par x' et u' les fonctions primes de x et u prises relativement à cette nouvelle variable, il faudra substituer $\frac{u'}{x'}$ à la place de u' (n° 50, Ire Partie), ce qui donnera $u' = yx'$; et ainsi des autres formules semblables.

Au reste, comme, suivant le Calcul différentiel, u' est équivalent à $\frac{du}{dx}$, l'équation $u' = y$ donne

$$du = y\,dx,$$

et, intégrant,

$$u = \int y\,dx,$$

formule connue pour la quadrature des courbes.

29. Après le problème de la quadrature des courbes, se présente naturellement celui de leur rectification, c'est-à-dire de la détermination de la longueur même de la courbe.

Nous partirons, pour la solution de ce problème, du principe d'Archimède, adopté par tous les géomètres anciens et modernes, suivant lequel, deux lignes courbes ou composées de droites ayant leurs concavités tournées du même côté et les mêmes extrémités, celle qui renferme l'autre est la plus longue, d'où il suit qu'un arc de courbe tout concave du même côté est plus grand que sa corde et en même temps moindre que la somme des deux tangentes menées aux deux extrémités de l'arc et comprises entre ces extrémités et leur point d'intersection. De là on peut tirer cette autre conséquence que la longueur du même arc se trouvera comprise entre celles des deux tangentes menées à ses deux extrémités et terminées aux deux ordonnées qui répondent à ses extrémités, prolongées, s'il le faut, au delà de la courbe.

En effet, ayant mené la corde qui joindra les deux extrémités de l'arc, il est aisé de voir que l'une des deux tangentes rencontrera les ordonnées parallèles sous un angle plus aigu que la corde et que l'autre les rencontrera sous un angle moins aigu, et que, par conséquent, la corde sera moindre que la première de ces tangentes et plus longue que la seconde; donc celle-ci sera, à plus forte raison, moindre que l'arc de la courbe. De plus, si l'on considère les deux triangles opposés au sommet et formés par l'intersection des deux tangentes, il est visible que les deux parties de la première tangente seront respectivement plus longues que celles de la seconde, parce que les côtés formés par ces parties-là se trouvent opposés à des angles plus grands que les côtés formés par celles-ci. Donc la première tangente entière sera plus longue que la somme des deux portions de tangentes comprises entre leur point d'intersection et les extrémités de l'arc. Donc elle sera aussi plus longue que l'arc.

Cela posé, $f(x)$ étant l'ordonnée qui répond à l'abscisse x, $f'(x)$ sera (n° 7) la tangente de l'angle sous lequel la tangente de la courbe à l'extrémité de cette ordonnée est inclinée à l'axe des abscisses; par conséquent, $if'(x)$ sera la partie de l'ordonnée $f(x+i)$, prolongée s'il est nécessaire, comprise entre la tangente et une parallèle à l'axe menée par l'extrémité de l'ordonnée $f(x)$; donc

$$\sqrt{i^2+[if'(x)]^2} = i\sqrt{1+[f'(x)]^2}$$

sera la partie de cette tangente comprise entre les deux ordonnées, éloignées l'une de l'autre de l'intervalle i. De la même manière, on aura $f'(x+i)$ pour la tangente de l'angle sous lequel la tangente de la courbe à l'extrémité de l'ordonnée $f(x+i)$ est inclinée à l'axe, et l'on trouvera

$$i\sqrt{1+[f'(x+i)]^2}$$

pour la partie de cette tangente comprise entre les mêmes ordonnées $f(x)$ et $f(x+i)$.

Soit, pour plus de simplicité,

$$\varphi(x)=\sqrt{1+[f'(x)]^2};$$

on aura $i\varphi(x)$ et $i\varphi(x+i)$ pour les deux tangentes menées aux deux extrémités de l'arc de la courbe compris entre les ordonnées $f(x)$ et $f(x+i)$ et terminées à ces mêmes ordonnées; donc la longueur de cet arc devra être renfermée entre les deux quantités $i\varphi(x)$ et $i\varphi(x+i)$, en donnant à i une valeur aussi petite qu'on voudra. Donc, si $\Phi(x)$ est la fonction de x qui exprime l'arc de la courbe, il faudra que la quantité $\Phi(x+i)-\Phi(x)$, expression de l'arc compris entre les ordonnées $f(x)$ et $f(x+i)$, soit comprise entre ces deux-ci, $i\varphi(x)$ et $i\varphi(x+i)$, quelque petit que soit i, d'où, par un raisonnement semblable à celui du n° **27**, on conclura

$$\Phi'(x)=\varphi(x).$$

Donc, pour avoir la longueur indéfinie de la courbe, il faudra chercher la fonction primitive de la fonction $\varphi(x)$, ou $\sqrt{1+[f'(x)]^2}$, et, comme on peut ajouter une constante arbitraire à la fonction primitive, il faudra déterminer cette constante de manière que l'expression de l'arc s'évanouisse au point où l'on voudra le faire commencer.

Donc, si l'on nomme s l'arc de la courbe dont les coordonnées sont x et y, on aura, en regardant y et s comme fonctions de x, à cause de $f(x)=y$, $f'(x)=y'$, l'équation

$$s'=\sqrt{1+y'^2},$$

et, si x et y étaient données en fonction d'une autre variable, comme t, alors, en désignant par x', y', s' les fonctions primes relativement à cette variable, il faudrait substituer $\frac{y'}{x'}$ et $\frac{s'}{x'}$ à la place de y' et s' (nº 28), ce qui donnerait cette équation

$$s' = \sqrt{x'^2 + y'^2}$$

entre les coordonnées et l'arc.

Suivant le Calcul différentiel, les fonctions dérivées s' et y' seraient exprimées par $\frac{ds}{dx}$ et $\frac{dy}{dx}$, et l'équation

$$s' = \sqrt{1 + y'^2}$$

deviendrait

$$ds = \sqrt{dx^2 + dy^2},$$

formule connue des rectifications.

30. Si l'on imagine que la courbe proposée, tournant autour de l'axe des abscisses, engendre un conoïde, il est visible que les deux ordonnées $f(x)$ et $f(x+i)$ décriront en même temps deux cercles dont ces coordonnées seront les rayons, que l'arc de la courbe compris entre ces deux coordonnées décrira une zone conoïdique, et que les deux tangentes menées aux extrémités de cet arc décriront des zones coniques.

Mais, quoique l'une de ces deux tangentes soit toujours plus grande et l'autre plus petite que la longueur de l'arc, comme nous venons de le démontrer, néanmoins, comme elles tombent toutes les deux du même côté de l'arc, il est possible que les zones coniques qu'elles décrivent soient à la fois plus grandes ou plus petites que la zone conoïdique décrite par l'arc. Pour éviter cet inconvénient, il n'y a qu'à transporter parallèlement à elle-même la seconde tangente, qui répond à l'extrémité de l'ordonnée $f(x+i)$, de manière que le point où cette tangente est terminée par la première ordonnée $f(x)$ tombe à l'extrémité de cette ordonnée et devienne sécante de la courbe. Alors cette sécante et la tangente au même point tomberont l'une d'un côté et l'autre de l'autre côté de l'arc, et même la plus longue tombera toujours en dehors et la plus courte en dedans de l'arc, comme il est facile de s'en convaincre par la construction, de sorte que la zone conoïdique décrite par l'arc se trouvera nécessairement renfermée entre les zones coniques décrites par la tangente $i\varphi(x)$ et par la sécante $i\varphi(x+i)$.

Or on sait, par la Géométrie, que la surface convexe d'un cône tronqué est égale à son côté multiplié par la demi-somme des circonférences des deux bases. Donc, si l'on désigne par π la circonférence du cercle dont le rayon $=1$, la surface de la zone conique décrite par la tangente $i\varphi(x)$ sera

$$i\varphi(x)\left[f(x)+\frac{i}{2}f'(x)\right]\pi,$$

puisque les rayons des deux bases sont l'un $f(x)$ et l'autre $f(x)+if'(x)$, et la surface de l'autre zone décrite par la tangente ou sécante $i\varphi(x+i)$ sera

$$i\varphi(x+i)\left[f(x)+\frac{i}{2}f'(x+i)\right]\pi,$$

car il est facile de voir que les rayons des bases de ce tronc de cône seront $f(x)$ et $f(x)+if'(x+i)$.

Si donc on désigne par $\Phi(x)$ la fonction de l'abscisse x qui exprime la surface du conoïde, il est clair que la zone conoïde sera exprimée par la différence $\Phi(x+i)-\Phi(x)$ et que cette différence devra être renfermée entre les deux quantités

$$i\pi\varphi(x)\left[f(x)+\frac{i}{2}f'(x)\right] \quad \text{et} \quad i\pi\varphi(x+i)\left[f(x)+\frac{i}{2}f'(x+i)\right],$$

en donnant à i une valeur quelconque aussi petite qu'on voudra, d'où l'on pourra conclure, par un raisonnement analogue à celui du n° **27**, que cette condition ne pourra avoir lieu, à moins que l'on n'ait

$$\Phi'(x)=\pi\varphi(x)f(x)=\pi f(x)\sqrt{1+[f'(x)]^2}.$$

Donc on aura la surface du conoïde proposé en prenant la fonction primitive de la fonction

$$\pi f(x)\sqrt{1+[f'(x)]^2} \quad \text{ou} \quad \pi y\sqrt{1+y'^2}.$$

31. En général, supposons que l'on cherche la fonction $F(x)$ par cette condition que la différence $F(x+i)-F(x)$ doive être renfermée entre les deux quantités $if(x, i)$ et $i\varphi(x, i)$, f et φ dénotant des fonctions données de x et i telles qu'en faisant $i=0$ on ait $f(x)=\varphi(x)$, et que cette condition doive avoir lieu en donnant à i une valeur quelconque aussi petite qu'on voudra.

En employant notre théorème, on réduira la fonction $F(x+i)$ à

$$F(x)+iF'(x)+\frac{i^2}{2}F''(x+j),$$

et les fonctions $f(x, i)$, $\varphi(x, i)$ à

$$f(x)+if'(x, j), \quad \varphi(x)+i\varphi'(x, j),$$

la quantité j étant indéterminée, mais comprise entre les limites 0 et i, et pouvant être différente dans les différentes fonctions; les fonctions dérivées marquées par F', F'' se rapportent à la variable x, et les fonctions dérivées marquées par f', φ' se rapportent à la variable i. Donc, puisqu'on suppose $f(x)=\varphi(x)$, la condition dont il s'agit se réduira à faire en sorte que la quantité $iF'(x)+\frac{i^2}{2}F''(x+j)$ soit comprise entre les deux quantités $if(x)+i^2f'(x, j)$ et $if(x)+i^2\varphi'(x, j)$, quelque petite que puisse être la valeur de i. Donc il faudra que la différence

$$i[F'(x)-f(x)]+i^2[\tfrac{1}{2}F''(x+j)-f'(x, j)]$$

ne soit jamais plus grande que la différence

$$i^2[\varphi'(x, j)-f'(x, j)];$$

mais, tant que le terme multiplié par la première puissance de i ne sera pas nul, on pourra toujours prendre i assez petit pour que la première quantité devienne plus grande que la seconde, car il suffira pour cela de prendre i moindre que la quantité $\dfrac{F'(x)-f(x)}{\varphi'(x, j)-\frac{1}{2}F''(x+j)}$, abstraction faite du signe de cette quantité. Donc la condition proposée emporte nécessairement celle-ci,

$$F'(x) - f(x) = 0, \quad \text{et par conséquent} \quad F'(x) = f(x),$$

c'est-à-dire que la fonction cherchée $F(x)$ devra être la fonction primitive de $f(x)$, et, pour avoir la valeur complète de $F(x)$, il faudra y ajouter une constante arbitraire, que l'on déterminera par les conditions de la question.

CHAPITRE VII.

THÉORIE DU CONTACT DES COURBES A DOUBLE COURBURE. DU RAYON OSCULATEUR, DES CENTRES DE COURBURE ET DU LIEU DE CES CENTRES. DES DÉVELOPPÉES DES COURBES A DOUBLE COURBURE. QUADRATURE ET RECTIFICATION DE CES COURBES.

---

32. Les courbes planes appartiennent à la Géométrie de deux dimensions et dépendent, par conséquent, que de deux coordonnées. Les courbes à double courbure doivent appartenir à la Géométrie de trois dimensions, puisqu'elles ne peuvent être tracées que sur la surface des corps solides; aussi dépendent-elles de trois coordonnées perpendiculaires entre elles, dont deux sont fonctions de la troisième, de sorte qu'elles ne peuvent être représentées que par deux équations entre trois indéterminées.

Soient donc, pour une courbe quelconque à double courbure,

$$y = f(x), \quad z = \varphi(x),$$

x, y, z étant les trois coordonnées rectangulaires. Soient de même, pour une autre courbe donnée,

$$q = \mathrm{F}(p), \quad r = \Phi(p),$$

p, q, r étant pareillement ses trois coordonnées rapportées aux mêmes axes que les précédentes. Si l'on veut que ces deux courbes aient un point commun pour l'abscisse x, il faudra qu'en faisant $p = x$ on ait aussi

$$q = y \quad \text{et} \quad r = z;$$

donc

$$y = \mathrm{F}(x) \quad \text{et} \quad z = \Phi(x).$$

Pour un autre point quelconque répondant à l'abscisse $x+i$, les ordonnées y et z seront $f(x+i)$, $\varphi(x+i)$, et les ordonnées q, r seront $F(x+i)$, $\Phi(x+i)$; et, faisant, pour abréger,

$$d=f(x+i)-F(x+i), \quad \delta=\varphi(x+i)-\Phi(x+i),$$

il est facile de concevoir que la distance D entre les points des deux courbes qui répondent à la même abscisse $x+i$ sera exprimée par

$$D=\sqrt{d^2+\delta^2}.$$

De là, par une analyse semblable à celle qui a été développée au commencement de cette deuxième Partie, on prouvera que, si $f'(x)=F'(x)$, $\varphi'(x)=\Phi'(x)$, il sera impossible qu'aucune autre courbe donnée qui ne satisferait pas aux mêmes conditions puisse passer entre les deux courbes dont il s'agit.

Si l'on avait de plus

$$f''(x)=F''(x) \quad \text{et} \quad \varphi''(x)=\Phi''(x),$$

on prouverait de la même manière qu'aucune autre courbe pour laquelle ces équations n'auraient pas lieu ne pourrait passer entre les mêmes courbes; et ainsi de suite.

Ainsi, en appliquant aux courbes à double courbure les mêmes notions des différents ordres de contact des courbes ordinaires, on en conclura que les deux premières conditions détermineront un contact du premier ordre, que les deux suivantes détermineront un contact du second ordre; et ainsi de suite.

En général, en nommant x, y, z les coordonnées d'une courbe proposée et p, q, r les coordonnées de la courbe donnée, pour laquelle on demande les conditions du contact d'un ordre donné avec la courbe proposée, si

$$F(p, q, r)=0 \quad \text{et} \quad \Phi(p, q, r)=0$$

sont les deux équations de la courbe donnée, on aura, pour un contact du premier ordre, les quatre équations

$$F(x, y, z) = 0, \quad F(x, y, z)' = 0,$$
$$\Phi(x, y, z) = 0, \quad \Phi(x, y, z)' = 0;$$

pour un contact du second ordre, on aura de plus les deux équations

$$F(x, y, z)'' = 0, \quad \Phi(x, y, z)'' = 0,$$

et ainsi de suite, en regardant, dans ces fonctions dérivées, y et z comme fonctions de x. On satisfera à ces équations par le moyen des constantes arbitraires a, b, c, ..., qui entreront dans les fonctions données $F(p, q, r)$ et $\varphi(p, q, r)$, et qu'on pourra appeler, comme ci-dessus (n° **10**), *éléments du contact*, lorsqu'elles seront déterminées en fonction de $x, y, z, y', z', \ldots$.

33. Prenons pour la courbe donnée une ligne droite déterminée par les deux équations

$$q = a + bp, \quad r = c + dp;$$

pour qu'elle ait un contact du premier ordre, c'est-à-dire pour qu'elle soit tangente d'une courbe quelconque proposée et rapportée aux coordonnées x, y, z, on aura ces quatre équations

$$y = a + bx, \quad z = c + dx, \quad y' = b, \quad z' = d,$$

d'où l'on tire

$$a = y - y'x, \quad c = z - z'x,$$

de sorte que les équations de la tangente rapportée aux coordonnées p, q, r seront

$$q = y - y'x + y'p, \quad r = z - z'x + z'p.$$

Il est facile de voir que ces deux équations représentent les deux tangentes des courbes planes qui forment les projections de la courbe proposée sur les deux plans des x et y et des x et z (n° **6**), de sorte que, pour mener une tangente à une courbe à double courbure, il suffira toujours de mener les tangentes à ses deux projections, et la droite dont ces deux tangentes seront les projections sera la tangente cherchée.

34. Supposons qu'on demande le cercle osculateur d'une courbe à double courbure.

Pour avoir, de la manière la plus simple, les équations générales d'un cercle tracé sur un plan quelconque, nous considérerons le cercle comme formé par l'intersection d'un plan qui passe par le centre d'une sphère; le rayon et le centre de la sphère deviendront alors ceux du cercle, et le plan sera le plan même du cercle.

L'équation générale d'une sphère rapportée aux trois coordonnées p, q, r est

$$(p-a)^2+(q-b)^2+(r-c)^2=d^2,$$

où a, b, c sont les coordonnées du centre et d est le demi-diamètre ou rayon. L'équation d'un plan rapporté aux mêmes coordonnées et passant par le point qui répond aux coordonnées a, b, c est, en général,

$$p-a+m(q-b)+n(r-c)=0,$$

m et n étant deux constantes arbitraires qui déterminent l'inclinaison du plan à l'égard des plans fixes des coordonnées. Le système de ces deux équations représentera donc un cercle dont le rayon sera d, dont le centre sera déterminé par les coordonnées a, b, c, et dont le plan dépendra des quantités m et n.

Si donc on change dans ces équations les quantités p, q, r en x, y, z, et qu'on en prenne les équations primes et secondes, on aura ces six équations,

$$\begin{gathered}
(x-a)^2+(y-b)^2+(z-c)^2=d^2,\\
x-a+m(y-b)+n(z-c)=0,\\
x-a+y'(y-b)+z'(z-c)=0,\\
1+my'+nz'=0,\\
1+y'^2+z'^2+y''(y-b)+z''(z-c)=0,\\
my''+nz''=0,
\end{gathered}$$

dont les quatre premières renfermeront les conditions nécessaires pour que le cercle dont il s'agit ait un contact du premier ordre avec toute courbe à double courbure dont x, y, z seront les coordonnées, y et z étant données en fonction de x, et, si l'on y joint les deux dernières, on aura les conditions nécessaires pour un contact du second ordre, c'est-à-dire pour que le cercle devienne osculateur de la courbe.

Comme il y a dans ces équations six quantités indéterminées a, b, c, d, m et n, on pourra satisfaire à toutes ces conditions, et le cercle osculateur sera déterminé de grandeur et de position. Mais, si l'on ne demande qu'un cercle tangent, il restera deux indéterminées pour lesquelles on pourra prendre le rayon d et une des deux quantités m et n. Dans ce cas donc, l'équation

$$x - a + y'(y - b) + z'(z - c) = 0$$

déterminera le plan dans lequel se trouveront les centres de tous les cercles qui peuvent être tangents, et, comme le rayon du cercle tangent est nécessairement perpendiculaire à la courbe, cette équation sera celle d'un plan perpendiculaire à la courbe, en prenant a, b, c pour les coordonnées du plan.

Considérons maintenant le contact du second ordre. Les trois premières équations donneront

$$x - a = \frac{(ny' - mz')d}{R}, \quad y - b = -\frac{(n - z')d}{R}, \quad z - c = \frac{(m - y')d}{R},$$

en faisant, pour abréger,

$$R = \sqrt{(ny' - mz')^2 + (n - z')^2 + (m - y')^2}.$$

Ces valeurs étant substituées dans la cinquième équation, on en tirera

$$d = \frac{(1 + y'^2 + z'^2)R}{(n - z')y'' - (m - y')z''}.$$

Enfin, la quatrième et la sixième équation donneront

$$m = \frac{z''}{z'y'' - y'z''}, \quad n = -\frac{y''}{z'y'' - y'z''},$$

valeurs qu'on substituera dans les expressions précédentes.

On trouvera d'abord, après quelques réductions,

$$R = \frac{\sqrt{1+y'^2+z'^2}\sqrt{y''^2+z''^2+(z'y''-y'z'')^2}}{z'y''-y'z''},$$

et de là

$$d = -\frac{(1+y'^2+z'^2)^{\frac{3}{2}}}{\sqrt{y''^2+z''^2+(z'y''-y'z'')^2}},$$

$$a = x - \frac{(1+y'^2+z'^2)(y'y''+z'z'')}{y''^2+z''^2+(z'y''-y'z'')^2},$$

$$b = y + \frac{(1+y'^2+z'^2)[y''+z'(z'y''-y'z'')]}{y''^2+z''^2+(z'y''-y'z'')^2},$$

$$c = z + \frac{(1+y'^2+z'^2)[z''-y'(z'y''-y'z'')]}{y''^2+z''^2+(z'y''-y'z'')^2}.$$

La quantité d sera le rayon osculateur de la courbe proposée et les quantités a, b, c seront les coordonnées de la courbe des centres de tous les cercles osculateurs; mais cette courbe ne sera pas pour cela une développée, comme dans les courbes à simple courbure.

35. Pour s'en assurer et trouver en même temps les conditions nécessaires pour qu'elle devienne une développée de la courbe à double courbure, il n'y a qu'à employer des considérations semblables à celles du n° **23**.

Reprenons les valeurs de a, b, c tirées des trois premières équations; nous aurons

$$a = x - \frac{(ny'-mz')d}{R},$$

$$b = y + \frac{(n-z')d}{R},$$

$$c = z - \frac{(m-y')d}{R}.$$

Ces expressions, en regardant les quantités x, y, z, y', z', ainsi que m et n, comme constantes, et la quantité d comme seule variable, donnent les coordonnées de la droite dans laquelle est placé le rayon osculateur; mais, en regardant toutes ces quantités comme variables et m, n, d comme données en x, puisque y et z sont censées données en x, ces mêmes expressions représentent alors les coordonnées de la courbe des centres. Or, pour que la même droite devienne tangente de cette courbe, il faut que les valeurs de $\frac{b'}{a'}$ et $\frac{c'}{a'}$, en regardant b et c comme fonctions de a, ou, en général, a, b, c comme fonctions d'une autre variable quelconque, soient les mêmes dans les deux cas. Donc les valeurs de $\frac{a'}{d'}$, $\frac{b'}{d'}$, $\frac{c'}{d'}$ devront être aussi les mêmes, soit que les quantités a, b, c, d soient seules variables, soit que les quantités x, y, z, m et n varient aussi en même temps; par conséquent, il faudra que les équations qui déterminent ces valeurs aient lieu également dans les deux hypothèses.

Or, si l'on considère les équations qui ont servi à déterminer les quantités a, b, c, d, m et n en x, y, y', y'', et qu'on regarde toutes ces quantités comme variables à la fois, il est clair que les deux équations

$$(x-a)^2+(y-b)^2+(z-c)^2=d^2,$$
$$x-a+y'(y-b)+z'(z-c)=0$$

emporteront encore celle-ci,

$$-a'(x-a)-b'(y-b)-c'(z-c)=dd',$$

qui n'est que l'équation prime de la première, en supposant a, b, c, d seules variables. De même les deux équations

$$x-a+y'(y-b)+z'(z-c)=0,$$
$$1+y'^2+z'^2+y''(y-b)+z''(z-c)=0$$

emporteront celle-ci,

$$a'+y'b'+z'c'=0,$$

qui est également l'équation prime de la première, en ne prenant que a, b, c pour variables. Ces deux équations ont donc la condition demandée; mais, comme elles ne suffisent pas pour la détermination des trois quantités $\frac{a'}{d'}$, $\frac{b'}{d'}$, $\frac{c'}{d'}$, il faudra trouver, de la même manière, une troisième équation qui contienne les fonctions primes a', b', c'; or, les deux précédentes ayant été déduites de l'équation de la sphère, il faudra tirer la troisième de l'équation du plan

$$x - a + m(y - b) + n(z - c) = 0,$$

laquelle, en faisant tout varier et ayant égard à l'équation

$$1 + my' + nz' = 0,$$

donnera celle-ci,

$$-a' - mb' - nc' + m'(y - b) + n'(z - c) = 0,$$

qui est, comme l'on voit, l'équation prime de la précédente, en supposant a, b, c, m, n variables à la fois; par conséquent, cette équation n'aura pas la condition demandée, à moins que la partie dépendante de la variation des quantités m et n ne disparaisse, c'est-à-dire à moins qu'on n'ait

$$m'(y - b) + n'(z - c) = 0.$$

Si cette condition a lieu, alors l'équation restante

$$a' + mb' + nc' = 0,$$

combinée avec les deux équations qu'on vient de trouver, donnera les valeurs de $\frac{a'}{d'}$, $\frac{b'}{d'}$, $\frac{c'}{d'}$, qui seront les mêmes soit que les quantités a, b, c, d soient seules variables, soit que x, y, z, m et n varient aussi à la fois. Par conséquent, la droite dans laquelle est placé le rayon osculateur deviendra tangente à la courbe des centres; donc aussi ce rayon sera tangent de la même courbe, puisqu'il est terminé à cette courbe. Dans ce même cas, les expressions précédentes de a, b, c donneront sur-le-champ ces fonctions primes,

$$a' = -\frac{(ny' - mz')d'}{R}, \quad b' = \frac{(n - z')d'}{R}, \quad c' = -\frac{(m - y')d'}{R},$$

d'où l'on tire

$$a'^2 + b'^2 + c'^2 = d'^2,$$

et de là

$$d' = \sqrt{a'^2 + b'^2 + c'^2}.$$

Or nous verrons ci-après (n° 37) que cette équation montre que d est l'arc de la courbe dont a, b, c sont les coordonnées. Donc le rayon osculateur sera non-seulement tangent à la courbe des centres, mais encore égal à l'arc de cette courbe. Il ne sera donc autre chose que le développement de cette même courbe, laquelle sera, par conséquent, la développée de la courbe proposée, dont x, y, z sont les coordonnées.

36. La condition

$$m'(y-b)+n'(z-c)=0,$$

que nous venons de trouver pour que la courbe ait une développée, a évidemment lieu lorsque m et n sont constantes, et, dans ce cas, la courbe sera toute dans un plan déterminé par ces constantes. Si ces quantités ne sont pas constantes, elles détermineront le plan tangent de la courbe, et, lorsque l'équation précédente aura lieu, les rayons osculateurs formeront une surface courbe développable. Car, en ajoutant à cette équation l'équation

$$1+my'+nz'=0,$$

qui est une de celles du n° 34, on aura celle-ci,

$$1+my'+nz'+m'(y-b)+n'(z-c)=0,$$

qui n'est autre chose que l'équation prime de l'équation du plan

$$x-a+m(y-b)+n(z-c)=0,$$

en regardant les coordonnées a, b, c du plan comme constantes et la quantité x, qui sert ici de paramètre et dont les autres quantités y, z, m, n sont supposées fonctions, comme seule variable, ce qui constitue le principe des surfaces développables, comme on le verra plus bas.

Au reste, il y a une manière plus générale de concevoir les développées des courbes, laquelle consiste à prendre le rayon de la développée dans une position inclinée au plan tangent, et qui donne lieu à plusieurs belles propriétés des courbes et des surfaces. Comme les bornes que nous nous sommes prescrites ne nous permettent pas d'entrer dans ce détail, nous ne pouvons qu'inviter nos lecteurs à voir cette nouvelle théorie dans le Tome X des *Mémoires présentés à l'Académie des Sciences*.

37. Si l'on trace la projection d'une courbe à double courbure sur le plan des x et y, on peut regarder cette courbe de projection comme l'axe curviligne de la courbe à double courbure, de sorte qu'en nommant s l'arc de la courbe de projection dont les coordonnées sont x, y, et supposant que cet arc soit étendu en ligne droite, on aura s et z pour les coordonnées rectangulaires de la courbe à double courbure supposée appliquée sur un plan.

Cette considération nous offre le moyen d'appliquer immédiatement aux courbes à double courbure les formules de la quadrature et de la rectification des courbes planes (nos 27, 29). Pour cela, il n'y aura qu'à substituer s au lieu de x et z au lieu de y dans les expressions de yx' et $\sqrt{x'^2+y'^2}$; on aura zs' et $\sqrt{s'^2+z'^2}$, et, comme l'arc s est déterminé par l'équation

$$s'=\sqrt{x'^2+y'^2},$$

en faisant cette substitution, on aura les deux formules

$$z\sqrt{x'^2+y'^2} \quad \text{et} \quad \sqrt{x'^2+y'^2+z'^2},$$

dont la première sera la fonction prime de l'aire ou de la surface du cylindre droit qui a pour base la projection de la courbe à double courbure et qui est terminé par le contour de cette courbe, et dont la seconde sera la fonction prime de l'arc de la même courbe.

CHAPITRE VIII.

DES SURFACES COURBES ET DE LEURS PLANS TANGENTS. THÉORIE DU CONTACT DES SURFACES COURBES. DES CONTACTS DES DIFFÉRENTS ORDRES.

38. Les surfaces courbes se déterminent aussi par trois coordonnées rectangulaires, comme les lignes à double courbure, mais avec cette différence que, pour les surfaces, deux des coordonnées sont indépendantes entre elles et la troisième est fonction de ces deux, de sorte qu'une surface n'est représentée que par une seule équation entre les trois coordonnées. Ainsi, les deux équations qui déterminent une courbe à double courbure représentent chacune en particulier une surface courbe, et la courbe représentée par le système de ces deux équations est formée par l'intersection des deux surfaces. La théorie des surfaces dépend donc de l'analyse des fonctions de deux variables, et peut être traitée comme la théorie des courbes et par les mêmes principes. Ainsi, de même qu'une ligne droite peut être tangente d'une courbe, un plan peut être tangent d'une surface, et l'on déterminera le plan tangent par la condition qu'aucun autre plan ne puisse être mené par le point de contact entre celui-là et la surface.

Soient x, y, z les trois coordonnées de la surface donnée et p, q, r les coordonnées du plan tangent rapportées aux mêmes axes rectangulaires; on aura, par la nature de la surface,

$$z = f(x, y),$$

et, par la nature du plan,

$$r = a + bp + cq,$$

a, b, c étant les trois constantes qui déterminent la position du plan.

D'abord, pour que le plan ait avec la surface un point commun, il faut que son équation subsiste, en supposant que les coordonnées p, q, r deviennent x, y, z, ce qui donnera cette première équation :

$$z = a + bx + cy.$$

Considérons maintenant un autre point de la surface répondant aux coordonnées $x+i$, $y+o$; l'ordonnée perpendiculaire z deviendra $f(x+i, y+o)$. Faisons aussi, dans l'équation du plan,

$$p = x + i, \quad q = y + o;$$

l'ordonnée perpendiculaire r deviendra

$$a + b(x+i) + c(y+o),$$

et la distance entre les points correspondants de la surface et du plan sera exprimée par

$$f(x+i, y+o) - a - b(x+i) - c(y+o).$$

La fonction $f(x+i, y+o)$ peut se développer dans cette série (n° 73, Ire Partie) :

$$f(x,y) + i f'(x,y) + o f_{,}(x,y) + \frac{i^2}{2} f''(x,y) + io f_{,}'(x,y) + \frac{o^2}{2} f_{,,}(x,y) + \dots$$

Donc, à cause de

$$f(x,y) = z = a + bx + cy,$$

la distance dont il s'agit, que nous désignerons par D, sera exprimée ainsi :

$$D = i[f'(x,y) - b] + o[f_{,}(x,y) - c] + \frac{i^2}{2} f''(x,y) + io f_{,}'(x,y) + \frac{o^2}{2} f_{,,}(x,y) + \dots,$$

où l'on voit d'abord que, les quantités i et o demeurant indéterminées, la valeur de D deviendra la plus petite si l'on détermine les quantités b et c de manière que les termes multipliés par i et o disparaissent, ce qui donnera (nº 77, Ire Partie)

$$b = f'(x, y) = z'; \quad c = f_{,}(x, y) = z_{,},$$

et, comme on a déjà trouvé

$$a + bx + cy = z,$$

on aura les valeurs des trois constantes a, b, c de l'équation du plan en fonction de x, y, z. Ces valeurs seront donc

$$a = z - xz' - yz_{,}, \quad b = z', \quad c = z_{,},$$

et la position du plan sera entièrement déterminée.

Par l'évanouissement des termes multipliés par les quantités i et o, l'expression de la distance D ne contiendra plus que des termes multipliés par des puissances ou des produits de ces mêmes quantités. Si l'on faisait passer un autre plan par le même point qui répond aux coordonnées x et y, on trouverait, pour la distance, que je nommerai Δ, entre les points de la surface et du nouveau plan correspondants aux coordonnées $x + i$ et $y + o$, une expression semblable à celle de D, mais où les termes multipliés par i et par o ne se détruiraient plus. Or il est facile de voir qu'on peut prendre les quantités i et o assez petites pour que les termes multipliés par les premières puissances de i ou de o deviennent plus grands que les autres termes multipliés par des puissances ou des produits de plusieurs dimensions, ce qui porterait d'abord à conclure que l'on peut toujours donner à i et o des valeurs assez petites pour que la distance Δ surpasse la distance D, en sorte qu'il soit impossible que le dernier plan passe entre le premier et la surface.

39. Mais cette conséquence, qui serait légitime si les expressions de D et Δ n'étaient composées que d'un nombre déterminé de termes, pourrait souffrir des difficultés à raison des suites infinies qui entrent dans ces expressions. On peut néanmoins les éviter en employant le développement que nous avons donné dans le Chapitre XIII de la pre-

mière Partie et en s'arrêtant aux termes du premier ordre. On aura ainsi

$$f(x+i, y+o) = f(x, y) + if'(x, y) + of_{,}(x, y)$$
$$+ \frac{i^2}{2} f''(x+\lambda i, y+\lambda o) + iof'_{,}(x+\lambda i, y+\lambda o)$$
$$+ \frac{o^2}{2} f_{,,}(x+\lambda i, y+\lambda o),$$

et la valeur de la distance D se réduira à

$$D = \frac{i^2}{2} f''(x+\lambda i, y+\lambda o) + iof'_{,}(x+\lambda i, y+\lambda o) + \frac{o^2}{2} f_{,,}(x+\lambda i, y+\lambda o).$$

Pour tout autre plan représenté par l'équation

$$r = \alpha + \beta p + \gamma q$$

et ayant le même point commun avec le premier plan et la surface, cette distance, que j'appellerai Δ, contiendrait, outre les termes précédents, encore ceux-ci du premier ordre

$$i[f'(x, y) - \beta] + o[f_{,}(x, y) - \gamma],$$

d'où il est facile de conclure qu'on pourra toujours prendre i et o assez petits pour que cette distance Δ surpasse la distance D. Donc il sera impossible que ce dernier plan puisse passer entre la surface et le plan représenté par l'équation

$$r = a + bp + cq;$$

par conséquent, celui-ci sera tangent de la surface donnée, en faisant, comme ci-dessus,

$$a = z - xz' - yz_{,}, \quad b = z', \quad c = z_{,},$$

d'où l'on voit que la position du plan tangent dépend des deux fonctions primes z' et $z_{,}$.

En effet, il est facile de trouver, d'après l'équation

$$r = a + bp + cq,$$

que, si l'on nomme α l'inclinaison du plan représenté par cette équation sur le plan des coordonnées p et q, et β l'inclinaison de la ligne d'intersection de ces deux plans à l'axe des abscisses p, on aura

$$b = \sin\beta \operatorname{tang}\alpha, \quad c = \cos\beta \operatorname{tang}\alpha,$$

d'où l'on tire

$$\operatorname{tang}\alpha = \sqrt{b^2 + c^2}, \quad \operatorname{tang}\beta = \frac{b}{c}.$$

Donc, puisque les axes des coordonnées x, y, z sont les mêmes que ceux des coordonnées p, q, r, les angles α et β, relativement au plan tangent, seront pareillement déterminés par ces formules :

$$\operatorname{tang}\alpha = \sqrt{z'^2 + z_{\prime}^2}, \quad \operatorname{tang}\beta = \frac{z'}{z_{\prime}}.$$

40. En général,

$$z = f(x, y)$$

étant l'équation de la surface proposée et

$$r = \mathrm{F}(p, q)$$

celle d'une surface donnée, si l'on veut que ces deux surfaces aient un point commun qui réponde aux coordonnées x, y, z, il faudra que l'équation

$$r = \mathrm{F}(p, q)$$

ait lieu aussi en faisant $p = x$, $q = y$, $r = z$, ce qui donnera

$$z = \mathrm{F}(x, y).$$

Ensuite, si l'on considère les points des deux surfaces qui répondent aux mêmes coordonnées $x + i$ et $y + o$, et qu'on nomme D la distance entre l'un et l'autre, c'est-à-dire la partie de l'ordonnée qui se trouvera comprise entre les deux surfaces, il est visible qu'on aura

$$\mathrm{D} = f(x + i, y + o) - \mathrm{F}(x + i, y + o).$$

Développons ces deux fonctions par les formules du n° 78 (Ire Partie), en nous arrêtant d'abord aux termes du premier ordre ; nous aurons, en mettant z, z' et $z_{,}$ à la place de $f(x, y)$, $f'(x, y)$, $f_{,}(x, y)$,

$$\begin{aligned} D = & i[z' - F'(x, y)] + o[z_{,} - F_{,}(x, y)] \\ & + \frac{i^2}{2}[f''(x + \lambda i, y + \lambda o) - F''(x + \lambda i, y + \lambda o)] \\ & + io[f'_{,}(x + \lambda i, y + \lambda o) - F'_{,}(x + \lambda i, y + \lambda o)] \\ & + \frac{o^2}{2}[f_{,,}(x + \lambda i, y + \lambda o) - F_{,,}(x + \lambda i, y + \lambda o)]. \end{aligned}$$

Supposons que les termes multipliés par i et par o disparaissent, ce qui a lieu en faisant $z' = F'(x, y)$ et $z_{,} = F_{,}(x, y)$; l'expression de D ne contiendra plus que des termes d'un ordre supérieur, et il est facile de prouver qu'on pourra toujours prendre i et o assez petits pour que cette valeur de D devienne moindre que la valeur d'une pareille quantité pour une autre surface donnée, dans laquelle les termes multipliés par i et par o ne se détruiraient pas. Donc, si l'équation

$$r = F(p, q)$$

de la surface donnée contient trois constantes arbitraires a, b, c, et qu'on les détermine de manière à satisfaire aux trois équations

$$z = F(x, y), \quad z' = F'(x, y), \quad z_{,} = F_{,}(x, y),$$

il sera impossible qu'aucune autre surface qui ne satisferait pas aux mêmes conditions puisse passer entre cette même surface et la surface proposée dont les coordonnées sont x, y, z.

Il est visible que les trois équations précédentes ne sont autre chose que l'équation même de la surface donnée, en y changeant les coordonnées p, q, r en x, y, z et les deux équations primes de celle-ci, prises suivant x et suivant y, d'où l'on peut conclure, en général, que, si

$$F(p, q, r) = 0$$

est l'équation de la surface donnée, les trois équations dont il s'agit seront renfermées dans celles-ci,

$$F(x, y, z) = 0, \quad F'(x, y, z) = 0, \quad F_{,}(x, y, z) = 0,$$

en regardant z comme fonction de x et y; de sorte que, si l'on désigne simplement par $F'(x)$, $F'(y)$, $F'(z)$ les fonctions primes de $F(x, y, z)$ prises relativement à x, y, z seuls, les deux dernières équations deviendront

$$F'(x) + z' F'(z) = 0, \quad F'(y) + z_{,} F'(z) = 0.$$

Donc, si la surface proposée est représentée par l'équation

$$f(x, y, z) = 0,$$

et que la surface donnée, qui doit avoir un point de contact avec celle-là, soit représentée par l'équation

$$F(x, y, z) = 0,$$

la première donnera, en prenant les fonctions primes relatives à x et y, ces deux-ci :

$$f'(x) + z' f'(z) = 0, \quad f'(y) + z_{,} f'(z) = 0.$$

Ces deux équations combinées avec les deux précédentes, de manière à en chasser les dérivées z' et $z_{,}$, on aura ces deux-ci :

$$\frac{f'(x)}{F'(x)} = \frac{f'(z)}{F'(z)}, \quad \frac{f'(y)}{F'(y)} = \frac{f'(z)}{F'(z)},$$

d'où il s'ensuit que les trois fonctions dérivées $f'(x)$, $f'(y)$, $f'(z)$ doivent être respectivement proportionnelles aux fonctions dérivées $F'(x)$, $F'(y)$, $F'(z)$.

41. Si, dans l'expression générale de la distance D, on développe les deux fonctions qu'elle contient, en poussant le développement jusqu'aux secondes dimensions de i et o, et qu'on suppose que les trois équations ci-dessus aient déjà lieu, on aura simplement

$$\begin{aligned} D = {} & \frac{i^2}{2}[z'' - F''(x, y)] + io[z'_{,} - F'_{,}(x, y)] + \frac{o^2}{2}[z_{,,} - F_{,,}(x, y)] \\ & + \frac{i^3}{2.3} A''' + \frac{i^2 o}{2} A''_{,} + \frac{io^2}{2} A'_{,,} + \frac{o^3}{2.3} A_{,,,}, \end{aligned}$$

en faisant, pour abréger,

$$A''' = f'''(x+\lambda i, y+\lambda o) - F'''(x+\lambda i, y+\lambda o),$$
$$A''_{\prime} = f''_{\prime}(x+\lambda i, y+\lambda o) - F''_{1}(x+\lambda i, y+\lambda o),$$
$$\dots\dots\dots\dots\dots\dots\dots\dots\dots$$

Donc, si l'équation

$$r = F(p, q)$$

de la surface donnée est telle qu'on puisse encore satisfaire aux trois équations

$$z'' = F''(x, y), \quad z'_{\prime} = F'_{\prime}(x, y), \quad z_{\prime\prime} = F_{\prime\prime}(x, y),$$

les termes du second ordre disparaîtront aussi dans l'expression de D, et l'on prouvera aisément qu'il sera toujours possible de prendre les quantités i et o assez petites pour que la distance D soit plus petite que la distance Δ pour toute autre surface donnée qui ne satisferait pas aux mêmes conditions, d'où il suit qu'il sera impossible que cette surface passe entre la surface donnée, dont l'équation est

$$r = F(p, q),$$

et la proposée, dont l'équation est

$$z = f(x, y);$$

et ainsi de suite.

Si l'on représente en général par

$$F(p, q, r) = 0$$

l'équation de la surface donnée, qui doit avoir un point de contact avec une autre surface dont les coordonnées sont x, y, z, les trois dernières équations seront renfermées dans celles-ci,

$$F''(x, y, z) = 0, \quad F'_{\prime}(x, y, z) = 0, \quad F_{\prime\prime}(x, y, z) = 0,$$

en regardant z comme fonction de x et y; et ainsi des autres.

On pourra donc étendre aux surfaces la théorie des contacts de différents ordres que nous avons exposée relativement aux lignes courbes et en déduire des résultats semblables. Ainsi, pour le contact du premier ordre, on aura l'équation

$$F(x, y, z) = 0$$

avec ses deux équations primes suivant x et y; pour le contact du second ordre, on aura, outre les trois équations précédentes, les trois équations secondes de

$$F(x, y, z) = 0$$

suivant x, suivant y, et suivant x et y; et ainsi de suite.

42. Prenons, pour la surface donnée, la sphère dont l'équation la plus générale est

$$(p-a)^2 + (q-b)^2 + (r-c)^2 = d^2,$$

p, q, r étant les trois coordonnées d'un point quelconque de sa surface, a, b, c les trois coordonnées qui déterminent la position du centre, et d le demi-diamètre ou le rayon.

En changeant dans cette équation p, q, r en x, y, z, et prenant ensuite les deux équations primes suivant x et y, on aura ces trois équations,

$$(x-a)^2 + (y-b)^2 + (z-c)^2 - d^2 = 0,$$

$$x - a + z'(z-c) = 0,$$

$$y - b + z_{,}(z-c) = 0,$$

par lesquelles on pourra déterminer d'abord les trois constantes a, b, c; on trouvera ainsi

$$a = x + \frac{dz'}{\sqrt{1 + z'^2 + z_{,}^2}},$$

$$b = y + \frac{dz_{,}}{\sqrt{1 + z'^2 + z_{,}^2}},$$

$$c = z - \frac{d}{\sqrt{1 + z'^2 + z_{,}^2}},$$

et le rayon d sera encore arbitraire.

La sphère déterminée par ces éléments sera donc tangente de la surface, et, par conséquent, son rayon sera perpendiculaire à la même surface. Ainsi, en regardant la valeur de ce rayon comme indéterminée, les trois quantités a, b, c seront les coordonnées de la perpendiculaire à la surface, d étant variable et x, y, z constantes.

Si l'on veut avoir ces éléments a, b, c, ainsi que les angles α et β du n° 39, exprimés en différentielles, il n'y aura qu'à représenter les fonctions dérivées z', $z_{\prime}$ par les différences partielles $\frac{dz}{dx}$, $\frac{dz}{dy}$.

43. Pour que la sphère devienne osculatrice de la surface, on aura encore trois autres équations, qui seront les trois équations secondes de la première équation ci-dessus; mais, comme il ne reste plus qu'une arbitraire d, il est clair qu'on ne pourra pas satisfaire à toutes ces équations, d'où il suit qu'il est impossible de trouver en général une sphère osculatrice d'une surface comme on trouve le cercle osculateur d'une courbe.

Si, au lieu d'une sphère, on voulait employer la surface formée par la rotation d'un arc de cercle autour de sa corde, comme on aurait dans l'équation de cette surface six constantes arbitraires, on pourrait alors déterminer ces éléments de manière que le contact du second ordre eût lieu en général avec une surface quelconque. Il en serait de même pour toute autre surface dont l'équation renfermerait au moins six constantes arbitraires.

CHAPITRE IX.

DES SPHÈRES OSCULATRICES. DES LIGNES DE PLUS GRANDE ET DE MOINDRE COURBURE. PROPRIÉTÉS DE CES LIGNES.

44. Nous venons de voir que, parmi toutes les sphères touchantes, il ne peut y en avoir aucune qui devienne proprement osculatrice de la surface; mais on peut toujours déterminer celle qui sera osculatrice d'une courbe quelconque tracée sur la même surface. Pour cela, il n'y aura qu'à supposer y fonction de x, comme dans les courbes à double courbure, et prendre, dans cette hypothèse, les équations primes et secondes de l'équation de la sphère

$$(x-a)^2+(y-b)^2+(z-c)^2-d^2=0.$$

L'équation prime sera

$$x-a+y'(y-b)+(z'+y'z_{,})(z-c)=0,$$

en regardant toujours z comme fonction de x et y, dont les deux fonctions primes sont z' et $z_{,}$, et ensuite y comme fonction de x, dont y' est la fonction prime. On trouvera, de la même manière, cette équation seconde :

$$1+y'^2+y''(y-b)+(z'+y'z_{,})^2+(z''+2y'z'_{,}+y'^2z_{,,}+y''z_{,})(z-c)=0.$$

L'équation prime est déjà remplie par les deux équations primes du n° 42 :

$$x-a+z'(z-c)=0,\quad y-b+z_{,}(z-c)=0.$$

Ainsi, il ne reste qu'à satisfaire à l'équation précédente, laquelle, à cause de $y - b + z_{,}(z - c) = 0$, se réduit à celle-ci

$$1 + y'^2 + (z' + y'z_{,})^2 + (z'' + 2y'z'_{,} + y'^2 z_{,,})(z - c) = 0.$$

Si donc on substitue dans cette équation la valeur de c trouvée ci-dessus (numéro cité), on en pourra tirer la valeur de d, et l'on aura

$$d = -\frac{[1 + y'^2 + (z' + y'z_{,})^2]\sqrt{1 + z'^2 + z_{,}^2}}{z'' + 2y'z'_{,} + y'^2 z_{,,}}.$$

Connaissant ainsi le rayon d de la sphère osculatrice, on aura, par les formules du même numéro, les valeurs des coordonnées a, b, c du centre.

45. La quantité y' qui entre dans les expressions précédentes dépend de la courbe qui est la projection de celle qu'on suppose tracée sur la surface. Cette courbe étant arbitraire, on peut chercher celle dans laquelle le rayon de courbure d sera un maximum ou un minimum, et, pour cela, il n'y aura qu'à égaler à zéro la fonction prime de l'expression de d, regardée comme fonction de y' (n° **26**). Mais, pour simplifier le calcul, nous observerons que, puisque

$$d = (z - c)\sqrt{1 + z'^2 + z_{,}^2},$$

le maximum ou minimum de d relativement à y' répondra au maximum ou minimum de c; ainsi, il n'y aura qu'à prendre l'équation prime de la dernière équation ci-dessus entre c et y', en supposant nulle la fonction prime de c, c'est-à-dire en ne regardant que y' comme variable. On aura de cette manière l'équation

$$y' + z_{,}(z' + y'z_{,}) + (z'_{,} + y'z_{,,})(z - c) = 0,$$

qui, étant combinée avec la même équation, servira à déterminer y' et c.

Si l'on multiplie cette équation par y', et qu'on la retranche de l'équation dont il s'agit, on aura celle-ci, plus simple,

$$1 + z'^2 + y'z'z_{,} + (z'' + y'z'_{,})(z - c) = 0,$$

que l'on combinera avec la précédente.

Par l'élimination de $z-c$, on aura une équation en y' de cette forme,

$$Ay'^2 - By' - C = 0,$$

en faisant, pour abréger,

$$A = (1 + z_i^2) z_i' - z' z_i z_{ii},$$
$$B = (1 + z'^2) z_{ii} - (1 + z_i^2) z'',$$
$$C = (1 + z'^2) z_i' - z' z_i z'',$$

et la résolution de cette équation donnera

$$y' = \frac{B \pm \sqrt{B^2 + 4AC}}{2A},$$

équation du premier ordre en x, y et y', puisque z étant, par la nature de la surface, une fonction donnée de x et y, les quantités A, B, C seront aussi des fonctions données de x et y. Donc l'équation primitive en x et y renfermera une constante arbitraire et représentera une infinité de courbes qui seront les projections des lignes de plus grande et de moindre courbure de la surface proposée.

Si l'on combine les deux équations ci-dessus de manière à faire disparaître les termes où y' et $z-c$ se trouvent ensemble, on en tirera

$$z - c = \frac{(1 + z'^2) z_{ii} - z' z_i z_i' - Ay'}{z_i'^2 - z'' z_{ii}}.$$

Donc, substituant la valeur de y' et faisant de plus

$$E = 2 z' z_i z_i' - (1 + z'^2) z_{ii} - (1 + z_i^2) z'',$$

on aura

$$z - c = \frac{E \pm \sqrt{B^2 + 4AC}}{2(z'' z_{ii} - z_i'^2)},$$

et de là

$$d = \frac{(E \pm \sqrt{B^2 + 4AC}) \sqrt{1 + z'^2 + z_i^2}}{2(z'' z_{ii} - z_i'^2)},$$

d'où l'on voit que les deux valeurs du radical donnent l'une le maximum et l'autre le minimum du rayon d.

Il y a donc, à chaque point de la surface, deux branches qui se coupent et qui répondent l'une à une ligne de plus grande et l'autre à une ligne de moindre courbure, et l'angle sous lequel elles se coupent dépend de la double valeur de la quantité y', qui est égale à la tangente de l'angle formé par la tangente de la courbe de projection sur le plan des x et y avec l'axe fixe des x. Or, comme la position de ce plan est arbitraire, on peut la prendre de manière qu'il coïncide avec le plan tangent de la surface; alors la projection de la courbe se confondra avec la courbe même, et les deux valeurs de y' deviendront les tangentes des angles que les tangentes des deux branches de plus grande et de moindre courbure feront avec une même ligne; par conséquent, la différence de ces angles sera l'angle cherché sous lequel ces branches se coupent; donc, nommant α et β les deux valeurs de y', la tangente de cet angle sera, par les formules connues,

$$\frac{\alpha - \beta}{1 + \alpha\beta} = \frac{\sqrt{B^2 + 4AC}}{A - C}.$$

Mais il est facile de voir, par les formules du n° 38, que, pour que le plan tangent d'une surface coïncide avec le plan des x et y, il faut que les valeurs de z' et $z_{,}$ soient nulles. Faisant donc, dans les expressions de A, B, C,

$$z' = 0, \quad z_{,} = 0,$$

on aura

$$A' = z'_{,}, \quad B = z_{,,} - z'', \quad C = z'_{,},$$

ce qui donne

$$A - C = 0.$$

Ainsi la tangente de l'angle dont il s'agit sera infinie, et, par conséquent, l'angle sera droit, d'où l'on doit conclure, en général, que les lignes de plus grande et de moindre courbure d'une surface quelconque se coupent toujours à angle droit.

46. La propriété du maximum et du minimum n'est pas la seule qui caractérise ces lignes: elles sont encore distinguées par rapport à leurs développées. En effet, si l'on cherche les conditions nécessaires pour que le rayon de courbure soit partout tangent à la courbe des centres, on trouvera, par des considérations semblables à celles du n° 35, appliquées aux expressions des coordonnées a, b, c de cette courbe (n° 42), que ces conditions se réduisent à ce que les valeurs des fonctions primes a', b', c' soient les mêmes, soit que la quantité d soit seule variable ou que les quantités x, y, z varient en même temps que d. Ainsi, si l'on prend les équations primes des trois équations (n° 42)

$$(x-a)^2+(y-b)^2+(z-c)^2=d^2,$$
$$x-a+z'(z-c)=0,$$
$$y-b+z_{,}(z-c)=0,$$

d'où résultent les valeurs de a, b, c, il faudra que la partie due à la seule variation de x, y, z soit nulle. Or il est visible que la seconde et la troisième équation rendent nulle cette partie dans l'équation prime de la première équation; donc il suffira de prendre les équations primes des équations

$$x-a+z'(z-c)=0,\quad y-b+z_{,}(z-c)=0,$$

en regardant a, b et c comme constantes. Ces équations seront donc, en regardant, comme ci-dessus (n° 44), y comme fonction de x, et z comme fonction de x et y,

$$1+z'^2+y'z'z_{,}+(z''+y'z'_{,})(z-c)=0,$$
$$y'+z_{,}z'+y'z_{,}^2+(z'_{,}+y'z_{,,})(z-c)=0,$$

et, si on les compare aux deux équations du numéro précédent, qui déterminent le maximum et le minimum de d, on voit qu'elles sont identiquement les mêmes, d'où il suit que les lignes suivant lesquelles le rayon de courbure sera tangent de la courbe des centres sont les mêmes que celles de la plus grande ou de la moindre courbure.

Mais les expressions de a, b, c du n° 42 donnent, en ne faisant varier que d,

$$a' = \frac{d'z'}{\sqrt{1 + z'^2 + z_{,}^2}},$$

$$b' = \frac{d'z_{,}}{\sqrt{1 + z'^2 + z_{,}^2}},$$

$$c' = -\frac{d'}{\sqrt{1 + z'^2 + z_{,}^2}},$$

d'où l'on tire

$$a'^2 + b'^2 + c'^2 = d'^2,$$

et par conséquent

$$d' = \sqrt{a'^2 + b'^2 + c'^2},$$

d'où l'on conclura (n° 37) que la quantité d sera égale à l'arc de la courbe dont a, b, c sont les coordonnées. Ainsi cette courbe sera la véritable développée des lignes de plus grande et de moindre courbure, et réciproquement il n'y aura, sur une surface quelconque, que ces lignes qui puissent avoir une développée formée par les rayons de courbure.

Ces propriétés des surfaces sont très-curieuses et méritent toute l'attention des géomètres; elles donnent lieu surtout à des applications importantes pour les arts. *Voir* les *Mémoires de Berlin* pour l'année 1760, les Tomes IX et X des *Mémoires présentés à l'Académie des Sciences,* et l'*Application de l'Analyse à la Géométrie,* par M. Monge.

Au reste, pour traduire ces formules en Calcul différentiel, il n'y aura qu'à changer y', y'' en $\frac{dy}{dx}$, $\frac{d^2y}{dx^2}$ et z', $z_{,}$, z'', $z'_{,}$, $z_{,,}$ en $\frac{dz}{dx}$, $\frac{dz}{dy}$, $\frac{d^2z}{dx^2}$, $\frac{d^2z}{dx\,dy}$, $\frac{d^2z}{dy^2}$.

CHAPITRE X.

SOLUTION DES QUESTIONS DANS LESQUELLES ON PROPOSE UNE RELATION ENTRE LES ÉLÉMENTS DU CONTACT DU PREMIER ORDRE DES SURFACES COURBES. CONSTRUCTION DE CETTE SOLUTION. ÉQUATION DES SURFACES DÉVELOPPABLES.

---

47. On peut proposer, sur les différents contacts des surfaces, des problèmes analogues à ceux qui nous ont occupés, relativement aux lignes courbes (Chap. III), et les résoudre par des principes semblables. Nous nous contenterons ici de considérer les contacts du premier ordre.

Suivant les formules du n° 41, si l'équation

$$F(p, q, r) = 0$$

de la surface donnée contient trois constantes arbitraires a, b, c, pour que cette surface ait un contact du premier ordre avec une surface quelconque rapportée aux coordonnées x, y, z, il faut déterminer a, b, c en x, y, z par les trois équations

$$F(x, y, z) = 0, \quad F'(x, y, z) = 0, \quad F_{,}(x, y, z) = 0,$$

dont les deux dernières se réduisent à la forme

$$F'(x) + z' F'(z) = 0 \quad \text{et} \quad F'(y) + z_{,} F'(z) = 0.$$

Donc, si la question est de trouver la surface pour laquelle les trois éléments du contact a, b, c auront entre eux une relation déterminée, il faudra substituer, dans l'équation qui exprime cette relation, les valeurs de a, b, c, et, si cette équation est entre les quantités a, b, c et x, y, z, on aura une équation du premier ordre en x, y, z, z' et $z_{,}$, qu'on pourra traiter par la méthode générale du n° 92 de la première Partie.

Mais, si l'équation dont il s'agit n'était qu'entre les trois quantités a, b, c, la solution du problème serait beaucoup plus simple. En effet, il est clair qu'on peut alors supposer que les quantités a, b, c soient constantes, et, dans ce cas, l'équation

$$F(x, y, z) = 0$$

sera l'équation primitive de l'équation du premier ordre donnée par les conditions du problème, en y substituant, pour une des trois constantes a, b, c, sa valeur tirée de l'équation donnée; on aura ainsi une équation primitive qui ne sera que particulière; mais, comme elle renferme deux constantes arbitraires, on pourra, par la méthode du n° 83 de la première Partie, trouver l'équation primitive générale qui donnera la solution complète du problème.

On fera donc, suivant cette méthode, $b = \varphi(a)$, si a et b sont les deux constantes arbitraires, et l'on éliminera a au moyen de l'équation

$$F(x, y, z) = 0$$

et de son équation prime, prise relativement à la seule quantité a, équation représentée par

$$F'(a) + \varphi'(a) F'(b) = 0,$$

en dénotant par $F'(a)$ et $F'(b)$ les fonctions primes de $F(x, y, z)$ relativement aux variables isolées a et b.

48. Pour voir comment le système de ces deux équations satisfait au problème, on observera d'abord que l'équation

$$F(x, y, z) = 0$$

représente la courbe donnée avec laquelle la proposée doit avoir un contact du premier ordre; ainsi cette équation résout le problème, quelles que soient les constantes arbitraires a et b. Mais, comme le contact demandé par le problème exige seulement que les valeurs de z et de ses deux fonctions primes z' et $z_{,}$ soient les mêmes pour les deux courbes, il s'ensuit qu'il aura également lieu en supposant a et b variables, pourvu que ces fonctions primes soient encore les mêmes. Or, c'est précisément ce qui résulte du système des deux équations dont il s'agit, comme on peut s'en convaincre par le numéro cité.

Nous observerons ensuite que la surface représentée par le système de ces équations ne sera autre chose que la surface formée par l'intersection continuelle des surfaces représentées par la même équation

$$F(x, y, z) = 0,$$

en y faisant varier le paramètre a, de manière que cette surface touchera ou enveloppera à la fois toutes ces différentes surfaces particulières. En effet, si l'on représente, ce qui est permis, cette surface enveloppante par l'équation

$$F(x, y, z) = 0,$$

dans laquelle a soit une quantité variable quelconque, et qu'on cherche à déterminer cette quantité de manière que la même surface touche successivement toutes les surfaces données, il faudra satisfaire à l'équation

$$F'(a) + \varphi'(a) F'(b) = 0$$

pour que les valeurs de z' et $z_{,}$ soient les mêmes que celles des surfaces enveloppées. Ceci répond à ce qu'on a trouvé plus haut (n° 19), relativement aux lignes courbes.

49. Puisque l'équation

$$F(x, y, z) = 0$$

renferme les trois arbitraires a, b, c qui doivent être déterminées par la combinaison de cette équation avec ses deux équations primes prises relativement à x et y, en regardant a, b, c comme constantes (n° 47), si l'on regarde maintenant ces quantités comme des fonctions de x et y, il est clair qu'on aura aussi séparément les deux équations primes de la même équation relativement à ces quantités. Ainsi, en désignant par $F'(a)$, $F'(b)$, $F'(c)$ les fonctions primes de la fonction $F(x, y, z)$ prises relativement aux seules quantités a, b, c considérées séparément, on aura encore ces deux équations primes :

$$a' F'(a) + b' F'(b) + c' F'(c) = 0,$$
$$a_{,} F'(a) + b_{,} F'(b) + c_{,} F'(c) = 0.$$

Soit

$$c = f(a, b)$$

l'équation qui exprime la relation donnée entre les quantités a, b, c, en prenant de même les deux équations primes, on aura

$$c' = a' f'(a) + b' f'(b),$$
$$c_{,} = a_{,} f'(a) + b_{,} f'(b),$$

$f'(a)$ et $f'(b)$ étant les deux fonctions primes de $f(a, b)$ prises relativement à a et b isolées. Substituant ces valeurs de c' et $c_{,}$ dans les deux équations précédentes, on aura

$$a'[F'(a) + f'(a) F'(c)] + b'[F'(b) + f'(b) F'(c)] = 0,$$
$$a_{,}[F'(a) + f'(a) F'(c)] + b_{,}[F'(b) + f'(b) F'(c)] = 0,$$

d'où l'on tire cette équation

$$a' b_{,} - b' a_{,} = 0,$$

où la fonction désignée par la caractéristique f n'entre plus.

Si donc on substitue dans cette équation $a' b_{,} - b' a_{,} = 0$ les valeurs de a, b en x, y, z, z' et $z_{,}$, on aura une équation du second ordre, dont l'équation primitive du premier ordre sera

$$c = f(a, b),$$

la fonction désignée par f étant arbitraire; et l'équation primitive de celle-ci entre x, y, z sera le système de l'équation

$$F(x, y, z) = 0$$

et de son équation prime, prise relativement à a, après y avoir substitué $f(a, b)$ pour c et $\varphi(a)$ pour b, la fonction $\varphi(a)$ étant la seconde fonction arbitraire. Ainsi on pourra, de cette manière, trouver l'équation primitive de toute équation du second ordre réductible à la forme

$$a'b_{,} - b'a_{,} = 0,$$

les quantités a, b étant déduites d'une équation quelconque

$$F(x, y, z, a, b, c) = 0$$

entre les quantités x, y, z, a, b, c et de ses deux équations primes prises dans l'hypothèse de a, b, c constantes, ce qui fournit une méthode importante pour les progrès de l'analyse inverse des fonctions de deux variables.

50. Appliquons la théorie précédente aux plans tangents. Nous avons trouvé plus haut que les éléments a, b, c du contact d'un plan représenté par l'équation

$$r = a + bp + cq,$$

sont exprimés ainsi :

$$a = z - xz' - yz_{,}, \quad b = z', \quad c = z_{,}.$$

Donc, si l'on a une équation quelconque entre ces trois quantités, laquelle donne, par exemple,

$$c = f(a, b),$$

l'équation primitive de cette équation du premier ordre sera représentée par le système de ces deux équations,

$$z = a + x\varphi(a) + yf[a, \varphi(a)],$$
$$1 + x\varphi'(a) + yf'(a) = 0,$$

en dénotant par $\varphi'(a)$ et $f'(a)$ les fonctions primes de $\varphi(a)$ et de $f[a, \varphi(a)]$ relatives à a. La quantité a devra être éliminée pour avoir une équation en x, y, z, et la fonction $\varphi(a)$ sera la fonction arbitraire.

Cette équation sera donc celle de la surface formée par l'intersection continuelle de tous les plans représentés par l'équation

$$z = a + x\varphi(a) + yf[a, \varphi(a)],$$

en faisant varier successivement le paramètre a; ce sera, par conséquent, une surface développable, puisqu'on peut concevoir que le même plan tangent, supposé flexible et inextensible, s'applique et se plie sur la surface, sans duplicature ni solution de continuité, et, réciproquement, que la surface s'applique et se développe sur le même plan sans se briser ou se replier.

Puisque $a = z - xz' - yz_{,}$ et $b = z'$, on aura

$$a' = -xz'' - yz'_{,}, \quad a_{,} = -xz'_{,} - yz_{,,}, \quad b' = z'', \quad b_{,} = z'_{,};$$

donc l'équation (n° 49)

$$a'b_{,} - a_{,}b' = 0$$

deviendra

$$(xz'' + yz'_{,})z'_{,} - (xz'_{,} + yz_{,,})z'' = 0,$$

savoir

$$z'^{2}_{,} - z''z_{,,} = 0.$$

Ce sera l'équation générale des surfaces développables, dont, par conséquent, l'équation primitive sera le système de ces deux-ci,

$$z = a + x\varphi(a) + yf(a) \quad \text{et} \quad 1 + a\varphi'(a) + yf'(a) = 0,$$

$\varphi(a)$ et $f(a)$ dénotant deux fonctions arbitraires de a. *Voir* le Tome X des *Novi Commentarii* de Pétersbourg et les Ouvrages déjà cités à la fin du Chapitre précédent.

CHAPITRE XI.

DES PLUS GRANDES ET DES MOINDRES ORDONNÉES DES SURFACES COURBES. SOLUTION GÉNÉRALE DES QUESTIONS DE MAXIMIS ET MINIMIS. MANIÈRE DE DISTINGUER LES MAXIMA DES MINIMA DANS LES FONCTIONS DE PLUSIEURS VARIABLES.

51. Si l'on demande les plus grandes et les moindres ordonnées d'une surface donnée, il est aisé de concevoir qu'elles ne peuvent répondre qu'aux points où le plan tangent devient parallèle au plan des x et y; donc on aura, dans ces points, $\tang\alpha = 0$, et, par conséquent (n° 39),

$$z'^2 + z_{,}^2 = 0,$$

ce qui ne peut avoir lieu qu'en faisant à la fois

$$z' = 0 \quad \text{et} \quad z_{,} = 0.$$

Ce sont là les conditions nécessaires pour que l'ordonnée z devienne un maximum ou un minimum.

Puisque z peut représenter une fonction quelconque de x et y, on en conclura, en général, que, pour qu'une fonction de deux variables devienne un maximum ou un minimum, il faut que ses deux fonctions primes relatives à chacune de ces variables soient nulles.

Mais on peut parvenir directement à cette conclusion par la considération des fonctions d'une seule variable, suivant la théorie du n° 24, et trouver en même temps les conditions nécessaires pour que le maximum ou minimum ait lieu. En effet, z étant fonction de x et y, on peut supposer d'abord x donné et chercher le maximum ou minimum de z relativement à y; on aura pour cela l'équation

$$z_{,} = 0,$$

et ensuite $z_{\prime\prime} < 0$ pour le maximum et > 0 pour le minimum. Si donc on substitue dans z la valeur de y tirée de l'équation $z_{\prime} = 0$, cette quantité z deviendra une simple fonction de x et sera déjà un maximum ou minimum relativement à y. Il n'y aura donc qu'à la rendre encore un maximum ou minimum relativement à la quantité x, qui avait été supposée constante; or, y devant maintenant être regardée comme une fonction de x donnée par l'équation $z_{\prime} = 0$, il est clair que la fonction prime de z relativement à x ne sera pas simplement z', mais $z' + y'z_{\prime}$, et sa fonction seconde, relative aussi à x, sera $z'' + 2y'z'_{\prime} + y'^2 z_{\prime\prime} + y''z_{\prime}$, en désignant toujours par y' et y'' les fonctions primes et secondes de y relativement à x. On aura donc

$$z' + y'z_{\prime} = 0,$$

et, comme on a déjà $z_{\prime} = 0$, cette seconde équation se réduira à $z' = 0$, de sorte qu'on aura, pour la détermination de x et y, les deux conditions

$$z' = 0, \quad z_{\prime} = 0,$$

comme plus haut.

Maintenant il faudra, de plus, que l'on ait $z'' + 2y'z'_{\prime} + y'^2 z_{\prime\prime} + y''z_{\prime} < 0$ pour le maximum, et > 0 pour le minimum; mais, comme y doit être déterminée par l'équation $z_{\prime} = 0$, y' le sera par son équation prime

$$z'_{\prime} + y'z_{\prime\prime} = 0,$$

laquelle donne

$$y' = -\frac{z'_{\prime}}{z_{\prime\prime}}.$$

Ainsi l'on aura, pour le maximum,

$$z'' - \frac{z'^2_{\prime}}{z_{\prime\prime}} < 0,$$

et, pour le minimum,

$$z'' - \frac{z'^2_{\prime}}{z_{\prime\prime}} > 0,$$

ou bien, puisque $z_{\prime\prime}$ doit être aussi < 0 dans le premier cas et > 0 dans le second, il faudra que l'on ait, tant pour le maximum que pour le minimum,

$$z''z_{,,} - z_{,}'^2 > 0.$$

D'où l'on peut conclure que les valeurs de x et y tirées des équations $z' = 0$ et $z_{,} = 0$ donneront un maximum ou un minimum suivant que l'on aura $z_{,,} <$ ou > 0, pourvu que l'on ait en même temps

$$z''z_{,,} - z_{,}'^2 > 0,$$

ce qui emporte, comme l'on voit, la condition que z'' et $z_{,,}$ soient de même signe.

Donc, si $z''z_{,,} - z_{,}'^2 =$ ou < 0, il n'y aura ni maximum ni minimum, à moins que les fonctions tierces ne disparaissent aussi, auquel cas le jugement dépendra des fonctions quartes, et ainsi de suite.

Il ne suffit donc pas, pour l'existence du maximum ou minimum, que l'on ait $z'' < 0$ et $z_{,,} < 0$ ou $z'' > 0$ et $z_{,,} > 0$, comme on pourrait le conclure du Chapitre XI de la seconde Partie du *Calcul différentiel* d'Euler.

52. Il est facile d'appliquer la méthode précédente aux fonctions de trois variables. Supposons que u soit fonction des variables x, y, z; regardant d'abord x et y comme constantes et z seul comme variable, on aura, suivant la notation déjà adoptée (nº **92**, Ire Partie),

$$_{,}u = 0$$

pour la condition du maximum ou minimum, et ensuite $_{,,}u < 0$ pour le maximum et $_{,,}u > 0$ pour le minimum. L'équation $_{,}u = 0$ donnera la valeur de z en x et y, qu'on substituera ou qu'on supposera substituée dans la fonction u, moyennant quoi cette fonction, ne contenant plus que les deux variables x et y, retombera dans le cas que nous venons de résoudre.

Pour construire des formules générales, on remarquera que, si u n'était qu'une fonction de x et y, on aurait pour le maximum et le minimum les conditions

$$u' = 0 \quad \text{et} \quad u_{,} = 0;$$

ensuite pour le maximum $u_{,,} < 0$ et pour le minimum $u_{,,} > 0$, et enfin

$$u'' u_{,,} - u'^{2}_{,} > 0$$

pour les deux cas. Mais, puisque u contient de plus z, qui est elle-même une fonction de x et y, les valeurs des fonctions désignées par u', $u_{,}$, u'', ... ne seront pas simplement exprimées par ces quantités, mais il faudra y ajouter les termes qui doivent provenir de la quantité z, regardée comme fonction de x et y. Ainsi, en prenant les fonctions primes et secondes de u, on trouvera que la quantité u' devient $u' + {}_{,}u z'$, que la quantité $u_{,}$ devient $u_{,} + {}_{,}u z_{,}$, que la quantité u'' devient $u'' + 2\,{}_{,}u' z' + {}_{,}u z'' + {}_{,,}u z'^{2}$, que la quantité $u_{,,}$ devient $u_{,,} + 2\,{}_{,}u_{,} z_{,} + {}_{,}u z_{,,} + {}_{,,}u z_{,}^{2}$ et que la quantité $u'_{,}$ devient $u'_{,} + {}_{,}u_{,} z' + {}_{,}u' z_{,} + {}_{,}u z'_{,} + {}_{,,}u z' z_{,}$.

Donc on aura d'abord, pour le maximum ou minimum, les deux conditions

$$u' + {}_{,}u z' = 0, \quad u_{,} + {}_{,}u z_{,} = 0,$$

de sorte qu'à cause de ${}_{,}u = 0$ on aura ces trois équations

$$u' = 0, \quad u_{,} = 0, \quad {}_{,}u = 0,$$

c'est-à-dire les trois fonctions primes de u relatives à x, y, z, chacune égale à zéro.

Ensuite, à cause de ${}_{,}u = 0$, on aura

$$u_{,,} + 2\,{}_{,}u_{,} z_{,} + {}_{,,}u z_{,}^{2} < 0$$

pour le maximum, et > 0 pour le minimum; et pour l'un et l'autre

$$(u'' + 2\,{}_{,}u' z' + {}_{,,}u z'^{2})(u_{,,} + 2\,{}_{,}u_{,} z_{,} + {}_{,,}u z_{,}^{2}) > (u'_{,} + {}_{,}u_{,} z' + {}_{,}u' z_{,} + {}_{,,}u z' z_{,})^{2}.$$

Mais, comme la valeur de z en x et y dépend de l'équation ${}_{,}u = 0$, on prendra ses deux équations primes suivant x et y, pour avoir les valeurs de z' et de $z_{,}$; on aura donc

$${}_{,}u' + {}_{,,}u z' = 0 \quad \text{et} \quad {}_{,}u_{,} + {}_{,,}u z_{,} = 0,$$

d'où l'on tire

$$z' = -\frac{{}_{,}u'}{{}_{,,}u} \quad \text{et} \quad z_{,} = -\frac{{}_{,}u_{,}}{{}_{,,}u}.$$

On substituera donc ces valeurs, et, comme on a déjà trouvé ${}_{\prime\prime}u < 0$ pour le maximum, et > 0 pour le minimum, en multipliant la première condition par ${}_{\prime\prime}u$, on aura une quantité qui devra toujours être > 0. Donc les conditions pour le maximum ou minimum se réduiront à ces trois-ci :

$$ {}_{\prime\prime}u < 0 \text{ pour le maximum et } > 0 \text{ pour le minimum,} $$

$$ {}_{\prime\prime}u u_{\prime\prime} - {}_{\prime}u_{\prime}^2 > 0 $$

et

$$ ({}_{\prime\prime}u u'' - {}_{\prime}u'^2)({}_{\prime\prime}u u_{\prime\prime} - {}_{\prime}u_{\prime}^2) > ({}_{\prime\prime}u u'_{\prime} - {}_{\prime}u' {}_{\prime}u_{\prime})^2. $$

On voit, par la marche de cette méthode, comment elle peut s'étendre à un plus grand nombre de variables, et l'on en peut d'abord conclure, en général, que l'on aura les équations du maximum ou minimum d'une fonction quelconque de plusieurs variables, en égalant à zéro les fonctions primes de cette fonction, prises relativement à chacune de ces variables, ce qui donnera autant d'équations que de variables. A l'égard des autres conditions nécessaires pour l'existence du maximum ou minimum, on les trouvera successivement par les principes et les formules que nous venons d'exposer.

53. Pour donner un exemple de la méthode *de maximis et minimis*, supposons qu'on demande la plus courte distance entre deux lignes droites données de position dans l'espace. Soit pour l'une des droites l'abscisse x; ses deux ordonnées seront de la forme $a + bx$ et $c + dx$. Soit pareillement pour l'autre droite l'abscisse y, prise sur le même axe; les deux ordonnées, rapportées aussi aux mêmes axes que celles de la première droite, seront de la forme $A + By$ et $C + Dy$. Donc le carré de la distance entre les deux points qui répondent aux abscisses x et y sera exprimé par cette formule,

$$ (x - y)^2 + (a - A + bx - By)^2 + (c - C + dx - Dy)^2, $$

que nous ferons, pour plus de simplicité, égale à $2z$.

En prenant les fonctions dérivées, on aura

$$\begin{aligned}
z' &= (x-y)+b(a-A+bx-By)+d(c-C+dx-Dy),\\
z_{,} &= -(x-y)-B(a-A+bx-By)-D(c-C+dx-Dy),\\
z'' &= 1+b^2+d^2,\\
z_{,,} &= 1+B^2+D^2,\\
z'_{,} &= -1-bB-dD.
\end{aligned}$$

Donc : 1° On aura, pour la détermination des deux inconnues x et y, les équations

$$\begin{aligned}
x-y+b(a-A+bx-By)+d(c-C+dx-Dy)&=0,\\
x-y+B(a-A+bx-By)+D(c-C+dx-Dy)&=0.
\end{aligned}$$

2° Puisque la valeur de z'' est nécessairement positive, il ne pourra y avoir que le minimum, mais il faudra de plus que l'on ait la condition

$$z''z_{,,}-z'^2_{,}>0,$$

savoir

$$(1+b^2+d^2)(1+B^2+D^2)-(1+bB+dD)^2>0.$$

Or c'est ce qui a lieu quelles que soient les valeurs de b, d, B, D, car la condition précédente peut se mettre sous cette forme :

$$(b-B)^2+(d-D)^2+(bD-dB)^2>0.$$

Comme les équations en x et y sont linéaires, la détermination de ces quantités n'a aucune difficulté; nous ne nous y arrêterons pas, d'autant que ce problème est susceptible d'une solution géométrique fort élégante.

54. On peut encore, dans la recherche des maxima et minima des fonctions de plusieurs indéterminées, considérer toutes les variables à la fois, ce qui est plus direct et plus lumineux. Soit, en effet,

$$f(x, y, z, u, \ldots)$$

la fonction proposée; si l'on suppose que les quantités x, y, z, u, ...

aient déjà les valeurs convenables pour le maximum ou minimum, il faudra que, en substituant $x+p$, $y+q$, $z+r$, $u+s$, ... à la place de x, y, z, u, ... dans la fonction dont il s'agit, sa valeur devienne toujours plus petite dans le cas du maximum et toujours plus grande dans le cas du minimum, quelles que soient les valeurs de p, q, r, s, ... et quelque petites qu'elles soient : c'est ce qui résulte de la nature même du maximum ou minimum.

Développons la fonction

$$f(x+p, y+q, z+r, u+s, \ldots)$$

suivant les puissances et les produits des quantités p, q, r, s, ... par les formules du théorème général (n° **78**, Ire Partie), et arrêtons-nous aux premiers termes de ce développement.

Si l'on désigne simplement (ainsi que nous l'avons pratiqué jusqu'ici) par $f'(x)$, $f'(y)$, $f'(z)$, $f'(u)$, ... les fonctions primes de la fonction $f(x, y, z, u, \ldots)$, prises relativement à x, y, z, u, ... considérés séparément, et qu'on désigne de plus par $f''(x)$, $f''(x,y)$, $f''(y)$, $f''(x, z)$, $f''(y, z)$, $f''(z)$, .. les fonctions secondes de la fonction

$$f(x+\lambda p, y+\lambda q, z+\lambda r, u+\lambda s, \ldots),$$

prises relativement à x seul, à x et y, à y seul, à x et z, à y et z, et ainsi de suite, on aura

$$\begin{aligned} &f(x+p, y+q, z+r, u+s, \ldots) \\ &\quad = f(x, y, z, u, \ldots) + pf'(x) + qf'(y) + rf'(z) + sf'(u) + \ldots \\ &\qquad + \tfrac{1}{2}p^2 f''(x) + pq f''(x,y) + \tfrac{1}{2}q^2 f''(y) + pr f''(x, z) + \tfrac{1}{2}r^2 f''(z) + qr f''(y, z) + \ldots . \end{aligned}$$

Le coefficient λ désigne un nombre indéterminé compris entre 0 et 1, et qui sera le même dans la même fonction, mais pourra être différent dans les différentes fonctions.

Donc il faudra que la quantité

$$\begin{aligned} &pf'(x) + qf'(y) + rf'(z) + sf'(u) + \ldots \\ &\quad + \tfrac{1}{2}p^2 f''(x) + pq f''(x,y) + \tfrac{1}{2}q^2 f''(y) + \ldots \end{aligned}$$

soit toujours positive pour le minimum et négative pour le maximum, en donnant à p, q, r, ... des valeurs quelconques aussi petites qu'on voudra. D'où l'on conclura d'abord, par un raisonnement analogue à celui du n° **25**, que cette condition ne pourra être remplie, à moins que les termes multipliés par les premières puissances de p, q, r, ... ne soient nuls chacun en particulier, ce qui donnera les équations

$$f'(x)=0, \quad f'(y)=0, \quad f'(z)=0, \quad f'(u)=0, \quad \ldots,$$

qui sont communes au maximum et au minimum, et qui, étant en même nombre que les indéterminées x, y, z, u, ..., serviront à déterminer leurs valeurs.

55. Mais, pour que ces valeurs donnent, en effet, un maximum ou un minimum, il faudra encore que la quantité restante

$$\tfrac{1}{2}p^2 f''(x) + pq\, f''(x,y) + \tfrac{1}{2}q^2 f''(y) + pr\, f''(x,z) + qr\, f''(y,z) + \tfrac{1}{2}r^2 f''(z) + \ldots$$

soit toujours positive pour le minimum et négative pour le maximum, quelles que soient les valeurs de p, q, r, ... et quelque petites qu'elles puissent être.

Comme les fonctions $f''(x)$, $f''(x,y)$, ... qui multiplient les carrés et les produits des quantités p, q, r, ... renferment elles-mêmes ces quantités, il pourrait être difficile, et peut-être impossible, de déterminer les caractères nécessaires pour que la condition dont il s'agit ait lieu rigoureusement; mais j'observe que, si l'on suppose $\lambda = 0$, ces fonctions deviennent indépendantes de p, q, r, ... et ont des valeurs déterminées, et l'on trouve alors, comme on le verra dans un moment, des conditions entre ces mêmes fonctions qui ne consistent que dans des inégalités entre des quantités composées de ces fonctions. Ces inégalités, étant supposées avoir lieu pour des valeurs déterminées de x, y, z, ..., auront lieu encore pour les valeurs peu différentes $x+\lambda p$, $y+\lambda q$, $z+\lambda r$, ... tant que les quantités λp, λq, λr, ... ne passeront pas certaines limites, qui pourront être aussi peu étendues qu'on voudra. Donc, puisque la condition exigée pour le maximum ou minimum n'a besoin d'être remplie que pour des valeurs quelconques de p, q, r, ... aussi petites qu'on voudra, il s'ensuit qu'il suffira de satisfaire à cette condition dans le cas de $\lambda = 0$; par conséquent, on pourra supposer tout de suite $\lambda = 0$, ce qui réduira les fonctions $f''(x)$, $f''(x, y)$, $f''(y)$, ... qui entrent dans la quantité ci-dessus $\frac{1}{2}p^2 f''(x) + pq f''(x, y) + \ldots$ à n'être que les fonctions secondes de la fonction donnée $f(x, y, z, u, \ldots)$, prises relativement à x seul, à x et y, etc.

56. Tout se réduit donc à trouver les conditions pour qu'une quantité de la forme

$$Ap^2 + Bpq + Cq^2 + Dpr + Eqr + Fr^2 + \ldots,$$

dans laquelle A, B, C, ... sont des quantités données et p, q, r, ... dénotent des quantités indéterminées, soit toujours nécessairement positive ou négative, quelles que soient les valeurs de p, q, r, ...

Supposons qu'elle doive être toujours positive; il est évident que, pour le cas contraire, il suffira de prendre négativement les coefficients A, B, C, ... Puisque cette quantité ne doit jamais devenir négative, il s'ensuit qu'elle doit avoir un minimum positif; et, réciproquement, si elle n'a que des minima positifs, elle ne pourra jamais devenir négative. Il n'y a donc qu'à chercher les conditions nécessaires pour que la quantité dont il s'agit ait des minima tous positifs.

Suivant l'esprit de la méthode exposée ci-dessus (n° 52), on prendra les fonctions primes et secondes de la quantité proposée relativement à une seule variable, comme p, et l'on supposera la fonction prime égale à zéro et la fonction seconde positive. On aura ainsi l'équation

$$2Ap + Bq + Dr + \ldots = 0$$

et la condition $A > 0$.

On substituera la valeur de p tirée de l'équation précédente dans la quantité proposée, laquelle deviendra ainsi de la forme

$$Lq^2 + Mqr + Nr^2 + Pqs + \ldots,$$

en faisant

$$L = C - \frac{B^2}{4A}, \quad M = E - \frac{BD}{2A}, \quad N = F - \frac{D^2}{4A}, \quad \ldots.$$

On prendra de la même manière les fonctions primes et secondes de cette transformée relativement à une seule variable q, et, faisant la fonction prime égale à zéro et la fonction seconde positive, on aura de nouveau l'équation

$$2Lq + Mr + Ps + \ldots = 0$$

et la condition $L > 0$.

On substituera pareillement dans la transformée précédente la valeur de q tirée de cette équation; on aura la nouvelle transformée

$$Tr^2 + Vrs + Xs^2 + \ldots = 0,$$

dans laquelle les coefficients T, V, X, ... seront donnés en L, M, N, ..., comme ceux-ci le sont en A, B, C, ..., et, continuant le même procédé, on aura l'équation

$$2Tr + Vs + \ldots = 0$$

et la condition $T > 0$; et ainsi de suite.

Maintenant il est aisé de voir que la dernière de ces transformées, celle qui ne contiendra plus qu'une seule des indéterminées p, q, r, ... et qui sera par conséquent de la forme Zs^2, sera elle-même le minimum de la quantité proposée, d'où il s'ensuit que les conditions pour que cette quantité ait un minimum positif seront

$$A > 0, \quad L > 0, \quad T > 0, \quad \ldots, \quad Z > 0,$$

et, comme les équations qui déterminent les valeurs de p, q, r, ... sont toutes linéaires, on en conclura que ce minimum sera le seul qui puisse avoir lieu. Ainsi, le problème est résolu rigoureusement.

Au reste, il est facile de voir que par ces différentes transformations la quantité proposée deviendra de la forme

$$A\left(p + \frac{Bq + Dr + \ldots}{2A}\right)^2 + L\left(q + \frac{Mr + Ps + \ldots}{2L}\right)^2 + T\left(r + \frac{Vs + \ldots}{2T}\right)^2 + \ldots;$$

laquelle sera évidemment toujours positive ou négative, suivant que les coefficients A, L, T, ... le seront tous à la fois, et l'on voit en même temps par cette forme que les quantités A, L, T, ... pourront être nulles, pourvu qu'elles ne le soient pas toutes à la fois.

Les conditions que nous venons de trouver deviendront donc celles du maximum ou minimum de la fonction $f(x, y, z, u, \ldots)$ en faisant, pour le minimum

$$A = \tfrac{1}{2} f''(x), \quad B = f''(x, y), \quad C = \tfrac{1}{2} f''(y), \quad \ldots$$

et pour le maximum

$$A = -\tfrac{1}{2} f''(x), \quad B = -f''(x, y), \quad C = -\tfrac{1}{2} f''(y), \quad \ldots.$$

Il est facile de voir l'accord de ces résultats avec ceux du n° **52**; mais la méthode précédente a l'avantage de fournir un moyen simple d'étendre ces résultats à un nombre quelconque de variables.

57. Les principes exposés jusqu'ici sur la théorie *de maximis et minimis* conduisent à cette conclusion générale : Si, dans une fonction quelconque des variables $x, y, z, \ldots$, on substitue à la place de ces variables les quantités $x+p, y+q, z+r, \ldots$, et qu'on développe la fonction suivant les puissances et les produits des quantités p, q, $r, \ldots$, les termes où ces quantités ne se trouveront qu'à la première dimension, étant égalés chacun séparément à zéro, donneront les équations nécessaires pour que la fonction proposée devienne un maximum ou minimum; ensuite on considérera la quantité composée de tous les termes où $p, q, r, \ldots$ formeront deux dimensions, et il faudra pour le minimum que cette quantité soit toujours positive, et pour le maximum toujours négative, quelles que puissent être les valeurs de $p, q, r, \ldots$.

Si tous ces termes s'évanouissaient à la fois, il faudrait alors, pour l'existence du maximum ou minimum, que tous les termes où p, q, $r, \ldots$ formeraient trois dimensions disparussent aussi à la fois, et que la quantité composée des termes où $p, q, r, \ldots$ formeraient quatre dimensions fût toujours positive pour le minimum et toujours négative pour le maximum, $p, q, r, \ldots$ ayant des valeurs quelconques; et ainsi de suite : ce qui répond, comme l'on voit, au théorème du n° **25**.

Nous avons donné ci-dessus un moyen simple pour trouver les conditions qui rendent une quantité de la forme

$$Ap^2 + Bpq + \ldots$$

toujours positive ou négative. On pourrait, de la même manière, chercher celles qui rendraient toujours positives ou négatives des quantités de la forme

$$Ap^4 + Bp^3q + \ldots;$$

mais l'application de la méthode générale à ce cas serait sujette à des difficultés de calcul qui pourraient la rendre impraticable, et c'est là un problème d'Algèbre dont il serait à désirer qu'on pût avoir une solution complète.

58. Nous avons supposé jusqu'ici que les variables qui entrent dans la fonction sont indépendantes les unes des autres; mais, s'il y avait entre elles une ou plusieurs équations, il faudrait commencer par éliminer, au moyen de ces équations, autant de variables dans la fonction proposée; on chercherait ensuite la condition du maximum ou minimum par rapport aux variables qui seraient restées dans la fonction. C'est la méthode qui se présente naturellement; mais on peut la simplifier beaucoup en conservant toutes les variables et réduisant l'élimination aux seules quantités p, q, r, ...

En effet, supposons qu'on ait entre les variables x, y, z, ... l'équation de condition

$$\varphi(x, y, z, \ldots) = 0;$$

comme cette équation doit avoir lieu quelles que soient les valeurs de x, y, z, ..., elle aura donc lieu aussi en mettant $x+p$, $y+q$, $z+r$, ... à la place de x, y, z, ...; par conséquent, on aura, par un développement semblable à celui du n° 78 (Ire Partie), l'équation

$$p\,\varphi'(x) + q\,\varphi'(y) + r\,\varphi'(z) + \ldots + \tfrac{1}{2}p^2\,\varphi''(x) + pq\,\varphi''(x, y) + \tfrac{1}{2}q^2\,\varphi''(y) + \ldots = 0,$$

d'où l'on pourra tirer la valeur de p en série, qu'on substituera dans le développement de la fonction qui doit être un maximum ou un minimum; ou bien on ajoutera simplement à ce développement la quantité qui forme le premier membre de l'équation précédente, multipliée par une quantité quelconque indéterminée qui pourra même être de la forme

$$a + bp + cq + dr + \ldots + lp^2 + mpq + \ldots,$$

les coefficients a, b, c, ... étant indéterminés, et l'on égalera à zéro tous les termes qui contiendront la quantité p, ce qui servira à déterminer les inconnues a, b, c, ...

Comme les équations du maximum ou minimum résultent de l'évanouissement des termes où les quantités p, q, r, ... ne sont qu'à la première dimension, il suffira d'égaler à zéro chacun de ces termes, ce qui donnera sur-le-champ les équations

$$f'(x) + a\varphi'(x) = 0, \quad f'(y) + a\varphi'(y) = 0, \quad f'(z) + a\varphi'(z) = 0, \quad \ldots,$$

qu'on réduira ensuite à une de moins par l'élimination de l'inconnue a. A l'égard des termes où les quantités p, q, r, ... formeront deux dimensions, on déterminera, par les méthodes exposées ci-dessus, les conditions qui doivent avoir lieu entre les coefficients de ces termes, et l'on cherchera à satisfaire à ces conditions de la manière la plus générale, au moyen des quantités arbitraires b, c, d, ...

Nous ne faisons ici qu'indiquer ces procédés, dont il sera facile de faire l'application; mais on peut les réduire à ce principe général : Lorsqu'une fonction de plusieurs variables doit être un maximum ou minimum, et qu'il y a entre ces variables une ou plusieurs équations, il suffira d'ajouter à la fonction proposée les fonctions qui doivent être nulles, multipliées chacune par une quantité indéterminée, et de chercher ensuite le maximum ou minimum comme si les variables étaient indépendantes; les équations qu'on trouvera, combinées avec les équations données, serviront à déterminer toutes les inconnues.

59. On peut résoudre, par les mêmes principes, les questions où il s'agit de trouver des courbes qui jouissent, dans chacun de leurs points, de quelque propriété donnée de maximum ou minimum.

Supposons, par exemple, qu'on demande la courbe dans laquelle la quantité que nous avons nommée K dans le problème du n° 15 soit un maximum ou minimum à chaque point de la courbe. Cette quantité est exprimée par la fonction

$$[y + (m - x)y'][y + (n - x)y'],$$

et la question consiste à trouver la valeur de y en x qui rendra cette fonction un maximum ou minimum. Si les deux quantités y et y' étaient indépendantes l'une de l'autre, on pourrait déterminer le maximum ou minimum relativement à chacune de ces variables; mais, comme ces quantités dérivent l'une de l'autre et que leur relation demeure inconnue tant que l'une d'elles n'est pas une fonction déterminée de x, on ne peut chercher le maximum ou minimum que par rapport à l'une de ces quantités, et il est naturel de prendre pour variable la quantité y' qui détermine la position de la tangente, en regardant les coordonnées x et y comme données pour chaque point de la courbe.

On prendra donc les fonctions primes et secondes de la fonction proposée relativement à la quantité y', regardée comme seule variable, et, égalant à zéro la fonction prime, on aura sur-le-champ l'équation

$$[y+(n-x)y'](m-x)+[y+(m-x)y'](n-x)=0,$$

laquelle donne, comme dans le numéro cité,

$$y'=\frac{(2x-m-n)y}{2(m-x)(n-x)}$$

pour l'équation de la courbe cherchée.

Ensuite on aura la fonction seconde

$$2(m-x)(n-x),$$

laquelle fait voir que le maximum aura lieu dans toute la partie de la courbe pour laquelle les deux quantités $m-x$ et $n-x$ seront de signes différents, et que le minimum aura lieu pour la partie où $m-x$ et $n-x$ seront de même signe; de sorte que le maximum aura lieu pour toutes les valeurs de x comprises entre les limites m et n, et le minimum pour les valeurs de x qui tomberont hors de ces limites.

L'équation trouvée pour la courbe étant du premier ordre, elle est susceptible d'une équation primitive avec une constante arbitraire, et, si on la met sous la forme

$$\frac{2y'}{y}=\frac{1}{x-m}+\frac{1}{x-n},$$

on en déduira sur-le-champ cette équation primitive,

$$2\log y = \log(x-m) + \log(x-n) + \log h,$$

et, passant des logarithmes aux nombres,

$$y^2 = h(x-m)(x-n),$$

où h est une constante arbitraire. Cette équation est de la même forme que celle que nous avons trouvée dans l'endroit cité, ce qui doit être, puisqu'elles viennent l'une et l'autre de la même équation du premier ordre. En effet, l'équation trouvée ci-dessus pour le maximum ou minimum, étant multipliée par y'', a pour équation primitive

$$[y+(m-x)y'][y+(n-x)y'] = \mathrm{K},$$

K étant une constante arbitraire, et celle-ci, combinée avec la même équation pour en éliminer y', donnera le résultat trouvé dans le même endroit.

Donc, rapprochant cette solution de celle du n° 15, on en conclura, en général, que les sections coniques ont non-seulement la propriété, déjà trouvée, que chaque tangente coupe sur les perpendiculaires élevées aux deux extrémités de l'axe des parties dont le produit est constant, mais encore celle-ci, que la position de la tangente à chaque point de la courbe, regardé comme donné, est telle que ce même produit est un maximum pour l'ellipse et un minimum ou plutôt un maximum négatif pour l'hyperbole.

60. En général, si l'on demande la courbe dans laquelle une fonction donnée de $x, y, y', y'', \ldots$ sera un maximum ou minimum, on pourra chercher le maximum ou minimum relativement à chacune des quantités $y, y', y'', \ldots$, ce qui donnera autant de solutions différentes, et l'on aura toujours, généralement parlant, pour la courbe cherchée, une équation du même ordre que la fonction proposée.

Si cette fonction était une simple fonction des éléments $a, b, c, \ldots$ du contact (n° 10), en cherchant le maximum ou minimum relativement à la dernière des quantités $y, y', y'', \ldots$, on trouverait nécessairement la même équation que l'on aurait pour le problème dans lequel on supposerait cette même fonction égale à une constante; c'est de quoi il est facile de se convaincre par l'analyse des n^{os} **20** et **18**. En effet, en égalant à zéro la fonction prime de $f(a, b, c, \ldots)$, prise relativement à la plus haute des fonctions dérivées $y', y'', \ldots$, on aura la même équation que si l'on prenait, en général, la fonction prime de l'équation

$$f(a, b, c, \ldots) = \text{const.}$$

relativement à $x, y, y', \ldots$, d'où l'on voit que ces deux genres de problèmes, quoique fort différents dans le fond, conduisent néanmoins aux mêmes résultats et sont, par conséquent, susceptibles des mêmes solutions. Ainsi, on pourra appliquer ici tout ce qui a été dit dans les endroits cités. L'exemple du numéro précédent est, comme l'on voit, un cas particulier de ces mêmes problèmes.

CHAPITRE XII.

DES QUESTIONS DE MAXIMIS ET MINIMIS QUI SE RAPPORTENT A LA MÉTHODE DES VARIATIONS. DE L'ÉQUATION COMMUNE AU MAXIMUM ET AU MINIMUM, ET DES CARACTÈRES PROPRES A DISTINGUER LES MAXIMA DES MINIMA.

61. Si le maximum ou minimum, au lieu d'être une fonction donnée de $x, y, y', y'', \ldots$, devait être la fonction primitive de celle-ci, regardée comme une fonction prime, alors il ne serait plus permis de traiter les quantités $y, y', y'', \ldots$ comme indépendantes et isolées, parce que la fonction primitive d'une fonction de ces quantités dépend elle-même de la relation qu'elles peuvent avoir entre elles. Les problèmes de ce genre sont ceux qui se rapportent au calcul connu sous le nom de *calcul des variations;* ils ne demandent pas une analyse nouvelle, mais une application spéciale de l'analyse des fonctions que nous croyons devoir exposer ici, à cause de l'importance de la matière.

Soit donnée la fonction $f(x, y, y', y'', \ldots)$, dans laquelle y est supposé une fonction de x; il est évident qu'on ne peut, généralement parlant, avoir la fonction primitive de cette fonction donnée, sans connaître la valeur de y en x. Mais on peut chercher quelle devrait être cette valeur, pour que la fonction primitive de $f(x, y, y', y'', \ldots)$ fût un maximum ou un minimum, en supposant que cette fonction soit nulle lorsque x aura une valeur donnée a, et qu'elle devienne un maximum ou un minimum lorsque x aura une autre valeur donnée b. Il est évident que, en prenant y pour la valeur cherchée, il faudra, par la nature du maximum ou minimum, que la fonction primitive de la fonction

$$f(x, y + \omega, y' + \omega', y'' + \omega'', \ldots),$$

qui résulte de la fonction donnée, en mettant $y+\omega$ à la place de y, soit toujours, entre les mêmes limites de x, moindre dans le cas du maximum et plus grande dans le cas du minimum que la fonction primitive de $f(x, y, y', y'', \ldots)$, quelle que soit la valeur de ω, qu'on pourra regarder comme une fonction quelconque de x, et quelque petite que cette valeur puisse être.

La fonction

$$f(x, y+\omega, y'+\omega', y''+\omega'', \ldots),$$

étant développée suivant les puissances et les produits de ω, ω', ω'', ..., d'une manière semblable à celle du n° **78** (Ire Partie), deviendra

$$f(x, y, y', y'', \ldots) + \omega f'(y) + \omega' f'(y') + \omega'' f'(y'') + \ldots$$
$$+ \tfrac{1}{2}\omega^2 f''(y) + \omega\omega' f''(y, y') + \tfrac{1}{2}\omega'^2 f''(y') + \ldots,$$

où les quantités $f'(y)$, $f'(y')$, $f'(y'')$, ... dénotent les fonctions primes de $f'(x, y, y', y'', \ldots)$ prises suivant y, y', y'', ..., et les quantités $f''(y)$, $f''(y, y')$, $f''(y')$, ... dénotent les fonctions secondes de la fonction $f(x, y+\lambda\omega, y'+\lambda\omega', y''+\lambda\omega'', \ldots)$ prises relativement à y seul, à y et y', à y' seul, et ainsi de suite; le nombre λ est indéterminé ou plutôt inconnu, et peut être différent dans les différentes fonctions; mais il doit être le même dans la même fonction, et il doit toujours être renfermé entre les limites o et 1.

Donc il faudra que la fonction primitive de la quantité

$$\omega f'(y) + \omega' f'(y') + \omega'' f''(y'') + \ldots$$
$$+ \frac{\omega^2}{2} f''(y) + \omega\omega' f''(y, y') + \frac{\omega'^2}{2} f''(y') + \ldots$$

ait toujours une valeur négative pour le maximum et une valeur positive pour le minimum, quelque valeur qu'on donne à la fonction ω et aussi petite que cette valeur puisse être, en prenant cette fonction primitive de manière qu'elle soit nulle lorsque $x=a$ et y faisant ensuite $x=b$.

Or, sans connaître la quantité ω, on peut prouver qu'il est toujours possible de la prendre assez petite pour que la fonction primitive de la partie qui ne contient que les premières dimensions de ω, ω', ω'', ... ait une valeur plus grande, positive ou négative, que la fonction primitive de l'autre partie. Car, en substituant $i\alpha$ à la place de ω, α étant une quantité variable quelconque et i un coefficient constant, la première partie se trouvera toute multipliée par i et la seconde le sera par i^2, et leurs fonctions primitives seront aussi multipliées par i et par i^2 ; et il est visible qu'on pourra toujours donner à i une valeur assez petite pour que la première de ces fonctions surpasse la seconde, du moins tant qu'elle ne sera pas nulle. D'où l'on conclura qu'on pourra toujours prendre la quantité ω assez petite pour que la valeur totale de la fonction primitive dont il s'agit soit nécessairement positive ou négative, suivant que celle de la première partie de cette fonction le sera. Mais il est visible que celle-ci doit changer de signe en changeant le signe de la quantité ω. Donc il sera impossible que la fonction totale soit constamment positive ou négative, indépendamment de la valeur de ω, à moins que la fonction primitive de la partie qui ne contient que les premières dimensions de ω, ω', ω'', ... ne soit nulle, quelle que soit la valeur de ω. Donc le maximum ou minimum ne pourra avoir lieu, à moins que la fonction primitive de la fonction

$$\omega f'(y) + \omega' f'(y') + \omega'' f'(y'') + \dots$$

ne soit nulle, quelle que soit la valeur de ω.

Cette fonction étant nulle, il faudra alors que la fonction primitive de l'autre partie

$$\tfrac{1}{2}\omega^2 f''(y) + \omega\omega' f''(y, y') + \tfrac{1}{2}\omega'^2 f''(y') + \dots$$

soit positive pour le minimum et négative pour le maximum, en donnant à ω une valeur quelconque aussi petite qu'on voudra.

62. Pour satisfaire à la première de ces conditions de la manière la plus générale, nous remarquerons que, puisque la quantité ω doit demeurer indéterminée, la fonction primitive de la fonction

$$\omega f'(y) + \omega' f'(y') + \omega'' f'(y'') + \dots$$

ne peut être que de la forme

$$\alpha + \omega\beta + \omega'\gamma + \omega''\delta + \ldots,$$

où la plus haute des fonctions dérivées ω', ω'', ... sera d'un ordre moindre que dans la fonction proposée; c'est de quoi il est facile de se convaincre avec un peu de réflexion sur la forme des fonctions dérivées. Prenant donc la fonction prime de cette quantité, en regardant α, β, γ, ... comme des fonctions de x, y étant supposé aussi fonction de x, on aura

$$\alpha' + \omega\beta' + \omega'(\beta + \gamma') + \omega''(\gamma + \delta') + \ldots,$$

et, comparant avec la fonction proposée, on aura

$$\alpha' = 0, \quad \beta' = f'(y), \quad \beta + \gamma' = f'(y'), \quad \gamma + \delta' = f'(y''), \quad \ldots.$$

La première équation donne α égal à une constante arbitraire; les autres équations serviront à déterminer β, γ, δ, ...; et, comme il est facile de voir que le nombre de ces quantités est nécessairement moindre d'une unité que celui des équations, il en résultera une équation de condition qui devra être satisfaite pour que le maximum ou minimum ait lieu.

Pour cela, il n'y a qu'à mettre ces équations sous cette forme

$$\beta' = f'(y), \quad \beta' + \gamma'' = [f'(y')]', \quad \gamma'' + \delta''' = [f'(y'')]'', \quad \ldots,$$

en prenant les fonctions primes de la seconde, les fonctions deuxièmes de la troisième, et ainsi de suite; retranchant ensuite alternativement l'une de l'autre, on aura

$$f'(y) - [f'(y')]' + [f'(y'')]'' - [f'(y''')]''' + \ldots = 0,$$

où les traits appliqués aux parenthèses dénotent les fonctions primes, secondes, etc. des quantités renfermées entre ces parenthèses.

Cette équation sera donc commune au maximum et au minimum, et servira à déterminer la valeur de y en fonction de x; elle sera, comme il est aisé de le voir, d'un ordre double de celui de la fonction $f(x, y, y', y'', \ldots)$.

63. Les mêmes équations

$$\beta+\gamma'=f'(y'),\quad \gamma+\delta'=f'(y''),\quad \ldots$$

donneront, par un procédé semblable,

$$\begin{aligned}
\beta &= f'(y') - [f'(y'')]' + [f'(y''')]'' - \ldots,\\
\gamma &= f'(y'') - [f'(y''')]' + \ldots,\\
\delta &= f'(y''') - \ldots,\\
&\ldots\ldots\ldots\ldots\ldots
\end{aligned}$$

Soit, pour abréger,

$$\Omega = \omega\beta + \omega'\gamma + \omega''\delta + \ldots;$$

la fonction primitive de la quantité $\omega f'(y) + \omega' f'(y') + \ldots$ sera $\alpha + \Omega$, et, comme cette fonction doit être nulle lorsque $x=a$, si l'on dénote par A la valeur de Ω qui répondra à $x=a$, on aura, puisque α est une constante arbitraire, $\alpha + \mathrm{A} = 0$, et par conséquent $\alpha = -\mathrm{A}$. On aura donc $\Omega - \mathrm{A}$ pour la fonction primitive, qui doit être nulle, en vertu du maximum ou minimum, lorsque $x=b$. Si donc on dénote encore par B la valeur de Ω qui répondra à $x=b$, on aura l'équation

$$\mathrm{B} - \mathrm{A} = 0,$$

à laquelle il faudra satisfaire par le moyen des constantes arbitraires qui entreront dans l'expression de y qu'on déduira de l'équation trouvée ci-dessus, en ayant égard d'ailleurs aux conditions spéciales du problème.

Ainsi, par exemple, si la valeur de y est donnée pour les valeurs a, b de x, alors la valeur de ω sera nulle dans les deux quantités A et B; si, de plus, la valeur de y' était aussi donnée pour les mêmes valeurs de x, les valeurs de ω' seraient aussi nulles dans A et B; et ainsi de suite.

Les quantités ω, ω', ω'', ... étant réduites au plus petit nombre possible tant dans l'expression de A que dans celle de B, on égalera à zéro le coefficient de chacune de celles qui resteront pour satisfaire à l'équation $\mathrm{B} - \mathrm{A} = 0$, indépendamment de ces quantités.

64. Ayant ainsi satisfait à la première condition, il ne restera plus qu'à remplir l'autre condition, qui consiste en ce que la fonction primitive de la quantité

$$\tfrac{1}{2}\omega^2 f''(y) + \omega\omega' f''(y, y') + \tfrac{1}{2}\omega'^2 f''(y') + \ldots$$

doit être, entre les mêmes limites a et b de x, toujours positive pour le minimum et négative pour le maximum, en supposant que la valeur de ω soit quelconque et aussi petite qu'on voudra.

Je remarquerai d'abord ici que, quoique les fonctions $f''(y)$, $f''(y, y')$, ... renferment essentiellement les quantités ω, ω', ... (nº 61), on peut prouver, par un raisonnement semblable à celui du nº 55, qu'il suffira, pour le maximum ou minimum, que la condition dont il s'agit soit remplie en supposant le coefficient λ égal à zéro, ce qui fait disparaître ces quantités des fonctions dont il s'agit, en sorte que ces fonctions ne seront plus alors que les fonctions secondes de la fonction $f'(x, y, y', y'', \ldots)$, prises relativement à y seul, à y et y', à y' seul, etc., et auront, par conséquent, des valeurs déterminées en x, y, y', ...

Cela posé, si l'on rappelle ici le théorème que nous avons démontré dans la première Partie (nº 38), on en conclura que la condition dont il s'agit serait satisfaite si la proposée

$$\tfrac{1}{2}\omega^2 f''(y) + \omega\omega' f''(y, y') + \ldots$$

était telle qu'elle fût constamment positive ou négative pour toutes les valeurs de x, depuis $x = a$ jusqu'à $x = b$, indépendamment des quantités ω, ω', ω'', ..., et, comme nous avons donné plus haut (nº 56) les conditions les plus générales pour qu'une quantité de la forme dont il s'agit soit nécessairement positive ou négative, il n'y aura qu'à examiner si ces conditions ont lieu dans la quantité dont il s'agit. Si elles n'avaient pas lieu ou si elles n'avaient lieu que dans une partie de cette quantité, il faudrait alors chercher la fonction primitive de l'autre partie et la rendre nulle, ou au moins positive pour le minimum et négative pour le maximum, indépendamment des quantités ω, ω', ω'', ...

65. Pour simplifier la solution de cette question, nous supposerons d'abord que la quantité proposée ne renferme que les carrés et les produits des deux quantités ω, ω'; on verra aisément que la même méthode s'étend aux cas plus compliqués, et nous représenterons par cette formule

$$\omega^2 M + \omega\omega' N + \omega'^2 P$$

la partie de la même quantité qui est toujours positive ou négative entre les limites $x=a$, $x=b$; l'autre partie sera

$$\omega^2[\tfrac{1}{2}f''(y) - M] + \omega\omega'[f''(y, y') - N] + \omega'^2[\tfrac{1}{2}f''(y') - P],$$

dont il faudra chercher la fonction primitive, et il est facile de s'assurer d'avance que, pour que la quantité ω demeure indéterminée, cette fonction ne pourra être que de la forme $\mu + \omega^2\nu$; prenant donc sa fonction prime et comparant terme à terme avec la précédente, on aura

$$\mu' = 0, \quad \nu' = \tfrac{1}{2}f''(y) - M, \quad 2\nu = f''(y, y') - N, \quad 0 = \tfrac{1}{2}f''(y') - P.$$

La première de ces équations donne μ égale à une constante arbitraire, et les trois autres serviront à déterminer les valeurs de M, N, P, qui seront

$$M = \tfrac{1}{2}f''(y) - \nu', \quad N = f''(y, y') - 2\nu, \quad P = \tfrac{1}{2}f''(y'),$$

et il faudra que ces valeurs satisfassent aux conditions qui résultent des formules du n° 56. Or, en prenant les quantités ω' et ω à la place des quantités p et q, et par conséquent P, N, M à la place de A, B, C, et faisant $T = M - \frac{N^2}{4P}$, on aura pour le minimum les deux conditions $P > 0$ et $T > 0$, et pour le maximum les conditions opposées $P < 0$ et $T < 0$, ou bien l'une des deux quantités P, T égale à zéro, tant pour le minimum que pour le maximum, et ces conditions devront avoir lieu pour toutes les valeurs de x, depuis $x = a$ jusqu'à $x = b$, pour que la quantité $\omega'^2 P + \omega\omega' N + \omega^2 M$ soit constamment positive dans le premier cas et négative dans le second entre ces mêmes limites. Comme la quantité P est donnée, elle indiquera tout de suite le maximum ou minimum; mais on n'en sera assuré que par l'autre condition $T >$ ou $< o$, ou bien $= o$ pour les deux cas.

66. De plus, et c'est ici une condition bien essentielle, il faudra que les quantités M, N, P ne deviennent point infinies entre les mêmes limites, pour qu'on puisse être assuré que la fonction primitive de la quantité dont il s'agit sera nécessairement positive ou négative, d'après le théorème du n° 38 de la première Partie; car ce théorème, étant fondé sur la nature du développement des fonctions en séries des puissances positives de la quantité ajoutée à la variable, est nécessairement sujet aux exceptions attachées à la forme de ce développement, que nous avons examinées n° 30 (Ire Partie) et n° 13 ci dessus; il pourra donc être en défaut si les fonctions dérivées de la fonction primitive deviennent infinies, parce qu'alors le développement n'aura plus la même forme; c'est ce qui arrivera nécessairement lorsque la fonction primitive passera du positif au négatif par l'infini, comme les tangentes des angles; alors, pour la valeur de x répondant à ce passage, le développement de la fonction de $x+i$ aura son premier terme de la forme Ai^m, m étant un nombre impair négatif, et la fonction prime ainsi que toutes les suivantes seront infinies. Dans ce cas, la fonction primitive pourra changer de signe, quoique sa fonction prime conserve toujours le même signe.

Pour en voir un exemple bien simple, il n'y a qu'à considérer la fonction $\frac{x}{1-x}$, qui est $=1$ lorsque $x=\frac{1}{2}$ et $=-2$ lorsque $x=2$; cependant sa fonction prime $\frac{1}{(1-x)^2}$ est toujours positive tant que x a une valeur réelle. Ici la fonction primitive et toutes ses dérivées deviennent infinies lorsque $x=1$.

C'est une modification à apporter au théorème dont il s'agit, mais qui n'influe point sur la conclusion qu'on en a tirée dans le n° 39.

67. Ayant satisfait à ces conditions, on aura la fonction primitive

$$\mu + \omega^2 \nu,$$

dans laquelle μ est une constante arbitraire qu'on déterminera en sorte que la fonction soit nulle lorsque $x=a$. Supposons $\omega^2\nu=(\Omega)$, et soit (A) la valeur de (Ω) lorsque $x=a$; on aura $\mu=-(A)$. Ainsi la fonction primitive dont il s'agit sera

$$(\Omega)-(A),$$

laquelle devra être nulle ou positive pour le minimum et négative pour le maximum, en faisant $x=b$. Soit donc (B) la valeur de (Ω) lorsque $x=b$; il faudra que l'on ait $(B)-(A)>$ ou $<$ o pour le minimum ou le maximum, ou $=$ o pour les deux cas, indépendamment de la valeur de ω, qui doit demeurer indéterminée.

Si la valeur de y est donnée pour les valeurs a et b de x, la valeur correspondante de ω étant alors nulle, on aura $(A)=0$, $(B)=0$, et la condition précédente sera remplie tant pour le maximum que pour le minimum. Mais si les valeurs de y ne sont pas données, alors il faudra que l'on ait, pour le minimum, $\nu=$ ou >0 lorsque $x=b$ et $\nu=$ ou <0 lorsque $x=a$; et, pour le maximum, $\nu=$ ou <0 dans le premier cas et $\nu=$ ou >0 dans le second.

A l'égard de la valeur de la quantité ν, elle dépend simplement de la condition T ou $M-\frac{N^2}{4P}>0$ pour le minimum et <0 pour le maximum. Cette condition sera donc, en substituant les valeurs de M, N, P,

$$\tfrac{1}{2}f''(y)-\nu'-\frac{[f''(y,y')-2\nu]^2}{2f''(y')}>\text{ou}<0,$$

et l'on pourra prendre pour ν une fonction quelconque de x qui y satisfasse.

Ce qu'il y aurait de plus simple, ce serait de supposer la quantité T nulle (nº 65), ce qui donnerait l'équation

$$4MP-N^2=0,$$

savoir

$$f''(y')[f''(y)-2\nu']-[f''(y,y')-2\nu]^2=0,$$

par laquelle on pourrait déterminer la valeur de ν, et le maximum ou minimum dépendrait simplement du signe de la quantité P ou $\frac{1}{2}f''(y')$.

On aurait de cette manière le même résultat que donne la méthode proposée, dans les *Mémoires de l'Académie des Sciences* de 1786, pour distinguer les maxima des minima dans le Calcul des variations. Mais, d'après ce que nous avons dit ci-dessus, il faudrait, pour l'exactitude de ce résultat, qu'on pût s'assurer que la valeur de ν ne deviendra point infinie pour une valeur de x comprise entre les valeurs données a et b, ce qui sera le plus souvent impossible, par la difficulté de trouver l'équation primitive en ν et x. Sans cette condition, quoique la quantité

$$\omega^2 M + \omega\omega' N + \omega'^2 P$$

devienne alors de la forme

$$P\left(\omega' + \frac{\omega N}{2P}\right)^2,$$

et qu'elle soit, par conséquent, toujours positive ou négative, suivant que la valeur de P le sera, on ne sera jamais certain de l'état positif ou négatif de sa fonction primitive.

68. Pour en donner un exemple qui pourra servir en même temps d'application de la méthode que nous venons d'exposer, supposons que la fonction $f(x, y, y', \ldots)$, dont la fonction primitive doit être un maximum ou minimum, soit

$$y'^2 + 2my'y + ny^2;$$

en prenant les fonctions primes et secondes, on aura

$$f'(y) = 2(my' + ny), \qquad f'(y') = 2(y' + my),$$
$$f''(y) = 2n, \quad f''(y, y') = 2m, \quad f''(y') = 2;$$

substituant ces valeurs dans l'équation générale du n° 62, qui, dans ce cas, se réduit à

$$f'(y) - [f'(y')]' = 0,$$

on aura

$$2(my' + ny) - 2(y'' - my') = 0,$$

savoir

$$y'' - ny = 0$$

pour l'équation du maximum ou minimum. Cette équation est susceptible de la méthode du n° 55 (Ire Partie) et donne sur-le-champ

$$y = g e^{x\sqrt{n}} + h e^{-x\sqrt{n}},$$

g et h étant deux constantes arbitraires; si n était une quantité négative $= -k^2$, alors on aurait, en prenant d'autres constantes arbitraires g et h,

$$y = g \sin(kx + h).$$

Supposons, pour plus de simplicité, que les valeurs de y soient données pour les deux valeurs extrêmes a et b de x; les quantités A et B seront nulles d'elles-mêmes, et l'équation B = A sera satisfaite (n° 63); on déterminera donc les constantes a et b de manière que y ait les valeurs données lorsque $x = a$ et $x = b$.

Maintenant, nous aurons, par les formules du n° 65,

$$M = n - \nu', \quad N = 2(m - \nu), \quad P = 1,$$

d'où l'on voit que, puisque P est > 0, il n'y a que le minimum qui puisse avoir lieu. Mais cette condition ne suffit pas pour assurer l'existence du minimum; il faudra de plus que l'on ait

$$M - \frac{N^2}{4P} > 0 \quad \text{ou} \quad = 0.$$

Soit : 1° $M - \frac{N^2}{4P} > 0$; on aura

$$n - \nu' - (m - \nu)^2 > 0,$$

en prenant pour ν une quantité qui ne devienne point infinie entre les limites a et b de x. Si la valeur de n est positive, il est clair qu'on peut satisfaire à cette condition en faisant $\nu = m$; ainsi on sera assuré, dans ce cas, de l'existence du minimum, puisque les deux quantités (A) et (B) sont d'ailleurs nulles par l'hypothèse que les valeurs de y sont données pour $x = a$ et $= b$ (n° 67). Mais, si n est négative et $= -k^2$, on aura alors la condition

$$-\nu' > k^2 + (m - \nu)^2,$$

et il n'est pas aisé de trouver une valeur satisfaisante de ν, ni même de s'assurer qu'on pourra la trouver.

Soit : 2° $M - \frac{N^2}{4P} = 0$; on aura

$$-\nu' = k^2 + (m - \nu)^2.$$

Je suppose

$$m - \nu = k\rho;$$

j'aurai

$$\frac{\rho'}{k} = 1 + \rho^2,$$

ce qui donne

$$\frac{\rho'}{1+\rho^2} = k,$$

et, prenant les fonctions primitives des deux membres,

$$\text{angle tang}\rho = kx + d,$$

savoir

$$\rho = \text{tang}(kx + d),$$

d étant une constante arbitraire. Cette valeur devient infinie lorsque $kx + d =$ à l'angle droit, ou à trois angles droits, ou etc. Donc on ne sera pas assuré de l'existence du minimum si la quantité $(b - a)k$ est plus grande que la valeur de deux angles droits.

En effet, pour que le minimum ait lieu en général, il faut (n° 64) que la fonction primitive de la quantité

$$n\omega^2 + 2m\omega\omega' + \omega'^2$$

soit positive, quelle que puisse être la valeur de ω. Supposons $\omega = i\sin x$; cette quantité deviendra

$$i^2(n\sin^2 x + 2m\sin x\cos x + \cos^2 x) = i^2\left(\frac{1+n}{2} + \frac{1-n}{2}\cos 2x + m\sin 2x\right).$$

dont la fonction primitive est

$$i^2\left(\frac{1+n}{2}x + \frac{1-n}{4}\sin 2x - \frac{m}{2}\cos 2x\right) + c,$$

c étant la constante arbitraire qu'on déterminera de manière que la fonction primitive soit nulle lorsque $x=a$; ensuite on fera $x=b$. Donc, si l'on suppose $a=0$ et b égal à deux angles droits, afin que la valeur de ω soit nulle lorsque $x=a$ et $=b$ suivant l'hypothèse, on aura $c=\frac{i^2 m}{2}$, et la valeur complète de la fonction primitive dont il s'agit sera

$$i^2(1+n)\mathrm{D},$$

D représentant l'angle droit; et il est visible que cette valeur pourra devenir négative lorsque $n=-k^2$, en prenant $k>1$.

69. Supposons maintenant que la quantité qui renferme les secondes dimensions de $\omega, \omega', \ldots$ contienne aussi ω'', en sorte qu'elle soit de la forme (n° 61)

$$\tfrac{1}{2}\omega^2 f''(y)+\omega\omega' f''(y,y')+\tfrac{1}{2}\omega'^2 f''(y')+\omega\omega'' f''(y,y'')+\omega'\omega'' f''(y',y'')+\tfrac{1}{2}\omega''^2 f''(y'');$$

nous prendrons

$$\omega^2\mathrm{M}+\omega\omega'\mathrm{N}+\omega'^2\mathrm{P}+\omega\omega''\mathrm{Q}+\omega'\omega''\mathrm{R}+\omega''^2\mathrm{S}$$

pour la partie de cette quantité qui doit être assujettie aux conditions de la formule du n° 56, et il faudra que la différence de ces deux quantités soit susceptible d'une fonction primitive indépendamment de la quantité ω. Cette fonction ne pourra donc être que de la forme

$$\mu+\omega^2\nu+\omega\omega'\varpi+\omega'^2\rho,$$

et l'on trouvera, par la comparaison des termes, les équations

$$\begin{aligned}
\mu' &= 0,\\
\nu' &= \tfrac{1}{2}f''(y) - \mathrm{M},\\
2\nu+\varpi' &= f''(y,y') - \mathrm{N},\\
\varpi+\rho' &= \tfrac{1}{2}f''(y') - \mathrm{P},\\
\varpi &= f''(y,y'') - \mathrm{Q},\\
2\rho &= f''(y,y'') - \mathrm{R},\\
0 &= \tfrac{1}{2}f''(y'') - \mathrm{S},
\end{aligned}$$

lesquelles donnent μ égale à une constante arbitraire, ensuite

$$\begin{aligned}
M &= \tfrac{1}{2}f''(y) - \nu', \\
N &= f''(y, y') - 2\nu - \varpi', \\
P &= \tfrac{1}{2}f''(y') - \varpi - \rho', \\
Q &= f''(y, y'') - \varpi, \\
R &= f''(y', y'') - 2\rho, \\
S &= \tfrac{1}{2}f''(y''),
\end{aligned}$$

où les trois quantités ν, ϖ, ρ demeurent indéterminées; mais il faudra les prendre telles qu'elles satisfassent aux conditions auxquelles doivent être assujetties les quantités M, N, P, ..., et qu'on peut déduire du n° 56, en prenant les quantités ω'', ω', ω à la place des quantités p, q, r. Ainsi, si l'on fait

$$T = P - \frac{R^2}{4S}, \quad V = N - \frac{QR}{2S},$$

$$X = M - \frac{Q^2}{4S}, \quad Y = X - \frac{V^2}{4T},$$

les conditions pour le minimum seront $S > 0$, $T > 0$ et $Y > 0$, et, pour le maximum, $S < 0$, $T < 0$, $Y < 0$; et ces conditions devront avoir lieu pour toutes les valeurs de x, depuis $x = a$ jusqu'à $x = b$. La valeur de S indiquera le maximum ou minimum; mais on n'en pourra être assuré que par le concours des deux autres conditions. De plus, il faudra que les quantités M, N, P, Q, R, S ne deviennent jamais infinies entre les mêmes limites, par les raisons exposées plus haut (n° 66).

Enfin il faudra que, en supposant

$$(\Omega) = \omega^2\nu + \omega\omega'\varpi + \omega'^2\rho,$$

et prenant (A) et (B) pour les valeurs de (Ω) qui répondent à $x = a$ et $x = b$, la quantité $(B) - (A)$ soit positive pour le minimum et négative pour le maximum, indépendamment des valeurs de ω et de ω' (n° 67).

On suivra les mêmes procédés pour les fonctions plus compliquées.

70. Si les valeurs de y, y', ... n'étaient pas données pour les valeurs a et b de x, mais qu'il y eût seulement, par la nature du problème, une relation entre ces quantités, représentée par l'équation

$$\varphi(x, y, y', \ldots) = 0,$$

alors, suivant les principes du n° 58, il n'y aurait qu'à ajouter à la fonction, qui doit être positive pour le minimum et négative pour le maximum, la quantité

$$\omega\,\varphi'(y) + \omega'\,\varphi'(y') + \omega''\,\varphi'(y'') + \ldots + \tfrac{1}{2}\omega^2\,\varphi''(y) + \omega\omega'\,\varphi''(y, y') + \tfrac{1}{2}\omega'^2\,\varphi''(y') + \ldots,$$

multipliée par un coefficient indéterminé Γ, et traiter ensuite les quantités ω, ω' comme indépendantes. Ainsi, si la condition dont il s'agit doit avoir lieu pour la valeur de $x = a$, on ajoutera aux deux quantités A et (A) (n°s 63, 67) les quantités

$$\Gamma[\omega\,\varphi'(y) + \omega'\,\varphi'(y') + \ldots]$$

et

$$\Gamma[\tfrac{1}{2}\omega^2\,\varphi''(y) + \omega\omega'\,\varphi''(y, y') + \ldots],$$

rapportées à la même valeur de x; et, si cette condition devait avoir lieu pour la valeur $x = b$, on ajouterait aux valeurs de B et de (B) les mêmes quantités rapportées à $x = b$.

On suivrait le même procédé pour chacune des conditions données, s'il y en avait plusieurs.

CHAPITRE XIII.

EXTENSION DE LA MÉTHODE PRÉCÉDENTE AUX FONCTIONS D'UN NOMBRE QUELCONQUE DE VARIABLES. PROBLÈME DE LA BRACHISTOCHRONE. CARACTÈRES POUR DISTINGUER SI UNE FONCTION PROPOSÉE EST OU NON UNE FONCTION PRIME, OU EN GÉNÉRAL UNE FONCTION DÉRIVÉE D'UN CERTAIN ORDRE.

71. La fonction proposée, dont la fonction primitive doit être un maximum ou un minimum, pourrait contenir, outre les variables x et y, une troisième variable z, indépendante des deux autres; on opérerait alors, relativement à cette variable, comme on a fait relativement à y. Ainsi, en désignant la fonction proposée par

$$f(x, y, y', y'', \ldots, z, z', z'', \ldots),$$

on y substituera à la fois les quantités $y + \omega$ et $z + \zeta$ à la place de y et z, et il faudra, après le développement, que la fonction primitive de la partie qui ne contiendra que les premières dimensions de ω, ω', ω'', ..., ζ, ζ', ζ'', ... soit nulle, et que la fonction primitive de la partie qui contiendra les secondes dimensions de ces mêmes quantités soit positive pour le minimum et négative pour le maximum, indépendamment des quantités ω et ζ.

De là, par une analyse semblable à celle du n° 62 et en conservant aussi pour les fonctions primes relatives à z, z', z'', ... une notation semblable à celle que nous avons employée relativement à y, y', y'', ..., on aura ces deux équations,

$$f'(y) - [f'(y')]' + [f'(y'')]'' - \ldots = 0,$$
$$f'(z) - [f'(z')]' + [f'(z'')]'' - \ldots = 0,$$

qui serviront à déterminer les quantités y et z en fonction de x. Ensuite il faudra, relativement aux quantités z et ζ, satisfaire à des conditions semblables à celles qu'on a trouvées par rapport à y et ω; c'est un détail qui nous mènerait trop loin et que le lecteur peut suppléer.

On voit par là que, s'il y avait une quatrième variable u, on aurait, relativement à cette variable, une équation semblable à celles qui répondent aux variables y et z; et ainsi de suite.

72. Mais si, dans la fonction $f(x, y, y', \ldots, z, z', \ldots)$, la quantité z dépendait des quantités x et y d'une manière quelconque donnée par l'équation

$$\varphi(x, y, y', \ldots, z, z', \ldots) = 0,$$

alors, suivant les mêmes principes du n° 58, on ajouterait simplement la fonction $\varphi(x, y, y', \ldots, z, z', \ldots)$, multipliée par un coefficient indéterminé et variable Δ, à la fonction proposée $f(x, y, y', \ldots, z, z', \ldots)$, et l'on chercherait, par les méthodes exposées, le maximum ou minimum de la fonction primitive de cette fonction composée, en regardant les quantités y et z comme indépendantes. Ainsi, on trouvera d'abord, pour le maximum ou minimum, les deux équations

$$f'(y) - [f'(y')]' + [f'(y'')]'' - \ldots + \Delta\varphi'(y) - [\Delta\varphi'(y')]' + [\Delta\varphi'(y'')]'' - \ldots = 0,$$
$$f'(z) - [f'(z')]' + [f'(z'')]'' - \ldots + \Delta\varphi'(z) - [\Delta\varphi'(z')]' + [\Delta\varphi'(z'')]'' - \ldots = 0,$$

d'où, éliminant la quantité Δ, on aura une équation qui, combinée avec l'équation donnée $\varphi(x, y, y', \ldots, z, z', \ldots) = 0$, servira à déterminer les valeurs de y et z en fonction de x.

Enfin, si la fonction primitive de la fonction $f(x, y, y', \ldots)$ ne devait être un maximum ou un minimum qu'autant que la fonction primitive d'une autre fonction $\varphi(x, y, y', \ldots)$ serait donnée entre les mêmes valeurs a et b de x, il n'y aurait qu'à chercher le maximum ou minimum de la somme des deux fonctions primitives, après avoir multiplié la seconde par un coefficient indéterminé indépendant de x, c'est-à-dire le maximum ou minimum de la fonction primitive de

$$f(x, y, y', \ldots) + \Delta\varphi(x, y, y', \ldots),$$

en regardant Δ comme une quantité constante. De cette manière, on aura d'abord l'équation

$$f'(y) - [f'(y')]' + [f'(y'')]'' - \ldots + \Delta\varphi'(y) - \Delta[\varphi'(y')]' + \Delta[\varphi'(y'')]'' - \ldots = 0,$$

et l'on déterminera la constante Δ de manière que la fonction primitive de $\varphi(x, y, y', \ldots)$, prise depuis $x = a$ jusqu'à $x = b$, soit donnée; et ainsi du reste.

73. Les problèmes de la *brachistochrone* et des *isopérimètres*, proposés et résolus d'abord par les deux frères Bernoulli, ont ouvert la route pour traiter ce nouveau genre de questions *de maximis et minimis*. On a trouvé ensuite successivement des méthodes plus générales et plus simples, et l'on est parvenu enfin au *Calcul des variations*, qui paraît ne rien laisser à désirer sur ce sujet. Comme les équations trouvées plus haut (nos 62, 70) sont les mêmes, à la notation près, que celles qui résultent de ce Calcul, nous pourrions nous dispenser de les appliquer à des exemples; mais il ne sera pas inutile de montrer encore, par un exemple connu, l'usage des règles pour distinguer les maxima et minima, et s'assurer de leur existence.

Nous reprendrons pour cela le problème de la brachistochrone, ou ligne de la plus vite descente, à cause de sa célébrité; il consiste, comme l'on sait, à trouver la courbe le long de laquelle un corps pesant descendrait dans le moindre temps d'un point donné à un autre point donné et placé dans une verticale différente. Comme, par les principes de la Mécanique, la fonction prime du temps est égale à la fonction prime de l'espace divisée par la vitesse, et que, dans les corps qui tombent par la pesanteur, la vitesse est toujours proportionnelle à la racine carrée de la hauteur d'où ils sont censés être descendus, si l'on rapporte aux trois coordonnées rectangulaires x, y, z la courbe décrite par le corps, et qu'on prenne les abscisses x verticales, la vitesse sera proportionnelle à $\sqrt{h+x}$, et $\sqrt{1+y'^2+z'^2}$ sera la fonction prime de l'arc de la courbe (n° 37); ainsi $\frac{\sqrt{1+y'^2+z'^2}}{\sqrt{h+x}}$ sera proportionnelle à la fonction prime du temps, dont la fonction primitive devra être un minimum. On aura donc

$$f(x, y, y', \ldots, z, z', \ldots) = \frac{\sqrt{1+y'^2+z'^2}}{\sqrt{h+x}};$$

donc, prenant les fonctions primes, on aura

$$f'(y) = 0, \quad f'(y') = \frac{y'}{\sqrt{h+x}\sqrt{1+y'^2+z'^2}},$$

$$f'(z) = 0, \quad f'(z') = \frac{z'}{\sqrt{h+x}\sqrt{1+y'^2+z'^2}},$$

et l'on aura (n° **70**) les deux équations

$$\left(\frac{y'}{\sqrt{h+x}\sqrt{1+y'^2+z'^2}}\right)' = 0,$$

$$\left(\frac{z'}{\sqrt{h+x}\sqrt{1+y'^2+z'^2}}\right)' = 0,$$

lesquelles donnent d'abord ces deux-ci du premier ordre,

$$\frac{y'}{\sqrt{h+x}\sqrt{1+y'^2+z'^2}} = m,$$

$$\frac{z'}{\sqrt{h+x}\sqrt{1+y'^2+z'^2}} = n,$$

m et n étant deux constantes arbitraires.

En divisant ces deux équations l'une par l'autre, on a $\frac{y'}{z'} = \frac{m}{n}$; donc $z' = \frac{ny'}{m}$, et, prenant l'équation primitive, on aura

$$z = \frac{ny}{m} + l,$$

l étant une nouvelle constante arbitraire. Cette équation étant à un plan vertical, puisque l'abscisse verticale x ne s'y trouve pas, fait voir que la courbe cherchée est toute dans ce plan; ainsi, en prenant l'axe des y dans ce même plan, on pourra supposer $z=0$, en faisant l et $n=0$, et l'on aura pour la courbe cette équation unique entre les coordonnées x et y,

$$\frac{y'}{\sqrt{h+x}\sqrt{1+y'^2}}=m,$$

d'où l'on tire

$$y'=\frac{m\sqrt{h+x}}{\sqrt{1-m^2(h+x)}},$$

équation à la cycloïde, les abscisses x étant prises sur le diamètre du cercle générateur et les ordonnées y perpendiculairement à ce diamètre.

Puisqu'on suppose que les deux points extrêmes de la courbe sont donnés, les quantités ω et ζ répondant à ces points seront nulles, et les valeurs des quantités A et B seront nulles aussi en prenant a et b pour les valeurs de x qui répondent à ces points; ainsi la condition $\mathrm{B}-\mathrm{A}=0$ sera remplie. Si l'on faisait d'autres hypothèses relativement à ces points, on trouverait d'autres résultats; nous ne nous y arrêterons pas, parce que ces différentes questions ont été déjà discutées et résolues par les principes du Calcul des variations. Mais il faut voir ce que donnent les termes où les quantités ω et ζ monteront à la seconde dimension et dont la fonction primitive doit être positive pour que le minimum ait effectivement lieu.

Comme la fonction proposée $f(x, y, y', \ldots, z, z', \ldots)$ ne contient point, dans le cas présent, les variables y et z, mais seulement leurs fonctions primes y' et z', il est facile de voir que les termes dont il s'agit seront simplement de la forme

$$\tfrac{1}{2}\omega'^2 f''(y')+\omega'\zeta' f''(y', z')+\tfrac{1}{2}\zeta'^2 f''(z'),$$

et l'on trouve, en prenant les fonctions primes des quantités $f'(y')$ et

$f'(z')$ relativement à y' et z',

$$f''(y') = \frac{1 + z'^2}{\sqrt{h+x}\,(1 + y'^2 + z'^2)^{\frac{3}{2}}},$$

$$f''(y', z') = \frac{y'z'}{\sqrt{h+x}\,(1 + y'^2 + z'^2)^{\frac{3}{2}}},$$

$$f''(z') = \frac{1 + y'^2}{\sqrt{h+x}\,(1 + y'^2 + z'^2)^{\frac{3}{2}}},$$

de sorte que la quantité dont il s'agit deviendra

$$\frac{\omega'^2(1 + z'^2) - 2\omega'\zeta'y'z' + \zeta'^2(1 + y'^2)}{2\sqrt{h+x}\,(1 + y'^2 + z'^2)^{\frac{3}{2}}},$$

laquelle peut se mettre sous cette forme,

$$\frac{\omega'^2 + \zeta'^2 + (\omega'z' - \zeta'y')^2}{2\sqrt{h+x}\,(1 + y'^2 + z'^2)^{\frac{3}{2}}},$$

où l'on voit que cette quantité a d'elle-même la propriété d'être toujours nécessairement positive, quelles que soient les valeurs de ω et ζ; et, comme d'ailleurs elle ne saurait jamais devenir infinie tant que y' et z' ne seront pas infinies, il s'ensuit que le minimum aura nécessairement lieu dans la cycloïde.

Nous n'entrerons pas dans d'autres détails sur ce problème, qui offre différents cas à examiner, suivant les conditions qu'on peut demander relativement au premier et au dernier point de la courbe, et par rapport à la courbe même, qu'on peut supposer devoir être tracée sur une surface donnée. La solution de tous ces cas peut se tirer aisément des principes établis ci-dessus. *Voir* la fin de la Leçon XXII du *Calcul des fonctions* (*).

74. L'analyse que nous avons employée pour trouver les maxima et minima des fonctions primitives donne lieu à une observation impor-

(*) *OEuvres de Lagrange*, t. X.

tante. Nous avons trouvé (n° 62) que, pour que la quantité

$$\omega f'(y) + \omega' f'(y') + \omega'' f''(y'') + \ldots$$

ait une fonction primitive, quelle que soit la valeur de ω, il faut satisfaire à l'équation

$$f'(y) - [f'(y')]' + [f'(y'')]'' - \ldots = 0.$$

Donc, si cette quantité était d'elle-même la fonction prime d'une fonction de $x, y, y', \ldots, \omega, \omega', \ldots$, l'équation précédente aurait aussi lieu d'elle-même et serait par conséquent identique.

Or on voit, par le n° 61, que la quantité dont il s'agit n'est autre chose que la partie du développement de la fonction

$$f(x, y + \omega, y' + \omega', y'' + \omega'', \ldots)$$

qui ne contient que les premières dimensions de $\omega, \omega', \omega'', \ldots$, et je vais prouver que cette quantité sera nécessairement une fonction prime si $f(x, y, y', y'', \ldots)$ est elle-même une fonction prime d'une fonction de $x, y, y', \ldots$.

En effet, si cette fonction est une fonction prime, quelle que soit la valeur de y en x, elle le sera encore en mettant $y + \omega$ au lieu de y, quelle que soit la quantité ω; donc la fonction

$$f(x, y + \omega, y' + \omega', \ldots)$$

sera aussi nécessairement une fonction prime, en prenant pour ω une fonction quelconque de x. Supposons que cette fonction soit développée suivant les puissances et les produits de $\omega, \omega', \omega'', \ldots$, et dénotons respectivement par P, Q, R, ... les parties de ce développement qui contiendront les premières dimensions, les deuxièmes dimensions, les troisièmes, etc. des mêmes quantités; on aura

$$f(x, y + \omega, y' + \omega', y'' + \omega'', \ldots) = f(x, y, y', y'', \ldots) + \mathrm{P} + \mathrm{Q} + \mathrm{R} + \ldots.$$

Ainsi, il faudra que la quantité $\mathrm{P} + \mathrm{Q} + \mathrm{R} + \ldots$ soit la fonction prime d'une fonction de $x, y, y', \ldots$ et de $\omega, \omega', \omega'', \ldots$, et il est facile de voir que chacune des quantités P, Q, R, ... devra être en particulier une fonction prime, puisque, ces quantités renfermant des dimensions différentes de l'indéterminée ω et de ses fonctions dérivées ω', ω'', ..., il est impossible, par la nature des fonctions dérivées, que les fonctions primitives de P, Q, R, ... dépendent les unes des autres. Or on a, dans le numéro cité,

$$P = \omega f'(y) + \omega' f'(y') + \omega'' f''(y'') + \ldots;$$

donc cette quantité sera d'elle-même une fonction prime. Donc enfin, si la fonction $f(x, y, y', y'', \ldots)$ est une fonction prime, l'équation

$$f'(y) - [f'(y')]' + [f'(y'')]'' - [f'(y''')]''' + \ldots = 0$$

sera nécessairement identique.

Réciproquement, on peut démontrer que, si cette équation est identique, la fonction $f(x, y, y', y'', \ldots)$ sera nécessairement une fonction prime, car nous avons vu que, si cette équation est vraie, la quantité P est une fonction prime, quelles que soient les valeurs de y et de ω; donc elle sera encore une fonction prime si à la place de y on met $y+\omega$. Supposons que, par cette substitution et par le développement suivant les dimensions de ω, ω', ω'', ..., la quantité P devienne $P+p+\ldots$; la quantité p contenant les premiers termes du développement dans lesquels ω, ω', ω'', ... ne formeront que deux dimensions, on en conclura, comme plus haut, que la quantité p sera en particulier la fonction prime d'une fonction de x, y, y', ..., ω, ω', ...; mais, par les formules générales que nous avons données dans le n° 76 de la première Partie, il est facile de voir qu'on a $p = 2Q$: donc la quantité Q sera une fonction prime, y et ω étant quelconques; donc elle sera encore une fonction prime en y substituant $y+\omega$ pour y. Et, si l'on suppose que, par cette substitution et par le développement suivant les puissances et les produits de ω, ω', ..., cette fonction devienne $Q+q+\ldots$, la quantité q renfermant les premiers termes du développement où les ω, ω', ω'', ... ne formeront que trois dimensions, on en conclura aussi, comme ci-dessus, que la quantité q sera elle-même une fonction prime; mais par les formules du même numéro on trouve $q = 3R$: donc la quantité R sera elle-même aussi une fonction prime, et ainsi de suite. En effet, si $r, s, \ldots$ sont les premiers termes du développement des quantités R, S, ..., on aura (numéro cité), après la substitution de $y + \omega$ à la place de ω, $r = 4S$, $s = 5T$, ..., d'où l'on conclura, en suivant le même raisonnement, que les quantités S, T, ... seront aussi, chacune en particulier, des fonctions primes.

Donc toute la série $P + Q + R + \ldots$ sera nécessairement la fonction prime d'une fonction de $x, y, y', \ldots, \omega, \omega', \ldots$, quelles que soient les valeurs de y et ω en x. Donc la quantité

$$f(x, y + \omega, y' + \omega', \ldots) - f(x, y, y', \ldots),$$

qui est égale à cette série, sera une fonction prime en donnant à ω une valeur quelconque, et, par conséquent aussi, en faisant $\omega = -y$; or, dans ce cas, la fonction $f(x, y + \omega, y' + \omega', \ldots)$ ne sera plus qu'une simple fonction de x sans y ni ω, qui pourra être censée la fonction prime d'une fonction de x. Donc la fonction $f(x, y, y', y'', \ldots)$ sera elle-même nécessairement la fonction prime d'une fonction de x, y, y', ...

75. Il suit de là que l'équation

$$f'(y) - [f'(y')]' + [f'(y'')]'' - \ldots = 0$$

contient le caractère par lequel on peut reconnaître si la fonction $f(x, y, y', y'', \ldots)$ est ou non une fonction prime.

On trouvera de la même manière que les deux équations

$$f'(y) - [f'(y')]' + [f'(y'')]'' - \ldots = 0,$$
$$f'(z) - [f'(z')]' + [f'(z'')]'' - \ldots = 0$$

renferment le caractère par lequel on pourra reconnaître si la fonction $f(x, y, y', \ldots, z, z', \ldots)$ est ou non une fonction prime, les quantités y et z étant indépendantes.

Mais, si la quantité z dépendait de l'équation

$$\varphi(x, y, y', \ldots, z, z', \ldots) = 0,$$

on aurait, comme au n° **71**,

$$f'(y) - [f'(y')]' + [f'(y'')]'' - \ldots + \Delta\,\varphi'(y) - [\Delta\,\varphi'(y')]' + [\Delta\,\varphi'(y'')]'' - \ldots = 0,$$
$$f'(z) - [f'(z')]' + [f'(z'')]'' - \ldots + \Delta\,\varphi'(z) - [\Delta\,\varphi'(z')]' + [\Delta\,\varphi'(z'')]'' - \ldots = 0,$$

et l'équation résultante de l'élimination de l'indéterminée Δ contiendrait le caractère qui ferait reconnaître si la fonction $f(x, y, y', \ldots, z, z', \ldots)$ est d'elle-même, ou non, une fonction prime.

Puisque la fonction primitive de la quantité

$$\omega f'(y) + \omega' f'(y') + \omega'' f'(y'') + \ldots$$

est représentée (n° **62**) par

$$\omega\beta + \omega'\gamma + \omega''\delta + \ldots,$$

en omettant, ce qui est permis, la constante arbitraire α, on trouvera, de la même manière, que le caractère par lequel on pourra reconnaître si cette fonction primitive est elle-même une fonction prime sera renfermé dans l'équation

$$\beta - \gamma' + \delta'' - \ldots = 0,$$

laquelle, en substituant pour β, γ, δ, ... leurs valeurs (n° **63**), devient

$$f'(y') - 2[f'(y'')]' + 3[f'(y''')]'' - \ldots = 0.$$

Ainsi, le système de cette équation et de l'équation trouvée ci-dessus renfermera le caractère par lequel on pourra juger si la fonction $f(x, y, y', y'', \ldots)$ est d'elle-même, ou non, la fonction seconde d'une fonction de x, y, y', y'', ...; et ainsi de suite.

76. Ces différentes équations répondent à celles que, dans le Calcul différentiel, on nomme *conditions d'intégrabilité,* et dont on s'est beaucoup occupé dans ces derniers temps. Nous nous contenterons ici

d'avoir établi, d'une manière directe et rigoureuse, le principe de la correspondance de ces équations avec celles du maximum et minimum des fonctions primitives, et nous renverrons, pour ce qui concerne l'usage de ces équations de condition, aux différents Ouvrages qui en traitent, et surtout à la Leçon XXI du *Calcul des fonctions* (*), où cette matière est traitée avec plus de détail et de généralité. On y trouvera aussi un précis historique sur le problème des isopérimètres, dont la solution générale, par la méthode des variations, fait l'objet de la Leçon XXII du même Calcul, à laquelle nous renvoyons pour compléter la théorie des variations exposée ci-dessus.

(*) *Œuvres de Lagrange*, t. X.

CHAPITRE XIV.

DE LA MESURE DES SOLIDITÉS ET DES SURFACES DES CORPS DE FIGURE DONNÉE.

77. Nous avons donné, dans le Chapitre VI, la manière d'exprimer par les fonctions les solidités et les surfaces des conoïdes formés par la révolution d'une courbe donnée autour d'un axe; il nous reste à étendre cette analyse à tous les corps dont la surface est exprimée par une équation entre ses trois coordonnées.

Considérons d'abord un solide dont la surface soit exprimée par l'équation

$$z = f(x, y);$$

son volume ou sa solidité sera exprimée en général par une fonction de x et y, que nous dénoterons par $F(x, y)$. Désignons aussi par $\varphi(x, y)$ la fonction de x, y qui exprime l'aire de la section de ce solide faite perpendiculairement à l'axe des x et correspondante à l'abscisse x; donc, en regardant y comme un paramètre constant, et ne faisant varier que x, on aura, par le n° 27, l'équation

$$F'(x, y) = \varphi(x, y).$$

Or la section, dont $\varphi(x, y)$ est l'aire, est une courbe dont les abscisses sont y et les ordonnées perpendiculaires sont z, et dont l'équation est

$$z = f(x, y),$$

en regardant maintenant x comme un paramètre constant qui ne varie que d'une section à l'autre. Donc, en prenant z à la place de y et y à la place de x, on aura (numéro cité)

$$f(x,y) = \varphi_{,}(x,y),$$

l'accent mis au bas de la caractéristique φ dénotant la fonction dérivée par rapport à y, comme nous l'avons pratiqué jusqu'à présent.

On a donc les deux équations

$$F'(x,y) = \varphi(x,y) \quad \text{et} \quad \varphi_{,}(x,y) = f(x,y),$$

d'où, éliminant la fonction marquée par $\varphi_{,}$, après avoir pris les fonctions dérivées par rapport à y de la première équation, on aura

$$F'_{,}(x,y) = f(x,y).$$

Ainsi, pour avoir la fonction $F(x,y)$ qui exprime la valeur ou la solidité du corps dont la surface est exprimée par l'équation

$$z = f(x,y),$$

il faudra prendre la double fonction primitive de $f(x,y)$ relativement à x et à y.

78. On peut aussi parvenir directement à ce résultat par la considération suivante. Puisque $F(x,y)$ représente en général la partie du corps qui répond aux coordonnées x, y, il est clair que $F(x+i,y) - F(x,y)$ sera le segment compris entre les plans perpendiculaires à celui des x, y qui répondent aux abscisses x et $x+i$ et qui sont terminés par la même ordonnée y. Donc

$$F(x+i, y+o) - F(x, y+o) - F(x+i, y) + F(x,y)$$

sera l'excès du segment qui est terminé par l'ordonnée $y+o$ sur celui qui est terminé par l'ordonnée y et il est visible que cette différence n'est autre chose qu'un prisme dont la base est le rectangle io, dont les arêtes sont les ordonnées z de la surface qui répondent aux quatre angles de ce rectangle, c'est-à-dire les ordonnées $f(x,y)$, $f(x+i,y)$, $f(x,y+o)$, $f(x+i,y+o)$, et dont la base supérieure est la partie de la surface interceptée entre ces quatre ordonnées. Or il est facile de voir que la solidité de ce prisme curviligne est nécessairement comprise entre celles des deux prismes rectangulaires dont la base est la même io et dont les hauteurs sont la plus petite et la plus grande des quatre ordonnées dont nous venons de parler. Donc il faudra que la fonction $\mathrm{F}(x, y)$ soit telle que la valeur de la quantité

$$\mathrm{F}(x+i, y+o) - \mathrm{F}(x+i, y) - \mathrm{F}(x, y+o) + \mathrm{F}(x, y)$$

soit toujours comprise entre la plus grande et la plus petite valeur des quantités

$$io\, f(x, y), \quad io\, f(x+i, y), \quad io\, f(x, y+o), \quad io\, f(x+i, y+o),$$

quelque petites que soient les valeurs de i et de o.

Développons les fonctions marquées par F suivant les formules du n° 78 de la première Partie. En poussant la précision jusqu'aux troisièmes dimensions de i et de o, on aura la quantité

$$\begin{aligned} io\,\mathrm{F}'_{\prime}(x,y) &+ \frac{i^2 o}{2}\,\mathrm{F}''_{\prime}(x+\lambda i, y+\lambda o) + \frac{io^2}{2}\,\mathrm{F}'_{\prime\prime}(x+\lambda i, y+\lambda o) \\ &+ \frac{i^3}{2.3}[\mathrm{F}'''(x+\lambda i, y+\lambda o) - \mathrm{F}'''(x+\lambda i, y)] \\ &+ \frac{o^3}{2.3}[\mathrm{F}_{\prime\prime\prime}(x+\lambda i, y+\lambda o) - \mathrm{F}_{\prime\prime\prime}(x, y+\lambda o)]. \end{aligned}$$

Développons de même les fonctions marquées par f, mais en s'arrêtant aux premières dimensions de i et de o, à cause qu'elles sont déjà multipliées par io; on aura les quatre quantités

$$\begin{aligned} &io\, f(x, y), \\ &io\, f(x, y) + i^2 o\, f'(x+\lambda i, y), \\ &io\, f(x, y) + io^2\, f_{\prime}(x, y+\lambda o), \\ &io\, f(x, y) + i^2 o\, f'(x+\lambda i, y) + io^2 f_{\prime}(x, y+\lambda o), \end{aligned}$$

et il faudra que la première quantité soit renfermée entre la plus grande et la plus petite de ces quatre dernières, en prenant pour i et o des quantités aussi petites qu'on voudra. Le coefficient λ peut être diffèrent dans les différentes fonctions, mais il doit être renfermé entre les limites o et 1.

Or la différence de l'une à l'autre de celles-ci est, comme on voit, de l'ordre de $i^2 o$ ou de io^2, c'est-à-dire du troisième ordre, en regardant i et o comme très-petites du premier. Mais la différence entre la première quantité et l'une quelconque des quatre dernières est

$$io[F_{\prime}(x, y) - f(x, y)],$$

avec des termes du troisième ordre; donc, pour que cette différence soit toujours plus petite que la différence précédente, qui n'est que du troisième ordre, il est nécessaire que le premier terme, qui est du second ordre, soit nul; autrement, il serait possible de prendre les accroissements i et o assez petits pour que ce premier terme surpassât tous les termes du troisième ordre et que par conséquent la première quantité tombât hors des limites formées par les quatre autres quantités. Il faudra donc que l'on ait

$$io[F_{\prime}(x, y) - f(x, y)] = 0,$$

et, par conséquent,

$$F_{\prime}(x, y) = f(x, y),$$

comme nous l'avons trouvé plus haut.

79. Supposons maintenant que la fonction $F(x, y)$ représente la mesure de la surface. Dans ce cas, il est clair que la quantité

$$F(x+i, y+o) - F(x+i, y) - F(x, y+o) + F(x, y)$$

représentera la portion de surface comprise entre les quatre faces du prisme droit qui a io pour base.

Imaginons qu'aux extrémités des quatre ordonnées qui forment les arêtes de ce prisme on mène quatre plans tangents à la surface dans ces points; on pourra prouver, par un raisonnement analogue à celui du n° 29 relatif aux tangentes, que la portion de surface qui forme la base supérieure du prisme sera comprise entre la plus grande et la plus petite section du prisme, faites par les quatre plans tangents de la surface courbe.

Soit α l'angle que le plan tangent à l'extrémité de l'ordonnée z fait avec l'axe des x, y; on aura (n° 39)

$$\tang\alpha = \sqrt{z'^2 + z_{,}^2}.$$

Or on sait, par la Géométrie, que la mesure de la projection d'un plan est égale à celle de ce plan multipliée par le cosinus de son inclinaison sur le plan de projection. Donc, puisque les sections du prisme dont il s'agit ont toutes pour projection le même rectangle io, la mesure de la section faite par le plan qui touche la surface à l'extrémité de l'ordonnée z sera $\frac{io}{\cos\alpha}$; mais on a $\cos\alpha = \frac{1}{\sqrt{1 + z'^2 + z_{,}^2}}$; donc la mesure de cette section sera

$$io\sqrt{1 + z'^2 + z_{,}^2},$$

savoir, en substituant $f(x, y)$ à z,

$$io\sqrt{1 + [f'(x, y)]^2 + [f_{,}(x, y)]^2}.$$

Faisons, pour abréger, $\sqrt{1 + [f'(x, y)]^2 + [f_{,}(x, y)]^2} = \varphi(x, y)$; on aura

$$io\,\varphi(x, y)$$

pour la mesure de la section dont il s'agit, et, mettant $x + i$, $y + o$ à la place de x, y, on aura celle des sections faites par les trois autres plans qui touchent la surface aux extrémités des ordonnées $f(x + i, y)$, $f(x, y + o)$ et $f(x + i, y + o)$. Donc il faudra que la quantité

$$F(x + i, y + o) - F(x + i, y) - F(x, y + o) + F(x, y)$$

soit toujours comprise entre la plus grande et la plus petite des quatre quantités

$$io\,\varphi(x, y), \quad io\,\varphi(x + i, y), \quad io\,\varphi(x, y + o), \quad io\,\varphi(x + i, y + o),$$

et, par une analyse semblable à celle du numéro précédent, on en conclura la condition

$$F'_{,}(x, y) = \varphi(x, y) = \sqrt{1 + [f'(x, y)]^2 + [f_{,}(x, y)]^2}.$$

80. On voit par là que l'ordonnée z d'une surface est la double fonction prime prise par rapport à x et y de la fonction qui exprime le volume ou la solidité du corps, et que la quantité $\sqrt{1+z'^2+z_{\prime}^2}$ est la double fonction prime de la fonction qui exprime la surface elle-même.

Ainsi, l'ordonnée z étant donnée en fonction de x et y, il faudra prendre sa double fonction primitive pour avoir la solidité et la double fonction primitive de $\sqrt{1+z'^2+z_{\prime}^2}$ pour avoir la surface. On est libre de commencer par la fonction primitive relative à x ou à y; mais la première fonction primitive admettra pour constante une fonction de l'autre variable qu'on aura regardée comme constante, et il faudra déterminer cette fonction conformément aux limites données de la surface. On déterminera ensuite, d'après ces limites, la première variable en fonction de la seconde, par rapport à laquelle on prendra de nouveau la fonction primitive.

81. Si, pour faciliter la recherche des doubles fonctions primitives ou pour d'autres vues, on voulait changer les variables x, y en d'autres variables t et u, dont celles-là seraient des fonctions données, il faudrait, par les principes établis dans la première Partie (n° 50), multiplier d'abord les fonctions regardées comme dérivées doubles par $x'y'$; mais ensuite on ne pourrait pas substituer immédiatement les valeurs de x', y' en t' et u', parce qu'en prenant la fonction primitive par rapport à l'une des variables l'autre doit être regardée comme constante.

Soit $f(x, y)$ la fonction dont il s'agit d'avoir la double fonction primitive; pour changer les variables x, y en d'autres variables t et u, on la mettra d'abord sous la forme $x'y'f(x, y)$. Supposons qu'à la place de la variable x, par rapport à laquelle on veut prendre d'abord la fonction primitive en regardant y comme constante, on substitue une fonction donnée de t et de y, t étant une nouvelle variable qui remplacera x.

Soit $x=\varphi(t, y)$; on aura, en ne faisant varier que t,

$$x'=\varphi'(t),$$

et la fonction proposée deviendra

$$y'\varphi'(t)f(x,y),$$

dont il faudra prendre la fonction primitive par rapport à t, y étant regardée comme constante, et ensuite par rapport à y, t étant regardée comme constante. Or on peut aussi substituer à la place de y une autre variable u et supposer, puisque t est à son égard constante,

$$y=\psi(t,u),$$

ce qui donnera, en ne faisant varier que u,

$$y'=\psi'(u).$$

Ainsi la fonction proposée deviendra

$$\varphi'(t)\psi'(u)f(x,y),$$

laquelle ne renferme plus que t et u, à cause de

$$x=\varphi(t,y),\quad y=\psi(t,u),$$

et dont on pourra prendre la double fonction primitive par rapport à t et à u.

Puisque $x=\varphi(t,y)$ et $y=\psi(t,u)$, on aura, après la substitution de y, x égale à une simple fonction de t et u, que nous dénoterons par $\chi(t,u)$, de manière que les transformations de x et y en t et u seront représentées par

$$x=\chi(t,u),\quad y=\psi(t,u).$$

Or l'équation identique

$$\varphi(t,y)=\chi(t,u)$$

donne, en faisant varier séparément t et u,

$$\varphi'(t)+\varphi'(y)\psi'(t)=\chi'(t),$$
$$\varphi'(y)\psi'(u)=\chi'(u):$$

éliminant $\varphi'(y)$, on aura

$$\varphi'(t)=\chi'(t)-\frac{\psi'(t)\chi'(u)}{\psi'(u)},$$

et cette valeur, étant substituée dans la dernière transformée de la fonction proposée, donnera

$$[\chi'(t)\psi'(u)-\chi'(u)\psi'(t)]f(x,y),$$

qu'on peut mettre sous cette forme plus simple,

$$(x'y_{,}-x_{,}y')f(x,y),$$

dans laquelle x et y peuvent être des fonctions quelconques de t et u, et où les traits supérieurs indiquent les fonctions dérivées par rapport à t et les inférieurs indiquent les dérivées par rapport à u.

82. Ainsi, en regardant z comme une fonction de x et y donnée par la nature de la surface du corps, et supposant qu'on substitue à la place de x, y des fonctions quelconques de t et u, la solidité ou le volume du corps et sa surface seront représentés par les doubles fonctions primitives relatives à t et u des formules

$$(x'y_{,}-x_{,}y')z \quad \text{et} \quad (x'y_{,}-x_{,}y')\sqrt{1+(z')^2+(z_{,})^2},$$

où il faut remarquer que les fonctions dérivées de z doivent être prises par rapport à x et y; mais, si l'on substitue tout de suite dans z, pour x et y, leurs valeurs en t et u, il est clair que z deviendra une simple fonction de t et u, et voici comment on pourra exprimer les dérivées de z par rapport à x et y par ses dérivées par rapport à t et u.

Pour distinguer ces dérivées les unes des autres, nous renfermerons les premières entre des parenthèses. Ainsi (z') et $(z_{,})$ désigneront les dérivées de z prises par rapport à x et y, et z', $z_{,}$ désigneront simplement les dérivées de z prises par rapport à t et u, après la substitution des valeurs de x, y en t et u dans l'expression de z. En regardant donc z comme fonction de x, y, et x, y comme fonctions de t, u, et prenant les dérivées séparément par rapport à t et à u, on aura, par les principes établis dans la première Partie,

$$z'=(z')x'+(z_{,})y',$$

$$z_{,}=(z')x_{,}+(z_{,})y_{,},$$

d'où l'on tire

$$(z') = \frac{z'y_{,} - z_{,}y'}{x'y_{,} - x_{,}y'}, \quad (z_{,}) = -\frac{z'x_{,} - z_{,}x'}{x'y_{,} - x_{,}y'};$$

ce sont les valeurs qu'il faudra substituer dans le radical

$$\sqrt{1 + (z')^2 + (z_{,})^2},$$

et, la substitution faite, on aura la formule

$$\sqrt{(x'y_{,} - x_{,}y')^2 + (z'x_{,} - z_{,}x')^2 + (z'y_{,} - z_{,}y')^2},$$

dont la double fonction primitive, prise par rapport à t et à u, donnera la surface du corps, les variables z, x, y étant maintenant regardées comme de simples fonctions de t et u.

83. Ces expressions pour le volume et pour la surface d'un corps quelconque, dont les coordonnées x, y, z sont supposées fonctions de t et u, étant traduites en langage différentiel, deviennent

$$dt\,du\left(\frac{dx}{dt}\frac{dy}{du} - \frac{dx}{du}\frac{dy}{dt}\right)z$$

et

$$dt\,du\sqrt{\left(\frac{dx}{dt}\frac{dy}{du} - \frac{dx}{du}\frac{dy}{dt}\right)^2 + \left(\frac{dz}{dt}\frac{dx}{du} - \frac{dz}{du}\frac{dx}{dt}\right)^2 + \left(\frac{dz}{dt}\frac{dy}{du} - \frac{dz}{du}\frac{dy}{dt}\right)^2},$$

et représentent les éléments infiniment petits du volume et de la surface, qu'il faut intégrer et compléter d'abord par rapport à l'une des deux variables t, u, et ensuite par rapport à l'autre.

84. Pour donner une application de ces formules, nous supposerons que le corps, dont on cherche la solidité et la surface, soit un ellipsoïde quelconque dont les trois demi-axes soient a, b, c; l'équation de sa surface entre les trois coordonnées rectangles x, y, z, parallèles aux demi-axes a, b, c, sera représentée ainsi,

$$\frac{x^2}{a^2} + \frac{y^2}{b^2} + \frac{z^2}{c^2} = 1,$$

d'où l'on aura z en fonction de x et y.

Mais on évitera l'irrationnalité de z en prenant deux angles indéterminés t et u, et en faisant

$$x = a \sin t \cos u, \quad y = b \sin t \sin u, \quad z = c \cos t;$$

et, pour avoir le volume et la surface de tout l'ellipsoïde, il suffira, après les substitutions, de prendre les fonctions primitives séparément par rapport à t et u, depuis $t = 0$ jusqu'à t égal à deux angles droits et depuis $u = 0$ jusqu'à u égal à quatre angles droits; car cette transformation des coordonnées de l'ellipsoïde, que M. Ivory paraît avoir employée le premier pour faciliter le calcul de l'attraction de ce solide (*Transactions philosophiques* de 1809, vol. XI), a l'avantage de rendre indépendantes les fonctions primitives relatives à t et u lorsque la double fonction primitive doit s'étendre à la surface entière.

En prenant les fonctions dérivées des x, y, z par rapport à t et à u, on aura

$$x' = \quad a \cos t \cos u, \quad y' = b \cos t \sin u, \quad z' = - c \sin t,$$
$$x_{,} = - a \sin t \sin u, \quad y_{,} = b \sin t \cos u, \quad z_{,} = 0;$$

et de là on aura

$$x'y_{,} - x_{,}y' = \quad ab \sin t \cos t,$$
$$z'x_{,} - z_{,}x' = \quad ac \sin^2 t \sin u,$$
$$z'y_{,} - z_{,}y' = - bc \sin^2 t \cos u,$$

de sorte que les formules pour le volume et pour la surface de l'ellipsoïde deviendront

$$abc \sin t \cos^2 t, \quad \sin t \sqrt{a^2 b^2 \cos^2 t + c^2 (a^2 \sin^2 u + b^2 \cos^2 u) \sin^2 t},$$

dont il faudra prendre les fonctions primitives depuis $t = 0$ jusqu'à $t = \pi$ et depuis $u = 0$ jusqu'à $u = 2\pi$, π étant la demi-périphérie.

85. Considérons d'abord la formule

$$abc \sin t \cos^2 t$$

pour le volume. En substituant $1 - \sin^2 t$ à la place de $\cos^2 t$ et ensuite

$\frac{3}{4}\sin t - \frac{1}{4}\sin 3t$ au lieu de $\sin^3 t$, elle devient

$$\frac{abc}{4}(\sin t + \sin 3t),$$

dont la fonction primitive, prise de manière qu'elle commence où $t = 0$, est

$$\frac{abc}{4}\left(1 - \cos t + \frac{1 - \cos 3t}{3}\right).$$

Faisant $t = \pi$, ce qui donne $\cos t = -1$ et $\cos 3t = -1$, elle se réduit à $\frac{2abc}{3}$.

Il faut prendre encore la fonction primitive de celle-ci par rapport à u depuis $u = 0$ jusqu'à $u = 2\pi$; et comme la variable u, dont la fonction prime est 1, ne s'y trouve pas, il n'y aura qu'à multiplier simplement par 2π, ce qui donnera

$$\frac{4abc}{3}\pi$$

pour la solidité ou le volume du sphéroïde entier dont a, b, c sont les trois demi-axes.

86. Venons à la formule relative à la surface et supposons d'abord, pour la simplifier, $a = b$, ce qui donne un sphéroïde de révolution autour de l'axe $2c$; elle deviendra

$$a \sin t \sqrt{b^2 \cos^2 t + c^2 \sin^2 t},$$

où l'on voit que l'angle u a disparu; je conserve la lettre b sous le signe, pour plus de généralité.

Faisons $\cos t = s$, on aura $\sin t = -s'$; d'ailleurs on a $\sin^2 t = 1 - s^2$; on aura ainsi la transformée

$$-as'\sqrt{c^2 + (b^2 - c^2)s^2},$$

dont il faudra prendre la fonction primitive depuis $s = 1$ jusqu'à $s = -1$.

Soit $b^2 - c^2 = e^2$; on aura la fonction primitive par rapport à s,

$$-\frac{as}{2}\sqrt{c^2 + e^2 s^2} + \frac{ac^2}{2e}\,\mathrm{l}\left(\sqrt{c^2 + e^2 s^2} - es\right);$$

faisant $s = 1$, elle se réduit à

$$-\frac{ab}{2} + \frac{ac^2}{2e}\,\mathrm{l}(b - e);$$

et, faisant $s = -1$, elle devient

$$\frac{ab}{2} + \frac{ac^2}{2e}\,\mathrm{l}(b + e).$$

Donc la fonction primitive complète, relativement à s ou à t, sera

$$ab + \frac{ac^2}{2e}\,\mathrm{l}\,\frac{b + e}{b - e}.$$

Il faut de nouveau en prendre la fonction primitive relative à u; et comme la variable u ne s'y trouve pas, on se contentera de la multiplier par 2π; et, faisant maintenant $b = a$, on aura, pour la surface entière du sphéroïde formé par la révolution d'une ellipse dont les demi-axes sont a et c autour du petit axe $2c$, la formule

$$2\pi a^2 + \frac{\pi ac^2}{e}\,\mathrm{l}\,\frac{a + e}{a - e},$$

où e est l'excentricité $= \sqrt{a^2 - c^2}$.

Pour que la valeur de e soit réelle, il faut que $a > c$, et, par conséquent, que le sphéroïde soit aplati et formé par la révolution de l'ellipse autour de son petit axe $2c$.

Si l'on voulait avoir la surface d'un sphéroïde allongé formé par la révolution d'une ellipse autour de son grand axe, il faudrait prendre $2c$ pour son grand axe : alors la valeur de e deviendrait imaginaire. Soit pour ce cas, $c^2 - a^2 = \mathrm{E}^2$; on aura

$$e = \mathrm{E}\sqrt{-1},$$

et, passant des logarithmes imaginaires aux arcs réels par les formules du n° **22** (Ire Partie), on aura, pour la surface cherchée, la formule

$$2\pi a^2 + \frac{2\pi a c^2}{E} \text{angle}\left(\text{tang}\frac{E}{a}\right).$$

87. Si l'on n'avait pas fait $a = b$, et qu'on eût supposé, en général,

$$V^2 = \frac{a^2 \sin^2 u + b^2 \cos^2 u}{a^2},$$

on eût eu, pour la fonction primitive relative à t, la formule

$$ab + \frac{ac^2 V^2}{2e} \,\mathrm{l}\frac{b+e}{b-e},$$

où

$$e^2 = b^2 - c^2 V^2,$$

et il aurait été impossible, dans l'état actuel de l'Analyse, de trouver la fonction primitive de celle-ci relative à u. Mais on peut toujours avoir cette fonction par approximation lorsque la différence des demi-axes a et b est assez petite.

Soit $\frac{b^2 - a^2}{a^2} = i$; cette quantité étant positive ou négative, la quantité V^2 deviendra $1 + i\cos^2 u$, et il n'y aura qu'à mettre, dans la formule précédente, $c^2(1 + i\cos^2 u)$ à la place de $c^2 V^2$, ensuite développer par rapport à i. Donc, si l'on suppose

$$\frac{ac^2}{2\sqrt{b^2 - c^2}} \,\mathrm{l}\frac{b + \sqrt{b^2 - c^2}}{b - \sqrt{b^2 - c^2}} = f(c^2),$$

on aura, en développant par les fonctions dérivées relatives à c^2, la série

$$ab + f(c^2) + f'(c^2)c^2 i\cos^2 u + \frac{1}{2}f''(c^2)c^4 i^2 \cos^4 u + \frac{1}{2.3}f'''(c^2)c^6 i^3 \cos^6 u + \ldots,$$

dont il faudra prendre les fonctions primitives relatives à u depuis $u = 0$ jusqu'à $u = 2\pi$.

Désignons par $2\pi\alpha$, $2\pi\beta$, $2\pi\gamma$, ... les fonctions primitives de $\cos^2 u$, $\cos^4 u$, $\cos^6 u$, ... prises entre ces limites; on aura, pour la surface de l'ellipsoïde dont a, b, c sont les trois demi-axes, l'expression

$$2\pi\left[ab + f(c^2) + \alpha c^2 i f'(c^2) + \frac{1}{2}\beta c^4 i^2 f''(c^2) + \frac{1}{2.3}\gamma c^6 i^3 f'''(c^2) + \ldots\right],$$

série qui sera d'autant plus convergente que la quantité i sera plus petite.

A l'égard des coefficients α, β, γ, ..., il est facile de les déterminer en résolvant les puissances de $\cos u$ en cosinus d'angles multiples de u par le moyen de l'expression exponentielle imaginaire de $\cos u$ (n° **22**, Ire Partie), et, comme les cosinus ont pour fonctions primitives les sinus correspondants, lesquels deviennent nuls aux deux extrémités où $u = 0$ et $u = 2\pi$, il s'ensuit qu'il ne restera que les termes indépendants de u, multipliés par 2π, où il est facile de voir que ces termes ne sont que les coefficients du terme moyen du binôme, élevé à la deuxième, à la quatrième, à la sixième, etc. puissance, divisé par la même puissance de 2. Ainsi l'on aura

$$\alpha = \frac{2}{4}, \quad \beta = \frac{4.3}{4.8}, \quad \gamma = \frac{6.5.4}{4.8.12}, \quad \ldots$$

TROISIÈME PARTIE.

APPLICATION DE LA THÉORIE DES FONCTIONS A LA MÉCANIQUE.

CHAPITRE PREMIER.

DE L'OBJET DE LA MÉCANIQUE. DU MOUVEMENT UNIFORME ET DU MOUVEMENT UNIFORMÉMENT ACCÉLÉRÉ. DU MOUVEMENT RECTILIGNE EN GÉNÉRAL. RELATION ENTRE L'ESPACE, LA VITESSE ET LA FORCE ACCÉLÉRATRICE.

1. Nous allons employer la théorie des fonctions dans la Mécanique. Ici les fonctions se rapportent essentiellement au temps, que nous désignerons toujours par t, et, comme la position d'un point dans l'espace dépend de trois coordonnées rectangulaires x, y, z, ces coordonnées, dans les problèmes de Mécanique, seront censées être des fonctions de t. Ainsi, on peut regarder la Mécanique comme une Géométrie à quatre dimensions et l'Analyse mécanique comme une extension de l'Analyse géométrique.

Considérons d'abord le mouvement rectiligne et supposons que x soit l'espace parcouru pendant le temps t; on aura $x = f(t)$, et la fonction $f(t)$ devra être telle qu'elle devienne nulle lorsque $t = 0$. La forme la plus simple de $f(t)$ est évidemment at, ce qui donne $x = at$, a étant une constante; ainsi, dans le mouvement représenté par cette équation, les espaces parcourus sont toujours proportionnels aux temps écoulés depuis le commencement du mouvement, ce qui est la propriété du mouvement qu'on appelle *uniforme*. La constante a, qui exprime le rapport de l'espace au temps, est la mesure de ce qu'on nomme la *vitesse;* c'est le seul élément qui entre dans cette espèce de mouvement et par lequel un mouvement uniforme diffère d'un autre mouvement uniforme.

L'observation et l'expérience nous font voir qu'un corps mis en mouvement d'une manière quelconque, si l'on écarte toutes les causes d'altération qui peuvent agir sur lui, continue à se mouvoir de lui-même d'un mouvement rectiligne et uniforme, d'où il suit que la vitesse, une fois imprimée, se conserve toujours la même et suivant la même direction : c'est en quoi consiste la première loi du mouvement.

Si l'on représente le temps par l'abscisse et l'espace parcouru par l'ordonnée d'une ligne, il est clair que cette ligne sera pour le mouvement uniforme une droite passant par l'origine des abscisses et que la tangente de l'angle qu'elle fait avec l'axe sera la mesure de la vitesse du mouvement.

2. La fonction de t la plus simple après at est bt^2; en prenant cette expression pour $f(t)$, on aura une autre espèce de mouvement rectiligne représenté par l'équation $x = bt^2$, dans laquelle les espaces parcourus depuis l'origine du mouvement sont proportionnels aux carrés du temps.

L'observation et l'expérience nous présentent aussi journellement ce mouvement dans les corps qui tombent par leur pesanteur, en faisant abstraction de la résistance de l'air et de toute autre cause étrangère d'altération. La constante b, qui est le seul élément qui entre dans la constitution de ce mouvement, est la même pour tous les corps dans le même lieu de la Terre et dépend de la force de la gravité qui le produit et qui agit sans cesse de la même manière sur le mobile. Ainsi, ce mouvement ne se continue qu'en vertu de la force, qu'on peut regarder comme une cause extérieure agissant continuellement sur le corps et dont le coefficient b est la mesure.

Comme dans ce mouvement les espaces augmentent en plus grande raison que les temps, on le nomme mouvement *accéléré,* et, en particulier, on appelle celui dont il s'agit *uniformément accéléré*, par la raison que nous verrons dans un moment.

Si l'on représente ici le temps par l'abscisse et l'espace parcouru par l'ordonnée d'une courbe, on voit que cette courbe sera une parabole dont le paramètre sera $\frac{1}{b}$ et dont l'axe principal sera l'axe des ordonnées y.

Le mouvement le plus simple, après celui que nous venons de considérer, serait celui où l'on aurait $x = ct^3$; mais la nature ne nous offre aucun mouvement simple de cette espèce, et nous ignorons ce que le coefficient c pourrait représenter, en le considérant d'une manière absolue et indépendante des vitesses et des forces.

Ce sont là les mouvements simples dont toutes les autres espèces de mouvement peuvent être regardées comme composées, et l'art de la Mécanique consiste dans cette composition et décomposition, d'où résultent les rapports entre les temps, les espaces, les vitesses et les forces.

3. Si l'on réunit les deux espèces de mouvement que nous venons de considérer, on aura le mouvement représenté par l'équation

$$x = at + bt^2,$$

qui sera, par conséquent, composé d'un mouvement uniforme et d'un mouvement uniformément accéléré, et qui résultera de la réunion des deux causes qui peuvent produire chacun d'eux en particulier, c'est-à-dire d'une vitesse proportionnelle à a, primitivement imprimée, et d'une force accélératrice proportionnelle à b, agissant continuellement sur le mobile.

La nature nous offre aussi la composition de ces deux mouvements dans les corps pesants lancés verticalement de haut en bas ou de bas en haut, en faisant abstraction de la résistance de l'air et de toute autre cause étrangère. Dans les corps lancés verticalement de haut en bas, la force b agit dans la direction même du mouvement, comme nous le supposons; mais, dans les corps lancés verticalement de bas en haut, la force b agit en sens contraire et devient par conséquent négative; elle tend ainsi à retarder le mouvement du corps et s'appelle alors *force retardatrice*. Le mouvement lui-même s'appelle, dans ce cas, *uniformément retardé*.

L'observation nous fait voir que, dans la composition de ces deux mouvements, chacun d'eux se conserve comme s'il était seul dans le mobile, de manière que l'espace parcouru au bout d'un temps quelconque est exactement la somme ou la différence des espaces que le mobile aurait parcourus séparément, en vertu des deux causes qui produisent les deux mouvements, de sorte que le résultat, c'est-à-dire l'espace parcouru, est le même que si les deux mouvements avaient lieu séparément et successivement.

4. Considérons maintenant un mouvement rectiligne quelconque représenté par l'équation $x = f(t)$, $f(t)$ étant une fonction quelconque de t. Au bout du temps t, le mobile aura parcouru l'espace $f(t)$, et, au bout du temps $t+\theta$, il aura parcouru l'espace $f(t+\theta)$; par conséquent, la différence $f(t+\theta) - f(t)$ sera l'espace parcouru pendant le temps θ, qui a commencé à l'instant où le temps t a fini. La fonction $f(t+\theta)$, étant développée suivant les puissances de θ, devient

$$f(t) + \theta f'(t) + \frac{\theta^2}{2} f''(t) + \ldots,$$

comme on l'a vu dans la première Partie; donc l'espace parcouru durant le temps θ sera représenté par la formule

$$\theta f'(t) + \frac{\theta^2}{2} f''(t) + \frac{\theta^3}{2.3} f'''(t) + \ldots,$$

dans laquelle le temps t écoulé avant le temps θ est maintenant regardé comme une constante. Ainsi le mouvement par lequel cet espace est parcouru sera composé de différents mouvements partiels, dont les espaces répondant au temps θ seront $\theta f'(t)$, $\frac{\theta^2}{2} f''(t)$, $\frac{\theta^3}{2.3} f'''(t)$, ..., et l'on voit que le premier de ces mouvements partiels sera uniforme avec une vitesse mesurée par $f'(t)$ (nº 2) et que le second sera uniformément accéléré et dû à une force accélératrice proportionnelle à $\frac{1}{2}f''(t)$ (nº 3). A l'égard des autres, comme ils ne se rapportent à aucun mouvement simple connu, il ne sera pas nécessaire de les considérer en particulier, et nous allons faire voir qu'on peut en faire abstraction dans la détermination du mouvement au commencement du temps θ.

En effet, si l'on développe la fonction $f(t+\theta)$ par notre formule générale de la première Partie (nºs **40, 78**), on aura

$$f(t)+\theta f'(t)+\frac{\theta^2}{2}f''(t)+\frac{\theta^3}{2.3}f'''(t+\lambda\theta),$$

λ étant un coefficient inconnu, dont la valeur est nécessairement comprise entre 0 et 1, de sorte que l'espace parcouru dans le temps θ sera exprimé exactement par la formule

$$\theta f'(t)+\frac{\theta^2}{2}f''(t)+\frac{\theta^3}{2.3}f'''(t+\lambda\theta).$$

Les deux premiers termes représentent, comme l'on voit, le mouvement composé d'uniforme et d'uniformément accéléré; le troisième représente la totalité des autres mouvements qui se combinent avec celui-là et qui empêchent le vrai mouvement d'être un simple résultat de ces deux. Mais j'observe qu'on peut prendre θ assez petit pour que le mouvement composé des deux termes $\theta f'(t)+\frac{\theta^2}{2}f''(t)$ approche plus du véritable mouvement que ne pourrait faire tout autre mouvement composé d'un mouvement uniforme et d'un mouvement uniformément accéléré; car la différence des espaces parcourus, pendant le temps θ, par le mouvement composé dont il s'agit et par le véritable mouvement sera exprimée par $\frac{\theta^3}{2.3}f'''(t+\lambda\theta)$; mais l'espace parcouru par tout autre mouvement composé d'un uniforme et d'un uniformément accéléré étant représenté par $a\theta+b\theta^2$ (nº 3), la différence entre cet espace et le véritable espace parcouru sera

$$\theta[f'(t)-a]+\theta^2\left[\frac{1}{2}f''(t)-b\right]+\frac{\theta^3}{2.3}f'''(t+\lambda\theta),$$

et il est aisé de prouver, par un raisonnement semblable à celui du n° 3 de la deuxième Partie, que, tant que a et b diffèrent de $f'(t)$ et $\frac{1}{2}f''(t)$, on pourra toujours prendre θ assez petit pour que cette dernière différence surpasse la première, et que, dès que cette condition aura lieu pour une valeur de θ, elle aura lieu, à plus forte raison, pour toutes les valeurs plus petites. Donc le terme $\theta f'(t)$ exprime tout ce qu'il peut y avoir d'uniforme dans le mouvement proposé, considéré au commencement du temps θ, et le terme $\frac{\theta^2}{2}f''(t)$ exprime de même tout ce qu'il peut y avoir dans ce mouvement d'uniformément accéléré.

On peut conclure de là que tout mouvement rectiligne, représenté par l'équation $x=f(t)$, peut, dans un instant quelconque au bout du temps t, être regardé comme composé d'un mouvement uniforme dû à une vitesse imprimée au mobile, mesurée par $f'(t)$, et d'un mouvement uniformément accéléré dû à une force accélératrice agissant sur le mobile et proportionnelle à $\frac{1}{2}f''(t)$ ou simplement à $f''(t)$; que, par conséquent, si les causes qui empêchent le mouvement proposé d'être uniforme venaient à cesser tout à coup, le mouvement se continuerait, dès cet instant, d'une manière uniforme avec une vitesse mesurée par $f'(t)$; et que, si l'effet de ces causes, au lieu de devenir nul, devenait constant, le mouvement deviendrait composé du mouvement uniforme dont nous venons de parler et d'un mouvement uniformément accéléré, commençant au même instant, en vertu d'une force accélératrice constante et proportionnelle à $f''(t)$.

Plusieurs phénomènes de la nature, et surtout les résultats des différentes expériences qu'on a imaginées sur la chute des corps, confirment pleinement la conclusion que nous venons de trouver, et qui doit être regardée comme le principe fondamental de toute la théorie du mouvement.

5. Donc, en général, dans tout mouvement rectiligne dans lequel l'espace parcouru est une fonction donnée du temps écoulé, la fonction prime de cette fonction représentera la vitesse et la fonction seconde représentera la force accélératrice dans un instant quelconque, car,

comme les temps, les espaces, les vitesses et les forces sont des choses hétérogènes qu'on ne peut comparer ensemble qu'après les avoir réduites en nombres, en les rapportant chacune à une unité déterminée dans son espèce, nous pouvons, pour plus de simplicité, exprimer immédiatement la vitesse et la force par les fonctions primes et secondes, comme nous exprimons l'espace par la fonction primitive. D'où l'on voit que les fonctions primes et secondes se présentent naturellement dans la Mécanique, où elles ont une valeur et une signification déterminées; c'est ce qui a porté Newton à établir le Calcul des fluxions sur la considération du mouvement. Ainsi l'espace, la vitesse et la force, étant regardés comme des fonctions du temps, sont représentés respectivement par la fonction primitive, par sa fonction prime et par sa fonction seconde, de manière que, connaissant l'expression de l'espace par le temps, on aura tout de suite celles de la vitesse et de la force par l'analyse directe des fonctions; mais, si l'on ne connaît que la vitesse ou la force par le temps, il faudra alors remonter aux équations primitives par les règles de l'analyse inverse.

Ces notions de la vitesse et de la force accélératrice sont, comme l'on voit, très-simples et indépendantes de toute métaphysique. Elles sont fondées sur la nature du mouvement regardé comme le transport d'un corps d'un lieu à un autre. Si un corps demeure en repos, sa vitesse est évidemment nulle; mais il peut éprouver l'action d'une force accélératrice qui, étant arrêtée par quelque obstacle, ne produit qu'une tendance au mouvement. Cette force est alors ce qu'on appelle *pression* ou *force morte* et peut être comparée à l'action qu'un corps pesant exerce sur l'obstacle qui l'empêche de tomber.

6. Désignons par x l'espace parcouru durant le temps t; en regardant x comme fonction de t, on aura, suivant la notation employée jusqu'ici, x' pour la vitesse au bout de ce temps, et x'' pour la force accélératrice dans le même instant, d'où l'on voit que, si la loi du mouvement est donnée par une relation entre le temps, l'espace, la vitesse et la force, on aura une équation du second ordre entre t, x,

x', x'', d'où il faudra tirer l'équation primitive en t, en x par les règles de l'analyse inverse des fonctions, et l'on déterminera les deux constantes arbitraires qui entreront dans cette équation par les valeurs données de x et x' dans un instant donné, c'est-à-dire par l'espace et la vitesse, qu'on suppose connus dans cet instant.

Dans le mouvement uniforme représenté par l'équation $x = at$, on aura donc

$$x' = a, \quad x'' = 0;$$

ainsi le coefficient a, rapport de l'espace parcouru au temps, exprimera la vitesse, et la force accélératrice sera nulle. Dans le mouvement uniformément accéléré et représenté par $x = bt^2$, on aura

$$x' = 2bt \quad \text{et} \quad x'' = 2b.$$

Donc la vitesse, dans un instant quelconque, est proportionnelle au temps écoulé depuis l'origine du mouvement. Le rapport entre la vitesse et le temps exprime la force accélératrice et est double du rapport entre l'espace parcouru et le carré du temps. L'augmentation continuelle et uniforme de la vitesse dans cette espèce de mouvement lui a fait donner le nom de *mouvement uniformément accéléré*.

Ce qu'il y a de plus simple et de plus naturel pour comparer les forces accélératrices, c'est de prendre la force de la gravité dans un lieu donné pour l'unité. Ainsi l'on aura, pour les corps pesants,

$$2b = 1 \quad \text{et} \quad b = \frac{1}{2};$$

donc

$$x = \frac{t^2}{2}, \quad x' = t = \sqrt{2x};$$

de sorte qu'on peut déterminer la vitesse par la racine carrée du double de la hauteur d'où un corps pesant doit tomber pour acquérir cette vitesse. Par conséquent, si l'on veut prendre une vitesse donnée pour l'unité des vitesses, il faudra alors prendre, pour l'unité des espaces, le double de la hauteur nécessaire pour la produire.

CHAPITRE II.

DE LA COMPOSITION DES MOUVEMENTS, ET EN PARTICULIER DE CELLE DE TROIS MOUVEMENTS UNIFORMES. DE LA COMPOSITION ET DÉCOMPOSITION DES VITESSES ET DES FORCES. DE LA TRAJECTOIRE DES PROJECTILES DANS LE VIDE.

7. Nous venons d'examiner la nature et les propriétés du mouvement rectiligne; le mouvement curviligne se réduit naturellement à deux ou trois mouvements rectilignes, suivant que la courbe décrite par le mobile est à simple ou à double courbure. En effet, en rapportant cette courbe à deux ou trois coordonnées rectangulaires x, y, z, il est clair que la détermination du point de la courbe où le mobile se trouvera à chaque instant, dépendra de la valeur de ces coordonnées au même instant, de sorte que chacune de ces coordonnées sera une fonction donnée du temps, et pourra représenter l'espace rectiligne parcouru par un mobile qui serait la projection du vrai mobile sur chacun des trois axes des mêmes coordonnées.

Ainsi, si le mouvement se fait dans un plan, il pourra être représenté par les deux équations

$$x = f(t), \quad y = \mathrm{F}(t),$$

d'où, éliminant t, on aura en x et y l'équation de la ligne parcourue par le mobile. Si le mouvement se fait dans des plans différents, il sera représenté alors par les trois équations

$$x = f(t), \quad y = \mathrm{F}(t), \quad z = \varphi(t),$$

d'où, éliminant t, on aura deux équations en x, y, z, qui détermineront la ligne à double courbure décrite par le corps.

Supposons d'abord que les trois mouvements relatifs aux axes des x, y, z soient uniformes; on aura

$$x = at, \quad y = bt, \quad z = ct,$$

a, b, c étant les vitesses de ces mouvements. Éliminant t, on aura

$$y = \frac{bx}{a} \quad \text{et} \quad z = \frac{cx}{a},$$

deux équations qui appartiennent à une ligne droite passant par l'origine des coordonnées, et dont les projections sur les plans des xy et des xz font, avec l'axe des x, des angles dont $\frac{b}{a}$ et $\frac{c}{a}$ sont les tangentes. La partie de cette droite qui répond aux coordonnées x, y, z sera donc

$$\sqrt{x^2 + y^2 + z^2} = t\sqrt{a^2 + b^2 + c^2};$$

ce sera l'espace décrit pendant le temps t, en vertu des trois mouvements uniformes. Ce mouvement composé sera donc aussi rectiligne et uniforme, avec une vitesse égale à $\sqrt{a^2 + b^2 + c^2}$. A l'égard de sa direction, il est plus simple de la rapporter aux trois axes des coordonnées x, y, z, et il est visible que, puisque at, bt, ct sont les projections de la ligne $t\sqrt{a^2 + b^2 + c^2}$ sur les trois axes, les rapports

$$\frac{a}{\sqrt{a^2 + b^2 + c^2}}, \quad \frac{b}{\sqrt{a^2 + b^2 + c^2}}, \quad \frac{c}{\sqrt{a^2 + b^2 + c^2}}$$

seront les cosinus des angles que cette direction fait avec les mêmes axes. La somme des carrés de ces cosinus est, comme l'on voit, égale à l'unité, ce qui est la propriété connue des angles qu'une même droite fait avec trois autres droites perpendiculaires entre elles.

8. Nommons A la vitesse du mouvement composé et α, β, γ les angles que la direction de ce mouvement fait avec les trois axes; on aura

$$A = \sqrt{a^2 + b^2 + c^2}$$

et

$$\frac{a}{A} = \cos\alpha, \quad \frac{b}{A} = \cos\beta, \quad \frac{c}{A} = \cos\gamma,$$

d'où l'on tire

$$a = A\cos\alpha, \quad b = A\cos\beta, \quad c = A\cos\gamma.$$

On voit par là comment la vitesse A d'un mouvement uniforme, suivant une direction donnée, peut se décomposer dans trois vitesses a, b, c suivant des directions perpendiculaires entre elles.

Si donc un corps avait à la fois deux vitesses A et B suivant des directions données, faisant avec trois axes perpendiculaires entre eux les angles respectifs α, β, γ et λ, μ, ν, il en résulterait, suivant ces mêmes axes, les vitesses composées

$$A\cos\alpha + B\cos\lambda, \quad A\cos\beta + B\cos\mu, \quad A\cos\gamma + B\cos\nu,$$

et ces vitesses donneraient une vitesse unique C, avec une direction qui ferait, avec les mêmes axes, les angles ϖ, ρ, σ, de manière que l'on aurait

$$C\cos\varpi = A\cos\alpha + B\cos\lambda,$$

$$C\cos\rho = A\cos\beta + B\cos\mu,$$

$$C\cos\sigma = A\cos\gamma + B\cos\nu.$$

Comme les lignes $A\cos\alpha$, $A\cos\beta$, $A\cos\gamma$ sont les projections sur les trois axes de la ligne A prise sur la direction de la vitesse A, et ainsi des autres quantités semblables, il est facile de conclure des équations précédentes que, si l'on place les deux lignes A et B l'une au bout de l'autre suivant leurs propres directions, la ligne C joindra ces lignes, de sorte que A, B, C seront les trois côtés d'un triangle, et, si sur les deux lignes A et B partant d'un même point on construit un parallélogramme, la ligne C en sera la diagonale. De cette manière, la composition et décomposition des vitesses se réduit à une considération géométrique très-simple; mais, pour le calcul, il est plus simple encore de tout rapporter à trois axes perpendiculaires entre eux par les formules précédentes, qu'on peut étendre à autant de vitesses qu'on aura à composer.

Nous remarquerons encore que, si l'on nomme Δ l'angle des deux lignes A et B partant d'un même point, le carré de la ligne qui les joindra sera exprimé, comme l'on sait, par

$$A^2 - 2AB\cos\Delta + B^2.$$

D'un autre côté, en considérant les projections de ces lignes, il est aisé de voir que ce même carré sera exprimé par

$$\begin{aligned}(A\cos\alpha - B\cos\lambda)^2 + (A\cos\beta - B\cos\mu)^2 + (A\cos\gamma - B\cos\nu)^2 \\ = A^2 + B^2 - 2AB(\cos\alpha\cos\lambda + \cos\beta\cos\mu + \cos\gamma\cos\nu),\end{aligned}$$

d'où l'on tire, par la comparaison,

$$\cos\Delta = \cos\alpha\cos\lambda + \cos\beta\cos\mu + \cos\gamma\cos\nu,$$

équation qui donne la relation entre l'angle Δ de deux lignes et les angles α, β, γ et λ, μ, ν que ces lignes font avec trois axes perpendiculaires entre eux. Cette relation est connue dans la Trigonométrie sphérique; mais, comme nous aurons occasion d'en faire usage dans la suite, nous avons été bien aise de la démontrer par la méthode des projections.

9. La considération des mouvements uniformes nous a donné la composition et la décomposition des vitesses; celle des mouvements uniformément accélérés nous donnera de même la composition et la décomposition des forces.

En effet, supposons que les trois mouvements rectilignes suivant les axes des coordonnées x, y, z soient uniformément accélérés et produits par des forces accélératrices g, h, k; on aura (n° 6)

$$x = \tfrac{1}{2}gt^2, \quad y = \tfrac{1}{2}ht^2, \quad z = \tfrac{1}{2}kt^2.$$

L'élimination de t donne

$$y = \frac{hx}{g}, \quad z = \frac{kx}{g},$$

ce qui fait voir que la ligne décrite en vertu de ces mouvements est aussi une droite passant par l'origine des coordonnées. La partie de cette droite qui répond aux coordonnées x, y, z sera donc aussi

$$\sqrt{x^2+y^2+z^2} = \tfrac{1}{2}t^2\sqrt{g^2+h^2+k^2};$$

ce sera l'espace parcouru par le mouvement composé pendant le temps t, d'où l'on voit que ce mouvement sera aussi uniformément accéléré et dû à une force accélératrice égale à $\sqrt{g^2+h^2+k^2}$, et, comme les lignes $\frac{1}{2}gt^2$, $\frac{1}{2}ht^2$, $\frac{1}{2}kt^2$ sont les projections de la ligne $\frac{1}{2}t^2\sqrt{g^2+h^2+k^2}$ sur les trois axes, les rapports

$$\frac{g}{\sqrt{g^2+h^2+k^2}},\quad \frac{h}{\sqrt{g^2+h^2+k^2}},\quad \frac{k}{\sqrt{g^2+h^2+k^2}}$$

seront les cosinus des angles que la direction du mouvement composé fera avec les mêmes axes.

On voit par là que la composition des mouvements uniformément accélérés suit les mêmes règles que celle des mouvements uniformes, et que, par conséquent, la composition et décomposition des forces se fait de la même manière que celle des vitesses, de sorte que les formules trouvées dans le numéro précédent s'appliqueront également aux forces accélératrices, en substituant simplement les forces aux vitesses.

Ainsi, si un mobile est sollicité à la fois par deux forces G et H, suivant des directions données, dont les angles avec trois axes perpendiculaires entre eux soient respectivement α, β, γ et λ, μ, ν, il en résultera, suivant les directions des trois axes, les forces composées

$$G\cos\alpha + H\cos\lambda,\quad G\cos\beta + H\cos\mu,\quad G\cos\gamma + H\cos\nu;$$

et, si K est la force unique résultante de celle-ci, en nommant ϖ, ρ, σ les angles que sa direction fera avec les mêmes axes, on aura les équations

$$K\cos\varpi = G\cos\alpha + H\cos\lambda,$$
$$K\cos\rho = G\cos\beta + H\cos\mu,$$
$$K\cos\sigma = G\cos\gamma + H\cos\nu.$$

Cette manière de considérer la composition des vitesses et celle des forces comme des résultats de la composition des espaces parcourus me paraît la plus naturelle, et elle a l'avantage de faire voir clairement pourquoi la composition des forces suit nécessairement les mêmes lois que celle des vitesses. Comme on peut considérer les forces indépendamment du mouvement, on a cherché à déduire leur composition de principes purement géométriques ou analytiques; mais il ne serait pas impossible de prouver que toutes les démonstrations qu'on a données de la composition des forces ne sont que la composition des espaces, déguisée; il n'en faut peut-être excepter que celles qui sont fondées sur l'équilibre du levier droit.

10. Si les mouvements suivant les axes des coordonnées étaient composés d'uniformes et d'uniformément accélérés, de manière que l'on eût

$$x = at + \tfrac{1}{2}gt^2, \quad y = bt + \tfrac{1}{2}ht^2, \quad z = ct + \tfrac{1}{2}kt^2,$$

alors la ligne décrite en vertu de ces mouvements ne serait plus droite; elle serait seulement dans un même plan passant par l'origine des coordonnées, car, en éliminant t et t^2 des trois équations, on aurait une équation de la forme

$$lx + my + nz = 0.$$

Mais on peut composer à part les trois mouvements uniformes et les trois mouvements uniformément accélérés; et il en résultera un mouvement composé d'un simple mouvement uniforme suivant une direction donnée, et d'un simple mouvement uniformément accéléré suivant une autre direction donnée.

La nature nous présente aussi la combinaison de ces mouvements dans les projectiles lancés obliquement à l'horizon, en faisant abstraction de la résistance de l'air. Le mouvement uniforme, effet de la vitesse imprimée, se continue en ligne droite, comme s'il était seul; et le mouvement uniformément accéléré, effet de la gravité du corps, se continue aussi verticalement de haut en bas, comme s'il était unique dans le mobile, de manière qu'au bout d'un temps quelconque le corps se trouve au même point où il serait si ces deux mouvements s'effectuaient successivement et indépendamment l'un de l'autre; et à chaque instant, le corps a à la fois la vitesse du mouvement uniforme et la vitesse du mouvement uniformément accéléré, et de ces deux vitesses suivant des directions différentes, se compose la vitesse du projectile.

Soit H la hauteur d'où il faudrait qu'un corps tombât pour acquérir la vitesse avec laquelle le projectile est lancé obliquement à l'horizon; cette vitesse sera exprimée par $\sqrt{2H}$, en prenant la force accélératrice de la gravité pour l'unité (n° 6). De là, en prenant les abscisses x horizontales et dans le plan de la ligne de projection, et les ordonnées y verticales et dirigées de haut en bas, et nommant α l'inclinaison de la ligne de projection avec l'horizontale x, on aura $\sqrt{2H}\cos\alpha$ et $\sqrt{2H}\sin\alpha$ pour les vitesses horizontale et verticale : donc les expressions de x et y deviendront

$$x = t\sqrt{2H}\cos\alpha \quad \text{et} \quad y = t\sqrt{2H}\sin\alpha - \tfrac{1}{2}t^2,$$

parce que, la direction de la gravité étant contraire à celle des ordonnées y, le terme $\frac{1}{2}t^2$, dû à l'accélération de la gravité, doit être pris négativement. En éliminant t de ces équations, on aura

$$y = x\,\mathrm{tang}\,\alpha - \frac{x^2}{4H\cos^2\alpha},$$

équation à une parabole, d'où l'on pourra déduire les propriétés connues de la trajectoire des projectiles dans le vide; mais ce n'est pas ici le lieu d'entrer dans ce détail.

CHAPITRE III.

DU MOUVEMENT CURVILIGNE. DES VITESSES ET DES FORCES DANS CES MOUVEMENTS. ÉQUATIONS GÉNÉRALES DU MOUVEMENT D'UN CORPS SOLLICITÉ PAR DES FORCES QUELCONQUES. DE LA MANIÈRE D'ÉLIMINER LE TEMPS DANS CES ÉQUATIONS POUR TROUVER LA COURBE DÉCRITE PAR LE CORPS.

---

11. Considérons maintenant un mouvement quelconque, et supposons que les coordonnées x, y, z de la courbe décrite par le mobile soient des fonctions données du temps t. Dans un instant quelconque, au bout du temps t, le corps aura, suivant la direction de l'axe des x, la vitesse x' et la force accélératrice x'' (n° 6); il aura pareillement, suivant la direction de l'axe des y, la vitesse y' et la force accélératrice y'', et, suivant la direction de l'axe des z, la vitesse z' et la force accélératrice z''. Donc les trois vitesses x', y', z' donneront la vitesse composée $\sqrt{x'^2+y'^2+z'^2}$, que nous appellerons u, dont la direction fera avec les trois axes des angles dont les cosinus seront $\frac{x'}{u}$, $\frac{y'}{u}$, $\frac{z'}{u}$, de sorte que, nommant α, β, γ ces angles, on aura (n° 8)

$$x'=u\cos\alpha,\quad y'=u\cos\beta,\quad z'=u\cos\gamma.$$

Nous remarquerons d'abord ici que l'expression de la vitesse u du mobile est la même que celle de la fonction prime de l'arc de la courbe parcourue (n° 37, IIe Partie), de sorte que, nommant en général s l'espace curviligne parcouru par le corps et le regardant comme une fonction du temps, on aura s' pour vitesse réelle du mobile, comme si le mouvement était rectiligne. Nous remarquerons ensuite que la direction de cette vitesse sera la même que celle de la tangente de la courbe; car, par les formules du n° 33 de la deuxième Partie, on voit que y' et z' sont les tangentes des angles que la tangente de la courbe projetée sur le plan des x et y et sur celui des x et z fait avec l'axe des x; mais, comme dans ces formules y et z sont supposées fonctions de x, pour les appliquer au cas où l'on suppose x, y, z fonctions d'une troisième variable t, il faudra, suivant la remarque du n° 50 de la première Partie, substituer $\frac{y'}{x'}$ et $\frac{z'}{x'}$ à la place de y' et z', de sorte que les tangentes des angles dont il s'agit seront exprimées par $\frac{y'}{x'}$ et $\frac{z'}{x'}$; ces angles seront donc les mêmes que ceux des projections sur les mêmes plans de la ligne qui serait décrite par la vitesse composée de trois vitesses x', y', z' (n° 7); par conséquent, cette ligne coïncidera avec la tangente de la courbe. De là il suit que, si les causes qui empêchent le mouvement d'être rectiligne et uniforme venaient à cesser subitement dans un instant quelconque, le mobile continuerait son mouvement par la tangente avec une vitesse égale à la fonction prime de l'arc décrit.

Suivant le Calcul différentiel, les fonctions primes x', y', z' sont représentées par $\frac{dx}{dt}, \frac{dy}{dt}, \frac{dz}{dt}$, et les fonctions secondes x'', y'', z'' par $\frac{d^2x}{dt^2}$, $\frac{d^2y}{dt^2}, \frac{d^2z}{dt^2}$, en prenant dt constant.

12. Les trois forces accélératrices x'', y'', z'' donneront de même (n° 9) une force unique exprimée par $\sqrt{x''^2+y''^2+z''^2}$, que nous appellerons P et dont la direction fera avec les trois axes des coordonnées x, y, z des angles dont les cosinus seront $\frac{x''}{P}, \frac{y''}{P}, \frac{z''}{P}$, de sorte que, nommant λ, μ, ν ces angles, on aura

$$x''=P\cos\lambda,\quad y''=P\cos\mu,\quad z''=P\cos\nu.$$

Ainsi, connaissant la loi du mouvement du corps, c'est-à-dire les valeurs de x, y, z en t, on pourra trouver, par ces équations, la force accélératrice et sa direction à chaque instant, et, réciproquement, connaissant la force P avec les angles λ, μ, ν, on aura trois équations du second ordre qui serviront à déterminer x, y et z en t. Les problèmes de la première espèce ne dépendent que de l'analyse directe des fonctions et sont, par conséquent, toujours résolubles; ceux de la seconde espèce dépendent de l'analyse inverse des fonctions et sont sujets à toutes les difficultés de cette analyse.

Si le mobile était sollicité à la fois par deux forces accélératrices P et Q suivant des directions faisant avec les axes des x, y, z des angles λ, μ, ν pour la force P et ϖ, ρ, σ pour la force Q, on aurait, par les formules des numéros cités,

$$x'' = P\cos\lambda + Q\cos\varpi,$$

$$y'' = P\cos\mu + Q\cos\rho,$$

$$z'' = P\cos\nu + Q\cos\sigma,$$

et ainsi de suite, pour tel nombre de forces qu'on voudra.

13. Supposons que les directions des forces P et Q fassent avec la tangente de la courbe les angles Δ, Γ; puisque, dans les formules du n° 11, les angles α, β, γ sont les mêmes que ceux de la tangente avec les trois axes, on aura, par la formule trouvée à la fin du n° 8,

$$\cos\Delta = \cos\alpha\cos\lambda + \cos\beta\cos\mu + \cos\gamma\cos\nu,$$

et de même,

$$\cos\Gamma = \cos\alpha\cos\varpi + \cos\beta\cos\rho + \cos\gamma\cos\sigma.$$

Donc, multipliant les trois dernières équations du numéro précédent par $\cos\alpha$, $\cos\beta$, $\cos\gamma$ et les ajoutant ensemble, on aura

$$x''\cos\alpha + y''\cos\beta + z''\cos\gamma = P\cos\Delta + Q\cos\Gamma.$$

Substituant pour $\cos\alpha$, $\cos\beta$, $\cos\gamma$ leurs valeurs $\frac{x'}{u}$, $\frac{y'}{u}$, $\frac{z'}{u}$ (n° 11) et remarquant que $\frac{x'x'' + y'y'' + z'z''}{\sqrt{x'^2 + y'^2 + z'^2}}$ est la fonction prime de $\sqrt{x'^2 + y'^2 + z'^2}$, c'est-à-dire de s', que, par conséquent, cette quantité est égale à s'', on aura l'équation

$$s'' = P\cos\Delta + Q\cos\Gamma,$$

qui est, comme l'on voit, semblable aux équations du mouvement rectiligne suivant les trois axes.

Cette équation sert à déterminer directement la vitesse réelle du corps, qui est exprimée par s', et l'on voit que les forces perpendiculaires à la tangente n'influent en rien sur la vitesse, puisque, les angles Δ, Γ étant alors droits, leurs cosinus sont nuls, ce qui détruit les termes dus à ces forces dans l'expression de s''; d'où l'on peut conclure, en général, que lorsqu'un corps est contraint de se mouvoir dans un canal d'une figure donnée, comme l'action des parois du canal sur le corps ne peut s'exercer que perpendiculairement au canal même, la vitesse du corps ne sera nullement altérée par cette action. Au contraire, les forces qui agissent suivant la tangente produisent sur la vitesse leur plein et entier effet, comme si le mouvement du corps était rectiligne, puisque, les angles Δ, Γ devenant nuls par ces forces, leurs cosinus sont égaux à l'unité.

14. La gravité et toutes les forces d'attraction connues agissent également sur toutes les parties matérielles des corps et produisent le même mouvement, abstraction faite de l'inégalité des forces à raison des distances, de sorte que l'effet de l'action de ces forces est indépendant de la masse du corps mû et est le même, par rapport à la vitesse imprimée, que si la masse était réduite à un point. Dans les attractions réciproques des corps, la force d'attraction est proportionnelle à la masse du corps attirant, parce que chacune de ses particules attire également; par conséquent, le mouvement absolu imprimé au corps attiré est simplement proportionnel à la masse du corps attirant.

Il n'en est pas de même des forces qui ne pénètrent point dans l'intérieur des corps et qui n'agissent qu'à l'extérieur, comme l'action des ressorts, celle de la résistance des fluides, les forces produites par la pression, par la tension des fils, etc. Il est clair que ces forces ne peuvent produire le même effet sur différents corps, à moins qu'elles ne soient proportionnelles à leurs masses; car, si une force double, par exemple, agit sur un corps de masse double, c'est la même chose que si deux forces simples agissent séparément sur deux masses simples; il est clair aussi que l'effet produit sur une même masse ou des masses égales par différentes forces, c'est-à-dire le mouvement ou la vitesse imprimée, doit être proportionnelle aux forces; ainsi, si une force F, agissant sur une masse M, y imprime la vitesse V, une force mF, agissant sur la masse mM, y imprimera la même vitesse V; mais la force mF, agissant sur la masse M, lui imprimera la vitesse mV: donc la même force mF imprimera à la masse mM la vitesse V et à la masse M la vitesse mV, d'où il suit que les vitesses imprimées par une même force à des masses différentes sont en raison inverse des masses. Donc, en général, l'effet d'une force donnée sur une masse donnée est en raison directe de la force et en raison inverse de la masse, ou comme la force divisée par la masse.

Ce principe est confirmé par l'expérience, car un ressort placé entre deux corps et agissant également sur l'un et sur l'autre leur imprime des vitesses en raison inverse de leurs masses. Lorsque deux corps durs, mus sur la même ligne en sens opposés, viennent à se choquer avec des vitesses en raison inverse de leurs masses, ils s'arrêtent après le choc par la destruction réciproque de leur mouvement, et s'ils sont parfaitement élastiques ils sont réfléchis en arrière, chacun avec la même vitesse qu'il avait avant le choc.

Dans les corps pesants, comme la gravité agit également sur toutes les parties de la masse du corps, son action absolue est proportionnelle à la masse; donc, divisant cette action par la masse, l'effet de la pesanteur pour imprimer du mouvement aux corps devient indépendant de leur masse et est le même pour tous les corps. Mais si deux corps pesants se tiennent par un fil passant sur une poulie, comme les forces qui résultent de leur pesanteur, et qui sont proportionnelles aux masses, tirent le fil en sens contraire, il n'y a que la différence de ces forces qui puisse leur imprimer du mouvement, et, comme les deux corps doivent se mouvoir conjointement et parcourir le même espace vertical dans le même temps, la masse totale à mouvoir est la somme des masses; ainsi, l'action de la gravité pour mouvoir ces corps se trouve diminuée en raison de la différence des masses à leur somme; par conséquent, les espaces parcourus au bout d'un temps quelconque seront à ceux d'un corps pesant qui tombe librement dans la même raison. C'est ce que l'expérience confirme dans la machine inventée par Atwood pour démontrer les lois de l'accélération des graves.

15. Il résulte du principe que nous venons d'exposer que les forces accélératrices d'un corps doivent être estimées par les valeurs absolues des forces qui agissent sur le corps, divisées par la masse même du corps. Ainsi, si P, Q, ... expriment les valeurs absolues des forces qui agissent sur un corps dont la masse est M, suivant des directions qui fassent avec les axes des coordonnées x, y, z les angles λ, μ, ν pour la force P, les angles ϖ, ρ, σ pour la force Q, et ainsi des autres, il faudra, dans les formules du n° **12**, mettre partout $\frac{P}{M}, \frac{Q}{M}, \cdots$ à la place de P, Q, ..., ou, ce qui reviendra au même, multiplier par M les quantités x'', y'', z''. De cette manière on aura donc, pour les équations du mouvement du corps M, sollicité par les forces ou puissances quelconques P, Q, ..., les équations

$$\begin{aligned} Mx'' &= P\cos\lambda + Q\cos\varpi + \ldots, \\ My'' &= P\cos\mu + Q\cos\rho + \ldots, \\ Mz'' &= P\cos\nu + Q\cos\sigma + \ldots. \end{aligned}$$

Lorsque des corps s'attirent mutuellement, comme l'attraction est censée venir de toutes les parties de la masse attirante et agir sur toutes les parties de la masse attirée, il s'ensuit que la valeur absolue de la force d'attraction entre deux corps doit être proportionnelle au produit de leurs masses.

16. Dans ces équations, les coordonnées x, y, z sont regardées comme des fonctions du temps t. Pour avoir les équations mêmes de la courbe décrite par le corps, il faudra éliminer le temps et réduire les coordonnées y et z à de simples fonctions de x. Voici l'esprit et le fondement de cette réduction.

En regardant les quantités x, y, z comme fonctions de t, lorsque t devient $t+\theta$, ces quantités deviennent

$$x+\theta x'+\frac{\theta^2}{2}x''+\frac{\theta^3}{2.3}x'''+\ldots,$$

$$y+\theta y'+\frac{\theta^2}{2}y''+\frac{\theta^3}{2.3}y'''+\ldots,$$

$$z+\theta z'+\frac{\theta^2}{2}z''+\frac{\theta^3}{2.3}z'''+\ldots,$$

par les principes établis dans la première Partie sur le développement des fonctions.

En regardant, d'un autre côté, y et z comme fonctions de x, lorsque x devient $x+i$, ces mêmes quantités deviennent

$$y+i(y')+\frac{i^2}{2}(y'')+\frac{i^3}{2.3}(y''')+\ldots,$$

$$z+i(z')+\frac{i^2}{2}(z'')+\frac{i^3}{2.3}(z''')+\ldots.$$

Je renferme ici les quantités y', y'', ..., z', z'', ... entre des parenthèses, pour les distinguer des mêmes quantités relatives à la première hypothèse.

Donc, si l'on fait

$$i=\theta x'+\frac{\theta^2}{2}x''+\frac{\theta^3}{2.3}x'''+\ldots,$$

il faudra que l'on ait, quel que soit θ, l'équation

$$i(y')+\frac{i^2}{2}(y'')+\frac{i^3}{2.3}(y''')+\ldots=\theta y'+\frac{\theta^2}{2}y''+\frac{\theta^3}{2.3}y'''+\ldots,$$

et de même,

$$i(z')+\frac{i^2}{2}(z'')+\frac{i^3}{2.3}(z''')+\ldots=\theta z'+\frac{\theta^2}{2}z''+\frac{\theta^3}{2.3}z'''+\ldots.$$

Substituant la valeur de i et comparant les termes affectés de la même puissance de θ, la première équation donnera

$$y' = (y')x', \quad y'' = (y')x'' + (y'')x'^2,$$
$$y''' = (y')x''' + 3(y'')x'x'' + (y''')x'^3,$$

et ainsi de suite; d'où l'on tire

$$(y') = \frac{y'}{x'}, \quad (y'') = \frac{y'' - (y')x''}{x'^2} = \frac{y''}{x'^2} - \frac{y'x''}{x'^3},$$
$$(y''') = \frac{y''' - (y')x''' - 3(y'')x'x''}{x'^3} = \frac{y'''}{x'^3} - \frac{y'x''}{x'^4} - \frac{3y''x''}{x'^4} + \frac{3y'x''^2}{x'^5},$$

et ainsi de suite; et l'on aura, par la seconde équation, des formules semblables pour (z'), (z''), ... en changeant seulement la lettre y en z.

Ces formules s'accordent avec celles que nous avons trouvées, d'une autre manière, dans la première Partie (n° **50**), car on voit que

$$(y') = \frac{y'}{x'}, \quad (y'') = \frac{\left(\frac{y'}{x'}\right)'}{x'}, \quad \dots.$$

L'analyse précédente est plus directe et résulte des premiers principes de la chose; mais celle de l'endroit cité a l'avantage de faire voir la loi de la progression, car elle donne immédiatement

$$(y') = \frac{y'}{x'}, \quad (y'') = \frac{[(y')]'}{x'}, \quad (y''') = \frac{[(y'')]'}{x'}, \quad \dots$$

et ainsi de suite, en désignant par un trait appliqué aux parenthèses carrées la fonction prime de la quantité renfermée entre les parenthèses.

Par le moyen de ces formules, on pourra transformer les équations qui contiennent les fonctions dérivées x', x'', ..., y', y'', ..., z', z'', ... relativement à t en d'autres équations où il n'y ait que les fonctions dérivées (y'), (y''), ..., (z'), (z''), ... relativement à x.

CHAPITRE IV.

DE LA QUESTION OU IL S'AGIT DE TROUVER LA RÉSISTANCE QUE LE MILIEU DOIT OPPOSER POUR QUE LE PROJECTILE DÉCRIVE UNE COURBE DONNÉE. ANALYSE DE LA SOLUTION QUE NEWTON A DONNÉE DE CE PROBLÈME DANS LA PREMIÈRE ÉDITION DE SES « PRINCIPES ». SOURCE DE L'ERREUR DE CETTE SOLUTION. DISTINCTION ENTRE LA MÉTHODE DES SÉRIES ET CELLE DES FONCTIONS DÉRIVÉES, OU DU CALCUL DIFFÉRENTIEL.

---

17. Pour montrer l'usage des formules que nous venons de donner, supposons qu'on demande la résistance du milieu en vertu de laquelle un corps pesant lancé dans ce milieu décrirait une courbe donnée. On regardera la résistance comme une force retardatrice qui agit dans la direction même du corps, c'est-à-dire dans celle de la tangente de la courbe; ainsi, en nommant r la résistance, c'est-à-dire l'action du milieu résistant sur la surface du corps, divisée par la masse même du corps, on aura $-r\cos\alpha$, $-r\cos\beta$, $-r\cos\gamma$ pour les forces accélératrices qui en résultent suivant les directions des axes des x, y, z, les angles α, β, γ étant ceux de la tangente avec ces axes. De plus, si l'on nomme g la force accélératrice de la gravité, et qu'on prenne les coordonnées y verticales et dirigées de bas en haut, on aura $-g$ pour la force accélératrice provenant de la gravité suivant les coordonnées y.

Donc les équations du mouvement seront

$$x'' = -r\cos\alpha,\quad y'' = -g - r\cos\beta,\quad z'' = -r\cos\gamma.$$

Substituant pour $\cos\alpha$, $\cos\beta$, $\cos\gamma$ leurs valeurs $\frac{x'}{u}$, $\frac{y'}{u}$, $\frac{z'}{u}$ (n° **11**), où

u, vitesse du corps, est $= s' = \sqrt{x'^2 + y'^2 + z'^2}$, on aura celle-ci :

$$x'' = -\frac{rx'}{u}, \quad y'' = -g - \frac{ry'}{u}, \quad z'' = -\frac{rz'}{u}.$$

La première et la dernière donnent

$$\frac{x''}{x'} = \frac{z''}{z'},$$

d'où l'on tire, en prenant les fonctions primitives,

$$z = mx + n,$$

m et n étant des constantes arbitraires. Cette équation, étant celle d'un plan vertical, fait voir que la courbe est nécessairement toute dans ce plan : ainsi, en prenant l'axe des x dans ce même plan, on aura $z = 0$ et $z' = 0$, et les équations de la courbe se réduiront aux deux premières. Mais, comme dans ces équations les variables x, y sont supposées fonctions du temps, et que pour avoir l'équation de la courbe on doit regarder y comme fonction de x, il faudra chercher ses fonctions dérivées dans cette hypothèse par les formules du numéro précédent.

Supposons, pour abréger, $\frac{r}{u} = q$; on aura

$$x'' = -qx', \quad y'' = -g - qy';$$

substituant ces valeurs dans l'expression de (y'') du nº **16**, on aura

$$(y'') = -\frac{g}{x'^2};$$

ainsi la valeur de q dépend de (y'''). Or on a, par le même numéro,

$$(y''') = \frac{y'''}{x'^3} - \frac{y'x'''}{x'^4} - \frac{3(y'')x''}{x'^2};$$

mais, connaissant les valeurs de x'' et y'', il n'y aura qu'à prendre leurs fonctions primes pour avoir celles de x''' et y''', et l'on trouvera, en désignant par q' la fonction prime de q,

$$x''' = -qx'' - q'x' = (q^2 - q')x',$$
$$y''' = -qy'' - q'y' = qg + (q^2 - q')y'.$$

Par ces substitutions, les deux premiers termes de la valeur de (y''') donneront $\frac{qg}{x'^3}$ et le terme $-\frac{3(y'')x''}{x'^2}$ donnera $-\frac{3qg}{x'^3}$; de sorte que l'on aura $(y''')=-\frac{2qg}{x'^3}$. Or, q étant $=\frac{r}{\sqrt{x'^2+y'^2}}$, on fera cette substitution, et l'on en chassera x' et y' au moyen des équations $(y')=\frac{y'}{x'}$ et $(y'')=-\frac{g}{x'^2}$, lesquelles donneront

$$x'^3\sqrt{x'^2+y'^2}=x'^4\sqrt{1+(y')^2}=\frac{g^2\sqrt{1+(y')^2}}{(y'')^2};$$

on aura ainsi

$$(y''')=-\frac{2r(y'')^2}{g\sqrt{1+(y')^2}}.$$

Comme les fonctions dérivées (y'), (y''), (y''') se rapportent maintenant à la variable x, nous pouvons les représenter simplement par y', y'', y'''; on aura donc

$$\frac{r}{g}=-\frac{y'''\sqrt{1+y'^2}}{2y''^2}.$$

Or, la courbe étant donnée, on a y en fonction de x : de là on tirera les fonctions dérivées y', y'', y''', et la formule précédente donnera, pour chaque point de la courbe, le rapport de la résistance à la gravité.

La vitesse u sera

$$u=\sqrt{x'^2+y'^2}=x'\sqrt{1+(y')^2}=\frac{\sqrt{g}\sqrt{1+(y')^2}}{\sqrt{-(y'')}},$$

c'est-à-dire, en changeant (y') en y',

$$u=\frac{\sqrt{g}\sqrt{1+y'^2}}{\sqrt{-y''}}.$$

Pour traduire ces formules en Calcul différentiel, il faudra changer y' en $\frac{dy}{dx}$, et y'' en $\frac{d^2y}{dx^2}$, en prenant dx constant, parce que ces fonctions dérivées sont ici relatives à la variable x.

Si l'on suppose la résistance proportionnelle au carré de la vitesse et à la densité du milieu, alors, nommant Δ cette densité dans un lieu quelconque, on aura

$$r = mu^2\Delta,$$

m étant un coefficient constant; donc, substituant la valeur de u,

$$r = \frac{mg(1+y'^2)\Delta}{-y''},$$

et, mettant cette valeur dans l'équation ci-dessus, elle deviendra

$$m\Delta = \frac{y'''}{2y''\sqrt{1+y'^2}},$$

par où l'on déterminera la densité du milieu nécessaire pour faire décrire la courbe donnée. Réciproquement, cette équation servira à déterminer la courbe lorsque la densité du milieu sera donnée.

Pour les projectiles lancés dans l'air, on peut supposer la densité du milieu constante; ainsi, faisant, pour plus de simplicité, $2m\Delta = \frac{1}{k}$, l'équation de la courbe sera

$$\frac{y'''}{y''} = k\sqrt{1+y'^2} = ks',$$

s étant l'arc de la courbe, d'où l'on tire, en prenant les fonctions primitives,

$$y = Ae^{ks},$$

A étant une constante arbitraire : c'est la forme la plus simple sous laquelle puisse être mise l'équation de cette courbe. On peut tirer de ces équations les différentes approximations qui ont été données jusqu'ici pour la détermination de la courbe décrite par les boulets et les bombes; mais les bornes de cet écrit nous empêchent d'entrer dans aucun détail sur ce sujet.

18. Nous remarquerons encore qu'on aurait pu déduire tout de suite l'équation de la courbe des équations du mouvement,

$$x'' = -\frac{rx'}{s'}, \quad y'' = -g - \frac{ry'}{s'},$$

par l'élimination immédiate du temps t. En effet, x et y étant fonctions de t, on peut réciproquement regarder y et t comme fonctions de x, et, par la règle donnée dans le n° 50 de la première Partie, si l'on regarde, en général, x, y, t comme fonctions d'une autre variable quelconque z, il faudra substituer $\frac{x'}{t'}$ et $\frac{y'}{t'}$ à la place de x', y', et $\frac{\left(\frac{x'}{t'}\right)'}{t'}$, $\frac{\left(\frac{y'}{t'}\right)'}{t'}$ à la place de x'', y''; mais, en prenant x pour variable principale à la place de t, on fera $x' = 1$, et l'on aura à substituer $\frac{1}{t'}$ et $\frac{y'}{t'}$ à la place de x' et y', et $-\frac{t''}{t'^3}$ et $\frac{y''}{t'^2} - \frac{y't''}{t'^3}$ à la place de x'' et y''.

Les deux équations deviendront donc, à cause de $s' = \sqrt{x'^2 + y'^2}$,

$$-\frac{t''}{t'^3} = -\frac{r}{\sqrt{1+y'^2}}, \quad \frac{y''}{t'^2} - \frac{y't''}{t'^3} = -g - \frac{ry'}{\sqrt{1+y'^2}},$$

d'où il faudra éliminer la fonction t'. Substituant, dans la seconde équation, la valeur de $\frac{t''}{t'^3}$ tirée de la première, elle deviendra

$$\frac{y''}{t'^2} = -g;$$

divisant par y'', et prenant de part et d'autre les fonctions primes, on aura

$$-\frac{2t''}{t'^3} = \frac{gy'''}{y''^2},$$

valeur qui, étant substituée dans la première équation, donnera, comme plus haut,

$$\frac{r}{g} = -\frac{y'''\sqrt{1+y'^2}}{2y''^2}.$$

A l'égard de la vitesse $u = s' = \sqrt{x'^2 + y'^2}$, elle deviendra $\frac{\sqrt{1+y'^2}}{t'}$, et, comme on vient de trouver $t' = \sqrt{-\frac{y''}{g}}$, la vitesse deviendra $\frac{\sqrt{g}\sqrt{1+y'^2}}{\sqrt{-y''}}$, comme ci-dessus.

Si la force de la gravité g était variable, alors la valeur de $\frac{r}{g}$ que l'on vient de trouver ne serait plus exacte, car, en prenant les fonctions primes de l'équation

$$\frac{1}{t'^2} = -\frac{g}{y''},$$

on aurait

$$-\frac{2t''}{t'^3} = \frac{gy'''}{y''^2} - \frac{g'}{y''},$$

et la substitution de cette valeur donnerait

$$\frac{r}{g} = -\frac{y'''\sqrt{1+y'^2}}{2y''^2} + \frac{g'\sqrt{1+y'^2}}{2gy''}.$$

Cette manière d'éliminer le temps dans les équations du mouvement, pour avoir l'équation de la courbe décrite, est analogue à celle qu'on emploie dans le Calcul différentiel; mais l'analyse du n° 16, fondée sur le développement des fonctions, est, à certains égards, plus directe; elle nous sera d'ailleurs utile pour découvrir, comme nous l'avons annoncé au commencement de cet écrit, la véritable source de la méprise où Newton est tombé dans la première édition des *Principes*, en résolvant le problème dont nous venons de nous occuper.

Quoiqu'il puisse paraître peu important de découvrir en quoi et comment Newton a pu se tromper dans une solution qu'il a ensuite lui-même abandonnée, néanmoins, comme tout ce qui a rapport à l'invention et aux premiers développements de l'Analyse infinitésimale mérite l'attention de ceux qui s'intéressent à l'histoire des sciences, j'ai cru que l'on me saurait gré de discuter de nouveau ce sujet, comme un point qui n'a pas été assez éclairci, parce qu'il tient à une distinction subtile entre la méthode différentielle et la méthode des séries, que Newton a employée dans sa première solution (liv. II, prop. X).

19. Voici la construction qui sert de fondement à cette solution. Le mobile étant parvenu à un point quelconque de la courbe, sans la résistance et la gravité il décrirait, dans un temps donné très-petit, une partie très-petite de la tangente que nous désignerons par α; soient γ le petit espace que la gravité lui ferait décrire dans le même temps perpendiculairement à l'horizon, et ρ le petit espace dont la résistance diminue l'espace α parcouru sur la tangente; il est clair que le rapport de ρ à γ sera celui de la résistance à la gravité. Ainsi le corps, dans le temps qu'il aurait parcouru sur la tangente l'espace $\alpha - \rho$, serait descendu verticalement de la quantité γ; par conséquent, γ sera la flèche de l'arc $\alpha - \rho$. Maintenant, si l'on considère le corps comme partant du même point et rebroussant chemin pour décrire en sens contraire le même arc de courbe qu'il a parcouru, il faudra regarder la résistance comme négative, et par conséquent comme une force qui accélère le mouvement au lieu de le retarder. Le mobile décrira ainsi, dans le même temps très-petit, l'espace $\alpha + \rho$ sur la même tangente dans une direction contraire, et descendra verticalement par le même espace γ, en vertu de la gravité. Par conséquent, γ sera la flèche de l'arc $\alpha + \rho$, pris de l'autre côté du point de la courbe dont il s'agit. Or les flèches étant, pour les arcs infiniment petits, comme les carrés des arcs ou des tangentes, la flèche de la portion $\alpha - \rho$ de l'arc $\alpha + \rho$ sera $\gamma\left(\frac{\alpha - \rho}{\alpha + \rho}\right)^2$; donc la différence des flèches pour les arcs égaux $\alpha - \rho$, pris de part et d'autre du point donné de la courbe, sera

$$\gamma\left[1 - \frac{(\alpha - \rho)^2}{(\alpha + \rho)^2}\right] = \frac{4\alpha\gamma\rho}{(\alpha + \rho)^2}.$$

Nommons cette différence δ; on aura

$$\frac{4\alpha\gamma\rho}{(\alpha + \rho)^2} = \delta \quad \text{et} \quad \frac{\rho}{\gamma} = \frac{\delta(\alpha + \rho)^2}{4\alpha\gamma^2} = \frac{\delta\alpha}{4\gamma^2},$$

à cause que la petite ligne ρ, parcourue d'un mouvement uniformément accéléré, est infiniment plus petite que la ligne α, parcourue dans le même temps d'un mouvement uniforme.

Tel est le raisonnement de Newton, présenté de la manière la plus claire, et le résultat que nous venons de trouver s'accorde avec celui du corollaire II du problème cité, où il est visible que les lignes CF et FG sont ce que nous avons nommé α et γ, et que la différence $FG - Kl$ est ce que nous avons nommé δ.

Maintenant, en prenant les abscisses x horizontales et les ordonnées y verticales et dirigées de bas en haut, Newton suppose que, pour l'abscisse $x+o$, l'ordonnée exprimée en série est

$$y+Qo-Ro^2-So^3+\ldots,$$

et il remarque que la partie de la tangente qui répond à la partie o de l'axe est $o\sqrt{1+Q^2}$, et que la flèche, c'est-à-dire la partie de l'ordonnée comprise entre la courbe et la tangente, est $Ro^2+So^3+\ldots$. En faisant o négatif, on aura la flèche qui répond à la même partie de la tangente, prise de l'autre côté du point de contact, et qui sera, par conséquent, $Ro^2-So^3+\ldots$, et la différence des deux flèches sera $2So^3-\ldots$. Or il est visible que les quantités $o\sqrt{1+Q^2}$, $Ro^2+So^3+\ldots$ et $2So^3-\ldots$ répondent à celles que nous avons nommées α, γ et δ; donc la quantité $\frac{\alpha\delta}{4\gamma^2}$, qui exprime le rapport de la résistance à la gravité, deviendra, en divisant le haut et le bas par o^4,

$$\frac{S\sqrt{1+Q^2}}{2(R+So)^2}=\frac{S\sqrt{1+Q^2}}{2R^2},$$

la quantité infiniment petite o s'évanouissant à côté de la quantité R. C'est aussi le résultat trouvé par Newton dans l'exemple premier du même problème.

Suivant notre notation, lorsque x devient $x+o$, y devient

$$y+oy'+\frac{o^2}{2}y''+\frac{o^3}{2.3}y'''+\ldots;$$

donc, comparant avec la série de Newton, on a

$$Q=y',\quad R=-\frac{y''}{2},\quad S=-\frac{y'''}{2.3};$$

substituant ces valeurs dans la formule précédente, le rapport de la résistance à la gravité deviendra $-\frac{y'''\sqrt{1+y'^2}}{3y''^2}$, au lieu que nous l'avons trouvé ci-dessus (n° 17) $-\frac{y'''\sqrt{1+y'^2}}{2y''^2}$. D'où il suit que la solution de Newton est fautive.

Il est remarquable que, si l'on substitue simplement y', y'', y''' ou $\frac{dy}{dx}$, $\frac{d^2y}{dx^2}$, $\frac{d^3y}{dx^3}$ pour Q, $-$R, $-$S, on a un résultat exact : c'est ce qui a fait croire aux Bernoulli, qui ont découvert les premiers l'erreur de Newton, et à tous ceux qui en ont parlé depuis, que cette erreur venait de ce que Newton avait pris les termes de la série $Qo - Ro^2 - So^3 - \ldots$ pour les différences premières, secondes et troisièmes de l'ordonnée, tandis que ces termes ne sont égaux qu'à ces différences divisées par 1, 2, 6, ... Mais il est facile de voir que la solution de Newton est indépendante de la considération de ces différences et que la substitution des termes Ro^2, So^3 de la série dont il s'agit à la place des quantités p et $\frac{\delta}{2}$, dans la formule $\frac{\alpha\delta}{4\gamma}$, est légitime; ainsi l'erreur doit être dans cette formule même, qui donne le rapport de la résistance à la gravité, et ce qui doit le prouver sans réplique, c'est que, si la gravité était variable, la même formule aurait encore lieu, puisque dans les deux mouvements direct et rétrograde le corps est censé descendre verticalement de la même ligne γ. Ainsi, dans ce cas, on devrait aussi avoir une solution exacte par la substitution de y', y'', y''' à la place de Q, $-$R, $-$S, ce qui n'est pas, comme on le voit par la valeur de $\frac{r}{g}$ que nous avons trouvée pour ce cas dans le numéro précédent.

20. Pour découvrir la source de l'erreur, nous allons réduire la solution de Newton en analyse. En nommant u la vitesse dans un point de la courbe, $u\theta$ est l'espace que le mobile parcourrait dans la tangente pendant le temps θ, sans la gravité et la résistance. Nommant g la force absolue de la gravité et r celle de la résistance, $\frac{g\theta^2}{2}$ et $\frac{r\theta^2}{2}$ seront les espaces parcourus en vertu de ces forces, regardées comme constantes pendant le temps θ, supposé très-petit. Ainsi le corps aura parcouru, suivant la tangente, l'espace $u\theta - \frac{r\theta^2}{2}$, et, suivant l'ordonnée verticale y, l'espace $\frac{g\theta^2}{2}$, lequel représente la flèche qui répond à la tangente $u\theta - \frac{r\theta^2}{2}$. Supposons maintenant, comme Newton, que le mobile rebrousse chemin avec la même vitesse u et sur la même tangente; dans le temps T, il décrirait l'espace $u\mathrm{T} + \frac{r\mathrm{T}^2}{2}$, parce que la résistance doit être prise en sens contraire; c'est l'espace pris négativement qui répond au temps $\theta = -\mathrm{T}$, et la flèche correspondante serait $\frac{g\mathrm{T}^2}{2}$, et, si l'on veut que les deux espaces décrits de part et d'autre soient égaux, comme Newton le suppose, on aura l'équation

$$u\theta - \frac{r\theta^2}{2} = u\mathrm{T} + \frac{r\mathrm{T}^2}{2},$$

d'où l'on tire, aux θ^3 près,

$$\mathrm{T} = \theta - \frac{r\theta^2}{u}.$$

Substituant cette valeur dans la flèche $\frac{g\mathrm{T}^2}{2}$, elle devient $\frac{g\theta^2}{2} - \frac{gr\theta^3}{u}$; et la différence des deux flèches sera $\frac{gr\theta^3}{u}$; c'est la quantité que nous avons nommée ci-dessus δ. D'un autre côté, il est clair qu'on a, suivant les dénominations employées ci-dessus,

$$\alpha = u\theta - \frac{r\theta^2}{2}, \quad \gamma = \frac{g\theta^2}{2}, \quad \rho = \frac{r\theta^2}{2};$$

donc

$$\frac{r}{g} = \frac{\rho}{\gamma} = \frac{\delta\alpha}{4\gamma^2};$$

de là, en faisant $\alpha = o\sqrt{1+\mathrm{Q}^2}$, et prenant $\mathrm{R}o^2 + \mathrm{S}o^3$, $\mathrm{R}o^2 - \mathrm{S}o^3$ pour les deux flèches, ce qui donne $\gamma = \mathrm{R}o^2$, $\delta = 2\mathrm{S}o^3$, on a

$$\frac{r}{g} = \frac{\rho}{\gamma} = \frac{\mathrm{S}\sqrt{1+\mathrm{Q}^2}}{2\mathrm{R}^2},$$

comme Newton l'a trouvé par sa construction.

21. Maintenant il est aisé de voir que ce résultat vient des équa-

tions

$$u\theta - \frac{r\theta^2}{2} = o\sqrt{1+Q^2}, \quad -uT - \frac{rT^2}{2} = -o\sqrt{1+Q^2},$$

$$\frac{g\theta^2}{2} = Ro^2 + So^3, \qquad \frac{gT^2}{2} = Ro^2 - So^3,$$

ou bien simplement de celles-ci,

$$u\theta - \frac{r\theta^2}{2} = o\sqrt{1+Q^2}, \quad \frac{g\theta^2}{2} = Ro^2 + So^3,$$

en prenant θ et o positivement et négativement, ce qui revient à vérifier ces équations indépendamment de la valeur de o, qui en effet doit demeurer indéterminée, étant supposée très-petite.

La première équation donne, aux termes du troisième ordre près, θ et o étant du premier,

$$\theta = \frac{o\sqrt{1+Q^2}}{u} + \frac{r(1+Q^2)o^2}{2u^3}.$$

Cette valeur étant substituée dans la seconde, on a, au quatrième ordre près,

$$\frac{g(1+Q^2)o^2}{2u^2} + \frac{gr(1+Q^2)^{\frac{3}{2}}o^3}{2u^4} = Ro^2 + So^3,$$

et la comparaison des termes homogènes en o donne

$$R = \frac{g(1+Q^2)}{2u^2}, \quad S = \frac{gr(1+Q^2)^{\frac{3}{2}}}{2u^4}.$$

De la première on tire $u^2 = \frac{g(1+Q^2)}{2R}$, et, cette valeur étant substituée dans la seconde, on a le résultat de Newton :

$$\frac{r}{g} = \frac{S\sqrt{1+Q^2}}{2R^2}.$$

Mais nous devons remarquer que ce dernier résultat, étant tiré de la comparaison des termes affectés de o^3 dans la transformée de l'équation $\frac{g\theta^2}{2} = Ro^2 + So^3$, ne saurait être exact, parce que le premier membre de cette équation, qui est l'expression de la flèche en temps, n'est lui-même exact qu'aux θ^3 près, de sorte qu'à la rigueur il n'y a d'exact que le résultat $R = \frac{g(1+Q^2)}{2u^2}$, tiré de la comparaison des termes du second ordre. Pour avoir de cette manière la valeur exacte de $\frac{r}{g}$, en la déduisant des termes affectés de o^3, il faudrait que l'expression de la flèche en θ fût elle-même exacte jusqu'aux θ^3; mais, le terme qui devrait suivre $\frac{g\theta^2}{2}$ n'étant pas donné immédiatement par les principes de la Mécanique, on ne peut le trouver que par la loi de la dérivation, de la manière suivante.

22. Puisque, suivant l'hypothèse de Newton (n° 19), x croissant de o, y croît de $Qo - Ro^2 - So^3 - \ldots$, et que $o\sqrt{1+Q^2} = u\theta - \frac{r\theta^2}{2}$ et $Ro^2 + So^3 = \frac{g\theta^2}{2}$ (numéro précédent), θ étant l'accroissement du temps t, correspondant à l'accroissement o de l'abscisse x, il s'ensuit que, t devenant $t+\theta$, x devient

$$x + \frac{u}{\sqrt{1+Q^2}}\theta - \frac{r}{\sqrt{1+Q^2}}\frac{\theta^2}{2},$$

et y devient

$$y + \frac{Qu}{\sqrt{1+Q^2}}\theta - \left(\frac{Qr}{\sqrt{1+Q^2}} + g\right)\frac{\theta^2}{2}.$$

Or, en rapportant à t les fonctions dérivées $x', x'', \ldots, y', y'', \ldots$, lorsque t devient $t+\theta$, x et y deviennent en général

$$x + x'\theta + x''\frac{\theta^2}{2} + x'''\frac{\theta^3}{2.3} + \cdots,$$

$$y + y'\theta + y''\frac{\theta^2}{2} + y'''\frac{\theta^3}{2.3} + \cdots;$$

donc, comparant avec les formules précédentes, on a

$$x' = \frac{u}{\sqrt{1+Q^2}}, \quad x'' = -\frac{r}{\sqrt{1+Q^2}},$$

$$y' = \frac{Qu}{\sqrt{1+Q^2}}, \quad y'' = -\frac{Qr}{\sqrt{1+Q^2}} - g.$$

D'un autre côté, puisque x et y deviennent en même temps $x+o$ et $y+Qo-Ro^2-So^3-\ldots$, on aura aussi

$$0=x'\theta+x''\frac{\theta^2}{2}+x'''\frac{\theta^3}{2.3}+\ldots,$$

$$Qo-Ro^2-So^3-\ldots=y'\theta+y''\frac{\theta^2}{2}+y'''\frac{\theta^3}{2.3}+\ldots.$$

Donc, comme la flèche est exprimée en général par $Ro^2+So^3+\ldots$, son expression en θ sera

$$Q\left(x'\theta+x''\frac{\theta^2}{2}+x'''\frac{\theta'''}{2.3}+\ldots\right)-y'\theta-y''\frac{\theta^2}{2}-y'''\frac{\theta^3}{2.3}-\ldots$$

ou

$$(Qx'-y')\theta+(Qx''-y'')\frac{\theta^2}{2}+(Qx'''-y''')\frac{\theta^3}{2.3}+\ldots.$$

Les deux premiers termes se réduisent à $\frac{g\theta^2}{2}$ par la substitution des valeurs de x', x'', y', y''; pour avoir le terme suivant, il n'y aura qu'à chercher les valeurs de x''', y''' d'après celles de x'', y''. Or on a

$$y''=Qx''-g,$$

d'où l'on tire

$$y'''=Qx'''+Q'x'', \quad \text{donc} \quad Qx'''-y'''=-Q'x''.$$

Pour avoir Q', je prends l'équation

$$y'=Qx',$$

qui résulte des valeurs x' et y' trouvées ci-dessus, d'où l'on tire

$$y''=Qx''+Q'x';$$

donc

$$Q'=\frac{y''-Qx''}{x'}=-\frac{g}{x'}, \quad \text{donc} \quad Qx'''-y'''=g\frac{x''}{x'}=-\frac{gr}{u}.$$

Il résulte de là que l'expression de la flèche, au lieu d'être simplement $\frac{g\theta^2}{2}$, sera $\frac{g\theta^2}{2} - \frac{gr\theta^3}{6u}$. Ainsi, au lieu de l'équation

$$\frac{g\theta^2}{2} = Ro^2 + So^3,$$

on aura celle-ci,

$$\frac{g\theta^2}{2} - \frac{gr\theta^3}{6u} = Ro^2 + So^3,$$

qui est exacte jusqu'aux quantités du troisième ordre. En y substituant la valeur de θ du numéro précédent, qui est exacte jusqu'aux quantités du second ordre, on aura, au quatrième ordre près,

$$Ro^2 + So^3 = \frac{g(1+Q^2)o^2}{2u^2} + \left[\frac{gr(1+Q^2)^{\frac{3}{2}}}{2u^4} - \frac{gr(1+Q^2)^{\frac{3}{2}}}{6u^4}\right]o^3,$$

savoir,

$$Ro^2 + So^3 = \frac{g(1+Q^2)o^2}{2u^2} + \frac{gr(1+Q^2)^{\frac{3}{2}}o^3}{3u^4},$$

d'où l'on tire, par la comparaison des termes,

$$R = \frac{g(1+Q^2)}{2u^2}, \quad S = \frac{gr(1+Q^2)^{\frac{3}{2}}}{3u^4}.$$

Substituant dans la seconde équation la valeur de u^2 tirée de la première, et qui est la même qu'on avait trouvée plus haut, on en déduira

$$\frac{r}{g} = \frac{3S\sqrt{1+Q^2}}{4R^2}.$$

C'est la valeur que Newton a donnée ensuite dans la seconde édition de ses *Principes* (liv. II, prob. III), et l'on voit qu'en mettant dans cette valeur y', $-\frac{y''}{2}$, $-\frac{y'''}{2.3}$ à la place de Q, R, S, comme dans le n° 19, elle devient

$$-\frac{y'''\sqrt{1+y'^2}}{2y''^2},$$

telle que nous l'avons trouvée dans le n° 17.

23. Si l'on voulait suivre la première marche de Newton, mais en prenant pour la flèche qui répond au temps très-petit θ l'expression plus exacte $\frac{g\theta^2}{2} - \frac{gr\theta^3}{6u}$ que nous venons de trouver, on aurait, pour la flèche qui répond au temps $-\mathrm{T}$, $\frac{g\mathrm{T}^2}{2} + \frac{gr\mathrm{T}^3}{6u}$; substituant pour T sa valeur en θ, $\theta - \frac{r\theta^2}{u}$, elle deviendrait $\frac{g\theta^2}{2} - \frac{5gr\theta^3}{6u}$, et la différence des deux flèches serait alors $\frac{2gr\theta^3}{3u}$, qu'il faudrait prendre pour δ; les valeurs de γ et ρ seraient également, aux θ^3 près, $\frac{g\theta^2}{2}$, $\frac{r\theta^2}{2}$, et l'on aurait, par la substitution,

$$\frac{\alpha\delta}{4\gamma^2} = \frac{2r}{3g}; \quad \text{donc} \quad \frac{r}{g} = \frac{3\alpha\delta}{8\gamma^2}.$$

Prenant maintenant, comme Newton,

$$\alpha = o\sqrt{1+\mathrm{Q}^2}, \quad \gamma = \mathrm{R}o^2, \quad \delta = 2\mathrm{S}o^3,$$

on aurait le résultat exact

$$\frac{r}{g} = \frac{3\mathrm{S}\sqrt{1+\mathrm{Q}^2}}{4\mathrm{R}^2}.$$

Comme Newton n'est parvenu à ce second résultat qu'en suivant une marche analogue à celle du Calcul différentiel et en considérant deux tangentes successives ou deux côtés successifs de la courbe, au lieu que, dans la première solution, il n'avait considéré qu'une seule tangente prolongée de part et d'autre du point de contact, nous avons cru devoir montrer comment, sans s'écarter de l'esprit de cette solution, mais en la rectifiant par la méthode des séries, on pouvait aussi arriver à un résultat exact. En effet, on peut toujours trouver, par cette méthode, les premiers termes de l'ordonnée en série d'une courbe, ou en général du développement d'une fonction, lesquels satisfassent aux conditions mécaniques ou géométriques du problème proposé, et la loi de ces termes donnera l'équation du problème. C'est en quoi consiste la méthode qu'on peut appeler, d'après Newton, *méthode des séries*, pour la distinguer de la méthode des différences ou des fonctions dérivées, par laquelle on arrive directement à cette équation sans le circuit des séries et sans employer d'autres termes que ceux qui doivent y entrer, comme on le voit par l'analyse du n° **18**.

24. Il est à remarquer, au reste, que la construction employée par Newton dans sa seconde solution mène à une formule semblable à celle de la première, que nous avons représentée par $\frac{\rho}{\gamma} = \frac{\alpha\delta}{4\gamma^2}$, et que nous avons vue n'être pas exacte, mais avec cette différence que la quantité δ, au lieu d'exprimer, comme dans la première solution, la différence des flèches qui répondent à des portions égales de la même tangente, prises de part et d'autre du point de contact, et dont les parties correspondantes de l'axe des x sont o et $-o$, doit exprimer, au contraire, la différence des flèches de deux tangentes consécutives, prises du même côté et répondantes à des parties de l'axe égales à o. Pour avoir ces flèches, Newton représente l'ordonnée qui répond à l'abscisse $x+o$ par la série

$$P + Qo + Ro^2 + So^3 + \ldots;$$

mais il les détermine par la méthode différentielle, en prenant la différence d'une ordonnée intermédiaire et de la demi-somme des deux ordonnées adjacentes. Ainsi, en considérant les trois ordonnées qui répondent aux abscisses $x-o$, x, $x+o$, il a la flèche Ro^2, et les ordonnées qui répondent aux abscisses x, $x+o$, $x+2o$ donnent la flèche $Ro^2 + 3So^3$, et la différence des deux flèches est $3So^3$. Cette valeur étant prise pour δ, et faisant, comme dans la première solution (n° **19**), $\alpha = o\sqrt{1+Q^2}$, $\gamma = Ro^2$, on a

$$\frac{\rho}{\gamma} = \frac{3S\sqrt{1+Q^2}}{4R^2},$$

expression exacte, comme on l'a vu plus haut.

Suivant nos dénominations, lorsque x devient $x+o$, y devient

$$y + oy' + \frac{o^2 y''}{2} + \frac{o^3 y'''}{2.3} + \ldots.$$

La partie de la tangente qui répond à o est $o\sqrt{1+y'^2}$; c'est la valeur de α. La partie interceptée entre la tangente et la courbe, ou la flèche, est $\frac{o^2 y''}{2} + \frac{o^3 y'''}{2.3} + \cdots$; c'est la valeur de γ. Ainsi l'on a, dans les deux solutions,

$$\frac{\alpha}{4\gamma^2} = \frac{\sqrt{1+y'^2}}{o^3 y''^2}.$$

A l'égard de δ, dans la première solution, c'est la différence des flèches qui répondent à o et à $-o$, laquelle est $\frac{o^3 y'''}{3}$; mais, dans la seconde solution, c'est la différence des flèches qui répondent à x et à $x+o$. Or, x devenant $x+o$, y'' devient $y''+oy'''+\ldots$; donc, négligeant les o^4, la seconde flèche sera $\frac{o^2 y''}{2} + \frac{4o^3 y'''}{2.3}$, et la différence des flèches sera $\frac{o^3 y'''}{2}$. Substituant dans $\frac{\alpha\delta}{4\gamma^2} = \frac{\delta\sqrt{1+y'^2}}{o^3 y''^2}$ la première valeur de $\delta = \frac{o^3 y'''}{3}$ ou la seconde $\frac{o^3 y'''}{2}$, on a les deux résultats

$$\frac{y'''\sqrt{1+y'^2}}{3y''^2} \quad \text{et} \quad \frac{y'''\sqrt{1+y'^2}}{2y''^2},$$

dont le premier est fautif et le second exact (n° 19).

CHAPITRE V.

DU MOUVEMENT D'UN CORPS SUR UNE SURFACE DONNÉE OU ASSUJETTI A DE CERTAINES CONDITIONS. DU MOUVEMENT DE PLUSIEURS CORPS LIÉS ENTRE EUX. DES ÉQUATIONS DE CONDITION ENTRE LES COORDONNÉES DE CES DIFFÉRENTS CORPS, ET DE LA MANIÈRE D'EN DÉDUIRE LES FORCES QUI RÉSULTENT DE LEUR ACTION MUTUELLE. DÉMONSTRATION GÉNÉRALE DU PRINCIPE DES VITESSES VIRTUELLES.

---

25. Reprenons les formules générales du n° **15**, et supposons que la force P soit dirigée vers un point ou centre déterminé par les coordonnées a, b, c; si l'on nomme p la distance rectiligne de ce centre au point de la courbe qui répond aux coordonnées x, y, z, on aura

$$p = \sqrt{(x-a)^2 + (y-b)^2 + (z-c)^2},$$

et il est visible que $x-a$, $y-b$, $z-c$ seront les projections de la ligne p sur les axes des x, y, z; donc $\frac{x-a}{p}$, $\frac{y-b}{p}$, $\frac{z-c}{p}$ seront les cosinus des angles que la ligne p fait avec ces axes, c'est-à-dire des angles λ, μ, ν que la direction de la force P fait avec les mêmes axes. Donc les termes $P\cos\lambda$, $P\cos\mu$, $P\cos\nu$, dus à la force P dans les valeurs de Mx'', My'', Mz'', pourront être représentés par $P\frac{x-a}{p}$, $P\frac{y-b}{p}$, $P\frac{z-c}{p}$: ce sont les forces qui résultent de la décomposition de la force P suivant les directions des coordonnées x, y, z.

Si maintenant on suppose p égale à une constante d, on aura l'équation d'une sphère dont d sera le rayon et dont le centre sera déterminé par les coordonnées a, b, c, et la direction de la force P sera perpendiculaire à la surface de cette sphère. Donc elle sera aussi perpendiculaire à toute autre surface qui passerait par le même point et qui serait tangente à la sphère.

Représentons par $f(x, y, z) = 0$ l'équation de la sphère

$$\sqrt{(x-a)^2+(y-b)^2+(z-c)^2}-d=0;$$

on aura, en prenant les fonctions primes,

$$\frac{x-a}{d}=f'(x),\quad \frac{y-b}{d}=f'(y),\quad \frac{z-c}{d}=f'(z),$$

et, comme on a supposé $p = d$, il est clair que les forces dirigées suivant x, y, z et résultantes de la force P seront exprimées par $\mathrm{P}f'(x)$, $\mathrm{P}f'(y)$, $\mathrm{P}f'(z)$.

26. Si l'on a une surface représentée par l'équation

$$\mathrm{F}(x, y, z) = 0,$$

laquelle soit tangente de la sphère dont il s'agit, il faudra, par ce qu'on a vu dans le n° 40 de la deuxième Partie, que les trois fonctions primes $\mathrm{F}'(x)$, $\mathrm{F}'(y)$, $\mathrm{F}'(z)$ de cette surface soient proportionnelles aux fonctions primes $f'(x)$, $f'(y)$, $f'(z)$ de la surface de la sphère. Donc, si la force P agit perpendiculairement à cette surface, il en résultera, suivant les directions de x, y, z, trois forces proportionnelles à $\mathrm{P}\,\mathrm{F}'(x)$, $\mathrm{P}\,\mathrm{F}'(y)$, $\mathrm{P}\,\mathrm{F}'(z)$.

Or, si l'on fait abstraction de la force P, et qu'on suppose que le corps soit forcé de se mouvoir sur cette surface, il est clair que l'action, ou plutôt la résistance que la surface oppose au corps, ne peut agir que dans une direction perpendiculaire à la surface; donc il en résultera, sur le corps, des forces proportionnelles aux fonctions primes $\mathrm{F}'(x)$, $\mathrm{F}'(y)$, $\mathrm{F}'(z)$ de l'équation $\mathrm{F}(x, y, z) = 0$ de la surface.

Donc le même résultat aura lieu aussi si, en faisant abstraction de la surface, on considère seulement l'équation $\mathrm{F}(x, y, z) = 0$ comme une équation de condition donnée par la nature de la question mécanique proposée, d'où l'on peut conclure que toute condition du problème représentée par l'équation $F(x, y, z) = 0$ sera équivalente à des forces proportionnelles aux fonctions primes $F'(x)$, $F'(y)$, $F'(z)$ et dirigées suivant les coordonnées x, y, z. Ainsi, en prenant un coefficient indéterminé Π, il faudra ajouter aux valeurs de Mx'', My'', Mz'' des équations du n° 15 les termes $\Pi F'(x)$, $\Pi F'(y)$, $\Pi F'(z)$. La quantité inconnue Π devra être éliminée, mais l'équation qu'on aura de moins par cette élimination sera remplacée par l'équation de condition $F(x, y, z) = 0$.

On peut étendre cette conclusion au cas où il y aurait deux équations de condition représentées par

$$F(x, y, z) = 0 \quad \text{et} \quad \Phi(x, y, z) = 0;$$

elles équivaudraient à des forces exprimées par

$$\Pi F'(x) + \Psi \Phi'(x), \quad \Pi F'(y) + \Psi \Phi'(y), \quad \Pi F'(z) + \Psi \Phi'(z)$$

et dirigées suivant x, y, z, qu'il faudrait ajouter aux valeurs de Mx'', My'', Mz'' (n° 15), les coefficients Π et Ψ étant indéterminés et devant être éliminés.

27. Jusqu'ici nous n'avons considéré qu'un corps isolé. Soient maintenant deux corps M et N attachés aux extrémités d'un fil inextensible qui passe sur une poulie fixe. Soient x, y, z les coordonnées du corps M; ξ, η, ζ celles du corps N; a, b, c les coordonnées du point fixe où est placée la poulie, et d la longueur donnée du fil; il est clair qu'on aura l'équation

$$\sqrt{(x-a)^2 + (y-b)^2 + (z-c)^2} + \sqrt{(\xi-a)^2 + (\eta-b)^2 + (\zeta-c)^2} - d = 0,$$

que nous représenterons par

$$f(x, y, z, \xi, \eta, \zeta) = 0.$$

Si l'on nomme T la tension du fil qui agit également sur les deux corps, et qu'on applique ici l'analyse du n° 25, il est clair que l'action du fil sur les deux corps produira sur le corps M les forces $Tf'(x)$, $Tf'(y)$, $Tf'(z)$ suivant x, y, z, et sur le corps N les forces $Tf'(\xi)$, $Tf'(\eta)$, $Tf'(\zeta)$ suivant ses coordonnées ξ, η, ζ.

Il en serait de même si le fil passait sur deux poulies fixes dont la position dans l'espace fût déterminée par les coordonnées a, b, c pour la première, et par α, β, γ pour la seconde. Alors, en désignant par d la longueur totale du fil, moins la partie interceptée entre les deux poulies, qui est aussi donnée, l'équation de l'inextensibilité du fil donnerait

$$\sqrt{(x-a)^2+(y-b)^2+(z-c)^2}+\sqrt{(\xi-\alpha)^2+(\eta-\beta)^2+(\zeta-\gamma)^2}-d=0,$$

et, en représentant cette équation par

$$f(x, y, z, \xi, \eta, \zeta)=0,$$

on aurait pareillement $Tf'(x)$, $Tf'(y)$, $Tf'(z)$ pour les forces qui tireraient le corps M suivant les coordonnées x, y, z, et $Tf'(\xi)$, $Tf'(\eta)$, $Tf'(\zeta)$ pour celles qui tireraient le corps N suivant les coordonnées ξ, η, ζ.

Enfin, si l'on supposait que le fil auquel est attaché le corps M, après avoir passé sur la première poulie fixe, repassât sur le même corps M et de là sur la même poulie, et de nouveau sur le corps et sur la poulie à plusieurs reprises, de manière qu'il y eût m cordons entre le corps et la poulie; qu'ensuite le fil, en quittant cette poulie, passât sur la seconde poulie fixe et de là sur le corps N, en faisant aussi plusieurs tours entre ce corps et la même poulie avant d'être attaché fixement au corps N, de manière qu'il y eût n cordons entre ce corps et la poulie; comme la tension T est la même dans toute l'étendue du fil, le corps M, étant tiré par m cordons, serait tiré vers la première poulie par une force égale à mT, et le corps N serait tiré vers la seconde poulie par une force égale à nN. Or il est clair que dans ce cas l'équation qui renferme la condition de l'inextensibilité du fil serait

$$m\sqrt{(x-a)^2+(y-b)^2+(z-c)^2}+n\sqrt{(\xi-\alpha)^2+(\eta-\beta)^2+(\zeta-\gamma)^2}-d=0,$$

en désignant toujours par d la longueur totale du fil, moins la longueur interceptée entre les deux poulies et il est facile de voir qu'en représentant cette équation par

$$f(x, y, z, \xi, \eta, \zeta) = 0,$$

on aurait aussi, pour les forces qui tireraient le corps M suivant x, y, z et le corps N suivant ξ, η, ζ, les mêmes expressions que ci-dessus : $\mathrm{T}f'(x)$, $\mathrm{T}f'(y)$, $\mathrm{T}f'(z)$, $\mathrm{T}f'(\xi)$, $\mathrm{T}f'(\eta)$, $\mathrm{T}f'(\zeta)$.

Si l'on suppose que P et Q soient les forces qui tirent les corps M et N vers les deux poulies fixes, on aura $\mathrm{P} = m\mathrm{T}$ et $\mathrm{Q} = n\mathrm{T}$; donc, puisque m et n doivent être des nombres entiers, si les quantités P et Q sont commensurables, il faudra prendre T pour leur commune mesure; mais, quelles que soient les forces P et Q, on peut toujours les représenter par $m\mathrm{T}$ et $n\mathrm{T}$, en prenant, dans le cas où elles seraient incommensurables, les nombres m et n très-grands et la quantité T infiniment petite, et les forces qui tirent les corps M et N suivant leurs coordonnées $x, y, z, \xi, \eta, \zeta$ seront toujours proportionnelles aux fonctions primes de la même équation de condition relatives à ces coordonnées.

28. Maintenant, si au lieu de l'équation de condition

$$f(x, y, z, \xi, \eta, \zeta) = 0,$$

dépendante de l'inextensibilité du fil, on a une autre équation quelconque entre les mêmes coordonnées $x, y, z, \xi, \eta, \zeta$ des deux corps, représentée par

$$\mathrm{F}(x, y, z, \xi, \eta, \zeta) = 0,$$

on peut, en regardant les constantes qui entrent dans la première de ces équations comme arbitraires, faire coïncider non-seulement les équations mêmes, mais encore toutes leurs fonctions primes pour des valeurs données des variables $x, y, z, \xi, \eta, \zeta$; de cette manière, les deux équations deviendront comme tangentes l'une de l'autre, par la théorie des contacts que nous avons donnée dans la deuxième Partie, et, quelle que soit la liaison des deux corps qui est représentée par l'équation

$$F(x, y, z, \xi, \eta, \zeta) = 0,$$

elle deviendra équivalente à celle d'un fil qui passe par deux poulies.

On pourrait croire que, puisque l'équation de condition

$$\sqrt{(x-a)^2+(y-b)^2+(z-c)^2}+\sqrt{(\xi-\alpha)^2+(\eta-\beta)^2+(\zeta-\gamma)^2}-d=0,$$

pour un fil simple qui passe sur deux poulies fixes, renferme sept constantes arbitraires, elle peut toujours avoir un contact du premier ordre avec une équation quelconque, puisque ce contact ne demande que sept conditions; mais, en représentant cette équation par

$$f(x, y, z, \xi, \eta, \zeta) = 0$$

et prenant ses fonctions dérivées, il est visible qu'on a

$$[f'(x)]^2+[f'(y)]^2+[f'(z)]^2=1, \quad [f'(\xi)]^2+[f'(\eta)]^2+[f'(\zeta)]^2=1,$$

de sorte qu'on ne pourrait plus satisfaire en général aux conditions du contact :

$$f'(x) = F'(x), \quad f'(y) = F'(y), \quad f'(z) = F'(z),$$
$$f'(\xi) = F'(\xi), \quad f'(\eta) = F'(\eta), \quad f'(\zeta) = F'(\zeta).$$

Cet inconvénient disparaît en prenant

$$m\sqrt{(x-a)^2+(y-b)^2+(z-c)^2}+n\sqrt{(\xi-\alpha)^2+(\eta-\beta)^2+(\zeta-\gamma)^2}-d=0$$

pour l'équation de condition du fil multiple, à cause des nouveaux coefficients indéterminés m et n, et l'on peut dire que l'équation de condition donnée

$$F(x, y, z, \xi, \eta, \zeta) = 0$$

produit sur les corps M et N les mêmes forces que le fil.

On tire de là cette conclusion que, dans un système de deux corps dont la liaison dépend de l'équation

$$F(x, y, z, \xi, \eta, \zeta) = 0,$$

leur action mutuelle produit sur l'un des corps les forces $\Pi F'(x)$, $\Pi F'(y)$, $\Pi F'(z)$ suivant les trois coordonnées rectangles x, y, z, et sur l'autre corps les forces $\Pi F'(\xi)$, $\Pi F'(\eta)$, $\Pi F'(\zeta)$ suivant les coordonnées rectangles ξ, η, ζ, Π étant un coefficient indéterminé.

29. Si le système était composé de trois corps ayant pour coordonnées rectangles x, y, z, ξ, η, ζ, x, y, z, on trouverait, par un pareil raisonnement, que toute équation entre ces coordonnées dépendante de la liaison des corps et représentée par

$$F(x, y, z, \xi, \eta, \zeta, \mathrm{x}, \mathrm{y}, \mathrm{z}) = 0$$

donnerait pour le premier corps les forces $\Pi F'(x)$, $\Pi F'(y)$, $\Pi F'(z)$ suivant x, y, z, pour le second corps les forces $\Pi F'(\xi)$, $\Pi F'(\eta)$, $\Pi F'(\zeta)$ suivant ξ, η, ζ, et pour le troisième les forces $\Pi F'(\mathrm{x})$, $\Pi F'(\mathrm{y})$, $\Pi F'(\mathrm{z})$ suivant x, y, z, et ainsi de suite si le système était composé d'un plus grand nombre de corps. En effet, quel que soit le nombre des corps et quelle que soit leur liaison, elle ne peut produire sur chaque corps qu'une force déterminée suivant une certaine direction; or toutes ces forces peuvent être aussi produites par la tension d'un même fil qui passerait successivement et à plusieurs reprises sur les mêmes corps et sur des poulies fixes.

Enfin, s'il y avait entre les mêmes coordonnées une seconde équation de condition représentée par

$$\Phi(x, y, z, \xi, \eta, \zeta, \mathrm{x}, \mathrm{y}, \mathrm{z}) = 0,$$

il en résulterait d'autres forces exprimées par $\Psi \Phi'(x)$, $\Psi \Phi'(y)$, $\Psi \Phi'(z)$ pour le premier corps, par $\Psi \Phi'(\xi)$, $\Psi \Phi'(\eta)$, $\Psi \Phi'(\zeta)$ pour le second corps et par $\Psi \Phi'(\mathrm{x})$, $\Psi \Phi'(\mathrm{y})$, $\Psi \Phi'(\mathrm{z})$ pour le troisième, et suivant les directions des mêmes coordonnées, le coefficient Ψ étant indéterminé comme le coefficient Π; et ainsi de suite s'il y avait un plus grand nombre d'équations de condition.

30. On doit conclure de là, en général, que les forces qui peuvent résulter de l'action mutuelle des corps d'un système donné se déduisent

directement des équations de condition qui doivent avoir lieu entre les coordonnées des différents corps du système, en prenant les fonctions primes des fonctions qui sont nulles en vertu de ces équations. Les fonctions primes de la même fonction, prises par rapport aux différentes coordonnées, sont toujours proportionnelles aux forces qui agissent suivant ces coordonnées, et qui dépendent de la condition exprimée par cette fonction.

J'étais déjà arrivé à un résultat semblable dans la *Mécanique analytique*, en partant du principe général des vitesses virtuelles, et, en effet, ce principe est renfermé dans le résultat que nous venons de trouver; car il est évident que, si plusieurs forces appliquées à un système de corps sont en équilibre, elles doivent être égales et directement opposées à celles qui résultent de leur action mutuelle.

Soient X, Y, Z les forces appliquées à l'un des corps suivant les directions des coordonnées x, y, z prolongées, Ξ, Υ, Σ les forces appliquées à un autre corps suivant le prolongement de ses coordonnées ξ, η, ζ, et X, Y, Z les forces appliquées à un troisième corps suivant le prolongement de ses coordonnées x, y, z; on aura, par ce qu'on vient de démontrer,

$$X = \Pi\,\mathrm{F}'(x) + \Psi\,\Phi'(x),\quad Y = \Pi\,\mathrm{F}'(y) + \Psi\,\Phi'(y),\quad Z = \Pi\,\mathrm{F}'(z) + \Psi\,\Phi'(z),$$
$$\Xi = \Pi\,\mathrm{F}'(\xi) + \Psi\,\Phi'(\xi),\quad \Upsilon = \Pi\,\mathrm{F}'(\eta) + \Psi\,\Phi'(\eta),\quad \Sigma = \Pi\,\mathrm{F}'(\zeta) + \Psi\,\Phi'(\zeta),$$
$$\mathrm{X} = \Pi\,\mathrm{F}'(\mathrm{x}) + \Psi\,\Phi'(\mathrm{x}),\quad \mathrm{Y} = \Pi\,\mathrm{F}'(\mathrm{y}) + \Psi\,\Phi'(\mathrm{y}),\quad \mathrm{Z} = \Pi\,\mathrm{F}'(\mathrm{z}) + \Psi\,\Phi'(\mathrm{z}),$$

et de là on tirera immédiatement

$$\begin{aligned} &Xx' + Yy' + Zz' + \Xi\xi' + \Upsilon\eta' + \Sigma\zeta' + \mathrm{X}\mathrm{x}' + \mathrm{Y}\mathrm{y}' + \mathrm{Z}\mathrm{z}' \\ &\quad = \Pi\,\mathrm{F}(x, y, z, \xi, \eta, \zeta, \mathrm{x}, \mathrm{y}, \mathrm{z})' + \Psi\,\Phi(x, y, z, \xi, \eta, \zeta, \mathrm{x}, \mathrm{y}, \mathrm{z})'. \end{aligned}$$

Le second membre de cette équation est évidemment nul, en vertu des équations de condition, puisque les quantités indéterminées Π, Ψ se trouvent multipliées par les fonctions primes de ces équations; donc on aura

$$Xx' + Yy' + Zz' + \Xi\xi' + \Upsilon\eta' + \Sigma\zeta' + \mathrm{X}\mathrm{x}' + \mathrm{Y}\mathrm{y}' + \mathrm{Z}\mathrm{z}' = 0,$$

équation générale du principe des vitesses virtuelles pour l'équilibre des forces X, Y, Z, Ξ, Υ, Σ, X, Y, Z, dans laquelle les fonctions primes x', y', z', ξ', ... expriment les vitesses virtuelles des points auxquels sont appliquées les forces X, Y, Z, Ξ, ..., estimées suivant les directions de ces forces. [*Voir* la première Partie de la *Mécanique analytique* (*)].

Au reste, on ne doit pas être surpris de voir le principe des vitesses virtuelles devenir une conséquence naturelle des formules qui expriment les forces d'après les équations de condition, puisque la considération d'un fil qui par sa tension uniforme agit sur tous les corps et y produit des forces données suffit pour conduire à une démonstration directe et générale de ce principe, comme je l'ai fait voir dans la seconde édition de l'Ouvrage cité.

(*) *OEuvres de Lagrange*, t. XI.

CHAPITRE VI.

DE LA LOI DU MOUVEMENT DU CENTRE DE GRAVITÉ. DE LA LOI DES AIRES DANS LA ROTATION AUTOUR D'UN AXE FIXE, OU D'UN SEUL POINT FIXE, OU AUTOUR DU CENTRE DE GRAVITÉ DANS LES SYSTÈMES LIBRES.

31. Nous venons de donner la manière de déterminer les forces qui peuvent résulter de l'action mutuelle des corps dans un système quelconque et qui doivent être ajoutées aux autres forces, dans les équations du n° 15, pour avoir les équations complètes du mouvement du système. Quoique les équations de condition

$$F(x, y, z, \xi, \eta, \zeta, \ldots) = 0, \quad \Phi(x, y, z, \xi, \eta, \zeta, \ldots) = 0, \quad \ldots,$$

qui donnent naissance à ces forces, dépendent des circonstances particulières de chaque problème, il y a néanmoins des cas généraux qui méritent d'être examinés, parce qu'ils offrent des résultats remarquables.

Le premier de ces cas est celui où les conditions du système sont indépendantes de l'origine des abscisses x, ξ, ... et où les fonctions désignées par les caractéristiques F, Φ, ... ne contiennent que les différences $\xi - x$, $\mathrm{x} - x$, ... des abscisses. Alors il est évident que, si l'on augmente chacune des variables x, ξ, ... d'une même quantité i, cette quantité disparaîtra d'elle-même des fonctions dont il s'agit. Or, en substituant $x + i$, $\xi + i$, ... à la place de x, ξ, ... dans la fonction $F(x, y, z, \xi, \eta, \zeta, \ldots)$, elle devient, par le développement,

$$F(x, y, z, \xi, \eta, \zeta) + i[F'(x) + F'(\xi) + \ldots] + \ldots$$

Donc on aura nécessairement l'équation du premier ordre

$$F'(x) + F'(\xi) + \ldots = 0.$$

On trouvera, de la même manière,

$$\Phi'(x) + \Phi'(\xi) + \ldots = 0,$$

et ainsi de suite.

Or, si le système n'est soumis à d'autres forces que celles qui peuvent résulter de l'action mutuelle des corps, les équations du mouvement relatives aux coordonnées x, ξ, ... seront de la forme (n° 15)

$$Mx'' = \Pi F'(x) + \Psi \Phi'(x) + \ldots,$$
$$N\xi'' = \Pi F'(\xi) + \Psi \Phi'(\xi) + \ldots,$$
$$\ldots\ldots\ldots\ldots\ldots\ldots\ldots\ldots$$

Donc, ajoutant ces équations ensemble, on aura simplement

$$Mx'' + N\xi'' + \ldots = 0,$$

équation indépendante des conditions du système.

Cette équation a l'équation primitive

$$Mx' + N\xi' + \ldots = a,$$

et celle-ci a encore l'équation primitive

$$Mx + N\xi + \ldots = at + b,$$

a et b étant des constantes arbitraires.

Ainsi l'on a tout de suite, dans ce cas, une relation entre les différentes abscisses x, ξ, ...

Il est facile de voir que le cas dont il s'agit aura lieu dans tout système entièrement libre de se mouvoir dans la direction de l'axe des abscisses, quelle que soit l'action que les corps peuvent exercer les uns sur les autres. Car alors, relativement à cet axe, les conditions du système ne pourront dépendre que de la position respective des corps, et nullement de leur position par rapport à l'origine des abscisses; par conséquent, les équations qui exprimeront ces conditions ne pourront contenir que les différences $x-\xi$, ... des abscisses. Et, si les corps exercent les uns sur les autres des attractions ou des répulsions mutuelles, comme les fonctions $F(x, y, z, \xi, \ldots)$ dues à ces forces ne dépendent que des distances $\sqrt{(x-\xi)^2+(y-\eta)^2+(z-\zeta)^2}$, ..., ces fonctions auront aussi la même propriété.

Donc, lorsque le mouvement du système sera tout à fait libre suivant la direction de l'axe des x, de quelque manière que les corps agissent les uns sur les autres, soit par des forces quelconques de résistance, ou par des forces d'attraction ou de répulsion mutuelle, l'équation précédente entre les abscisses X, ξ, ... des différents corps aura toujours lieu.

Si l'on prend dans le système un point qui réponde à l'abscisse X, telle que l'on ait

$$X=\frac{Mx+N\xi+\ldots}{M+N+\ldots},$$

on aura

$$X''=0, \quad \text{et de là} \quad X'=a, \quad X=at,$$

en supposant que l'espace X soit nul au commencement du temps. Ainsi, le mouvement de ce point suivant la direction de l'axe des x sera uniforme avec la vitesse constante a.

32. Si, dans le même système, on suppose que les corps M, N, ... soient de plus animés par des forces quelconques P, Q, ... dirigées suivant l'axe des x et tendant à augmenter les x, ξ, ..., il faudra, dans ce cas, ajouter respectivement les quantités P, Q, ... aux valeurs de Mx'', $N\xi''$, ..., ce qui donnera les équations

$$\begin{aligned}
Mx''&=P+\Pi F'(x)+\Psi\Phi'(x)+\ldots,\\
N\xi''&=Q+\Pi F'(\xi)+\Psi\Phi'(\xi)+\ldots,\\
&\ldots\ldots\ldots\ldots\ldots\ldots,
\end{aligned}$$

dont la somme sera

$$Mx''+N\xi''+\ldots=P+Q+\ldots,$$

et, si l'on substitue pour $Mx+N\xi+\ldots$ la quantité $(M+N+\ldots)X$, on aura

$$(M+N+\ldots)X''=P+Q+\ldots,$$

équation qui représente le mouvement rectiligne suivant l'axe des x d'un corps dont la masse serait $M+N+\ldots$ et qui serait animé par une force égale à $P+Q+\ldots$.

D'où l'on peut conclure que le point du système qui répond à l'abscisse X aura, dans la direction de l'axe des x, le même mouvement qu'il aurait si tous les corps du système étaient concentrés dans ce point et que toutes les forces qui agissent sur les corps dans la direction du même axe lui fussent appliquées.

33. Si le système est libre à la fois relativement à l'axe des x et à celui des y, il est visible que les mêmes résultats auront lieu pour les mouvements suivant ces deux axes, et, si le système est absolument libre dans tous les sens, alors les mêmes résultats auront lieu par rapport aux trois axes; et l'on en pourra conclure que, si l'on prend dans le système un point qui réponde aux coordonnées X, Y, Z, telles que l'on ait

$$X=\frac{Mx+N\xi+\ldots}{M+N+\ldots},$$

$$Y=\frac{My+N\eta+\ldots}{M+N+\ldots},$$

$$Z=\frac{Mz+N\zeta+\ldots}{M+N+\ldots},$$

ce point, lorsque le système n'est animé par aucune force extérieure, se mouvra uniformément en ligne droite, et que, si les différents corps du système sont animés par des forces quelconques, le même point se mouvra comme si tous les corps y étaient concentrés et que toutes les forces y fussent appliquées chacune suivant sa direction propre.

Le point dont il s'agit est connu, en Mécanique, sous le nom de *centre de gravité*, et la proposition que nous venons de démontrer s'énonce ordinairement ainsi : L'état de mouvement ou de repos du centre de gravité de plusieurs corps ne change point par l'action mutuelle des corps entre eux, pourvu que le système soit entièrement libre; c'est ce qui constitue la loi de la *conservation du mouvement du centre de gravité*.

Il est bon de remarquer que cette loi a lieu aussi lorsque, par la rencontre et l'action mutuelle des corps, il survient des changements brusques dans leurs mouvements, car on peut regarder ces changements comme produits par l'action de ressorts interposés entre les corps qui se choquent, et dont la durée est presque momentanée. C'est ainsi que l'on peut envisager les changements qui arrivent dans le choc des corps durs, et c'est par cette raison que le mouvement du centre de gravité n'est point altéré dans ces changements.

34. On rapporte communément le centre de gravité de plusieurs corps à trois axes fixes, par le moyen des coordonnées X, Y, Z, données ci-dessus; si l'on voulait le rapporter à des points déterminés, alors, nommant a, b, c les trois coordonnées d'un de ces points et d la distance du centre de gravité à ce point, on aurait

$$\begin{aligned} d^2 &= (X-a)^2+(Y-b)^2+(Z-c)^2 \\ &= X^2+Y^2+Z^2-2aX-2bY-2cZ+a^2+b^2+c^2. \end{aligned}$$

Or, si l'on fait le carré de la quantité $Mx+N\xi+\ldots$, il est facile de voir qu'on peut le mettre sous la forme

$$(M+N+\ldots)(Mx^2+N\xi^2+\ldots)-MN(x-\xi)^2-\ldots;$$

donc on aura (numéro précédent)

$$X^2=\frac{Mx^2+N\xi^2+\ldots}{M+N+\ldots}-\frac{MN(x-\xi)^2+\ldots}{(M+N+\ldots)^2},$$

et de là

$$X^2-2aX+a^2=\frac{M(x-a)^2+N(\xi-a)^2+\ldots}{M+N+\ldots}-\frac{MN(x-\xi)^2+\ldots}{(M+N+\ldots)^2}.$$

On trouvera de même

$$Y^2 - 2bY + b^2 = \frac{M(y-b)^2 + N(\eta - b)^2 + \ldots}{M + N + \ldots} - \frac{MN(y-\eta)^2 + \ldots}{(M + N + \ldots)^2},$$

et pareillement

$$Z^2 - 2cZ + c^2 = \frac{M(z-c)^2 + N(\zeta - c)^2 + \ldots}{M + N + \ldots} - \frac{MN(z-\zeta)^2 + \ldots}{(M + N + \ldots)^2}.$$

Si l'on fait ces substitutions dans l'expression précédente de d^2, et que l'on désigne, pour abréger, par A la somme des masses M, N, ..., multipliées chacune par le carré de sa distance au point donné, cette somme étant de plus divisée par la somme des masses ; et que l'on désigne aussi par B la somme des produits des masses prises deux à deux et multipliées par le carré de leurs distances respectives, cette somme étant divisée par le carré de la somme des masses, on aura

$$d^2 = A - B, \quad \text{et par conséquent} \quad d = \sqrt{A - B}.$$

Ainsi, comme la quantité B ne dépend que de la position respective des corps, si l'on détermine les valeurs de A par rapport à trois points différents, pris dans le système ou hors du système, à volonté, on aura les distances du centre de gravité à ces points, et par conséquent sa position absolue. Si les corps étaient tous dans le même plan, il suffirait de considérer deux points, et il n'en faudrait qu'un seul si tous les corps étaient dans une même ligne droite. En prenant les trois points donnés dans les corps mêmes du système, la position du centre de gravité sera donnée simplement par les masses et par leurs distances respectives. Comme cette manière de trouver le centre de gravité est peu connue, j'ai cru pouvoir la donner ici, à cause de l'utilité dont elle peut être dans plusieurs occasions.

35. Le second cas est celui où les conditions du système sont indépendantes de la direction des axes des x et y sur le plan de ces coordonnées, en sorte qu'en faisant tourner ces axes autour de l'axe des z d'un angle quelconque i, ce qui changera les abscisses x, ξ, ... en

$x\cos i - y\sin i$, $\xi\cos i - \eta\sin i$, ... et les ordonnées y, η, ... en $y\cos i + x\sin i$, $\eta\cos i + \xi\sin i$, ..., les fonctions représentées par les caractéristiques F, Φ, ... ne varient point par ces changements, quel que soit l'angle i. Il est facile de voir que cette propriété aura lieu, en général, dans toute fonction des quantités x^2+y^2, $\xi^2+\eta^2$, $x\xi+y\eta$, $x\eta-y\xi$, ...

Si l'on fait, dans ce cas,

$$a = x(\cos i - 1) - y\sin i, \quad b = y(\cos i - 1) + x\sin i, \quad \ldots,$$
$$\alpha = \xi(\cos i - 1) - \eta\sin i, \quad \beta = \eta(\cos i - 1) + \xi\sin i, \quad \ldots,$$

il faudra qu'en substituant à la fois dans ces fonctions $x+a$, $y+b$, $\xi+\alpha$, $\eta+\beta$, ... à la place de x, y, ξ, η, ..., et développant suivant les puissances de i, la somme des termes affectés d'une même puissance soit nulle. Or, par ces substitutions et par le développement suivant les puissances de a, b, α, β, ..., la fonction $F(x, y, z, \xi, \ldots)$ devient

$$F(x,y,z,\xi,\ldots) + aF'(x) + bF'(y) + \alpha F'(\xi) + \beta F'(\eta) + \ldots + \frac{a^2}{2}F''(x) + \ldots.$$

Mais on a

$$\sin i = i - \frac{i^3}{2.3} + \ldots, \quad \cos i = 1 - \frac{i^2}{2} + \ldots;$$

donc les termes affectés de i dans la formule précédente seront

$$i[-yF'(x) + xF'(y) - \eta F'(\xi) + \xi F'(\eta) - \ldots];$$

par conséquent on aura, pour la fonction $F(x, y, \ldots)$, l'équation de condition

$$xF'(y) - yF'(x) + \xi F'(\eta) - \eta F'(\xi) + \ldots = 0.$$

On trouvera de la même manière, pour la fonction $\Phi(x, y, \ldots)$, l'équation

$$x\Phi'(y) - y\Phi'(x) + \xi\Phi'(\eta) - \eta\Phi'(\xi) + \ldots = 0,$$

et ainsi des autres.

36. Maintenant, si les corps du système n'éprouvent d'autres actions que celles qui peuvent résulter de leur liaison mutuelle, les équations du mouvement relatives aux coordonnées $x, y, \xi, \eta, \ldots$ seront de cette forme (nos 26 et 30) :

$$\begin{aligned}
Mx'' &= \Pi F'(x) + \Psi \Phi'(x) + \ldots,\\
My'' &= \Pi F'(y) + \Psi \Phi'(y) + \ldots,\\
N\xi'' &= \Pi F'(\xi) + \Psi \Phi'(\xi) + \ldots,\\
N\eta'' &= \Pi F'(\eta) + \Psi \Phi'(\eta) + \ldots,\\
&\ldots\ldots\ldots\ldots\ldots\ldots
\end{aligned}$$

Donc, si l'on ajoute la seconde de ces équations multipliée par x, la quatrième multipliée par ξ, et ainsi de suite, et qu'on en retranche la première multipliée par y, la troisième multipliée par η, etc., on aura, en vertu des équations de condition trouvées ci-dessus, l'équation

$$M(xy'' - yx'') + N(\xi\eta'' - \eta\xi'') - \ldots = 0,$$

qui est aussi, comme l'on voit, indépendante des conditions du système.

En prenant son équation primitive, on aura

$$M(xy' - yx') + N(\xi\eta' - \eta\xi') + \ldots = C,$$

C étant une constante arbitraire. Ainsi l'on a tout de suite une équation du premier ordre entre les coordonnées $x, y, \xi, \eta, \ldots$ des différents corps.

Or $xy' - yx' = xy' + yx' - 2yx'$; mais $xy' + yx'$ est la fonction prime de xy, c'est-à-dire du double de l'aire du triangle rectangle dont x est la base et y la hauteur, et yx' est la fonction prime de l'aire de la courbe comprise entre l'abscisse x et l'ordonnée y; donc $\frac{xy' - yx'}{2}$ sera la fonction prime de la différence du triangle et de l'aire dont nous parlons, et il est facile de voir que cette différence est, en général, égale à l'espace compris entre la courbe dont x et y sont les coordonnées, et la droite menée de l'origine de ces coordonnées à la courbe, c'est-à-dire à l'aire du secteur décrit par cette même droite, qu'on nomme *rayon vecteur*.

Ainsi, nommant A cette aire, on aura

$$xy' - yx' = 2A',$$

et, nommant de même α l'aire décrite par le rayon vecteur mené à la courbe dont ξ et η sont les coordonnées, on aura pareillement

$$\xi\eta' - \eta\xi' = 2\alpha',$$

et ainsi des autres. De cette manière, l'équation précédente deviendra

$$2MA' + 2N\alpha' + \ldots = C;$$

et, comme les fonctions primes se rapportent ici au temps t, on aura cette équation primitive,

$$MA + N\alpha + \ldots = \tfrac{1}{2}Ct + D,$$

D étant une constante arbitraire, qui sera nulle si l'on fait commencer les aires A, α, ... au commencement du temps t. Alors la somme des aires multipliées chacune par la masse correspondante sera proportionnelle au temps.

Il peut arriver, suivant la forme de la courbe dont x et y sont les coordonnées, que l'aire décrite par le rayon vecteur soit au contraire la différence de l'aire de la courbe et de celle du triangle, auquel cas on aura

$$xy' - yx' = -2A';$$

mais il est facile de se convaincre que, dans ce cas, l'aire sera décrite dans un sens opposé. Donc, en général, la somme des produits des masses par les aires sera proportionnelle au temps, en prenant positivement les aires tracées dans le même sens et négativement celles qui seraient tracées dans un sens opposé. C'est une remarque essentielle, et sans laquelle le théorème dont il s'agit ne serait pas vrai en général.

Cette loi des aires aura donc lieu dans le mouvement de tout système de corps agissant les uns sur les autres d'une manière quelconque, pourvu que le système soit entièrement libre de tourner autour de l'axe des z, perpendiculaire au plan des x et y; car il est visible que les conditions provenant de la liaison mutuelle des corps seront alors les mêmes, quelque direction qu'on donne aux axes des x et y.

Et si les corps agissent les uns sur les autres par des forces d'attraction ou de répulsion, ces forces seront exprimées par des fonctions des distances $\sqrt{(x-\xi)^2+(y-\eta)^2+(z-\zeta)^2}$, lesquelles auront aussi la propriété que nous avons supposée; par conséquent, la même loi des aires aura encore lieu.

Enfin, si les corps M, N, ... étaient de plus animés par des forces quelconques P, Q, ..., dirigées vers des points donnés de l'axe des z, éloignés du plan des x et y des quantités m, n, ..., il est facile de conclure des formules du n° 15 que l'on aurait à ajouter aux valeurs de Mx'' et Ny'' les termes respectifs

$$\frac{Px}{\sqrt{x^2+y^2+(z-m)^2}} \quad \text{et} \quad \frac{Py}{\sqrt{x^2+y^2+(z-m)^2}},$$

et, de même, aux valeurs de $M\xi''$ et $N\eta''$ les termes

$$\frac{Q\xi}{\sqrt{\xi^2+\eta^2+(\zeta-n)^2}} \quad \text{et} \quad \frac{Q\eta}{\sqrt{\xi^2+\eta^2+(\zeta-n)^2}};$$

et ainsi de suite. Donc les valeurs des quantités $M(xy''-yx'')$, $M(\xi\eta''-\eta\xi'')$, ... seront indépendantes de ces forces, et la loi des aires subsistera également dans ce cas; donc elle subsistera aussi si les corps ne sont animés que par des forces dirigées parallèlement au même axe, et par conséquent perpendiculaires au plan des x et y.

37. Donc, en général, si le système est libre de tourner autour d'un axe fixe, quelle que soit l'action que les corps peuvent exercer les uns

sur les autres et de quelques forces qu'ils soient animés, pourvu qu'elles tendent à cet axe ou qu'elles y soient parallèles, la somme des produits de la masse de chaque corps par l'aire que sa projection sur un plan perpendiculaire au même axe décrit autour de cet axe est toujours proportionnelle au temps.

Si donc le système était libre de tourner d'une manière quelconque autour d'un point fixe, et qu'outre l'action mutuelle des corps chacun d'eux fût encore sollicité par une force quelconque tendant à ce point, la même loi des aires aurait lieu relativement à tous les axes qui passeraient par ce même point. Ainsi, dans ce cas, en prenant ce point pour l'origine des coordonnées, on aurait, relativement aux trois axes des coordonnées, ces trois équations du premier ordre (numéro précédent) :

$$M(xy'-yx')+N(\xi\eta'-\eta\xi')+\ldots=C,$$

$$M(xz'-zx')+N(\xi\zeta'-\zeta\xi')+\ldots=D,$$

$$M(yz'-zy')+N(\eta\zeta'-\zeta\eta')+\ldots=E,$$

C, D, E étant trois constantes arbitraires.

38. Si le système était entièrement libre, et qu'il n'y eût aucun point fixe, ces équations, et par conséquent la loi des aires, auraient lieu par rapport à un point quelconque qu'on prendrait pour l'origine des coordonnées et pour tous les axes qu'on ferait passer par ce point.

Il en serait encore de même dans ce cas, si le point dont il s'agit, au lieu d'être fixe dans l'espace, avait un mouvement quelconque rectiligne et uniforme. En effet, supposons qu'il parcoure dans le temps t les espaces αt, βt, γt suivant la direction des axes des x, y, z, les vitesses α, β, γ étant constantes, et soient p, q, r les coordonnées du corps M, ϖ, χ, ρ celles du corps N, etc., rapportées à ce même point pris pour leur origine; il est clair qu'on aura

$$p=x-\alpha t,\quad q=y-\beta t,\quad r=z-\gamma t,$$

et de même

$$\varpi=\xi-\alpha t,\quad \chi=\eta-\beta t,\quad \rho=\zeta-\gamma t;$$

et ainsi des autres. Donc on aura

$$pq' - qp' = (x - \alpha t)(y' - \beta) - (y - \beta t)(x' - \alpha)$$
$$= xy' - yx' - \alpha(ty' - y) + \beta(tx' - x),$$

et pareillement

$$\varpi\chi' - \chi\varpi' = \xi\eta' - \eta\xi' - \alpha(t\eta' - \eta) + \beta(t\xi' - \xi);$$

et ainsi des autres formules semblables. On aura donc

$$\begin{aligned} &\mathrm{M}(pq' - qp') + \mathrm{N}(\varpi\chi' - \chi\varpi') + \ldots \\ &= \mathrm{M}(xy' - yx') + \mathrm{N}(\xi\eta' - \eta\xi') + \ldots - \alpha t(\mathrm{M}y' + \mathrm{N}\eta' + \ldots) + \alpha(\mathrm{M}y + \mathrm{N}\eta + \ldots) \\ &\quad + \beta t(\mathrm{M}x' + \mathrm{N}\xi' + \ldots) - \beta(\mathrm{M}x + \mathrm{N}\xi + \ldots). \end{aligned}$$

Or, dans ce cas (n°s 32 et 33),

$$\mathrm{M}x + \mathrm{N}\xi + \ldots = at + b, \quad \mathrm{M}y + \mathrm{N}\eta + \ldots = ct + d,$$

a, b, c, d étant des constantes : donc, faisant ces substitutions, il viendra

$$\begin{aligned} \mathrm{M}(pq' - qp') + \mathrm{N}(\varpi\chi' - \chi\varpi') + \ldots &= \mathrm{M}(xy' - yx') + \mathrm{N}(\xi\eta' - \eta\xi') + \ldots + \alpha d - \beta b \\ &= \mathrm{C} + \alpha d - \beta b. \end{aligned}$$

Ainsi la quantité $\mathrm{M}(pq' - qp') + \mathrm{N}(\varpi\chi' - \chi\varpi') + \ldots$ sera encore constante; par conséquent, la somme des aires décrites autour de l'axe des r passant par le point mobile, multipliées chacune par la masse respective, sera aussi proportionnelle au temps.

On trouvera de la même manière que les deux autres quantités

$$\mathrm{M}(pr' - rp') + \mathrm{N}(\varpi\rho' - \rho\varpi') + \ldots, \quad \mathrm{M}(qr' - rq') + \mathrm{N}(\chi\rho' - \rho\chi') + \ldots$$

seront constantes, et qu'ainsi la somme des aires décrites autour des axes de q et p passant par le même point mobile, multipliées chacune par la masse respective, sera encore proportionnelle au temps.

Donc, puisque, dans le cas dont il s'agit, le centre de gravité du système ne peut avoir qu'un mouvement rectiligne et uniforme (n° 33), il s'ensuit que la loi des aires aura lieu aussi par rapport au centre de gravité et pour tous les axes qu'on fera passer par ce centre.

Nous remarquerons encore que la loi des aires dont nous parlons a lieu aussi comme celle du mouvement du centre de gravité, et par la même raison (numéro cité), lorsqu'il survient des changements brusques dans les mouvements du système, par l'action mutuelle des corps qui le composent. Ainsi la même loi peut s'appliquer également au choc des corps durs et à celui des corps élastiques.

CHAPITRE VII.

DE LA LOI DES FORCES VIVES DANS LE MOUVEMENT D'UN SYSTÈME ANIMÉ PAR DES FORCES ACCÉLÉRATRICES QUELCONQUES. DE LA CONSERVATION DES FORCES VIVES DANS LE CHOC DES CORPS ÉLASTIQUES. DE LA PERTE DE CES FORCES DANS LE CHOC DES CORPS DURS, OU EN GÉNÉRAL DANS LES CHANGEMENTS BRUSQUES QUE LE SYSTÈME PEUT ÉPROUVER. DE LA SOMME DES FORCES VIVES DANS LES SITUATIONS DE L'ÉQUILIBRE. REMARQUES GÉNÉRALES SUR L'ÉCONOMIE DE CES FORCES DANS LES MACHINES.

---

39. En général, quelles que soient les conditions du système, les équations de condition

$$F(x, y, z, \xi, \ldots) = 0, \quad \Phi(x, y, z, \xi, \ldots) = 0, \quad \ldots$$

donneront toujours, en prenant les fonctions primes relativement au temps t, dont les variables $x, y, \ldots$ sont des fonctions,

$$x' F'(x) + y' F'(y) + z' F'(z) + \xi' F'(\xi) + \eta' F'(\eta) + \zeta' F'(\zeta) + \ldots = 0,$$
$$x' \Phi'(x) + y' \Phi'(y) + z' \Phi'(z) + \xi' \Phi'(\xi) + \eta' \Phi'(\eta) + \zeta' \Phi'(\zeta) + \ldots = 0,$$

et ainsi de suite.

Or, si le système n'éprouve que l'action des forces qui résultent de ces conditions, les équations du mouvement des corps M, N, ... seront, comme dans le n° 36, de la forme

$$\begin{aligned}
Mx'' &= \Pi F'(x) + \Psi \Phi'(x) + \ldots, \\
My'' &= \Pi F'(y) + \Psi \Phi'(y) + \ldots, \\
Mz'' &= \Pi F'(z) + \Psi \Phi'(z) + \ldots, \\
N\xi'' &= \Pi F'(\xi) + \Psi \Phi'(\xi) + \ldots, \\
N\eta'' &= \Pi F'(\eta) + \Psi \Phi'(\eta) + \ldots, \\
N\zeta'' &= \Pi F'(\zeta) + \Psi \Phi'(\zeta) + \ldots, \\
&\ldots\ldots\ldots\ldots\ldots\ldots
\end{aligned}$$

Donc, multipliant ces équations respectivement par x', y', z', ξ', η', ζ', ... et les ajoutant ensemble, on aura celle-ci,

$$M(x'x''+y'y''+z'z'')+N(\xi'\xi''+\eta'\eta''+\zeta'\zeta'')+\ldots=0,$$

qui est entièrement indépendante des conditions du système, et qui par conséquent aura lieu en général, quelles que puissent être la disposition et la liaison mutuelle des corps qui le composent.

Cette équation a pour équation primitive

$$M(x'^2+y'^2+z'^2)+N(\xi'^2+\eta'^2+\zeta'^2)+\ldots=H,$$

dans laquelle H est une constante arbitraire. Or nous avons vu (n° **11**) que $\sqrt{x'^2+y'^2+z'^2}$ exprime la vitesse du corps qui décrit la courbe dont x, y, z sont les coordonnées; donc, si l'on nomme u la vitesse du corps M, v celle du corps N, et ainsi des autres, on aura

$$x'^2+y'^2+z'^2=u^2,\quad \xi'^2+\eta'^2+\zeta'^2=v^2,\quad \ldots,$$

et l'équation précédente deviendra

$$Mu^2+Nv^2+\ldots=H.$$

Dans la fameuse dispute sur l'estimation des forces, on a appelé *force vive* d'un corps en mouvement le produit de sa masse et du carré de sa vitesse. Ainsi, en conservant cette dénomination, on voit, par l'équation qu'on vient de trouver, que la somme des forces vives de tous les corps d'un système est constante, lorsque ces corps n'éprouvent d'autres actions que celles qui résultent de leur liaison, et, en général, de toutes les conditions qui peuvent être exprimées par des équations entre les différentes coordonnées du corps, sans que le temps y entre. C'est dans cette loi que consiste le principe de la conservation des forces vives.

40. Si les corps agissaient, de plus, les uns sur les autres par des forces d'attraction ou de répulsion quelconques, ces forces donneraient, à la vérité, des termes de la même forme $\Pi f'(x)$, $\Pi f'(y)$, ... dans les

valeurs des quantités Mx'', My'', ..., en prenant pour la fonction $f(x, y, \ldots)$ la distance $\sqrt{(x-\xi)^2+(y-\eta)^2+(z-\zeta)^2}$ entre deux corps, et pour Π la force absolue que ces corps exercent l'un sur l'autre (n° **25**); mais il est évident que la condition

$$x'f'(x)+y'f'(y)+\ldots=0$$

n'aurait pas lieu pour cette fonction comme pour celles qui résultent des conditions du système. Ainsi ces termes subsisteront dans l'équation indépendante des conditions du système, et l'on aura, par conséquent,

$$\begin{aligned}M(x'x''+y'y''+z'z'')+N(\xi'\xi''+\eta'\eta''+\zeta'\zeta'')+\ldots\\=\Pi[x'f'(x)+y'f'(y)+z'f'(z)+\xi'f'(\xi)+\eta'f'(\eta)+\zeta'f'(\zeta)]+\ldots,\end{aligned}$$

où l'on voit que la quantité $x'f'(x)+y'f'(y)+\ldots$ est la fonction prime relativement à t de la fonction $f(x, y, z, \xi, \ldots)$, qui est ici

$$\sqrt{(x-\xi)^2+(y-\eta)^2+(z-\zeta)^2}.$$

Donc, en général, si l'on désigne par p la distance rectiligne entre les corps M et N, et par P la force absolue d'attraction ou de répulsion que ces corps exercent l'un sur l'autre, si l'on désigne de même par q la distance rectiligne entre deux autres corps du système et par Q la force d'attraction ou de répulsion entre ces corps, et ainsi de suite, en prenant les quantités P, Q, ... positivement lorsqu'elles tendent à augmenter les distances p, q, ..., et négativement lorsqu'elles tendent à diminuer ces distances, et qu'on nomme u, v, ... les vitesses des corps M, N, ..., l'équation précédente deviendra

$$Muu'+Nvv'+\ldots=Pp'+Qq'+\ldots,$$

qui est également indépendante des conditions du système, mais qui renferme, comme l'on voit, les forces P, Q, ... d'attraction ou de répulsion mutuelle.

41. Enfin, si les corps étaient en même temps attirés vers des centres fixes ou repoussés de ces centres, la même équation aurait encore lieu en prenant, par exemple, p pour la distance du corps M à un centre fixe et P pour la force qui vient de ce centre; et ainsi des autres. Car on peut déduire le cas des forces tendantes à des centres fixes de celui des actions mutuelles des corps, en supposant que quelques-uns de ces corps deviennent immobiles, ce qui a lieu lorsque leurs masses sont infinies; mais, sans avoir recours à cette démonstration indirecte, il n'y a qu'à considérer que, si le corps M, par exemple, éprouve l'action d'une force P qui part d'un centre fixe dont la position soit déterminée par les coordonnées l, m, n et dont la distance à M soit p, il en résultera (nº 25), dans les valeurs des quantités Mx'', My'', Mz'', les termes respectifs

$$\frac{P(x-l)}{p},\quad \frac{P(y-m)}{p},\quad \frac{P(z-n)}{p},$$

et par conséquent, dans la valeur de $M(x'x''+y'y''+z'z'')$, ou de Muu', les termes

$$\frac{P(x-l)x'}{p}+\frac{P(y-m)y'}{p}+\frac{P(z-n)z'}{p}.$$

Mais p étant $=\sqrt{(x-l)^2+(y-m)^2+(z-n)^2}$, on a

$$p'=\frac{(x-l)x'+(y-m)y'+(z-n)z'}{p};$$

donc les termes dont il s'agit se réduisent à Pp'.

D'où l'on conclura, en général, que l'équation

$$Muu'+Nvv'+\ldots=Pp'+Qq'+\ldots$$

a lieu pour un système quelconque de corps disposés ou liés entre eux d'une manière quelconque, et qui s'attirent ou se repoussent réciproquement, ou sont attirés vers des centres fixes ou repoussés par des forces quelconques P, Q, ..., en nommant p, q, ... les distances mutuelles des corps qui s'attirent ou se repoussent, ou leurs distances aux centres fixes d'attraction ou de répulsion, et prenant les quantités P, Q, ... positivement ou négativement selon que ces forces seront répulsives ou attractives, parce que les premières tendent à augmenter les distances $p, q, \ldots$, et les secondes à les diminuer.

42. Si les forces P, Q, ... sont respectivement des fonctions quelconques des distances $p, q, \ldots$ suivant lesquelles elles agissent, ce qu'on peut toujours supposer lorsque ces forces sont indépendantes les unes des autres, ou, en général, si les quantités P, Q, ... sont des fonctions de $p, q, \ldots$ telles que la quantité $Pp'+Qq'+\ldots$ soit la fonction prime d'une fonction de $p, q, \ldots$, que nous désignerons par $F(p, q, \ldots)$, l'équation primitive de l'équation ci-dessus sera

$$Mu^2+Nv^2+\ldots=K+2F(p, q, \ldots),$$

K étant une constante arbitraire; et, dans ce cas, les forces P, Q, ..., qui agissent suivant les lignes $p, q, \ldots$, seront représentées par les fonctions primes $F'(p)$, $F'(q)$, ...

Soient $a, b, \ldots$ les valeurs de $p, q, \ldots$ dans un instant donné, et U, V, ... les vitesses de M, N, ... dans cet instant; l'équation précédente, rapportée à ce même instant, donnera

$$MU^2+NV^2+\ldots=K+2F(a, b, \ldots),$$

d'où l'on tire

$$K=MU^2+NV^2+\ldots-2F(a, b, \ldots);$$

donc, substituant cette valeur, on aura l'équation générale

$$Mu^2+Nv^2+\ldots=MU^2+NV^2+\ldots+2F(p, q, \ldots)-2F(a, b, \ldots).$$

Cette équation renferme le principe de la conservation des forces vives pris dans toute sa généralité. Elle fait voir que la force vive totale du système ne dépend que des forces actives qui animent les corps et de la position des corps relativement aux centres de ces forces, de sorte que, si dans deux instants les corps se trouvent à mêmes distances de ces centres, la somme de leurs forces vives sera aussi la même.

J'entends par *forces actives* les forces que les corps exercent les uns sur les autres, et dont l'effet est de changer leurs distances ou leurs positions respectives, comme les forces intrinsèques d'attraction ou de répulsion, les forces des ressorts placés entre les corps, etc. Au contraire, j'appelle *forces passives* les forces de résistance produites par les pressions des corps, les tensions des fils ou des verges, etc., et dont l'effet est de maintenir les corps dans une même position respective et d'empêcher que les conditions du système ne soient violées. Ces forces passives ne contribuent en rien, comme l'on voit, à la production de la force vive; les forces actives seules l'augmentent ou la diminuent, comme elles feraient si les corps, étant mus librement, partaient des mêmes points et arrivaient aux mêmes points, en décrivant des lignes quelconques.

43. Nous avons vu que la loi du mouvement du centre de gravité et celle des aires sont indépendantes de l'action mutuelle des corps, quelle que soit cette action, soit qu'elle vienne des forces passives ou actives; ainsi, à cet égard, ces deux lois ont une plus grande étendue que la loi de la conservation des forces vives, qui n'est indépendante que de l'action des forces passives. Il résulte de là que cette dernière loi ne peut pas subsister, comme les deux premières, dans le cas où, par l'action mutuelle des corps ou par la rencontre d'obstacles, il survient des changements brusques dans leurs mouvements, parce que ces changements sont ou peuvent toujours être regardés comme l'effet des forces actives de ressorts placés entre les corps ou entre eux et les obstacles, et qui, en se contractant ou se dilatant très-peu, maintiennent la loi de continuité dans la variation des mouvements. La force vive des corps qui subissent ainsi des changements brusques reçoit, à chacun de ces changements, une augmentation ou une diminution égale à la force vive que l'action de ces ressorts produirait si les corps n'étaient soumis qu'à cette action.

Ainsi, si les corps M, N, ... viennent à se rencontrer ou à rencontrer des obstacles, de manière qu'il en résulte des changements brusques dans leurs mouvements, on pourra appliquer à ces corps, pendant leur action, quelque courte qu'elle puisse être, la formule du numéro précédent, de sorte qu'en nommant U, V, ... leurs vitesses au commencement de l'action, $u, v, \ldots$ les vitesses à la fin de l'action, désignant de plus par $a, b, \ldots$ les valeurs des distances $p, q, \ldots$ au commencement et par $\alpha, \beta, \ldots$ leurs valeurs à la fin de la même action, on aura

$$MU^2 + NV^2 + \ldots - Mu^2 - Nv^2 - \ldots = 2F(a, b, \ldots) - 2F(\alpha, \beta, \ldots),$$

ce qui montre que la différence des forces vives au commencement et à la fin de l'action sera

$$2F(a, b, \ldots) - 2F(\alpha, \beta, \ldots),$$

où l'on remarquera que, quoique les quantités $\alpha, \beta, \ldots$ diffèrent très-peu des quantités $a, b, \ldots$, la différence des fonctions semblables $F(a, b, \ldots)$ et $F(\alpha, \beta, \ldots)$ peut avoir une valeur finie quelconque.

44. Comme ces fonctions sont inconnues, on ne pourrait pas déterminer, de cette manière, la variation de la force vive; mais dans les cas particuliers on pourra la trouver d'après les conditions du problème.

Lorsque des corps se choquent, soit immédiatement, soit par l'entremise de leviers ou de machines quelconques, si les corps sont parfaitement élastiques, la compression et la restitution se font suivant la même loi, et l'action est censée durer jusqu'à ce que les corps soient revenus, par la restitution du ressort, à la même position respective où la compression a commencé. On aura donc pour ce cas, dans l'équation précédente,

$$\alpha = a, \quad \beta = b, \quad \ldots,$$

et par conséquent

$$F(\alpha, \beta, \ldots) = F(a, b, \ldots),$$

d'où il suit que la force vive sera la même avant et après le choc : ce qu'on sait depuis longtemps, mais dont on n'avait pas, que je sache, une démonstration simple et générale.

Au contraire, dans le choc des corps durs, l'action n'est censée durer que jusqu'à ce que les corps aient acquis des vitesses en vertu desquelles ils ne se nuisent plus et qui, par conséquent, ne produisent point d'action entre eux. Ainsi, l'effet de ces vitesses sur l'action mutuelle des corps étant nul, si on leur imprimait ces mêmes vitesses avant ou pendant l'action, elle serait la même en vertu des vitesses composées de celles-ci et des vitesses propres des corps. Donc elle serait encore la même si les vitesses imprimées étaient égales et directement contraires à celles dont nous parlons; car l'action ne varierait pas, en supposant qu'on détruisît ces vitesses imprimées par des vitesses opposées.

Il s'ensuit de là que, dans le choc des corps durs, les vitesses u, v, ..., après le choc, sont telles, que l'équation

$$MU^2+NV^2+\ldots-Mu^2-Nv^2-\ldots=2F(a, b, c, \ldots)-2F(\alpha, \beta, \gamma, \ldots)$$

subsisterait également en composant les vitesses U, V, ..., u, v, ... avec les vitesses $-u$, $-v$, ..., le second membre de cette équation demeurant le même, parce qu'il ne dépend que de la position mutuelle des corps avant et après le choc.

Si donc on nomme A la vitesse composée de U et de $-u$, B la vitesse composée de V et de $-v$, etc., l'équation deviendra

$$MA^2+NB^2+\ldots=2F(a, b, c, \ldots)-2F(\alpha, \beta, \gamma, \ldots),$$

puisque les vitesses composées $u-u$, $v-v$, ... sont nulles.

On aura donc, pour le choc des corps durs, cette équation

$$MU^2+NV^2+\ldots-Mu^2-Nv^2-\ldots=MA^2+NB^2+\ldots.$$

Comme U, V, ... sont les vitesses avant le choc, et u, v, ... les vitesses après le choc, il est clair que A, B, ... seront les vitesses perdues par le choc; par conséquent, $MA^2+NB^2+\ldots$ sera la force vive qui résulterait de ces vitesses : d'où l'on tire cette conclusion que, dans le choc des corps durs, il se fait une perte de forces vives égale à la force vive que les mêmes corps auraient s'ils étaient animés chacun de la vitesse qu'il perd dans le choc. Ce théorème remarquable est dû, je crois, à M. Carnot, qui l'a trouvé d'une autre manière dans son *Essai sur les machines en général;* il est utile pour compléter l'équation des forces vives, dans le cas où il se fait une perte de ces forces par le choc.

45. Dans l'équation (n° 41)

$$Muu' + Nvv' + \ldots = Pp' + Qq' + \ldots,$$

les quantités p, q, ... désignent les distances rectilignes des points où les forces P, Q, ... sont appliquées aux centres de ces forces; ainsi les quantités p', q', ... expriment les vitesses de ces points suivant les directions de ces mêmes forces, et, comme les quantités p, q, ... n'entrent point dans l'équation, il s'ensuit qu'elle a toujours lieu, quelles que soient les forces P, Q, ..., soit qu'elles tendent à des points donnés ou non, pourvu que l'on prenne pour p', q', ... les vitesses respectives des points où ces forces sont appliquées suivant les directions mêmes des forces.

Si les forces P, Q, ... étaient en équilibre, la quantité $Pp' + Qq' + \ldots$ serait nulle par le principe des vitesses virtuelles (n° 30) : ainsi l'équation précédente montre ce que cette quantité devient lorsque les forces produisent du mouvement, et l'on voit qu'elle est alors égale à la fonction prime de la moitié de la force vive de tous les corps du système, quelles que soient d'ailleurs la disposition et la liaison mutuelle de ces corps.

Donc, si dans un instant quelconque les forces qui agissent sur le système viennent à se contre-balancer, la fonction prime de la force vive sera alors nulle, et, par conséquent, la force vive sera un maximum ou un minimum (n° 26, IIe Partie). En général, de toutes les situations que le système peut prendre, celle où il serait en équilibre est aussi celle où sa force vive serait un maximum ou un minimum s'il était en mouvement, et il est démontré que l'équilibre sera stable lorsque la force vive sera un maximum et qu'il ne le sera pas lorsque la force vive sera un minimum. Mais la démonstration de cette propriété singulière de l'équilibre ne peut pas être insérée ici; on peut la voir dans la *Mécanique analytique* (*).

46. Puisque les quantités p', q', ... n'expriment que les vitesses des points où sont appliquées les forces P, Q, ..., estimées suivant la direction de ces forces, on peut prendre pour p', q', ... les espaces simultanés parcourus par ces points suivant ces directions. Ainsi Pp' sera la fonction prime de l'aire de la courbe dont l'abscisse serait égale à p et l'ordonnée rectangle serait P, et de même Qq' sera la fonction prime de l'aire de la courbe dont l'abscisse serait q et l'ordonnée Q; et ainsi des autres (n° **28**, IIe Partie). Donc, si l'on désigne respectivement ces aires par (P), (Q), ..., et qu'on prenne les fonctions primitives des deux membres de l'équation du numéro précédent, on aura, en multipliant par 2, et nommant U, V, ... les vitesses de M, N, ... lorsque les aires (P), (Q), ... sont supposées commencer,

$$Mu^2 + Nv^2 + \ldots - MU^2 - NV^2 - \ldots = 2(P) + 2(Q) + \ldots.$$

Cette équation est la même que celle du n° **42**, qui renferme le principe de la conservation des forces vives; mais elle est présentée ici d'une manière indépendante des fonctions qui peuvent représenter les forces P, Q, ...

Si l'on suppose que ces forces agissent chacune séparément sur des corps libres dont les masses soient m, n, ..., on aura, par les équations fondamentales du n° **15**,

$$mp'' = P, \quad nq'' = Q, \quad \ldots;$$

donc, multipliant respectivement par $2p'$, $2q'$, ..., et prenant les fonctions primitives, on aura

$$mp'^2 = a + 2(P), \quad nq'^2 = b + 2(Q),$$

et ainsi des autres, a et b étant des constantes arbitraires. Donc, si

(*) *Œuvres de Lagrange*, t. XI.

l'on suppose, pour plus de simplicité, que les vitesses p', q', ... soient nulles lorsque les aires (P), (Q), ... commencent, on aura

$$a = 0, \quad b = 0, \quad \ldots,$$

et par conséquent

$$mp'^2 = 2(P), \quad nq'^2 = 2(Q), \quad \ldots,$$

où l'on voit que mp'^2, nq'^2, ... sont les forces vives produites séparément et librement par les forces P, Q, ... pendant la génération des aires (P), (Q), ..., de sorte que ces aires elles-mêmes sont égales à la moitié des forces vives engendrées.

Donc, lorsque ces forces agissent sur des corps liés entre eux d'une manière quelconque, elles produisent, dans tout le système, une augmentation de force vive égale à la somme des forces vives que chaque force produirait en particulier si elle agissait seule sur un corps libre, et qu'elle lui fît parcourir, suivant sa direction, un espace égal à celui que le corps parcourt réellement, suivant la même direction. C'est proprement ce qui constitue le principe de la conservation des forces vives.

47. Cette loi des forces vives est d'une grande importance dans la théorie des machines. L'objet général des machines est de transmettre l'action des puissances motrices de la manière la plus propre à vaincre les résistances qui s'opposent au mouvement qu'on veut produire. Ces résistances n'étant que des forces qui agissent dans un sens contraire à celui des puissances, on peut les regarder et traiter comme des puissances négatives. Ainsi, dans une machine quelconque en mouvement, l'augmentation de la force vive totale est toujours égale à la somme des forces vives que les puissances auraient produites, moins la somme de celles qui auraient pu être produites par les résistances, si les points sur lesquels ces forces agissent s'étaient mus librement.

On peut réduire à la gravité et aux ressorts presque toutes les forces dont nous pouvons disposer. Un poids P, en descendant librement d'une hauteur h, acquiert une force vive égale à $2Ph$; car, dans ce cas, la force P étant constante, l'aire (P) est égale au produit de l'ordonnée P par l'abscisse h. Ainsi, lorsqu'on a à sa disposition une chute verticale h d'un poids P, on peut dépenser une force vive égale à $2Ph$, laquelle peut être employée dans une machine comme puissance ou comme résistance. Un ressort bandé produit, en se débandant librement, une force vive qui dépend de la force du ressort et de l'espace par lequel le ressort peut se débander, et qui est égale au double de l'aire (P). Donc, si l'on a à sa disposition un ressort bandé jusqu'à un certain point, et qui puisse se débander par un espace donné, on est le maître de dépenser une force vive donnée et de l'employer dans une machine quelconque. Ainsi l'on peut dire qu'une chute d'eau dont la quantité et la hauteur sont données, qu'une quantité donnée de charbon, en tant qu'elle peut être employée à vaporiser une quantité donnée d'eau, qu'une quantité donnée de poudre à canon, qu'une journée de travail d'un animal donné, etc., renferment une quantité déterminée de force vive, dont on peut disposer, mais qu'on ne saurait augmenter par aucun moyen mécanique.

On peut donc toujours regarder une machine comme destinée à détruire une quantité donnée de force vive en consumant une autre force vive donnée; et il suit du principe général que la force vive des puissances motrices doit surpasser celle des résistances d'une quantité égale à la force vive totale de tous les corps qui se meuvent en vertu de ces forces, et, s'il arrivait des changements brusques dans leurs mouvements, il y faudrait ajouter la somme des forces vives qui résulteraient des vitesses perdues dans les chocs (n° 44).

On peut calculer de cette manière l'effet de toute machine et déterminer les conditions nécessaires pour que cet effet devienne le plus grand qu'il est possible, relativement aux circonstances de la machine donnée.

Je ne m'étends pas davantage sur les applications à la Mécanique, et je ne m'arrêterai pas à résoudre des problèmes particuliers. Comme mon dessein n'est pas de donner un Traité de cette science, je me contenterai d'avoir établi, par la théorie des fonctions, les principes et les équations fondamentales de la Mécanique, qu'on ne démontre ordinairement que par la considération des infiniment petits, et d'avoir donné, d'une manière nouvelle, les lois générales du mouvement des corps animés par des forces quelconques et qui agissent les uns sur les autres, et je renverrai à la *Mécanique analytique* ceux qui désireraient un plus grand détail.

ADDITION

AU CHAPITRE II DE LA PREMIÈRE PARTIE, PAGE 33.

On peut démontrer de différentes manières la correspondance des fonctions dérivées avec les différentielles. Si l'on désigne par dx la différence constante des valeurs successives x, $x+dx$, $x+2dx$, $x+3dx$, ... de la variable x, les valeurs correspondantes de la variable y, regardée comme fonction de x, seront, par la formule précédente, en y faisant successivement $i=dx$, $2dx$, $3dx$, ...,

$$y,$$
$$y+y'dx+\frac{y''dx^2}{2}+\frac{y'''dx^3}{2.3}+\frac{y^{\text{IV}}dx^4}{2.3.4}+\dots,$$
$$y+2y'dx+\frac{4y''dx^2}{2}+\frac{8y'''dx^3}{2.3}+\frac{16y^{\text{IV}}dx^4}{2.3.4}+\dots,$$
$$y+3y'dx+\frac{9y''dx^2}{2}+\frac{27y'''dx^3}{2.3}+\frac{81y^{\text{IV}}dx^4}{2.3.4}+\dots,$$
$$y+4y'dx+\frac{16y''dx^2}{2}+\frac{64y'''dx^3}{2.3}+\frac{256y^{\text{IV}}dx^4}{2.3.4}+\dots,$$
$$\dots\dots\dots\dots\dots\dots\dots\dots$$

Si l'on prend, par des soustractions successives, les différences premières, secondes, troisièmes, etc. de ces valeurs, et qu'on les dénote par dy, d^2y, d^3y, ..., on aura

$$dy=y'dx+\frac{y''dx^2}{2}+\frac{y'''dx^3}{2.3}+\frac{y^{\text{IV}}dx^4}{2.3.4}+\dots,$$
$$d^2y=\frac{2y''dx^2}{2}+\frac{6y'''dx^3}{2.3}+\frac{14y^{\text{IV}}dx^4}{2.3.4}+\dots,$$
$$d^3y=\frac{6y'''dx^3}{2.3}+\frac{36y^{\text{IV}}dx^4}{2.3.4}+\dots,$$
$$d^4y=\frac{24y^{\text{IV}}dx^4}{2.3.4}+\dots,$$
$$\dots\dots\dots\dots$$

Supposons que la différence dx devienne infiniment petite : les puissances dx^2, dx^3, ... deviendront infiniment petites, chacune par rapport à celle qui précède, et les séries qui expriment les valeurs des différences dy, d^2y, d^3y, ... se trouveront composées de termes infiniment petits, chacun relativement au précédent, de sorte qu'en négligeant les infiniment petits d'un ordre supérieur relativement à ceux d'un ordre inférieur, on aura simplement

$$dy = y' dx, \quad d^2y = y'' dx^2, \quad d^3y = y''' dx^3, \quad \ldots,$$

et par conséquent

$$y' = \frac{dy}{dx}, \quad y'' = \frac{d^2y}{dx^2}, \quad y''' = \frac{d^3y}{dx^3}, \quad \ldots.$$

On voit par là comment la supposition des infiniment petits peut servir à trouver les fonctions dérivées, et l'on peut en conclure que les expressions différentielles $\frac{dy}{dx}$, $\frac{d^2y}{dx^2}$, ..., au lieu d'exprimer ce qu'elles paraissent représenter, ne sont à la rigueur que des symboles qui dénotent des fonctions différentes de la fonction primitive y, mais dérivées de celle-ci suivant certaines lois. [*Voir*, dans la nouvelle édition des *Leçons sur le Calcul des fonctions*, la Leçon XVIII, qui contient des remarques importantes sur le passage du fini à l'infiniment petit (*).]

(*) *Œuvres de Lagrange*, t. X.

FIN DU TOME NEUVIÈME.

THÉORIE DES FONCTIONS ANALYTIQUES.

NOTE DE M. J.-A. SERRET.

I. La théorie remarquable exposée dans les Chapitres III et IV de la deuxième Partie fait connaître l'intégrale première et la solution singulière d'une classe assez étendue d'équations différentielles : il s'agit des équations auxquelles conduisent les problèmes *inverses* sur le contact des courbes, et dans lesquelles n'entrent que les *éléments* mêmes du contact. Le succès de la méthode est dû à cette seule circonstance que les éléments du contact sont des fonctions de x, y et des dérivées de y, qui, étant égalées à des constantes arbitraires, fournissent autant d'intégrales premières d'une même équation différentielle; aussi peut-on donner un peu plus de généralité au théorème de Lagrange.

Désignons par α et β deux constantes arbitraires, et supposons que les équations

$$(1)\qquad \begin{cases} \varphi(x, y, y', y'', \ldots, y^{m}) = \alpha, \\ \psi(x, y, y', y'', \ldots, y^{m}) = \beta \end{cases}$$

soient deux intégrales premières d'une même équation différentielle de l'ordre $m+1$,

$$(2)\qquad V = 0,$$

y', y'', ... étant mis au lieu de $\frac{dy}{dx}$, $\frac{d^2y}{dx^2}$, ...

Si l'on élimine y^m entre les deux équations (1), on obtiendra une équation différentielle de l'ordre $m-1$:

$$(3)\qquad f(x, y, y', \ldots, y^{m-1}, \alpha, \beta) = 0.$$

Cela posé, l'équation (3), qui est une intégrale seconde de l'équation (2) et une intégrale première de l'une quelconque des équations (1), sera également une intégrale première de l'équation

$$(4)\qquad F(\varphi, \psi) = 0,$$

où F désigne une fonction quelconque, pourvu que l'on considère les deux constantes α et β comme assujetties à vérifier l'équation

$$(5)\qquad F(\alpha, \beta) = 0.$$

Ce théorème est presque évident, car les valeurs de α et β que l'on tirerait de l'équation (3) et de sa dérivée seraient $\alpha = \varphi$, $\beta = \psi$, et, comme l'équation (5) a lieu entre les constantes α et β, il s'ensuit que l'équation (4) se trouvera aussi vérifiée. Si les fonctions φ et ψ ne renfermaient que x, y et y', l'équation (3) ne contiendrait plus de dérivées et serait, par suite, l'intégrale générale de l'équation proposée. Il résulte de là que, si, parmi les différentes manières, en nombre infini, d'écrire une équation différentielle, on en distingue une qui permette de lui donner la forme de l'équation (4), on aura, par cela seul, intégré une première fois cette équation.

II. Proposons-nous, comme application, de chercher l'équation intégrale des lignes de courbure d'une surface du second ordre à centre. L'équation de la surface étant

$$\frac{x^2}{\rho^2} + \frac{y^2}{\rho^2 - b^2} + \frac{z^2}{\rho^2 - c^2} = 1, \tag{1}$$

l'équation différentielle des projections des lignes de courbure sur le plan xy sera

$$\frac{c^2}{\rho^2}\left(x^2 - \frac{xy}{y'}\right) - \frac{c^2 - b^2}{\rho^2 - b^2}(y^2 - xyy') - b^2 = 0; \tag{2}$$

si maintenant on pose

$$\frac{c^2}{\rho^2}\left(x^2 - \frac{xy}{y'}\right) = \alpha, \quad \frac{c^2 - b^2}{\rho^2 - b^2}(y^2 - xyy') = \beta,$$

ces équations seront les intégrales premières de la même équation

$$xyy'' - yy' + xy'^2 = 0;$$

on pourra donc appliquer le théorème à l'équation (2). Si l'on élimine y' entre celles-ci, on aura

$$\frac{c^2}{\rho^2}\frac{x^2}{\alpha} + \frac{c^2 - b^2}{\rho^2 - b^2}\frac{y^2}{\beta} = 1, \quad \text{avec} \quad \beta = \alpha - b^2;$$

nous ferons $\alpha = \mu^2$, $\beta = \mu^2 - b^2$, et l'équation des projections des lignes de courbure sera finalement

$$\frac{c^2 x^2}{\rho^2 \mu^2} + \frac{(c^2 - b^2)y^2}{(\rho^2 - b^2)(\mu^2 - b^2)} = 1, \tag{3}$$

μ^2 étant la constante arbitraire : elle représente, comme on sait, des ellipses ou des hyperboles. Comme l'équation (3) est symétrique entre ρ et μ, si l'on considère ρ comme un paramètre variable et μ comme déterminé, l'équation (3) représentera également les projections des lignes de courbure de la surface

$$\frac{x^2}{\mu^2} + \frac{y^2}{\mu^2 - b^2} + \frac{z^2}{\mu^2 - c^2} = 1, \tag{4}$$

et, si ρ et μ ont en même temps des valeurs déterminées, l'équation (3) représentera la projection d'une ligne de courbure commune aux surfaces (1) et (4), laquelle sera donc l'intersection de ces deux surfaces.

Si dans l'équation (1) on a $\rho > c > b$, μ devra être compris entre b et c, ou inférieur à ces deux quantités, car autrement les deux surfaces ne se couperaient pas. On conclut de là que les trois équations

$$(5)\quad \begin{cases} \dfrac{x^2}{\rho^2}+\dfrac{y^2}{\rho^2-b^2}+\dfrac{z^2}{\rho^2-c^2}=1,\\ \dfrac{x^2}{\mu^2}+\dfrac{y^2}{\mu^2-b^2}-\dfrac{z^2}{c^2-\mu^2}=1,\\ \dfrac{x^2}{\nu^2}-\dfrac{y^2}{b^2-\nu^2}-\dfrac{z^2}{c^2-\nu^2}=1,\end{cases}$$

dans lesquelles b et $c>b$ sont des constantes déterminées, ρ, μ, ν trois paramètres variables compris, le premier entre c et ∞, le second entre b et c, et le troisième entre zéro et b, représentent trois systèmes de surfaces telles que l'une quelconque des surfaces de l'un de ces systèmes sera coupée, suivant ses lignes de courbure, par toutes les surfaces des deux autres systèmes. Il en résulte que les surfaces (5) sont orthogonales entre elles.

C'est au même principe que l'on doit rattacher l'intégration de l'équation si connue

$$y=y'x+F(y'),$$

car, si l'on fait

$$y'=\alpha,$$
$$y-y'x=\beta,$$

à cause que les deux équations qui précèdent sont les deux intégrales premières de l'équation

$$y''=0,$$

l'équation

$$y=\alpha x+\beta,$$

qui résulte de l'élimination de y', sera l'intégrale générale de la proposée, pourvu que les constantes α et β soient unies par la relation

$$\beta=F(\alpha),$$

et l'on obtient finalement

$$y=\alpha x+F(\alpha),$$

où α désigne la constante arbitraire. Au surplus, dans la question actuelle, les fonctions y' et $y-y'x$, entre lesquelles a lieu l'équation proposée, ne sont autres que les *éléments* du contact du premier ordre.

III. Les équations différentielles dont il vient d'être question, et dont on détermine si aisément une intégrale première, admettent, en général, des solutions singulières, ainsi que Lagrange l'a remarqué ; la théorie de ces solutions singulières peut être présentée très-simplement à l'aide de considérations géométriques, identiques à celles que l'on emploie dans la recherche des développantes des courbes planes.

Lorsqu'on donne l'équation d'une courbe en coordonnées rectangulaires x et y, on obtient, comme on sait, l'équation de la développée en éliminant x et y à l'aide de la proposée et des deux suivantes,

$$(1)\quad \begin{cases} x-\dfrac{y'(1+y'^2)}{y''}=\alpha,\\ y+\dfrac{1+y'^2}{y''}=\beta,\end{cases}$$

dans lesquelles α et β représentent les coordonnées du centre de courbure.

Mais si, au contraire, on donne l'équation

$$(2)\qquad F(\alpha, \beta) = 0$$

de la développée, et que l'on élimine α et β entre les équations (1) et (2), on obtiendra l'équation différentielle du second ordre

$$(3)\qquad F\left[x - \frac{y'(1+y'^2)}{y''}, y + \frac{1+y'^2}{y''}\right] = 0,$$

que la théorie présente immédiatement comme devant faire connaître les développantes de la courbe représentée par l'équation (2). Mais cette équation est du second ordre, et son intégrale complète doit renfermer deux constantes arbitraires, tandis qu'il n'en peut entrer qu'une seule dans l'équation des développantes, d'où résulte ce paradoxe d'Analyse signalé par Lagrange, et qu'il est bien aisé d'éclaircir. D'abord l'équation (3) est du genre de celles dont nous avons parlé précédemment, et son intégrale première s'obtiendra en éliminant y'' des équations (1), ce qui donne

$$(4)\qquad (x-\alpha) + y'(y-\beta) = 0,$$

dans laquelle α et β doivent être considérées comme deux constantes liées par la relation

$$F(\alpha, \beta) = 0;$$

γ désignant une constante arbitraire, l'intégrale de l'équation (4) sera

$$(x-\alpha)^2 + (y-\beta)^2 = \gamma^2.$$

Cette équation, qui renferme deux constantes arbitraires, est l'intégrale générale de l'équation (3); elle représente un cercle de rayon arbitraire et dont le centre est en un point quelconque de la courbe donnée que représente l'équation (2). Le cercle satisfait effectivement à la question de Géométrie, puisque, pour chacun de ses points, le centre de courbure est bien situé sur la courbe donnée. Il résulte donc de là que l'équation des développantes de la courbe proposée est nécessairement une solution singulière de l'équation différentielle (3). La plupart des Traités d'Analyse ne font aucune mention de l'équation (3) comme devant faire connaître l'équation des développantes, et l'on se contente habituellement de montrer, à l'aide de *considérations particulières*, que celle-ci est l'intégrale générale d'une équation différentielle du premier ordre, laquelle résulte de l'élimination de α et β entre les trois équations

$$(x-\alpha) + \frac{dy}{dx}(y-\beta) = 0,$$

$$\frac{d\beta}{d\alpha}\frac{dy}{dx} + 1 = 0,$$

$$F(\alpha, \beta) = 0.$$

C'est, au surplus, le résultat auquel on est immédiatement conduit en considérant les développantes d'une courbe comme les trajectoires orthogonales de ses tangentes.

IV. Nous allons montrer quelle extension on peut donner aux considérations particulières que l'on emploie dans la théorie des développantes.

Nous savons que, si les équations

$$(1)\quad \begin{cases} \varphi(x, y, y', \ldots, y^m) = \alpha, \\ \psi(x, y, y', \ldots, y^m) = \beta \end{cases}$$

sont deux intégrales premières d'une même équation différentielle, et que

$$(2)\quad f(x, y, y', \ldots, y^{m-1}, \alpha, \beta) = 0$$

en résulte par l'élimination de y^m, cette dernière équation sera une intégrale première de l'équation

$$(3)\quad F(\varphi, \psi) = 0,$$

pourvu que l'on considère α et β comme des constantes vérifiant l'équation

$$(4)\quad F(\alpha, \beta) = 0;$$

en sorte que l'on obtiendra l'intégrale générale de l'équation (3) en cherchant celle de l'équation (2), dont l'ordre est inférieur d'une unité.

Considérons α et β comme des coordonnées rectangulaires, de même que x et y, puis imaginons que l'on ait tracé la courbe représentée par l'équation (4), en même temps que celles qui sont représentées par l'intégrale générale de l'équation (3); chacune de ces dernières dépendra, *en partie*, de la position d'un point de la première courbe, de celui qui répond aux valeurs de α et β relatives à la courbe que l'on considère : pour abréger le discours, j'appellerai ce point *point directeur*, et *courbe directrice* l'ensemble des points directeurs, c'est-à-dire la courbe représentée par l'équation (4).

Pour tous les points d'une même courbe de l'intégrale générale (3), le point directeur est le même, et jouit, par rapport à chacun d'eux, d'une propriété commune définie analytiquement par les équations (1); d'où il suit clairement que les courbes susceptibles de satisfaire à l'équation (3) et qui ne font pas partie de l'intégrale générale jouissent de cette propriété remarquable que le point directeur n'est pas le même pour tous les points d'une même courbe, et que la propriété définie analytiquement par les équations (1) a lieu entre les différents points d'une même courbe et leurs *correspondants* sur la courbe directrice.

Pour chacune de ces nouvelles courbes qui constituent une solution singulière de l'équation (3), l'équation (2) aura encore lieu entre les coordonnées x, y de l'un de ses points et celles α et β du point directeur correspondant; mais, si l'on fait varier x et y, α et β varieront aussi : on aura donc, en différentiant l'équation (2),

$$\left(\frac{df}{dx} + y'\frac{df}{dy} + \ldots + y^m \frac{df}{dy^{m-1}}\right) dx + \frac{df}{d\alpha} d\alpha + \frac{df}{d\beta} d\beta = 0.$$

Mais, si l'on observe que l'équation (2), dans laquelle on regarde α et β comme constantes, est une intégrale première de l'une quelconque des équations (1), on verra que le coefficient de dx dans l'équation précédente devient nul en vertu de ces mêmes équations (1) : on aura donc simplement

$$\frac{df}{d\alpha} d\alpha + \frac{df}{d\beta} d\beta = 0.$$

On a d'ailleurs

$$\frac{dF}{d\alpha}d\alpha + \frac{dF}{d\beta}d\beta = 0;$$

donc

$$(5)\qquad \frac{\frac{df}{d\alpha}}{\frac{dF}{d\alpha}} = \frac{\frac{df}{d\beta}}{\frac{dF}{d\beta}},$$

équation qui établit une relation entre chaque point de la courbe singulière et le point directeur correspondant.

Si des équations (4) et (5) on tire les valeurs de α et β pour les porter dans l'équation (2), ou, ce qui revient au même, si l'on élimine α et β à l'aide des équations (2), (4) et (5), on obtiendra une équation différentielle de l'ordre $m-1$,

$$\Pi(x, y, y', \ldots, y^{m-1}) = 0,$$

sans constante arbitraire, et qui sera une solution singulière de l'équation (3).

Bornons-nous à indiquer une seule application des résultats qui précèdent.

On demande quelle est la courbe jouissant de la propriété que, si M *est un de ses points,* C *le centre de courbure en ce point, et* M' *la position du point* M *auquel on fait faire un quart de révolution autour d'un point fixe, l'on ait* CM' = *une constante* K.

L'équation différentielle du second ordre est

$$\left[x - y - \frac{y'(1+y'^2)}{y''}\right]^2 + \left(x + y + \frac{1+y'^2}{y''}\right)^2 = K^2;$$

on trouve pour intégrale première

$$\frac{(x-\alpha)-(y-\beta)}{(x-\alpha)+(y-\beta)} + \frac{dy}{dx} = 0,$$

avec

$$\alpha^2 + \beta^2 = \frac{K^2}{2},$$

et pour solution singulière

$$(x-y) + (x+y)\frac{dy}{dx} = K\sqrt{1 + \frac{dy^2}{dx^2}};$$

l'intégrale générale représente ici des spirales logarithmiques, la solution singulière des courbes beaucoup plus compliquées.

V. On démontrerait absolument, comme au n° I, que, si

$$\varphi = \alpha, \quad \psi = \beta, \quad \varpi = \gamma, \quad \ldots$$

sont n intégrales premières d'une même équation différentielle et que

$$f = 0$$

en résulte par l'élimination des $n-1$ plus hautes dérivées, cette dernière sera une intégrale d'ordre $n-1$ de l'équation

$$F(\varphi, \psi, \varpi, \ldots) = 0,$$

pourvu que l'on considère $\alpha, \beta, \gamma, \ldots$ comme des constantes assujetties à vérifier l'équation

$$F(\alpha, \beta, \gamma, \ldots) = 0.$$

Dans ce cas, l'équation proposée admet encore une solution singulière, que l'on déterminera par un procédé analogue à celui que nous venons d'employer.

TABLE DES MATIÈRES

DU TOME NEUVIÈME.

INTRODUCTION.

PREMIÈRE PARTIE.

EXPOSITION DE LA THÉORIE, AVEC SES PRINCIPAUX USAGES DANS L'ANALYSE.

SECONDE PARTIE.

APPLICATION DE LA THÉORIE DES FONCTIONS A LA GÉOMÉTRIE.

TROISIÈME PARTIE.

APPLICATION DE LA THÉORIE DES FONCTIONS A LA MÉCANIQUE.

5636 Paris. — Imprimerie de GAUTHIER-VILLARS, quai des Augustins, 55.

QUAI DES GRANDS-AUGUSTINS, 55, A PARIS.

Envoi franco, contre mandat de poste ou valeur sur Paris, dans tous les pays faisant partie de l'Union postale.

EXTRAIT DU CATALOGUE
DE LA
LIBRAIRIE GAUTHIER-VILLARS,

SUCCESSEUR DE MALLET-BACHELIER,

IMPRIMEUR-LIBRAIRE

Du Bureau des Longitudes; — des Observatoires de Paris, Montsouris, Bordeaux, Marseille, Nice et Toulouse; — du Bureau Central Météorologique; — de l'École Polytechnique; — de l'École Centrale des Arts et Manufactures; — du Dépôt des Fortifications; — de la Société Météorologique; — du Comité international des Poids et Mesures; etc.

ANDRÉ et RAYET, Astronomes adjoints de l'Observatoire de Paris, et **ANGOT**, Professeur de Physique au Lycée Fontanes. — **L'Astronomie pratique et les Observatoires en Europe et en Amérique**, depuis le milieu du XVIIe siècle jusqu'à nos jours. In-18 jésus, avec belles figures dans le texte et planches en couleur.

Ire Partie : *Angleterre;* 1874 .... 4 fr. 50 c.
IIe Partie : *Écosse, Irlande et Colonies anglaises ;* 1874 .... 4 fr. 50 c.
IIIe Partie : *Amérique du Nord;* 1877 ... 4 fr. 50 c.
IVe Partie : *Amérique du Sud* et Météorologie américaine .... 3 fr.
Ve Partie : *Italie;* 1878 .... 4 fr. 50 c.

ANNALES SCIENTIFIQUES DE L'ÉCOLE NORMALE SUPÉRIEURE, publiées sous les auspices du Ministre de l'Instruction publique, par un *Comité de Rédaction composé de MM. les Maîtres de Conférences.*

1re Série, 7 volumes in-4, avec figures dans le texte et planches sur cuivre, années 1864 à 1870. 150 fr.

La **2e Série**, commencée en 1872, paraît, chaque mois, par numéro contenant 4 à 5 feuilles in-4, avec figures dans le texte et planches.

En outre, les *Annales* font paraître, depuis 1877, suivant les ressources dont dispose le Recueil, des numéros supplémentaires contenant soit des thèses d'un mérite exceptionnel, soit des travaux dont la publication présente un certain caractère d'urgence, et qui ne peuvent trouver place dans les numéros en cours d'impression. Les numéros supplémentaires ont une pagination spéciale et viennent se classer, dans le Volume, à la suite des douze numéros mensuels.

L'abonnement est annuel et part du 1er janvier.

Prix de l'abonnement pour un an (*12 numéros*) :

Paris .... 30 fr.
Départements et Union postale .... 35 fr.
Autres pays .... 40 fr.

ANNALES DE L'OBSERVATOIRE DE PARIS, fondées par *Le Verrier*, et publiées par M. l'Amiral *Mouchez*, Directeur. **Partie théorique**, tomes I à XV. In-4, avec planches; 1855-1880.

Les Tomes I à X et les Tomes XII, XIII et XV se vendent séparément. 27 fr.

Le Tome XI (1876) et le Tome XIV (1877) comprennent deux *Parties* qui se vendent séparément. 20 fr.

ANNALES DE L'OBSERVATOIRE DE PARIS, fondées par *U.-J. Le Verrier*, et publiées par M. l'Amiral *Mouchez*, directeur. **Observations**. Tomes I à XXV, années 1800 à 1870; tomes XXIX à XXXIII; années 1874 à 1879. 30 volumes in-4 (en tableaux); 1858 à 1881.

Chaque Volume se vend séparément. 40 fr.

ANNALES DU BUREAU DES LONGITUDES ET DE L'OBSERVATOIRE ASTRONOMIQUE DE MONTSOURIS. Tome I. In-4, avec une planche sur acier donnant la vue de l'Observatoire ; 1877. 30 fr.

Création de l'Observatoire astronomique de Montsouris, et publication de ses travaux pour l'année 1876; but de la publication actuelle; plan et position de l'Observatoire; par MM. *Mouchez* et *Lœwy*. — Observations; Réduction des observations de passages faites en 1876 à l'Observatoire de Montsouris. — Éphémérides pour 1878 des étoiles de culmination lunaire et de longitude. — Détermination des ascensions droites des étoiles de culmination lunaire et de longitude ; par M. *Lœwy*. — Détermination de la latitude d'un lieu par l'observation d'une hauteur de l'étoile polaire; par M. *Lœwy*. — Tables générales de réduction des observations méridiennes; par M. *Lœwy*.

Le Tome II est *sous presse*.

ANNALES DE L'OBSERVATOIRE ASTRONOMIQUE, MAGNÉTIQUE ET MÉTÉOROLOGIQUE DE TOULOUSE. Tome I, renfermant les travaux exécutés de 1873 à la fin de 1878, sous la direction de M. *F. Tisserand*, ancien Directeur de l'Observatoire de Toulouse, Membre de l'Institut, etc.; publié par M. *Baillaud*, Directeur de l'Observatoire, Doyen de la Faculté des Sciences de Toulouse. In-4, avec planche; 1881. 30 fr.

ANNALES DU BUREAU CENTRAL MÉTÉOROLOGIQUE DE FRANCE, publiées par M. *Mascart*, Directeur.

I. — **Études des orages en France et Mémoires divers.**

Année 1878. Grand in-4, avec 37 pl.; 1879. 15 fr.
Année 1879. Grand in-4, avec 20 pl.; 1880. 15 fr.

II. — **Bulletin des Observations françaises et Revue climatologique.**

Année 1878. Grand in-4, avec 40 pl.; 1880. 15 fr.
Année 1879. Grand in-4, avec 41 pl. .... 15 fr.

III. — **Pluies en France.** Observations publiées avec la coopération du Ministère des Travaux publics et le concours de l'Association scientifique.

Année 1877. Grand in-4, avec 5 pl.; 1880. 15 fr.
Année 1878. Grand in-4, avec 5 pl.; 1880. 15 fr.
Année 1879. Grand in-4, avec 7 pl.; 1881. 15 fr.

IV. — **Météorologie générale.**

Année 1878. In-plano, avec 6 pl.; 1879. 15 fr.
Année 1879. In-4, avec 38 pl.; 1880. 15 fr.
Année 1880. In-pl., avec 15 pl.; 1881. (*Sous presse.*)

Voir **Bureau central**, p. 4.

ANNUAIRE DE L'OBSERVATOIRE MÉTÉOROLOGIQUE DE MONTSOURIS pour 1881; Météorologie, Agriculture, Hygiène (contenant le résumé des travaux de l'Observatoire durant l'année 1880). 10e année. In-18 de plus de 500 pages, avec des figures représentant les divers organismes microscopiques rencontrés dans l'air, le sol et leurs eaux. 2 fr.

La Météorologie est envisagée, à Montsouris, spécialement au double point de vue de l'Agriculture et de l'Hygiène.

Au point de vue de l'Agriculture, l'Annuaire contient une série de Tableaux à l'usage des agriculteurs; le relevé des observations météorologiques anciennes faites à Paris depuis 1735, et permettant d'apprécier les variations annuelles du climat du nord de la France depuis cette époque; des Notices comprenant l'examen des divers éléments climatériques qui influent sur la marche des cultures, l'époque des récoltes et leur rendement, et l'indication des instruments simples qu'il importe d'observer pour arriver à la prévision des dates et de la valeur de ces récoltes; l'application à des cultures spéciales; les Tableaux résumés des observations météorologiques de 1880, comparés aux résultats économiques de l'année agricole écoulée; enfin, le résultat des études continuées depuis plusieurs années dans le but de mesurer la somme des éléments de fertilité que l'atmosphère et ses pluies fournissent aux cultures, et le volume d'eau que ces dernières peuvent consommer utilement.

Au point de vue de l'Hygiène, l'Annuaire contient le résumé des résultats des recherches poursuivies à Montsouris, par la Chimie et par le microscope: sur les produits accidentels, gazeux, minéraux ou de nature organique que l'on rencontre habituellement dans l'air, dans le sol et dans les eaux qui découlent de l'un et de l'autre; sur ceux que les agglomérations urbaines y développent; et, notamment, sur l'influence que les irrigations à l'eau d'égout exercent sur l'atmosphère, sur le sol et les eaux, comme sur les produits de la terre.

ANNUAIRE pour l'an 1880, publié par le Bureau des Longitudes; contenant les Notices suivantes: *Deux Ascensions au Puy-de-Dôme à dix ans d'intervalle*, par M. Faye. — *Jonction géodésique et astronomique de l'Algérie avec l'Espagne*, par M. le Ct F. Perrier (avec deux vues de la station géodésique de M'Sabiha). — *Discours prononcés à l'inauguration de la Statue d'Arago*, à Perpignan (avec une belle gravure sur bois de la statue d'Arago). In-18, de 748 pages, avec la Carte des courbes d'égale déclinaison magnétique en France, au 1er janvier 1879. 1 fr. 50 c

ANNUAIRE pour l'an 1881, publié par le Bureau des Longitudes; contenant les Notices suivantes: *Comparaison de la Lune et de la Terre au point de vue géologique*, avec belles figures ombrées dans le texte; par M. Faye, Membre de l'Institut. — *Notice sur les observatoires français vers la fin du siècle dernier*; par M. Tisserand, Membre de l'Institut. In-18, de 790 pages, avec la Carte des courbes d'égale déclinaison magnétique en France. 1 fr. 50 c.

Pour recevoir l'Annuaire franco par la poste, dans tous les pays faisant partie de l'Union postale, ajouter 35 c.

AOUST (l'Abbé), Professeur à la Faculté des Sciences de Marseille. — **Analyse infinitésimale des courbes tracées sur une surface quelconque.** In-8; 1869. 7 fr.

AOUST (l'Abbé). — **Analyse infinitésimale des courbes planes**, contenant la résolution d'un grand nombre de problèmes choisis, à l'usage des candidats à la licence. In-8, avec 80 fig. dans le texte; 1873. 8 fr. 50 c.

AOUST. — **Analyse infinitésimale des courbes dans l'espace.** In-8, avec 40 fig. dans le texte; 1876. 11 fr.

ARAGO (F.). — **Œuvres complètes.** 17 volumes in-8, avec nombreuses figures. 127 fr. 50 c.

On vend séparément :

Astronomie populaire. 4 volumes, avec un portrait d'Arago et 362 figures, dont 80 gravées sur acier et 282 gravées sur bois. 30 fr.

Notices biographiques. 3 volumes, avec une Introduction aux *Œuvres d'Arago*, par A. de Humboldt. 22 fr. 50 c.

Notices scientifiques. 5 volumes, avec 35 figures sur bois. 37 fr. 50 c.

Voyages scientifiques. 1 volume. 7 fr. 50 c.

Mémoires scientifiques. 2 volumes, avec 53 figures sur bois. 15 fr.

Mélanges, 1 volume. 7 fr. 50 c.

Tables analytiques. 1 volume d'environ 900 pages, précédé du Discours prononcé aux funérailles d'Arago et d'une Notice chronologique sur ses Œuvres. 7 fr. 50 c.

ATLAS MÉTÉOROLOGIQUE DE L'OBSERVATOIRE DE PARIS, publié avec le concours de l'*Association scientifique de France*. Tome VIII, année 1876. Un volume in-folio oblong de texte, et un Atlas même format contenant 56 cartes; 1877. 20 fr.

Pour les *Atlas* des années précédentes, *voir* le Catalogue général.

BABINET, Membre de l'Institut (Académie des Sciences). — **Études et Lectures sur les Sciences d'observation et leurs applications pratiques.** 8 vol. in-12.

Chaque Volume se vend séparément. 2 fr. 50 c.

BABINET, Membre de l'Institut, et **HOUSEL**, Professeur de Mathématiques. — **Calculs pratiques appliqués aux Sciences d'observation.** In-8, avec 75 figures dans le texte; 1857. 6 fr.

BACHET, sieur de MÉZIRIAC. — **Problèmes plaisants et délectables qui se font par les nombres.** 4e éd., revue, simplifiée et augmentée par *A. Labosne*. Petit in-8, caractères elzévirs, titre en deux couleurs; 1879.

Tirage sur papier vélin............ 6 fr.
Tirage sur papier vergé............ 8 fr.

BARRESWIL et DAVANNE. — **Chimie photographique**, contenant les Éléments de Chimie expliqués par des exemples empruntés à la Photographie; les procédés de Photographie sur glace (collodion humide, sec ou albuminé), sur papiers, sur plaques; la manière de préparer soi-même, d'essayer, d'employer tous les réactifs, d'utiliser les résidus, etc. 4e édition, avec figures dans le texte. In-8; 1864. 8 fr. 50 c.

BELLANGER (C.-A.), Professeur d'Hydrographie. — **Petit Catéchisme de Machine à vapeur**, à l'usage des candidats aux grades de la marine de commerce. 3e édition. Petit in-8, avec Atlas de 6 planches. 3 fr.

BENOIT (P.-M.-N.). — **La Règle à Calcul expliquée, ou Guide du Calculateur à l'aide de la Règle logarithmique à tiroir.** Fort volume in-12 avec pl. 5 fr.

BENOIT (P.-M.-N.). — **Guide du Meunier et du Constructeur de Moulins.** 1re *Partie :* Construction des moulins. 2e *Partie :* Meunerie. 2 vol. in-8 de 916 pages, avec 22 planches contenant 638 figures; 1863. 12 fr.

BERRY (C.), Lieutenant de vaisseau. — **Théorie complète**

des occultations, à l'usage spécial des officiers de Marine et des astronomes. Publication approuvée par le Bureau des Longitudes, et autorisée par M. le Ministre de la Marine. In-4, avec figures; 1880. 6 fr.

BERTHELOT (M.), Membre de l'Institut, COULIER, Pharmacien principal de l'armée, et D'ALMEIDA, Professeur de Physique au Lycée Henri IV. — Vérification de l'aréomètre de Baumé. In-8; 1873. 2 fr.

BERTHELOT (M.). — Leçons sur les Méthodes générales de synthèse en Chimie organique. In-8; 1864. 8 fr.

BERTRAND (J.), Membre de l'Institut. — Traité de Calcul différentiel et de Calcul intégral.

CALCUL DIFFÉRENTIEL. In-4; 1864............ (*Rare.*)

CALCUL INTÉGRAL (*Intégrales définies et indéfinies*). In-4 de 720 p., avec 88 fig. dans le texte; 1870... 30 fr.

Le troisième et dernier Volume, CALCUL INTÉGRAL (*Équations différentielles*), est sous presse.

BIEHLER, Directeur des Études à l'École préparatoire du Collège Stanislas. — Sur la théorie des Équations. (Thèse d'Algèbre). In-4; 1879. 5 fr.

BIEHLER. — Sur les équations linéaires. In-8; 1880. 1 fr. 25 c.

BILLET, Professeur de Physique à la Faculté des Sciences de Dijon. — Traité d'Optique physique. 2 forts vol. in-8, avec 14 pl. composées de 337 fig.; 1858-1859. 15 fr.

BORDAS-DEMOULIN. — Le Cartésianisme, ou la véritable rénovation des Sciences, Ouvrage couronné par l'Institut; suivi de la *Théorie de la substance* et de celle *de l'infini*. 2e édition. In-8; 1874. 8 fr.

BOSET, Professeur de Mathématiques supérieures à l'Athénée royal de Namur. — Traité de Géométrie analytique, précédé des *Éléments de la Trigonométrie rectiligne et sphérique*. In-8°, avec 322 figures dans le texte; 1878. 12 fr.

BOSET. — Traité élémentaire d'Algèbre. In-8; 1880. 7 fr. 50 c.

BOUCHARLAT (J.-L.). — Théorie des courbes et des surfaces du second ordre, ou Traité complet d'application de l'Algèbre à la Géométrie. 3e édition, revue, corrigée et augmentée de Notes et des Principes de la Trigonométrie rectiligne. In-8, avec pl.; 1845. 8 fr.

BOUCHARLAT (J.-L.). — Éléments de Calcul différentiel et de Calcul intégral. 8e édition, revue et annotée par M. *Laurent*, Répétiteur à l'École Polytechnique. In-8, avec planches; 1881. 8 fr.

BOUCHARLAT (J.-L.). — Éléments de Mécanique. 4e édition. 1 volume in-8, avec 10 planches; 1861. 8 fr.

BOUR (Edm.), Ingénieur des Mines. — Cours de Mécanique et Machines, professé à l'École Polytechnique :

Cinématique. In-8, avec Atlas de 30 planches in-4 gravées sur cuivre; 1865. 10 fr.

Statique et travail des forces dans les machines à l'état de mouvement uniforme, publié par *M. Phillips*, Professeur de Mécanique à l'École Polytechnique, avec la collaboration de MM. *Collignon* et *Kretz*. In-8, avec Atlas de 8 planches contenant 106 fig. ; 1868. 6 fr.

Dynamique et Hydraulique, avec 125 figures dans le texte; 1874. 7 fr. 50 c.

BOURDON, ancien Examinateur d'admission à l'École Polytechnique. — Éléments d'Arithmétique. 36e édit. In-8 ; 1878. (*Adopté par l'Université.*) 4 fr.

BOURDON. — Application de l'Algèbre à la Géométrie, comprenant la Géométrie analytique à deux et à trois dimensions. 9e édit., revue et annotée par M. *Darboux*. In-8, avec pl.; 1880. (*Adopté par l'Université.*) 9 fr.

BOURDON. Éléments d'Algèbre, avec Notes signées *Prouhet*. 15e éd. In-8 ; 1877. (*Adopté par l'Univ.*) 8 fr.

BOURDON. — Trigonométrie rectiligne et sphérique. 2e éd., revue et annotée par M. *Brisse*. In-8, avec fig. dans le texte; 1877. (*Adopté par l'Université.*) 3 fr.

BOUSSINGAULT, Membre de l'Institut. — Agronomie, Chimie agricole et Physiologie. 2e édition. 6 volumes in-8, avec planches sur cuivre et figures dans le texte; 1860-1861-1864-1868-1874-1878. 32 fr.

Chacun des tomes I à IV se vend séparément. 5 fr.

Les tomes V et VI se vendent séparément. 6 fr.

BOUSSINGAULT. — Études sur la transformation du fer en acier par la cémentation. In-8; 1875. 4 fr.

BOUTY, Professeur de Physique au Lycée Saint-Louis. — Théorie des Phénomènes électriques (*Théorie du potentiel*). In-8, avec figures dans le texte et une planche; 1878. 2 fr. 50 c.

BREITHOF (N.), Professeur à l'Université de Louvain, Membre des Académies royales de Madrid, de Lisbonne, etc. — Traité de Géométrie descriptive. Applications et Suppléments; publié en trois Parties comprenant 6 volumes.

Chaque Volume se vend séparément :

PREMIÈRE PARTIE — Traité de Géométrie descriptive. 2e édition, 2 volumes, 1880-1881.

Tome I. — *Point, droite, plan*. Grand in-8, avec Atlas de 31 planches. 8 fr. 50 c.

Tome II. — *Surfaces courbes*. Grand in-8, avec Atlas. (*Sous presse.*)

DEUXIÈME PARTIE. — Applications de Géométrie descriptive. *Perspective axonométrique et perspective cavalière*. Grand in-4 lithographié, avec 73 figures dans le texte; 1879. 5 fr.

TROISIÈME PARTIE. — Suppléments au Traité de Géométrie descriptive. 3 volumes; 1877-1878-1879.

Tome I. — *Les projections axonométriques*. Grand in-4 lithographié, avec 92 figures dans le texte. 3 fr. 50 c.

Tome II. — *Les projections obliques*. Grand in-4 lithographié, avec 121 figures dans le texte. 3 fr. 50 c.

Tome III. — *Les projections centrales*. Grand in-4 lithographié, avec 130 figures dans le texte. 3 fr. 50 c.

Les 3 volumes composant cette IIIe Partie se vendent ensemble. 9 fr.

BREITHOF (N.), Professeur à l'Université de Louvain, Membres des Académies royales des Sciences de Madrid, de Lisbonne, etc. — Traité de perspective cavalière. Méthode conventionnelle de dessin présentant les avantages de la perspective linéaire et ceux de la méthode des projections orthogonales, à l'usage des Officiers du génie, des Ingénieurs, Architectes, Conducteurs de travaux, Chefs d'atelier, Appareilleurs, Tailleurs de pierre, etc ; des Académies et Écoles de dessin, Écoles industrielles, Écoles des Arts et Métiers, etc. Grand in-8, avec Atlas de 8 planches in-4; 1881. 3 fr. 75 c.

BRESSE, Membre de l'Institut, Professeur de Mécanique à l'École des Ponts et Chaussées. — Cours de Mécanique appliquée professé à l'École des Ponts et Chaussées.

PREMIÈRE PARTIE : *Résistance des matériaux et stabilité des constructions*. In-8, avec fig. dans le texte. 3e édition, revue et beaucoup augmentée; 1880. 13 fr.

DEUXIÈME PARTIE : *Hydraulique*. In-8, avec fig. dans le texte et une planche ; 3e édition ; 1879. 10 fr.

TROISIÈME PARTIE : *Calcul des moments de flexion dans une poutre à plusieurs travées solidaires*. In-8, avec figures dans le texte et Atlas in-folio de 24 planches sur cuivre ; 1865. 16 fr.

Chaque Partie se vend séparément.

BREWER (Dr). — **La Clef de la Science**, ou *Explication vraie des faits et des phénomènes des sciences physiques.* 6e édition, revue, transformée et considérablement augmentée, par M. l'*Abbé Moigno*. In-18 jésus, VIII-704 p.; 1881. 4 fr. 50 c.

BRIOT (Ch.), Professeur à la Faculté des Sciences de Paris. — **Théorie des fonctions abéliennes.** Un beau volume in-4; 1879. 15 fr.

BRIOT (Ch.). — **Essais sur la Théorie mathématique de la Lumière.** In-8, avec fig. dans le texte; 1864. 4 fr.

BRIOT (Ch.) et BOUQUET. — **Théorie des fonctions elliptiques.** 2e édition. In-4, avec figures; 1875. 30 fr.

BROCH (Dr O.-J.), Professeur de Mathématiques à l'Université royale de Christiania. — **Traité élémentaire des fonctions elliptiques.** In-8; 1867. 6 fr.

BROWN (Henry-T.). — **Cinq cent et sept mouvements mécaniques.** Traduit de l'anglais par Henri Stevart, ingénieur. Petit in-4°, cartonné percaline; 1880. 3 fr.

BRUNNOW (F.), Directeur de l'Observatoire de Dublin. — **Traité d'Astronomie sphérique et d'Astronomie pratique.** Édition française publiée par MM. *André* et *Lucas*, Astronomes adjoints à l'Observatoire de Paris.

Première Partie : *Astronomie sphérique*. In-8, avec figures dans le texte; 1869. (*Rare*.)

Deuxième Partie : *Astronomie pratique*, augmentée de Tables astronomiques, de nombreux développements sur la construction et l'emploi des instruments, sur les méthodes adoptées à l'Observatoire de Paris, sur l'équation personnelle, sur la parallaxe du Soleil, etc. In-8, avec figures dans le texte; 1872. 10 fr.

BULLETIN DES SCIENCES MATHÉMATIQUES ET ASTRONOMIQUES, rédigé par MM. *Darboux*, *Hoüel* et *Tannery*, avec la collaboration de MM. *André*, *Battaglini*, *Beltrami*, *Bougaïef*, *Brocard*, *Laisant*, *Lampe*, *Lespiault*, *Potocki*, *Radau*, *Rayet*, *Weyr*, etc., sous la direction de la Commission des Hautes Etudes. (Président de la Commission : M. *Chasles*; Membres : MM. *J. Bertrand*, *Puiseux*, *J.-A. Serret*.). IIe Série. Tome IV (en deux Parties); 1880.

Ce **Bulletin mensuel**, fondé en 1870, a formé par an, jusqu'en 1872, un volume de 25 à 26 feuilles grand in-8 (Tomes I, II, III). — A partir de cette époque, un accroissement considérable lui a été donné, sans augmentation de prix, et ce Journal a formé, depuis janvier 1873 jusqu'en décembre 1876, 2 volumes par an (1 volume par semestre, avec Tables), comprenant en tout 42 à 43 feuilles grand in-8. Les Tomes I à XI, 1870 à 1876, composent la Ire Série.

La IIe Série, qui a commencé en janvier 1877, forme chaque année un Ouvrage de 48 feuilles environ, qui comprend deux Parties ayant une pagination spéciale et pouvant se relier séparément. La première Partie contient : 1° *Comptes rendus de Livres et Analyses de Mémoires*; 2° *Traductions de Mémoires importants et peu répandus, Réimpression d'Ouvrages rares et Mélanges scientifiques*. La deuxième Partie contient : *Revue des Publications périodiques et académiques*.

Les abonnements sont annuels et partent de janvier

Prix pour un an (12 *numéros*) :

Paris	18 fr.
Départements et Union postale	20 fr.
Autres pays	24 fr.

La **1re Série**, Tomes I à XI, 1870 à 1876, *se vend* 90 fr.

Chaque année de cette Ire Série se vend séparément. 15 fr.

BUREAU CENTRAL MÉTÉOROLOGIQUE DE FRANCE. — **Instructions météorologiques**, suivies de *Tables diverses pour la réduction des observations*. 2e édition. In-8, avec belles figures dans le texte; 1881. 2 fr. 50 c.

Voir **Annales du Bureau central**, p. 1.

BUREAU INTERNATIONAL DES POIDS ET MESURES :

Procès-verbaux des Séances :

Années 1875-1876. In-8; 1876.	2 fr.
Année 1877. In-8; 1877.	5 fr.
Année 1878. In-8; 1879.	5 fr.
Année 1879. In-8; 1880.	5 fr.
Année 1880. In-8; 1881.	5 fr.

Travaux et Mémoires du Bureau international des Poids et Mesures, publiés par le Directeur du Bureau. Tome I. Grand in-4, avec figures dans le texte et 2 planches; 1881. 30 fr.

CABANIÉ, Charpentier, Professeur du Trait de Charpente, de Mathématiques, etc. — **Charpente générale théorique et pratique.** 2 volumes in-folio avec planches. 2e édition. (*Port non compris*.) 50 fr.

On vend séparément : le tome Ier, **Bois droit.** 25 fr.
le tome II, **Bois croche.** 25 fr.

CAHOURS (Auguste), Professeur à l'École Polytechnique. — **Traité de Chimie générale élémentaire.** Leçons professées à l'École Centrale des Arts et Manufactures et à l'École Polytechnique. (*Autorisé par décision ministérielle*.)

Chimie inorganique. 4e édition. 3 volumes in-18 jésus avec plus de 200 figures et 8 planches; 1878. 15 fr.
Chaque Volume se vend séparément. 6 fr.

Chimie organique. 3e édition, 3 volumes in-18 jésus avec figures; 1874-1875. 15 fr.
Chaque Volume se vend séparément. 6 fr.

CALLON (Ch.). — **Cours de construction de machines** professé à l'École Centrale des Arts et Manufactures. Album cartonné, contenant 118 planches in-folio de dessins avec cotes et légendes (*Matériel agricole. Hydraulique*); 1875. 30 fr.

CAMPOU (de), Professeur au Collège Rollin. — **Théorie des quantités négatives.** In-8, avec figures; 1879. 1 fr. 50 c.

CARNOT (Sadi), ancien Élève de l'École Polytechnique. — **Réflexions sur la puissance motrice du feu et sur les machines propres à développer cette puissance.** In-4, suivi d'une *Notice biographique sur Sadi Carnot*, par H. Carnot, Sénateur, et de *Notes inédites de Sadi Carnot sur les Mathématiques, la Physique et autres sujets*. 2e édition, contenant un beau portrait de Sadi Carnot et un fac-simile; 1878. 6 fr.

CARNOY, Professeur à l'Université de Louvain. — **Cours de Géométrie analytique.** 2 volumes grand in-8, avec figures dans le texte. 21 fr.

On vend séparément :

Géométrie plane; 3e édition, 1880.	10 fr.
Géométrie de l'espace; 3e édition, 1881.	11 fr.

CATALAN (E.), ancien Élève de l'École Polytechnique. — **Manuel des Candidats à l'École Polytechnique.**

Tome I : **Algèbre, Trigonométrie, Géométrie analytique à deux dimensions.** In-18, avec 167 figures; 1857. 5 fr.

Tome II : **Géométrie analytique à trois dimensions. Mécanique.** In-18 avec 139 fig. dans le texte; 1858. 4 fr.
Chaque Volume se vend séparément.

CATALAN (E.). — **Traité élémentaire des Séries.** Grand in-8, avec figures; 1860. 5 fr.

CATALAN (E.). — **Cours d'Analyse** de l'Université de Liège. *Algèbre, Calcul différentiel, Ire Partie du Calcul intégral*. 2e édition, revue et augmentée. In-8, avec figures dans le texte; 1879. 12 fr.

CAUCHY (le Baron Aug.), Membre de l'Académie des Sciences. — **Sa Vie et ses Travaux**, par M. *Valson*, Professeur à la Faculté des Sciences de Grenoble, avec une Préface de M. *Hermite*, Membre de l'Académie des Sciences. 2 vol. in-8; 1868. 8 fr.

CAZIN, Docteur ès Sciences, ancien Professeur au Lycée Fontanes, et **ANGOT**, Agrégé de l'Université, Docteur ès Sciences. — **Traité théorique et pratique des piles électriques.** *Mesure des constantes des piles. Unités électriques. Description et usage des différentes espèces de piles.* In-8, avec 105 belles figures dans le texte; 1881. 7 fr. 50 c.

CHARLON (H.). — **Théorie mathématique des Opérations financières.** 2ᵉ édition. Grand in-8, avec Tables numériques relatives aux emprunts par obligations. Tables numériques relatives aux calculs d'intérêts composés et d'annuités, et Tables logarithmiques de Fedor Thoman relatives aux calculs d'intérêts composés et d'annuités; 1878. 12 fr. 50 c.

CHARLON (H.). — **Théorie élémentaire des Opérations financières.** Grand in-8, avec Tables; 1880. 6 fr. 50 c.

CHASLES. — **Traité des Sections coniques,** faisant suite au **Traité de Géométrie supérieure.** *Première Partie.* In-8, avec 5 planches gravées sur cuivre, et contenant 133 figures; 1865. 9 fr.

CHASLES. — **Aperçu historique sur l'origine et le développement des méthodes en Géométrie, particulièrement de celles qui se rapportent à la Géométrie moderne,** suivi d'un *Mémoire de Géométrie sur deux principes généraux de la Science, la Dualité et l'Homographie.* Seconde édition, conforme à la première. Un beau volume in-4 de 850 pages; 1875. 35 fr.

CHASLES. — **Traité de Géométrie supérieure.** Deuxième édition. Un beau volume grand in-8, avec 12 planches; 1880. 24 fr

CHATIN (Joannès). — **Contributions expérimentales à l'étude de la chromatopsie chez les Batraciens, les Crustacés et les Insectes.** Grand in-8; 1881. 2 fr.

CHÉFIK-BEY (Mansour), du Caire. — **Application des Mathématiques à la jurisprudence.** In-8; 1880. 1 fr. 25 c.

CHEVALLIER et MUNTZ. — **Problèmes de Mathématiques,** avec leurs solutions développées, à l'usage des Candidats au Baccalauréat ès Sciences et aux Écoles du Gouvernement. In-8, lithographié; 1872. 4 fr.

CHEVALLIER et MUNTZ. — **Problèmes de Physique,** avec leurs solutions développées, à l'usage des Candidats au Baccalauréat ès Sciences et aux Écoles du Gouvernement. In-8, lithographié; 1872. 2 fr. 75 c.

CHEVILLARD, Professeur à l'École des Beaux-Arts. — **Leçons nouvelles de Perspective.** 2ᵉ édit. In-8, avec Atlas in-4 de 32 planches gravées sur acier; 1878. 12 fr.

CHEVREUL (E.-E.), Membre de l'Institut. — **De la Baguette divinatoire, du Pendule dit** *explorateur* **et des Tables tournantes.** In-8; 1854. 3 fr.

CHOQUET, Docteur ès Sciences. — **Traité d'Algèbre.** (*Autorisé.*) In-8; 1856. 7 fr. 50 c.

CHORON (L.), Ingénieur des Ponts et Chaussées. — **Étude sur le régime général des chemins de fer.** Grand in-8; 1881. 3 fr.

CLAUSIUS (R.), Professeur à l'Université de Bonn, Correspondant de l'Institut de France. — **De la fonction potentielle et du potentiel;** traduit de l'allemand, sur la 2ᵉ édition, par *F. Folie.* In-8; 1870. 4 fr.

CLEBSCH (Alfred). — **Leçons sur la Géométrie,** recueillies et complétées par *Ferdinand Lindemann,* Professeur à l'Université de Fribourg en Brisgau, et traduites par *Adolphe Benoist,* Docteur en droit. 3 vol. grand in-8°, avec figures dans le texte; 1879-1880.

TOME Iᵉʳ. — Traité des sections coniques et Introduction à la théorie des formes algébriques. 12 fr.

TOME II. — Courbes algébriques en général et courbes du troisième ordre. 14 fr.

TOME III. — Intégrales abéliennes et connexes. (*Sous presse.*)

COMBEROUSSE (Charles de), Ingénieur, Professeur de Mécanique et Examinateur d'admission à l'École Centrale des Arts et Manufactures, Professeur de Mathématiques spéciales au collège Chaptal. — **Cours de Mathématiques,** à l'usage des Candidats à l'École Polytechnique, à l'École Normale supérieure et à l'École centrale des Arts et Manufactures. 5 vol. in-8, avec fig. dans le texte et planches.

Chaque Volume se vend séparément :

Le TOME Iᵉʳ, *Arithmétique* et *Algèbre élémentaire* (avec 38 figures dans le texte). 2ᵉ édition; 1876. 10 fr.

On vend à part : Arithmétique. 4 fr.
Algèbre élémentaire. 6 fr.

TOME II. — *Géométrie élémentaire, plane et dans l'espace, Trigonométrie rectiligne et sphérique.* 2ᵉ édition. (*Sous presse.*)

TOME III. — *Algèbre supérieure.* 2ᵉ édition. (*Sous presse.*)

TOME IV. — *Géométrie analytique, plane et dans l'espace, Éléments de Géométrie descriptive.* 2ᵉ édit. (*Sous presse.*)

TOME V. — *Éléments de Géométrie supérieure, Notions sur la résolution des problèmes.* 2ᵉ édition. (*En préparation.*)

COMBEROUSSE (Ch. de), Ingénieur civil, Professeur de Mécanique à l'École Centrale, Ancien Élève et Membre du Conseil de l'École. — **Histoire de l'École Centrale des Arts et Manufactures, depuis sa fondation jusqu'à ce jour.** Un beau volume grand in-8, orné de 4 planches à l'eau-forte, tirées sur chine; 1879. 12 fr. (*Voir* ÉCOLE CENTRALE. — *Cinquantième anniversaire.*)

COMOY, Inspecteur général des Ponts et Chaussées en retraite, Commandeur de la Légion d'honneur. — **Étude pratique sur les marées fluviales, et notamment sur le mascaret;** *Application aux travaux de la partie maritime des fleuves.* Vol. grand in-8, avec figures dans le texte et Atlas de 10 planches; 1881. 15 fr.

COMPAGNON (P.-F.), ancien Professeur de l'Université. — **Éléments de Géométrie.** Cet Ouvrage est surtout destiné aux jeunes gens qui se préparent aux Écoles du Gouvernement. 2ᵉ édit. In-8, avec fig.; 1876.

Broché........... 7 fr.
Cartonné......... 7 fr. 75 c.

COMPAGNON (P.-F.). — **Abrégé des Éléments de Géométrie.** Cet Ouvrage s'adresse particulièrement aux Élèves des différentes classes de Lettres et aux candidats au Baccalauréat ès Lettres et ès Sciences, ou aux Élèves de l'Enseignement secondaire spécial. 2ᵉ édition. In-8, avec figures; 1876. (*Autorisé par le Conseil supérieur de l'Enseignement secondaire spécial.*)

Broché........... 4 fr. 50 c.
Cartonné......... 5 fr. 25 c.

COMPAGNON (P.-F.) — **Questions proposées sur les Éléments de Géométrie,** divisées en Livres, Chapitres et paragraphes, et contenant quelques indications *Sur la manière de résoudre certaines questions.* In-8, avec figures dans le texte; 1877. 5 fr.

CONNAISSANCE DES TEMPS ou des mouvements célestes à l'usage des Astronomes et des Navigateurs, publiée par le Bureau des Longitudes **pour l'an 1882.** Grand in-8 de plus de 800 pages, avec cartes.

Prix : Broché............... 4 fr. »
Cartonné............. 4 fr. 75 c.

Pour recevoir l'Ouvrage franco dans les pays de l'Union postale, ajouter 1 fr.

Depuis le Volume **pour l'an 1879,** la *Connaissance des Temps* ne contient plus d'*Additions,* et son prix a été abaissé à 4 fr. Les Mémoires qui composaient autrefois les *Additions* sont publiés dans les **Annales du Bureau** des Longitudes et de l'Observatoire astronomique de Montsouris. (*Voir* p. 1.)

CONSOLIN (B.), Professeur du Cours de Voilerie à Brest. — **Manuel du Voilier**, revu et publié par ordre du Ministre de la Marine. Grand in-8 sur jésus, de 528 pages et 11 planches; 1859. 12 fr.

CONSOLIN (B.). — **Méthode pratique de la Coupe des voiles des navires et embarcations**, suivie de Tables graphiques. In-12, avec 3 planches; 1863. 3 fr.

CONSOLIN (B.). — **L'Art de voiler les embarcations**, suivi d'un Aide-Mémoire de Voilerie. In-12, avec une grande planche; 1866. 2 fr.

CONTAMIN, Professeur à l'École Centrale. — **Cours de Résistance appliquée.** Grand in-8°, avec 236 figures dans le texte; 1878. 16 fr.

CORNU (H.), Membre de l'Institut, Professeur à l'École Polytechnique. — **Sur le spectre normal du Soleil, partie ultra violette.** In-4, avec 2 pl.; 1881. 5 fr.

CREMONA (L.), Directeur de l'École d'application des Ingénieurs à Rome. — **Eléments de Géométrie projective** (*Géométrie supérieure*), traduits par *Ed. Dewulf*, Chef de Bataillon du Génie. Un beau volume in-8, avec 216 fig. sur cuivre, en relief, dans le texte, 1875. 6 fr.

CRESSON. — **Principes de Dessin** pour préparation à tous les genres. **40 grands modèles gradués**, format demi-jésus, lithogr., avec un texte explicatif; 1865. 8 fr.

DARBOUX, Maître de conférences à l'École Normale supérieure. — **Mémoire sur l'équilibre astatique** et sur l'effet que peuvent produire des forces de grandeurs et de directions constantes appliquées en des points déterminés d'un corps solide quand ce corps change de position dans l'espace. Grand in-8; 1877. 3 fr.

DARBOUX. — **Étude géométrique sur les percussions et le choc des corps.** Grand in-8; 1880. 1 fr. 50 c.

DARCY. — **Recherches expérimentales relatives au mouvement des eaux dans les tuyaux.** In-4, avec 12 planches; 1857. 15 fr.

DAVANNE. — **Les Progrès de la Photographie.** Résumé comprenant les perfectionnements apportés aux divers procédés photographiques pour les épreuves négatives et les épreuves positives, les nouveaux modes de tirage des épreuves positives par les impressions aux poudres colorées et par les impressions aux encres grasses. In-8°; 1877. 6 fr. 50 c.

DECHARME. — **Formes vibratoires des bulles de liquide glycérique.** In-8, avec figures dans le texte; 1880. 1 fr. 50 c.

DELAISTRE (L.), Professeur de Dessin général. — **Cours complet de Dessin linéaire, gradué et progressif**, contenant la Géométrie pratique, élémentaire et descriptive; l'Arpentage, le Levé des Plans et le Nivellement; le Tracé des Cartes géographiques, des Notions sur l'architecture; le Dessin industriel; la Perspective linéaire et aérienne; le Tracé des ombres et l'étude du Lavis.

Atlas cartonné, in-4 oblong, contenant 60 planches et 70 pages de texte. 3e édit., revue et corrigée; 1880. 15 fr.

Ouvrage donné en prix, par la Société d'Encouragement pour l'Industrie nationale, aux CONTRE-MAITRES des Établissements industriels, et choisi par le Ministre de l'Instruction publique pour les Bibliothèques scolaires.

DELAMBRE, Membre de l'Institut. — **Traité complet d'Astronomie théorique et pratique.** 3 vol. in-4, avec planches; 1814. 40 fr.

DELAMBRE. — **Histoire de l'Astronomie ancienne.** 2 vol. in-4, avec planches; 1817. 25 fr.

DELAMBRE. — **Histoire de l'Astronomie du moyen âge.** 1 vol. in-4, avec planches; 1819. 20 fr.

DELAMBRE. — **Histoire de l'Astronomie moderne.** 2 vol. in-4, avec planches; 1821. 30 fr.

DELAMBRE. — **Histoire de l'Astronomie au XVIIIe siècle;** publiée par M. *Mathieu*, Membre de l'Académie des Sciences. In-4, avec planches; 1827. 20 fr.

DELISLE (A.), Examinateur pour l'admission à l'École Navale, Professeur émérite et officier de l'Université, et **GERONO**, Professeur de Mathématiques. — **Géométrie analytique.** In-8, avec planches; 1854. 5 fr.

DELISLE et GERONO. — **Éléments de Trigonométrie rectiligne et sphérique.** 7e édition. In-8, avec planches; 1876. 3 fr. 50 c.

DENFER, chef des travaux graphiques de l'École Centrale des Arts et Manufactures. — **Album de Serrurerie**, conforme au Cours de Constructions civiles professé à l'École Centrale par E. Muller, et contenant *l'emploi du fer dans la maçonnerie et dans la charpente en bois, la charpente en fer, les ferrements des menuiseries en bois, la menuiserie en fer, les grosses fontes et articles divers de quincaillerie.* Gr. in-4, contenant 100 belles planches lith.; 1872. 13 fr.

DE SELLE, Professeur à l'École Centrale. — **Cours de Minéralogie et de Géologie.** 2 forts volumes grand in-8°.

Tome Ier. — Phénomènes actuels, Minéralogie. Grand in-8° (avec Atlas de 147 planches); 1878. 25 fr.
Tome II. — Géologie. (*Sous presse.*)

D'ÉTROYAT (Ad.). — **De la carène du navire et de l'Échelle de solidité.** In-4, avec 5 planches; 1865. 4 fr.

DIEN et FLAMMARION. — **Atlas céleste**, comprenant toutes les Cartes de l'ancien Atlas de **Ch. Dien**, rectifié, augmenté et enrichi de 5 Cartes nouvelles relatives aux principaux objets d'études astronomiques, par **C. Flammarion**, avec une *Instruction* détaillée pour les diverses Cartes de l'Atlas. In-folio, cartonné avec luxe, de 31 planches gravées sur cuivre, dont 5 doubles. 3e édition; 1877.

Prix { En feuilles, dans une couverture imprimée.. 40 fr.
Cartonné avec luxe, toile pleine............ 45 fr.

Les Cartes composant cet Atlas sont les suivantes :

A. Constellations de l'hémisphère céleste boréal (*Carte double*).
B. Constellations de l'hémisphère céleste austral (*Carte double*).
1. Petite Ourse, Dragon, Céphée, Cassiopée, Persée.
2. Andromède, Cassiopée, Persée, Triangle.
3. Girafe, Cocher, Lynx, Télescope.
4. Grande Ourse, Petit Lion.
5. Chevelure de Bérénice, Lévriers, Bouvier, Couronne boréale.
6. Dragon, Carré d'Hercule, Lyre, Cercle mural.
7. Hercule, Ophiuchus, Serpent, Taureau de Poniatowski, Écu de Sobieski.
8. Cygne, Lézard, Céphée.
9. Aigle et Antinoüs, Dauphin, Petit Cheval, Renard, Oie, Flèche, Pégase.
10. Bélier, Taureau (Pléiades, Hyades, Mouche).
11. Gémeaux, Cancer, Petit Chien.
12. Lion, Sextant, Tête de l'Hydre.
13. Vierge.
14. Balance, Serpent, Hydre.
15. Scorpion, Ophiuchus, Serpent, Loup.
16. Sagittaire, Couronne australe.
17. Capricorne, Verseau, Poisson austral.
18. Poissons, Carré de Pégase.
19. Baleine, Atelier du Sculpteur.
20. Éridan, Lièvre, Colombe, Harpe, Sceptre, Laboratoire.
21. Orion, Licorne.
22. Grand Chien, Navire, Boussole.
23. Hydre, Coupe, Corbeau, Sextant, Chat.
24. Constellations voisines du pôle austral (*Carte double*).
25. Mouvements propres séculaires des étoiles (*Carte double*).
26. Carte générale des étoiles multiples, montrant leur distribution dans le Ciel (*Carte double*).
27. Étoiles multiples en mouvement relatif certain.
28. Orbites d'étoiles doubles et groupes d'étoiles les plus curieux du Ciel.
29. Les plus belles nébuleuses du Ciel ([1]).

([1]) Pour recevoir franco, par poste, dans tous les pays de l'Union

On vend séparément un Fascicule contenant :

Les 5 *Cartes nouvelles*, nos 25 à 29 de l'Atlas céleste, par C. Flammarion. Ces Cartes sont renfermées dans une couverture imprimée, avec l'*Instruction* composée pour la nouvelle édition de l'Atlas. 15 fr.

DISLERE. — La Guerre d'escadre et la Guerre de côtes. (*Les nouveaux navires de combat.*) Un beau volume grand in-8, avec nombreuses figures, gravées sur bois, dans le texte ; 1876. 7 fr.

DORMOY (Émile). — Théorie mathématique des assurances sur la vie. Deux volumes grand in-8 ; 1878. 20 fr.

Chaque volume se vend séparément. 10 fr.

DORMOY (Émile). — Traité du jeu de la bouillotte, avec une Préface par *Francisque Sarcey*. Grand in-8 ; 1880. 1 fr. 75 c.

DOSTOR (G.), Docteur ès Sciences, Professeur à la Faculté des Sciences de l'Université catholique de Paris. — **Éléments de la théorie des déterminants**, avec application à l'Algèbre, à la Trigonométrie et à la Géométrie analytique dans le plan et dans l'espace, à l'usage des classes de Mathématiques spéciales. In-8 ; 1877. 8 fr.

DOSTOR (G.). — Théorie générale des Polygones étoilés. In-4 ; 1881. 2 fr.

DUBOIS, Examinateur hydrographe de la Marine. — **Les passages de Vénus sur le disque solaire**, considérés au point de vue de la détermination de la distance du Soleil à la Terre. *Passage de* 1874 ; *Notions historiques sur les passages de* 1761 *et* 1769. In-18 jésus, avec figures ; 1874. 3 fr. 50

DUBRUNFAUT. — Le Sucre dans ses rapports avec la Science, l'Agriculture, l'Industrie, le Commerce, l'Économie publique et administrative, ou *Études faites depuis* 1836 *sur la question des Sucres.* Deux vol. in-8. 20 fr.

On vend séparément :

Tome I ; 1873........................ 10 fr.
Tome II ; 1878........................ 10 fr.

DUCOM. — Cours complet d'observations nautiques, avec les notions nécessaires au Pilotage et au Cabotage, augmenté de la puissance des effets des ouragans, typhons, tornados des régions tropicales. 3e édit. ; 1858. 1 vol. in-8. 12 fr.

DUHAMEL, Membre de l'Institut. — **Éléments de Calcul infinitésimal.** 3e édit., revue et annotée par M. *J. Bertrand*, Membre de l'Institut. 2 vol. in-8, avec planches ; 1874-1876. 15 fr.

DUHAMEL. — Des Méthodes dans les sciences de raisonnement. 5 vol. in-8. 27 fr. 50 c.

Première Partie. *Des Méthodes communes à toutes les sciences de raisonnement.* 2e édition. In-8 ; 1875. 2 fr. 50 c.

Deuxième Partie. *Application des Méthodes à la science des nombres et à la science de l'étendue.* 2e édition. In-8 ; 1877. 7 fr. 50 c.

Troisième Partie. *Application de la science des nombres à la science de l'étendue.* In-8, avec fig. ; 1868. 7 fr. 50 c.

Quatrième Partie. *Application des Méthodes générales à la science des forces.* In-8, avec fig. ; 1870. 7 fr. 50 c.

Cinquième Partie. *Essai d'une application des Méthodes à la science de l'homme moral.* 2e éd. In-8 ; 1873. 2 fr. 50 c.

DULOS (Pascal), Professeur de Mécanique à l'École d'Arts et Métiers et à l'École des Sciences d'Angers. — **Cours de Mécanique**, à l'usage des École d'Arts et Métiers et de l'enseignement spécial des Lycées. 4 vol. in-8, avec belles figures gravées sur bois dans le texte ; 1875-1876-1877-1879. (*Ouvrage honoré d'une souscription des Ministères de l'Instruction publique, de l'Agriculture et des Travaux publics.*

On vend séparément :

Tome I : *Composition des forces. — Équilibre des corps solides. — Centre de gravité. — Machines simples. — Ponts suspendus. — Travail des forces. — Principe des forces vives. — Moments d'inertie. — Force centrifuge. — Pendule simple et composé. — Centre de percussion. — Régulateur à force centrifuge. — Pendule balistique.* 7 fr. 50.

Tome II : *Résistances nuisibles ou passives. — Frottement. — Application aux machines. — Roideur des cordes. — Application du théorème des forces vives à l'établissement des machines. — Théorie du volant. — Résistance des matériaux.* 7 fr. 50 c.

Tome III : *Hydraulique. — Écoulement des fluides. — Jaugeage des cours d'eau. — Établissement des canaux à régime constant. — Récepteurs hydrauliques. — Travail des pompes. — Bélier hydraulique. — Vis d'Archimède. — Moulins à vent.* 7 fr. 50 c.

Tome IV : *Thermodynamique. — Machines à vapeur. — Principaux types de machines à vapeur. — Chaudières à vapeur. — Machines à air chaud et à gaz. — Calcul des volants. — Appareils dynamométriques.* 9 fr. 50 c.

DUMAS, Secrétaire perpétuel de l'Académie des Sciences. — **Études sur le Phylloxera et sur les Sulfocarbonates.** In-8, avec planche ; 1876. 3 fr.

DUMAS, Secrétaire perpétuel de l'Académie des Sciences. — **Leçons sur la Philosophie chimique** professées au Collège de France en 1836, recueillies par M. *Bineau*. 2e édition. In-8 ; 1878. 7 fr.

DU MONCEL (Th.), Ingénieur électricien de l'Administration des Lignes télégraphiques. — **Traité théorique et pratique de Télégraphie électrique**, à l'usage des employés télégraphistes, des ingénieurs, des constructeurs et des inventeurs. Vol. in-8 de 642 pages, avec 156 figures dans le texte et 3 planches sur cuivre ; imprimé sur carré fin satiné ; 1864. 10 fr.

DU MONCEL (Th.). — Exposé des Applications de l'Électricité. *Technologie électrique.* 3e édition, entièrement refondue ; 5 volumes grand in-8 cartonnés, avec nombreuses figures et planches ; 1872-1878. 72 fr.

On vend séparément :

Tome V : 672 pages, 3 pl. et 169 fig. Cartonné. 16 fr.
Broché... 14 fr.

DUPLAIS (aîné). — Traité de la fabrication des liqueurs et de la distillation des alcools, suivi du *Traité de la fabrication des eaux et boissons gazeuses.* 4e édition, revue et augmentée par *Duplais jeune*. 2 vol. in-8, avec 15 planches ; 1877. 16 fr.

DUPRÉ (Ath.), Doyen de la Faculté des Sciences de Rennes. — **Théorie mécanique de la Chaleur.** In-8, avec figures dans le texte ; 1869. 8 fr.

DUPUY DE LOME, Membre de l'Institut. — **L'Aérostat à hélice.** Note sur l'aérostat construit pour le compte de l'État. In-4, avec 9 grandes planches gravées sur acier ; 1872. 6 fr. 50 c.

DURUTTE (le Comte C.), Compositeur, ancien Élève de l'École Polytechnique. — **Esthétique musicale. Résumé élémentaire de la Technie harmonique et Complément de cette Technie**, suivi de l'*Exposé de la loi de l'enchaînement dans la mélodie, dans l'harmonie et dans leur concours*, et précédé d'une *Lettre de M.* Ch. Gounod, *Membre de l'Institut.* Un beau volume in-8 ; 1876. 10 fr.

EBELMEN. — Chimie, Céramique, Géologie, Métallurgie. Ouvrage revu et corrigé par M. *Salvétat*. 3 forts vol. in-8, avec fig. dans le texte (2e tirage) ; 1861. 15 fr.

---

postale, l'Atlas *en feuilles*, soigneusement enroulé et enveloppé, ajouter 2 fr.

Les dimensions ($0^m,50$ sur $0^m,35$) de l'Atlas *cartonné* ne permettant pas de l'expédier par la poste, cet Atlas *cartonné*, dont le poids est de 2kg,9, sera envoyé aux frais du destinataire, soit par messageries grande vitesse, soit par tout autre mode indiqué.

ÉCOLE CENTRALE. — **Cinquantième Anniversaire de la fondation de l'École Centrale des Arts et Manufactures.** *Compte rendu de la fête des 20 et 21 juin 1879*; Grand in-8; 1879. 3 fr.

ENDRÈS (E.), Inspecteur général honoraire des Ponts et Chaussées. — **Manuel du Conducteur des Ponts et Chaussées**, d'après le dernier *Programme officiel des examens*. Ouvrage indispensable aux Conducteurs et Employés secondaires des Ponts et Chaussées et des Compagnies de Chemins de fer, aux Gardes-Mines, aux Gardes et Sous-Officiers de l'Artillerie et du Génie, aux Agents voyers et à tous les Candidats à ces emplois. 6e édition, *conforme au Programme du 7 septembre* 1880. 3 volumes in-8. 27 fr.

On vend séparément :

Tome Ier, Partie théorique, avec 386 figures dans le texte; et Tome II, Partie pratique, avec 301 figures dans le texte et 4 planches d'instruments dessinés et gravés d'après les meilleurs modèles. 2 vol. in-8; 1880. 18 fr.

Tome III, Applications. Ce dernier volume est consacré à l'exposition des doctrines spéciales qui se rattachent à l'*Art de l'ingénieur* en général et au service des Ponts et Chaussées en particulier. In-8, avec 236 figures dans le texte; 1881. 9 fr.

FAA DE BRUNO (le Chevalier Fr.), Docteur ès Sciences, Professeur de Mathématiques à l'Université de Turin. — **Théorie des formes binaires.** Un fort volume in-8; 1876. 16 fr.

FAA DE BRUNO (le chevalier Fr.). — **Traité élémentaire du Calcul des Erreurs, avec des Tables stéréotypées.** Ouvrage utile à ceux qui cultivent les Sciences d'observation. In-8; 1869. 4 fr.

FAA DE BRUNO (le Chevalier Fr.). — **Théorie générale de l'élimination.** Grand in-8; 1859. 3 fr. 50 c.

FABRE (C.) — **Aide-Mémoire de Photographie pour 1881**, 6e année. In-8, avec spécimens.

Prix : Broché. 1 fr. 75 c.
Cartonné. 2 fr. 25 c.

Les volumes des années précédentes de l'*Aide-Mémoire*, sauf 1879 et 1880, se vendent aux mêmes prix.

FATON (Le P.). — **Traité d'Arithmétique théorique et pratique**, en rapport avec les nouveaux *Programmes* d'enseignement, terminé par une petite Table de Logarithmes. Chaque théorie est suivie d'un choix d'Exercices gradués de calcul et d'un grand nombre de Problèmes. 9e édition, revue et corrigée. In-12; 1879. (*Autorisé par décision ministérielle.*) Broché. 2 fr. 75 c.
Cartonné. 3 fr. 20 c.

FATON (Le P.). — **Premiers éléments d'Arithmétique.** 7e édition. In-12; 1881. Broché. 1 fr. 50 c.
Cartonné. 1 fr. 90 c.

FAURE (H.), Chef d'escadron d'Artillerie. — **Théorie des indices.** In-8; 1878. 5 fr.

FAVARO (Antonio), Professeur à l'Université royale de Padoue. — **Leçons de Statique graphique**, traduites de l'italien par Paul Terrier, Ingénieur des Arts et Manufactures. 3 beaux volumes grand in-8, se vendant séparément :

Ire Partie : *Géométrie de position*; 1879. 7 fr.
IIe Partie : *Calcul graphique* (*Sous presse.*)
IIIe Partie : *Statique graphique*, Théorie et applications. (*Sous presse.*)

FAYE (H.), Membre de l'Institut et du Bureau des Longitudes. — **Cours d'Astronomie nautique.** In-8, avec figures dans le texte; 1880. 10 fr.

FINANCE (Ch.), Professeur au collège de Saint-Dié. — **Arithmétique**, à l'usage des Élèves des Écoles normales primaires, des Collèges, des Lycées et des Pensions, comprenant les matières exigées *pour le brevet d'instituteur et pour l'admission aux Écoles des Arts et Métiers*. Nouvelle édition. In-12, 1874. 2 fr. 50 c.

FINANCE (Ch.). — **Arithmétique** à l'usage des écoles primaires, des classes élémentaires des collèges, des lycées et des pensions. Nouvelle éd. In-18 cartonné; 1875. 1 fr.

FLAMMARION (Camille), Astronome. — **Catalogue des Étoiles doubles et multiples en mouvement relatif certain**, comprenant *toutes les observations* faites sur chaque couple depuis sa découverte et les *résultats conclus* de l'étude des mouvements. Grand in-8; 1878. 8 fr.

FLAMMARION (Camille). — **Études et Lectures sur l'Astronomie.** In-12 avec fig. et cartes; tomes I à IX; 1867 à 1880.

Chaque volume se vend séparément. 2 fr. 50 c.

FLYE SAINTE-MARIE, Capitaine d'Artillerie. — **Étude analytique sur la théorie des parallèles.** In-8, avec 8 planches; 1871. 5 fr.

FONVIELLE (W. de). — **La Prévision du temps.** In-18 jésus; 1878. 1 fr. 50 c.

FOUCAULT (Léon), Membre de l'Institut. — **Recueil des travaux scientifiques de Léon Foucault**, publié par Mme Ve Foucault, sa mère, mis en ordre par M. Gariel, Ingénieur des Ponts et Chaussées, Professeur agrégé de Physique à la Faculté de Médecine de Paris, et précédé d'une Notice sur les Œuvres de L. Foucault, par M. J. Bertrand, Secrétaire perpétuel de l'Académie des Sciences. Un beau volume in-4, avec un Atlas de même format contenant 19 planches sur cuivre; 1878. 30 fr.

FRANCŒUR (L.-B.). — **Uranographie ou Traité élémentaire d'Astronomie**, à l'usage des personnes peu versées dans les Mathématiques, des Géographes, des Marins, des Ingénieurs, accompagné de planisphères. 6e édit. 1 vol. in-8, avec pl.; 1853. 10 fr.

FRANCŒUR (L.-B.). — **Traité de Géodésie**, comprenant la Topographie, l'Arpentage, le Nivellement, la Géomorphie terrestre et astronomique, la Construction des Cartes, la Navigation; augmenté de **Notes sur la mesure des bases**, par M. *Hossard*, et d'une **Note sur la méthode et les instruments d'observation employés dans les grandes opérations géodésiques ayant pour but la mesure des arcs de méridien et de parallèle terrestres**, par M. le Colonel *Perrier*, Membre de l'Institut et du Bureau des Longitudes. 6e édition. In-8, avec figures dans le texte et 11 planches; 1879. 12 fr.

FRENET (F.). — **Recueil d'Exercices sur le Calcul infinitésimal.** Ouvrage destiné aux Candidats à l'École Polytechnique et à l'École Normale, aux Élèves de ces Écoles et aux personnes qui se préparent à la licence ès Sciences mathématiques. 3e édit. Nouveau tirage. In-8, avec figures dans le texte; 1881. 7 fr. 50 c.

FREYCINET (Charles de), Sénateur, Ingénieur en chef des Mines. — **De l'Analyse infinitésimale. Étude sur la métaphysique du haut calcul.** 2e édition, revue et corrigée par l'Auteur. In-8, avec fig.; 1881. 6 fr.

FREYCINET (Charles de), — Chef de l'exploitation des chemins de fer du Midi. — **Des Pentes économiques en Chemins de Fer. Recherches sur les dépenses des rampes.** In-8; 1861. 6 fr.

GALEZOWSKI (Joseph). — **Tables des annuités**, calculées d'après la méthode logarithmique de *Fédor Thoman* et précédées d'une instruction sur l'emploi de cette méthode. In-8; 1880. 2 fr.

GÉRARDIN (H.), Ingénieur en chef des Ponts et Chaussées. — **Théorie des moteurs hydrauliques.** Application et travaux exécutés pour l'alimentation du canal de l'Aisne à la Marne par les machines. In-8, avec Atlas in-folio raisin de 25 planches; 1872. 20 fr.

GERMAIN (Mlle Sophie). — **Mémoire sur l'emploi de l'épaisseur dans la théorie des surfaces élastiques.** Mémoire posthume. In-4; 1880. 3 fr.

GILBERT (Ph.), professeur à l'Université catholique de Louvain. — **Cours de Mécanique analytique.** *Partie élémentaire.* Grand in-8, avec figures dans le texte; 1877. 9 fr. 50 c.

GILBERT (Ph.). — **Cours d'Analyse infinitésimale.** Partie élémentaire. 2e édition. Grand in-8; 1878. 9 fr. 50 c.

GINOT-DESROIS (Mlle). — **Planisphère mobile,** au moyen duquel on peut apprendre l'Astronomie seul et sans le secours des Mathématiques. 7e éd., 1847; sur carton. 4 fr.

GINOT-DESROIS (Mlle). — **Planisphère astronomique** ou **Calendrier astronomique perpétuel,** donnant le quantième des mois, les jours de la semaine, les phases de la Lune, la place du Soleil dans l'écliptique pour un jour donné, le lever, le passage au méridien, le coucher de ces astres et des étoiles, ainsi que les principales éclipses de Soleil visibles à Paris depuis 1858 jusqu'en 1874, dans l'ordre de leur grandeur et dimension. 2e éd., 1861; sur carton, avec une brochure in-8 donnant la description et les usages du Calendrier perpétuel. 5 fr.

GIRARD (L.-D.), Ingénieur civil. — **Hydraulique.** Utilisation de la force vive de l'eau appliquée à l'industrie. — Critique de la théorie connue et exposé d'une théorie nouvelle. In-4, avec Atlas de 13 planches; 1863. 8 fr.

GIRARD (L.-D.). — **Chemin de fer glissant, nouveau système de locomotion à propulsion hydraulique.** In-4, avec Atlas de 6 planches in-plano; 1864. 8 fr.

GIRARD (L.-D.). — **Élévation d'eau pour l'alimentation des villes et distribution de force à domicile.**

N° 1. Grand in-4, avec 2 planches et figures dans le texte; 1868. 3 fr.
N° 2. Grand in-4, avec 2 planches; 1869. 3 fr.

Le prospectus détaillé des Ouvrages de L.-D. GIRARD *est envoyé aux personnes qui en font la demande par lettre affranchie.* (La librairie Gauthier-Villars vient d'acquérir la propriété de tous les ouvrages de M. L.-D. Girard, et en a diminué les prix de vente.)

GRAINDORGE, Répétiteur à l'École des Mines de Liége. — **Mémoire sur l'intégration des équations de la Mécanique.** In-8; Bruxelles. 4 fr.

GRANDEAU (L.) et **TROOST** (L.). — **Traité pratique d'analyse chimique,** par F. WŒHLER, Associé étranger de l'Institut de France. **Édition française,** publiée avec le concours de l'Auteur. 1 volume in-18 jésus, avec 76 figures dans le texte et une planche; 1866. 4 fr. 50 c.

HABICH, Directeur de l'École des Constructions civiles et des Mines, à Lima. — **Études cinématiques.** In-8, avec figures dans le texte; 1879. 4 fr

HALLAUER (O.). — **Expériences sur les moteurs à vapeur,** dirigées par M. G.-A. HIRN et exécutées en 1873 et 1875 par MM. DWELSHAUVERS-DERY, W. GROSSETESTE et O. HALLAUER. Grand in-8, avec 3 planches; 1877. 2 fr. 50 c

HALLAUER (O.). — **Expériences sur le rendement des moteurs à vapeur,** faites sur les machines Voolf verticales à balancier, sur les machines Woolf horizontales et sur les machines verticales Compound de la Marine française. Grand in-8, avec 4 planches; 1878. 3 fr.

HALLAUER (O.). — **Étude expérimentale comparée sur les moteurs à un et à deux cylindres.** *Influence de la détente.* Grand in-8; 1879. 2 fr. 50 c.

HALLAUER (O.). — **Analyses expérimentales comparées sur les machines fixes et les machines marines.** Grand in-8; 1880. 2 fr. 50 c.

HALPHEN, Répétiteur à l'École Polytechnique. — **Sur les invariants différentiels.** In-4; 1878. 3 fr.

HATON DE LA GOUPILLIÈRE (J.-N.). — **Traité des Mécanismes,** renfermant la théorie géométrique des organes et celle des résistances passives. In-8, avec 16 pl. gravées sur cuivre; 1864. 10 fr.

HERMITE (Ch.), Membre de l'Institut. — **Cours d'Analyse de l'École Polytechnique.** PREMIÈRE PARTIE, contenant le *Calcul différentiel* et les *Premiers principes du Calcul intégral.* In-8, avec fig. dans le texte; 1873. 14 fr.
La SECONDE PARTIE *contiendra la fin du Calcul intégral.*

HIRN (G.-A.), Correspondant de l'Institut. — **Théorie mécanique de la Chaleur.** Première Partie et seconde Partie.

PREMIÈRE PARTIE. — **Exposition analytique et expérimentale de la Théorie mécanique de la Chaleur.** 3e édition, entièrement refondue. In-8, grand raisin, avec figures dans le texte. Tome I; 1875. 12 fr.
Tome II; 1876. 12 fr.

SECONDE PARTIE (formant Ouvrage séparé). — **Conséquences philosophiques et métaphysiques de la Thermodynamique.** Analyse élémentaire de l'Univers, In-8, grand raisin; 1868. 10 fr.

HIRN (G.-A.). — **Mémoire sur la Thermodynamique.** In-8, avec 2 planches; 1867. 5 fr.

HIRN (G.-A.). — **Note sur les variations de la capacité calorifique de l'eau, vers le maximum de densité.** In-4; 1870. 1 fr.

HIRN (G.-A.). — **Mémoire sur les conditions d'équilibre et sur la nature probable des anneaux de Saturne.** In-4, avec planches; 1872. 4 fr.

HIRN (G.-A.). — **Le Monde de Saturne,** ses conditions d'existence et de durée, suivi d'une *Note* relative à l'expérience du pendule de Foucault. Lecture faite à la Société d'Histoire naturelle de Colmar. In-8, avec planch.; 1872. 1 fr. 50 c.

HIRN (G.-A.). — **Mémoire sur les propriétés optiques de la flamme des corps en combustion et sur la température du Soleil.** In-8; 1873. 1 fr. 25 c.

HIRN (G.-A.). — **Théorie analytique élémentaire du Planimètre Amsler.** Grand in-8, avec planches; 1875. 2 fr. 50 c.

HIRN (G.-A.). — **La Musique et l'Acoustique.** *Aperçu général sur leur rapport et sur leurs dissemblances* (Extrait de la *Revue d'Alsace*). Grand in-8; 1878. 2 fr. 50 c.

HIRN (G.-A.). — **Étude sur une classe particulière de tourbillons,** qui se manifestent, sous de certaines conditions spéciales, *dans les liquides.* Analogie entre le mécanisme de ces tourbillons et celui des trombes. In-8, avec 3 planches; 1878. 2 fr. 50 c.

HIRN (G.-A.). — **Réflexions critiques sur les expériences concernant la chaleur humaine.** In-4; 1879. 75 c.

HIRN (G.-A.). — **Notice sur la mesure des quantités d'électricité.** In-4; 1879. 60 c.

HIRN (G.-A.). — **Explication d'un paradoxe d'Hydrodynamique.** Grand in-8; 1881. 1 fr.

HOMMEY, Capitaine de frégate en retraite. — **Tables d'angles horaires.** 2 volumes grand in-8 en tableaux. 15 fr.

HOÜEL (J.), Professeur de Mathématiques à la Faculté des Sciences de Bordeaux. — **Cours de Calcul infinitésimal.** Quatre beaux volumes grand in-8, avec figures dans le texte; 1878-1879-1880-1881.
On vend séparément :
Tome I.......................... 15 fr.

Tome II... 15 fr.
Tome III 10 fr.
Tome IV 10 fr.

HOÜEL (J.). — **Tables de Logarithmes à cinq décimales,** pour les nombres et les lignes trigonométriques, suivies des **Logarithmes d'addition et de soustraction ou Logarithmes de Gauss** et de **diverses Tables usuelles.** Nouvelle édition, revue et augmentée. Grand in-8; 1880. (*Autorisé par décision ministérielle.*) 2 fr.

HOÜEL (J.). — **Recueil de formules et de Tables numériques.** 2e édit., grand in-8; 1868. 4 fr. 50 c.

HOÜEL (J.). — **Essai critique sur les principes fondamentaux de la Géométrie élémentaire ou Commentaire sur les XXXII premières propositions des Éléments d'Euclide.** In-8, avec figures; 1867. 2 fr. 50 c.

HOÜEL (J.). — **Théorie élémentaire des quantités complexes.** Grand in-8, avec figures dans le texte.

Ire Partie : *Algèbre des quantités complexes* ; 1867. (*Rare.*)
IIe Partie : *Théorie des fonctions uniformes* ; 1868. (*Rare.*)
IIIe Partie : *Théorie des fonctions multiformes* ; 1871. 3 fr.
IVe Partie : *Théorie des Quaternions*; 1874. 8 fr.

La IIe Partie se trouve encore dans le tome VI (prix : 11 fr.) des *Mémoires de la Société des Sciences physiques et naturelles de Bordeaux.* (*Voir* le Catalogue général.)

HOÜEL (J.). — **Sur le développement de la fonction perturbatrice, suivant la forme adoptée par Hansen dans la théorie des petites planètes.** In-8; 1875. 3 fr.

IMBARD. — **De la Mesure du Temps, et Description de la Méridienne verticale portative du Temps vrai et du Temps moyen pour régler les pendules et les montres,** etc. 2e édition. In-18, avec pl.; 1857. 1 fr.

INSTITUT DE FRANCE. — **Comptes rendus hebdomadaires des Séances de l'Académie des Sciences.**

Ces **Comptes rendus** paraissent régulièrement tous les dimanches, en un cahier de 32 à 40 pages, quelquefois de 80 à 120. L'abonnement est annuel, et part du 1er janvier.

Prix de *l'abonnement pour un an :*

Pour Paris. 20 fr. || Pour les départements. 30.
Pour l'Union postale. 34 fr.

La collection complète, de 1835 à 1880, forme 91 volumes in-4. 682 fr. 50

Chaque année, sauf 1844, 1845, 1870, 1873, 1874, 1875, 1878 et 1879, se vend séparément. 15 fr.

— **Table générale des Comptes rendus des Séances de l'Académie des Sciences,** par ordre de matières et par ordre alphabétique de noms d'auteurs.

Tables des tomes I à XXXI (1835-1850). In-4, 1853. 15 fr.
Tables des tomes XXXII à LXI (1851-1865). In-4, 1870. 15 fr.

— **Supplément aux Comptes rendus des Séances de l'Académie des Sciences.**

Tomes I et II, 1856 et 1861, séparément. 15 fr.

INSTITUT DE FRANCE. — **Mémoires présentés par divers savants à l'Académie des Sciences,** et imprimés par son ordre, 2e série. In-4; tomes I à XXVI, 1827-1879.
Chaque volume se vend séparément. 15 fr.

— **Mémoires de l'Académie des Sciences.** In-4; tomes I à XLI; 1816 à 1879.
Chaque Volume, à l'exception des Tomes ci-après indiqués, se vend séparément. 15 fr.
Le Tome XXXIII, avec Atlas, se vend séparément. 25 fr.
Les Tomes VI et XXI ne se vendent pas séparément.

La librairie Gauthier-Villars, qui depuis le 1er janvier 1877 a seule le dépôt des *Mémoires* publiés par l'Académie des Sciences, envoie franco sur demande la Table générale des matières contenues dans ces *Mémoires.*

INSTITUT DE FRANCE. — **Recueil de Mémoires, Rapports et Documents relatifs à l'observation du passage de Vénus sur le Soleil.**

Tome I. — 1re Partie. *Procès-verbaux des séances tenues par la Commission.* In-4; 1877. 12 fr. 50 c.
— 2e Partie, avec Supplément. *Mémoires divers.* In-4, avec 7 planches, dont 3 en chromolithographie; 1876. 12 fr. 50 c.

Tome II. — 1re Partie. *Mission de Pékin.* Rapport de M. *Fleuriais.* — *Mission de Saint-Paul* (Astronomie.) Rapport de M. *Mouchez.* In-4, avec 26 planches, dont 13 chromolith. et 2 photoglypties; 1878. 25 fr.
— 2e Partie. *Mission de Saint-Paul* (Météorologie, Géologie, etc.). Rapports de M. le Dr *Rochefort* et de M. *Ch. Vélain.* — *Mission du Japon.* Rapports de MM. *Tisserand* et *Picard.* — *Mission de Saïgon.* Rapport de M. *Héraud.* — *Mission de Nouméa.* Rapport de M. *André.* In-4, avec figures dans le texte, et 34 planches, dont 5 chromolith. et 8 photoglypties; 1880. 25 fr.

Tome III. — 1re Partie. *Mission de l'île Campbell.* Rapports de M. *Bouquet de la Grye* et de M. *H. Filhol.* In-4. (*Sous presse.*)
— 2e Partie. *Mesures des plaques photographiques,* publiées sous la direction de M. *Fizeau,* par MM. *Cornu, Baille, Mercadier, Gariel* et *Angot.* (*Sous presse.*)

INSTITUT DE FRANCE. — **Mémoires relatifs à la nouvelle maladie de la vigne,** présentés par divers savants à l'Académie des Sciences. (*Voir,* pour le détail de ces *Memoires,* le Catalogue général, ou le Prospectus spécial qui est envoyé sur demande.)

INSTRUCTION sur les paratonnerres. *Voir* Pouillet et Gay-Lussac.

JAMIN (J.), Membre de l'Institut, Professeur de Physique à l'École Polytechnique, et **BOUTY,** professeur au Lycée Saint-Louis. — **Cours de Physique de l'École Polytechnique.** 3e édition, augmentée et entièrement refondue. 4 forts vol. in-8, avec plus de 1200 fig. dans le texte et 12 planches sur acier, dont 2 en couleur; 1878-1881. (*Autorisé par décision ministérielle.*)

On vend séparément :

Tome I.

1er fascicule. — *Instruments de mesure. Hydrostatique* (Cours de Mathématiques spéciales); avec 148 fig. dans le texte et 1 planche. 5 fr.
2e fascicule. — *Actions moléculaires.* (*Sous presse.*)
3e fascicule. — *Electricité statique.* (*Sous presse.*)

Tome II. — Chaleur.

1er fascicule. — *Thermométrie. Dilatations* (Cours de Mathématiques spéciales); avec 84 figures dans le texte. 5 fr.
2e fascicule. — *Calorimétrie. Théorie mécanique de la chaleur. Conductibilité;* avec 89 fig. dans le texte et 2 planches. 7 fr.

Tome III. — Acoustique; Optique.

1er fascicule. — *Acoustique;* avec 122 figures dans le texte. 4 fr.
2e fascicule. — *Optique géométrique* (Cours de Mathématiques spéciales); avec 139 figures dans le texte et 3 planches. 4 fr.
3e fascicule. — *Etude des radiations lumineuses, chimiques et calorifiques. Optique physique;* avec 226 fig. dans le texte et 5 planches, dont 2 planches de spectres en couleur. 12 fr.

Tome IV. — Electricité dynamique; Magnétisme.

1er fascicule. — *Électricité dynamique.* (*Sous presse.*)
2e fascicule. — *Magnétisme.* (*Sous presse.*)

Le 1er fascicule du Tome I, le 1er fascicule du Tome II et le 2e fascicule du Tome III comprennent les Matières exigées pour l'admission à l'École Polytechnique. Les élèves de Mathématiques spéciales, qui posséderont ces trois fascicules, auront ainsi entre les mains le commencement d'un grand Traité qu'ils pourront compléter ultérieurement, si, poursuivant l'étude de la Physique, ils se préparent à la Licence ou entrent dans une des grandes Écoles du Gouvernement.

JAMIN. — **Appendice au Cours de Physique de l'École**

Polytechnique : *Thermométrie, Dilatation, Optique géométrique, Problèmes et Solutions;* rédigé conformément au nouveau programme d'admission à l'École Polytechnique. In-8 de VIII-214 pages, avec 132 belles figures dans le texte; 1879. 3 fr. 50 c.

JAMIN (J.). — **Petit Traité de Physique**, à l'usage des Établissements d'Instruction, des aspirants aux Baccalauréats et des candidats aux Écoles du Gouvernement. In-8, avec 686 figures dans le texte; 1870. 8 fr.

Ce Livre élémentaire est conçu dans un esprit nouveau. Dès les premiers mots, l'Auteur démontre que la chaleur est un mouvement moléculaire, et cette idée guide ensuite le lecteur dans toutes les expériences et les explique. La Terre et les aimants n'étant que des solénoïdes, on fait dépendre le magnétisme de l'électricité. L'Acoustique montre dans leurs détails les vibrations longitudinales, transversales, circulaires et elliptiques, elle prépare à l'Optique. Cette dernière partie enfin est l'étude des vibrations de toute sorte qui se produisent dans l'éther ; les interférences et la polarisation sont expliquées de la manière la plus élémentaire, et la Théorie vibratoire est rendue accessible à tous. L'auteur espère que les modifications qu'il propose dans l'enseignement de la Physique seront approuvées par ses collègues, et qu'elles seront profitables aux élèves en les délivrant de ce que les savants ont abandonné, en élevant leur esprit jusqu'à de plus hautes conceptions, en leur montrant l'ensemble philosophique d'une science déjà très avancée, et qui semble toucher à son terme.

JONQUIÈRES (E. de), Lieutenant de vaisseau. — **Mélanges de Géométrie pure.** In-8, avec planches; 1856. 5 fr.

JORDAN (Camille), Ingénieur des Mines. — **Traité des Substitutions et des Équations algébriques.** In-4; 1870. 30 fr.

JOUBERT (le P.), Professeur à l'École Sainte-Geneviève. — **Sur les équations qui se rencontrent dans la théorie de la transformation des fonctions elliptiques.** In-4; 1876. 5 fr.

JOUBERT (J.), Professeur de Physique au Collège Rollin. — **Étude sur les machines magnéto-électriques.** In-4; 1881. 2 fr. 50 c.

JOURNAL DE L'ÉCOLE POLYTECHNIQUE, publié par le Conseil d'instruction de cet Établissement. 49 Cahiers in-4, avec figures et planches. 740 fr.

Le XLIXe Cahier, qui a paru récemment, se vend 12 fr.
Le L^e Cahier paraîtra en décembre 1881.

JOURNAL DE MATHÉMATIQUES PURES ET APPLIQUÉES, ou **Recueil mensuel de Mémoires sur les diverses parties des Mathématiques**, fondé en 1836 et publié jusqu'en 1874 par M. *J. Liouville*. — A partir de 1875, le *Journal de Mathématiques* est publié par M. *H. Resal*, Membre de l'Institut, avec la collaboration de plusieurs savants.

La 3e Série, commencée en 1875, continue de paraître chaque mois par cahier de 32 à 48 pages. L'abonnement est annuel, et part du 1er janvier.

1re Série, 20 volumes in-4, années 1836 à 1855 (au lieu de 600 francs). 400 fr.
Chaque volume pris séparément, au lieu de 30 fr., 25 fr.

2e Série, 19 volumes in-4, année 1856 à 1874 (au lieu de 570 fr.) 380 fr.
Chaque volume pris séparément, au lieu de 30 fr., 25 fr.

Prix de l'abonnement pour un an :

Paris	30 fr.
Départements et Union postale	35 fr.
Autres pays	40 fr.

— **Table générale des 20 volumes composant la 1re Série.** In-4. 3 fr. 50 c.

— **Table générale des 19 volumes composant la 2e Série.** In-4. 3 fr. 50 c.

JULIEN (Stanislas), Membre de l'Institut. — **Histoire et Fabrication de la Porcelaine chinoise.** Ouvrage traduit du chinois, accompagné de Notes et Additions par M. *Salvétat*, et augmenté d'un **Mémoire sur la Porcelaine du Japon.** Grand in-8, avec 14 pl., figures gravées sur bois, et une carte de la Chine; 1856. 6 fr.

JULLIEN (A.), Licencié ès Sciences mathématiques et physiques. — **Méthode nouvelle pour l'enseignement de la Géométrie descriptive (Perspective et Reliefs).** La Méthode se compose d'un Cours élémentaire et d'une Collection de Reliefs, qui se vendent séparément, savoir :

Cours élémentaire de Géométrie descriptive, conforme au programme du Baccalauréat ès Sciences. In-18 jésus avec figures et 143 planches intercalées dans le texe ; 1878. Cartonné. 3 fr. 50 c.

Collection de Reliefs à pièces mobiles se rapportant aux questions principales du Cours élémentaire :

Petite boîte, comprenant 30 reliefs, avec 118 pièces métalliques pour monter les reliefs. (*Port non compris.*) 10 fr.

Grande boîte, comprenant les mêmes reliefs tout montés. *Port non compris.*) 15 fr.

KIAËS, Chef des travaux graphiques à l'École Polytechnique et ancien Élève de cette École. — **Arithmétique élémentaire**, approuvée par le Ministre de la Guerre pour l'enseignement des caporaux et sapeurs dans les Écoles régim. du Génie. In-12 cart. 2e édition.; 1874. 1 fr. 20 c.

KIAËS. — **Traité d'Arithmétique**, approuvé par le Ministre de la Guerre pour l'enseignement des sous-officiers dans les Écoles régim. du Génie. In-12; 1867. 2 fr. 75 c.
Cartonné. 3 fr. 20 c.

LABOSNE. — **Instruction sur la Règle à calcul**, contenant les applications de cet instrument au calcul des expressions numériques, à la résolution des équations du deuxième et du troisième degré, et aux principales questions de Trigonométrie. In-8; 1872. 2 fr.

LACOMBE. — **Nouveau manuel de l'escompteur, du banquier, du capitaliste et du financier**, ou **Nouvelles Tables de calculs d'intérêts simples, avec le calendrier de l'escompteur.** Nouvelle édition, précédée d'une *Instruction sur les Calculs d'intérêts et l'usage des Tables*, par M. Laas d'Aguen, éditeur des Tables de Violeine, et terminée par un Exposé des lois sur les intérêts, les rentes, les effets de commerce, les chèques, etc., par M. B., Docteur en Droit. Un fort vol. in-18 jésus ; 1877. 6 fr.

LACROIX. — **Traité élémentaire d'Arithmétique**, 20e édition. In-8; 1848. 2 fr.

LACROIX. — **Éléments de Géométrie**, suivis de *Notions sur les courbes usuelles.* 21e édition, revue par M. *Prouhet.* In-8, avec 220 figures dans le texte; 1880. (*Autorisé par décision ministérielle.*) 4 fr.

LACROIX. — **Éléments d'Algèbre.** 24e édit., revue par M. *Prouhet.* In-8; 1879. 6 fr.

LACROIX. — **Complément des Éléments d'Algèbre.** 7e édition. In-8; 1863. 4 fr.

LACROIX. — **Traité élémentaire de Trigonométrie rectiligne et sphérique, et d'Application de l'Algèbre à la Géométrie.** In-8, avec planches; 1863. 11e édition, revue et corrigée. 4 fr.

LACROIX. — **Introduction à la connaissance de la sphère.** 4e édition. In-18, avec planches; 1872. *Ouvrage choisi par S. Exc. le Ministre de l'Instruction publique pour les Bibliothèques scolaires.* 1 fr. 25 c.

LACROIX. — **Traité élémentaire de Calcul différentiel et de Calcul intégral.** 8e édition, revue et augmentée de Notes par MM. *Hermite* et *J.-A. Serret*, Membres de l'Institut. 2 vol. in-8 avec pl.; 1874. 15 fr.

LACROIX. — **Traité élémentaire du Calcul des Probabilités.** 4e édition. In-8, avec planches; 1864. 5 fr.

LACROIX. — **Introduction à la Géographie mathématique et critique et à la Géographie physique.** In-8, avec planches; 1847. 7 fr.

LA GOURNERIE (de), Membre de l'Institut. — **Traité**

de **Géométrie descriptive.** In-4, publié en trois *Parties* avec Atlas ; 1873-1880-1864. 30 fr.
Chaque Partie se vend séparément. 10 fr.

La Ire Partie (2e édition) contient tout ce qui est exigé pour l'*admission à l'École Polytechnique*. Elle est suivie d'un *Supplément contenant la solution de deux problèmes et des figures cavalières pour l'explication des constructions les plus difficiles.*

La IIe Partie (2e édition) et la IIIe Partie sont le développement du *Cours de Géométrie descriptive* professé à *l'École Polytechnique*.

LA GOURNERIE (de). — Traité de Perspective linéaire. In-4, avec Atlas de 45 planches in-folio dont 8 doubles; 1859. 40 fr.

LA GOURNERIE (de). — Recherches sur les surfaces réglées tétraédrales symétriques, avec des Notes par *Arthur Cayley*. In-8; 1867. 6 fr.

LA GOURNERIE (de). — Études économiques sur l'exploitation des chemins de fer. Grand in-8; 1880. 4 fr. 50 c.

Dans cet Ouvrage, l'auteur passe en revue presque toutes les questions de principe qui, pour l'exploitation des chemins de fer, préoccupent l'opinion publique. Pour faire apprécier l'intérêt et l'importance de ce travail, fruit de longues études, nous dirons que l'on y trouve la solution des principales difficultés soulevées par la grande question des transports.

LAGRANGE. — Mécanique analytique. 3e édition, revue, corrigée et annotée par M. *J. Bertrand*. 2 vol. in-4; 1855. 50 fr.

LAGRANGE. — Œuvres publiées par les soins de M. *Serret*, Membre de l'Institut, sous les auspices du Ministre de l'Instruction publique. In-4, avec un beau portrait de Lagrange, gravé sur cuivre par M. Ach. Martinet.

La **Ire Série** comprend tous les *Mémoires* imprimés dans les *Recueils des Académies de Turin, de Berlin et de Paris*, ainsi que les *Pièces diverses* publiées séparément. Cette Série forme 7 volumes (Tomes I à VII; 1867-1877), qui se vendent séparément 30 fr.

La **IIe Série**, qui est en cours de publication, se compose de 6 volumes, qui renferment les Ouvrages didactiques, la Correspondance et les Mémoires inédits; savoir :

Tome VIII : *Résolution des équations numériques*. In-4; 1879. 18 fr.
Tome IX : *Théorie des fonctions analytiques*. In-4; 1881. 18 fr.
Tome X : *Leçons sur le calcul des fonctions*. (*Sous pr.*)
Tome XI : *Mécanique analytique* (1re Partie). (*id.*)
Tome XII : *Mécanique analytique* (2e Partie). (*id.*)
Tome XIII : *Correspondance avec d'Alembert*. In-4; 1881. 15 fr.
Tome XIV : *Correspondance avec divers Savants*, et *Mémoires inédits*. In-4. (*Sous pr.*)

LAGUERRE. — Notes sur la résolution des équations numériques. In-8; 1880. 2 fr.

LAISANT (C.-A.), Député, Docteur ès Sciences, ancien Élève de l'École Polytechnique. — **Introduction à la méthode des quaternions.** In-8, avec fig.; 1881. 6 fr.

LAISANT (C.-A.). — Applications mécaniques du Calcul des quaternions. — Sur un nouveau mode de transformation des courbes et des surfaces (Thèses). In-4; 1877. 5 fr.

LALANDE. — Tables de Logarithmes pour les Nombres et les Sinus à CINQ DÉCIMALES ; revues par le baron *Reynaud*. Nouvelle édition, augmentée de *Formules pour la Résolution des Triangles*, par M. *Bailleul*, typographe. In-18; 1880. (*Autorisé par décision du Ministre de l'Instruction publique.*) 2 fr.
Cartonné. 2 fr. 40 c.

LALANDE. — Tables de Logarithmes, étendues à SEPT DÉCIMALES, par *F.-C.-M. Marie*, précédées d'une Instruction par le baron *Reynaud*. Nouvelle édition, augmentée de *Formules pour la Résolution des Triangles*, par M. *Bailleul*, typographe. In-12; 1880. 3 fr. 50 c.
Cartonné. 3 fr. 90 c.

LAMÉ (G.), Membre de l'Institut. — **Leçons sur les fonctions inverses des transcendantes et les Surfaces isothermes.** In-8, avec figures dans le texte ; 1857. 5 fr.

LAMÉ (G.). — Leçons sur les Coordonnées curvilignes et leurs diverses applications. In-8, avec figures dans le texte ; 1859. 5 fr.

LAMÉ (G.) — Leçons sur la Théorie mathématique de l'élasticité des corps solides. 2e édition. In-8, avec pl.; 1866. 6 fr. 50 c.

LAPLACE. — Œuvres complètes de Laplace, publiées sous les auspices de l'Académie des Sciences par MM. les *Secrétaires perpétuels*, avec le concours de M. *Puiseux*, Membre de l'Institut, et de M. *J. Hoüel*, professeur à la Faculté des Sciences de Bordeaux. Nouvelle édition, avec un beau portrait de Laplace, gravé sur cuivre par *Tony Goutière*. In-4; 1878-188 .

Extrait de l'Avertissement.

« L'Académie, sur le Rapport de la Section d'Astronomie et de la Commission administrative, après avoir pris connaissance des conditions dans lesquelles devait s'accomplir le travail et des soins dont il était entouré, a décidé, dans sa séance du 16 juillet 1877, que la nouvelle édition serait publiée sous ses auspices et sous sa responsabilité. »

Les éditions précédentes, qui sont devenues très rares, ne contenaient que 7 volumes, savoir : *Traité de Mécanique céleste* (5 volumes), *Exposition du système du Monde* et *Théorie analytique des probabilités*. La nouvelle édition comprendra de plus 6 volumes renfermant tous les autres Mémoires de Laplace, dont la dissémination dans de nombreux Recueils académiques et périodiques rendait jusqu'à ce jour l'étude si difficile.

Souscription aux 5 volumes de la *Mécanique céleste*.
(Envoi franco dans toute l'Union postale.)

Le tirage est fait sur trois papiers différents : 1° sur papier vergé semblable à celui des OEuvres de Fresnel, de Lavoisier et de Lagrange; 2° sur papier vergé fort, au chiffre de Laplace; 3° sur papier de Hollande, au chiffre de Laplace (à petit nombre).

Le prix pour les souscripteurs aux 5 volumes du Traité de Mécanique céleste *est fixé ainsi qu'il suit :* (prix à solder en souscrivant).

1° Tirage sur papier vergé; 5 volumes in-4. 80 fr.
2° Tirage sur papier vergé fort, au chiffre de Laplace; 5 vol. in-4. 90 fr.
3° Tirage sur papier de Hollande, au chiffre de Laplace (à petit nombre); 5 vol. in-4. 120 fr.

Le prix de chaque volume du Traité de Mécanique céleste, *acheté séparément, est fixé ainsi qu'il suit :*

1° Tirage sur papier vergé ; chaque volume in-4. 20 fr.
2° Tirage sur papier vergé fort, aux armes de Laplace ; chaque volume in-4. 22 fr. 50 c.

Les volumes tirés sur papier de Hollande ne se vendent pas séparément.

Les Tomes I, II, III et IV sont en distribution; le Tome V est sous presse.

LAPLACE. — Essai philosophique sur les Probabilités. 6e édition. In-8; 1840. 5 fr.

LAPLACE. — Précis de l'Histoire de l'Astronomie. 2e édition. In-8; 1863. 3 fr.

LAQUIÈRE, ancien Élève de l'École Polytechnique. — **Géométrie de l'Échiquier**; Solution régulière du problème d'Euler sur la marche du cavalier; Considérations numériques sur une série de solutions semi-régulières. Grand in-8; 1880. 2 fr.

LAUGEL (Aug.), ancien Élève de l'École Polytechnique. — **Science et Philosophie.** In-18 jésus; 1863. 3 fr. 50 c.

LAURENT (A.), Correspondant de l'Institut. — **Méthode de Chimie**, précédée d'un *Avis au Lecteur*, par *Biot*. In-8, avec figures; 1854. 8 fr.

LAURENT (H.), Répétiteur à l'École Polytechnique. — **Traité d'Algèbre**, à l'usage des Candidats aux Écoles du Gouvernement. 3e édition, revue et mise en harmonie avec les derniers Programmes. 3 vol. in-8.

Ire Partie : ALGÈBRE ÉLÉMENTAIRE, à l'usage des *Classes de Mathématiques élémentaires*. In-8; 1879. 4 fr.

IIe Partie : ANALYSE ALGÉBRIQUE, à l'usage des *Classes de Mathématiques spéciales*. In-8; 1881. 4 fr.

IIIe Partie : THÉORIE DES ÉQUATIONS, à l'usage des *Classes de Mathématiques spéciales*. In-8; 1881. 4 fr.

LAURENT (H.). — **Théorie élémentaire des Fonctions elliptiques.** In-8, avec fig. dans le texte; 1880. 3 fr. 50 c.

LAURENT (H.). — **Traité de Mécanique rationnelle** à l'usage des Candidats à l'Agrégation et à la Licence. 2e édit. 2 vol. in-8 avec figures; 1878. 12 fr.

LAURENT (H.). — **Traité du Calcul des Probabilités.** In-8; 1873. 7 fr. 50 c.

LAURENT (H.). — **Théorie des résidus.** In-8; 1866. 4 fr.

LE COINTE (I.-L.-A.). — **Solutions développées de 300 Problèmes** qui ont été proposés dans les compositions mathématiques pour l'admission au grade de Bachelier ès Sciences dans diverses Facultés de France. In-8, avec figures dans le texte; 1865. 6 fr.

LECOQ DE BOISBAUDRAN. — **Spectres lumineux**, Spectres prismatiques et en longueurs d'onde, destinés aux recherches de Chimie minérale. Grand in-8, avec atlas contenant 29 belles planches sur acier; 1874. 20 fr.

LEFÉBURE DE FOURCY, Examinateur pour l'admission à l'École Polytechnique. — **Leçons d'Algèbre.** 9e édition. In-8; 1880. 7 fr. 50 c.

LEFÉBURE DE FOURCY. — **Leçons d'Algèbre à l'usage des classes de Mathématiques élémentaires**; 1870. 4 fr. 50 c.

LEFÉBURE DE FOURCY. — **Éléments de Trigonométrie**, contenant la **Trigonométrie rectiligne, la Trigonométrie sphérique et quelques applications à l'Algèbre.** 12e édition. In-8, avec planche; 1879. 2 fr.

LEFÉBURE DE FOURCY. — **Leçons de Géométrie analytique**, comprenant la **Trigonométrie rectiligne et sphérique, les lignes et les surfaces des deux premiers ordres.** 9e édition. In-8, avec planches; 1871. 7 fr. 50 c.

LEFÉBURE DE FOURCY. — **Traité de Géométrie descriptive**, précédé d'une Introduction qui renferme la **Théorie du plan et de la ligne droite considérée dans l'espace.** 8e édition. 2 vol. in-8, dont un composé de 32 planches; 1881. 10 fr.

LEFÈVRE. — **Abrégé du nouveau traité de l'Arpentage, ou Guide pratique et mémoratif de l'Arpenteur**, particulièrement destiné aux personnes qui n'ont point étudié la Géométrie. Gros volume in-12, avec 18 pl., dont une coloriée. 7 fr.

LEFORT (F.), Inspecteur général des Ponts et Chaussées. — **Sur les bases des calculs de stabilité des ponts à tabliers métalliques.** Ouvrage approuvé par l'Académie des Sciences et honoré d'une souscription du Ministre des Travaux publics. In-4, avec 4 grandes planches; 1876. 4 fr.

LEFORT (F.). — **Tables des surfaces de déblai et de remblai, des largeurs d'emprise et des longueurs des talus**, relatives à un chemin de fer à deux voies ou à une *Route de* 10 *mètres* de largeur entre fossés, pour des cotes sur l'axe de 0m à 15m et pour des déclivités sur le profil transversal de 0m à 0m,25. Gr. in-8 sur jés.; 1861. 3 fr.

MÊMES TABLES relatives à une *Route de* 8 *mètres*. Grand in-8 sur jésus; 1863. 3 fr.

MÊMES TABLES relatives à un chemin de fer à une voie ou à une *Route de* 6 *mètres*, etc. Grand in-8 sur jésus; 1862. 3 fr.

LEHAGRE, Chef de bataillon du Génie. — **Opérations trigonométriques; Lever de la triangulation; Nivellement.** *Cours professé à l'École d'application de l'Artillerie et du Génie.* Grand in-8 jésus, avec 12 modèles de carnets pour l'enregistrement des observations, 8 types des divers calculs qui peuvent se présenter dans une triangulation et 12 grandes planches; 1880. 12 fr.

LEMONNIER, Docteur ès sciences, Prof. au Lycée Henri IV. — **Mémoire sur l'élimination.** In-4; 1879. 6 fr.

LEONELLI. — **Supplément logarithmique**, précédé d'une NOTICE SUR L'AUTEUR, par M. *J. Hoüel*, Professeur de Mathématiques pures à la Faculté des Sciences de Bordeaux. 2e édition. In-8; 1876. 4 fr.

LEPRIEUR, Trésorier de l'École Polytechnique. — **Répertoire de l'École Polytechnique de 1855 à 1865**, faisant suite au *Répertoire* publié par M. *Marielle*. In-8; 1867. 3 fr.

LEROY (C.-F.-A.), ancien Professeur à l'École Polytechnique et à l'École Normale supérieure. — **Traité de Géométrie descriptive**, suivi de la *Méthode des plans cotés* et de la *Théorie des engrenages cylindriques et coniques*. 11e édition, revue et annotée par M. *Martelet*. In-4, avec Atlas de 71 pl.; 1881. 16 fr.

LEROY (C.-F.-A.). — **Traité de Stéréotomie**, comprenant les **Applications de la Géométrie descriptive à la Théorie des Ombres, la Perspective linéaire, la Gnomonique, la Coupe des Pierres et la Charpente.** 8e édition, revue et annotée par M. *E. Martelet*, ancien élève de l'École Polytechnique, professeur de Géométrie descriptive à l'École centrale des Arts et Manufactures. In-4, avec Atlas de 74 pl. in-folio; 1881. 26 fr.

LE TELLIER (le Dr). — **Nouveau système de Sténographie.** In-8 raisin, avec 37 pl.; 1869. 2 fr. 50 c.

LEVY (Maurice), Ingénieur des Ponts et Chaussées, Docteur ès Sciences. — **La Statique graphique** et ses *Applications aux Constructions*. Un beau volume grand in-8, avec un Atlas même format, comprenant 24 planches doubles; 1874. 16 fr. 50 c.

LIAGRE (J.-B.-J.), Lieutenant-Général, Secrétaire perpétuel de l'Académie Royale de Belgique. — **Calcul des probabilités et Théorie des erreurs**, avec des applications aux Sciences d'observation en général et à la Géodésie en particulier. Deuxième édition, revue par le capitaine *C. Peny*, professeur à l'École militaire. In-8; 1879. 10 fr.

LIONNET (E.), Agrégé de l'Université, examinateur suppléant d'admission à l'École Navale. — **Éléments d'Arithmétique.** 3e édition. In-8; 1857. (*Autorisé par l'Université.*) 4 fr.

LIONNET (E.). — **Algèbre élémentaire.** 3e édition. In-8; 1868. 4 fr.

LONCHAMPT (A.). — **Recueil des principaux Problèmes** posés dans les examens pour l'*École Polytechnique* et pour l'*École Centrale des Arts et Manufactures*, ainsi que dans les conférences des *Écoles préparatoires* les plus importantes de Paris. **Énoncés et Solutions.** 1 volume lithographié, grand in-8 jésus; 1865. 8 fr.

LONCHAMPT (A.), Préparateur aux baccalauréats ès Lettres et ès Sciences, et aux Écoles du Gouvernement.

— **Recueil de Problèmes** tirés des *compositions données à la Sorbonne*, de 1853 à 1875-1876, pour les *Baccalauréats ès Sciences*, suivis des compositions de Mathématiques élémentaires, de Physique, de Chimie et de Sciences naturelles, données aux *Concours généraux* de 1846 à 1875-1876, et de *types d'examens* du baccalauréat ès Lettres et des baccalauréats ès Sciences. 2e édition. In-18 jésus, avec figures dans le texte et planches; 1876-1877:

Ire PARTIE : **Arithmétique. — Algèbre. — Trigonométrie**.. *Questions.* 1 fr. »
Solutions. 1 fr. 80 c.

IIe PARTIE : **Géométrie**....... *Questions.* 1 fr. »
Atlas..... 60 c.
Solutions. 2 fr. 80 c.

IIIe PARTIE : **Approximations numériques** (THÉORIE ET APPLICATIONS). — **Maxima et minima** (THÉORIE ET QUESTIONS). — **Courbes usuelles, Géométrie descriptive, Cosmographie, Mécanique.**
Théorie et *Questions.* 1 fr. 50 c.
Solutions. 1 fr. 50 c.

IVe PARTIE : **Physique. — Chimie.** (Les *Solutions* sont précédées d'un *Précis sur la résolution des Problèmes de Physique*, par M. H. BERTOT, ancien Élève de l'École Polytechnique)....... *Questions.* 1 fr. »
Solutions. 2 fr. 50 c.

LOOMIS (Elias), Professeur de Philosophie naturelle à l'*Yale College* (Etats-Unis). — **Mémoires de Météorologie dynamique**; exposé des résultats de la discussion des Cartes du temps des Etats-Unis ainsi que d'autres documents. Traduit de l'anglais par M. *H. Brocard*, ancien élève de l'École Polytechnique, Capitaine du génie. Grand in-8, avec figures et 18 planches; 1880. 3 fr.

LOYAU (Achille), Ingénieur des Arts et Manufactures. — **Album de charpentes en bois**, renfermant différents types de *planchers, pans de bois, combles, échafaudages, ponts provisoires*, etc. Grand in-4, contenant 120 planches de dessins cotés; 1873. 25 fr.

MAHISTRE, Professeur à la Faculté de Lille. — **L'art de tracer les Cadrans solaires**, à l'usage des Instituteurs et des personnes qui savent manier la règle et le compas. (*Approuvé par le Conseil de l'Instruction publique.*) 3e édit. In-18, avec fig. dans le texte; 1880. 1 fr. 25 c.

MAHISTRE. — **Cours de Mécanique appliquée.** In-8, avec 211 figures intercalées dans le texte; 1858. 8 fr.

MANNHEIM (A.), Chef d'escadron d'Artillerie, Professeur à l'École Polytechnique. — **Cours de Géométrie descriptive de l'École Polytechnique**, comprenant les ÉLÉMENTS DE LA GÉOMÉTRIE CINÉMATIQUE. Grand in-8, illustré de 249 figures dans le texte; 1880. 17 fr.

MANSION (Paul), Professeur à l'Université de Gand. — **Théorie des équations aux dérivées partielles du premier ordre.** In-8; 1875. 6 fr.

MANSION (Paul). — **Éléments de la théorie des déterminants**, *avec de nombreux exercices.* 3e édition. In-8; 1880. 2 fr.

MARIE, Professeur de Topographie. — **Principes du dessin et du Lavis de la Carte topographique**, accompagnés de 9 modèles, dont 8 sont coloriés avec soin. 1 vol. in-4 oblong; 1825. 15 fr.

MARIE. — **Géométrie stéréographique**, ou *Relief des polyèdres, pour faciliter l'étude des corps*, avec 25 planches gravées et découpées de manière à reconstituer les polyèdres. In-8. 5 fr.

MARIE (Maximilien), Répétiteur à l'École Polytechnique. — **Théorie des fonctions des variables imaginaires.** 3 volumes grand in-8, de 280 à 300 pages; 1874-1875-1876. 20 fr.
Chaque volume se vend séparément 8 fr.

MARIELLE. — **Répertoire de l'École Polytechnique depuis l'époque de sa création en 1794 jusqu'en 1855 inclusivement.** (*Voir* **LEPRIEUR**, page 13, pour la suite du **Répertoire**.) In-8; 1855. 5 fr.

MARINE A L'EXPOSITION UNIVERSELLE DE 1878 (La). — Ouvrage publié par ordre de M. le Ministre de la Marine et des Colonies. 2 beaux volumes grand in-8, avec 102 figures dans le texte, et 2 Atlas in-plano contenant 161 planches; 1879. 80 fr.

MARTIN (Adolphe), Docteur ès Sciences. — **Sur une méthode d'autocollimation directe des objectifs astronomiques** et son application à la mesure des indices de réfraction des verres qui les composent; Remarques sur l'emploi du sphéromètre. In-4; 1880. 1 fr. 25 c.

MASCART. — *Voir* **MOUREAUX**.

MASTAING (de), Professeur à l'École Centrale des Arts et Manufactures. — **Cours de Mécanique appliquée à la résistance des matériaux.** Leçons professées à l'École Centrale de 1862 à 1872 par M. de Mastaing et rédigées par M. *Courtès-Lapeyrat*, Ingénieur des Arts et Manufactures, répétiteur du Cours. Grand in-8, avec nombreuses figures dans le texte et planche; 1874. 15 fr.

MATHÉSIS, *Recueil mathématique à l'usage des Ecoles spéciales et des Etablissements d'instruction moyenne*, publié par *P. Mansion* et *J. Neuberg*. Grand in-8, mensuel. T. I; 1881.
Paris, France et Etranger : 9 fr.

MATHIEU (Émile), Professeur à la Faculté des Sciences de Besançon. — **Cours de Physique mathématique.** In-4; 1873. 15 fr.

MATHIEU (Émile). — **Dynamique analytique.** In-4; 1878. 15 fr.

MEISSAS (N.). — **Tables pour servir aux Études et à l'exécution des chemins de fer, ainsi que dans tous les travaux où l'on fait usage du cercle et de la mesure des angles.** 2e édition; 1867. 8 fr.
Cartonné.. 9 fr.

MÉMORIAL DE L'ARTILLERIE, rédigé par les soins du **Comité de l'Artillerie.** Volume in-8, avec Atlas cartonné de 24 planches (n° VIII); 1867. 12 fr.

Ce volume contient l'historique des modifications successives introduites dans l'organisation du personnel et dans le matériel de l'Artillerie, par suite de l'adoption des *bouches à feu rayées*.

MÉMORIAL DE L'OFFICIER DU GÉNIE, ou Recueil de Mémoires, Expériences, Observations et Procédés propres à perfectionner la Fortification et les Constructions militaires; rédigé par les soins du Comité des Fortifications, avec l'approbation du Ministre de la Guerre. In-8, avec planches et nombreuses figures dans le texte. Chaque volume, à partir du **N° 21**, se vend séparément. 7 fr. 50 c.

Les **Nos 21** (1873), **22** (1874), **23** (1874), **24** (1875), **25** (1876), sont en vente. Le **N° 26** est sous presse.

Pour recevoir *franco*, ajouter 70 c. par volume.

MILNE EDWARDS, Membre de l'Institut, doyen de la Faculté des Sciences, Président de l'Association scientifique de France. — **Nouvelles Causeries scientifiques**, ou *Notes adressées aux Membres de l'Association à l'occasion de l'Exposition internationale de* 1878. In-8; 1880. (Se vend au profit de l'Association.) 6 fr.

MOIGNO (l'Abbé). — **Leçons de Mécanique analytique**, rédigées principalement d'après les méthodes d'*Augustin Cauchy* et étendues aux travaux les plus récents. **Statique.** In-8, avec planches; 1868. 12 fr.

MOIGNO (l'abbé). — **Calcul des Variations.** In-8; 1861. 6 fr.

MOIGNO (l'Abbé). — **Actualités scientifiques.** Volumes in-18 jésus, ou petit in-8 se vendant séparément :

Première Série.

1° **Analyse spectrale des Corps célestes**; par *Huggins.* (*Sous presse.*)

2° **Calorescence. — Influence des couleurs**; par *Tyndall.* 1 fr. 50 c.

3° **La Matière et la Force**; par *Tyndall.* 1 fr. 50 c.

4° **Les Éclairages modernes**; par l'Abbé *Moigno.* (*Épuisé.*)

5° **Sept Leçons de Physique générale**; par *A. Cauchy.* (*Sous presse.*)

6° **Physique moléculaire**; par l'Abbé *Moigno.* 2 fr. 50 c.

7° **Chaleur et Froid**; par *Tyndall.* (*Sous presse.*)

8° **Sur la radiation**; par *Tyndall.* 1 fr. 25 c.

9° **Sur la force de combinaison des atomes**; par *Hofmann.* 1 fr. 25 c.

10° **Faraday inventeur**; par *Tyndall.* 2 fr.

11° **Saccharimétrie optique, chimique et mélassimétrique**; par l'Abbé *Moigno.* 3 fr. 50 c.

12° **La Science anglaise, son bilan en 1868** (réunion à Norwich); par l'Abbé *Moigno.* 2 fr. 50 c.

13° **Mélanges de Physique et de Chimie pures et appliquées**; par *Frankland, Graham, Macquorn-Rankine, Perkin, Sainte-Claire Deville, Tyndall.* 3 fr. 50 c.

14° **Les Aliments**; par *Letheby.* 3 fr.

15° **Constitution de la Matière**; par le P. *Leray.* (*Épuisé.*)

16° **Esquisse historique de la Théorie dynamique de la Chaleur**; par *Tait.* 3 fr. 50 c.

17° **Théorie du Vélocipède. — Sur les lois de l'écoulement de la vapeur**; par *Macquorn-Rankine.* 1 fr. 25 c.

18° **Les Métamorphoses chimiques du Carbone**; par *Odling.* 2 fr.

19° **Programme d'un cours en sept leçons sur les phénomènes et les théories électriques**; par *Tyndall.* 1 fr. 50 c.

20° **Géologie des Alpes et du tunnel des Alpes**; par *Elie de Beaumont* et *Sismonda.* 2 fr.

21° **La Science anglaise, son bilan en 1869** (réunion à Exeter). 3 fr. 50 c.

22° **La Lumière**; par *Tyndall.* 2 fr.

23° **Les agents explosifs modernes et leurs applications**; par l'Abbé *Moigno.* 2 fr.

24° **Religion et Patrie**, vengées de la fausse science et de l'envie haineuse; par l'Abbé *Moigno.* 1 fr. 50 c.

25° **Éléments de Thermodynamique**; par *J. Moutier.* (*Épuisé.*)

26° **Sur la force de la Poudre et des matières explosibles**; par *M. Berthelot.* 3 fr. 50 c.

27° **Sursaturation des solutions gazeuses**; par *Tomlinson.* 2 fr.

28° **Optique moléculaire. Effets de précipitation, de décomposition, d'illumination produits par la lumière**; par l'Abbé *Moigno.* 2 fr. 50 c.

29° **L'Architecture du monde des atomes**, avec 100 fig. dans le texte; par *Gaudin.* 5 fr.

30° **Étude sur les éclairs**; par *P. Perrin.* 2 fr. 50 c.

31° **Manuel pratique militaire des chemins de fer**, avec nomb. fig.; par le capitaine *Issalène.* 2 fr. 50 c.

32° **Instruction sur les Paratonnerres**; par *Pouillet* et *Gay-Lussac*; avec 58 fig. et planche 2 fr. 50 c.

33° **Tables barométriques et hypsométriques pour le calcul des hauteurs**, précédées d'une *Instruction*; par *R. Radau.* (Nouveau tirage.) 1 fr. 25 c.

34° **Les passages de Vénus sur le disque solaire**, avec figures; par *Edm. Dubois.* 3 fr. 50 c.

35° **Manuel élémentaire de Photographie au collodion humide**, avec figures; par *Dumoulin.* 1 fr. 50

36° **Problèmes plaisants et délectables qui se font par les nombres**; par *Bachet, sieur de Méziriac.* 4e éd., revue par *Labosne.* Un joli vol., petit in-8 elzévir, titre en deux couleurs. 6 fr.

37° **La Chaleur** considérée comme un mode de mouvement; par *Tyndall.* 2e édition française, avec nombreuses figures; 1881. 2e tirage. 8 fr.

38° **L'Astronomie pratique et les Observatoires en Europe et en Amérique**, depuis le milieu du XVIIe siècle jusqu'à nos jours; par *André* et *Rayet*, astronomes, et *Angot*, professeur de Physique au Lycée Fontanes; avec belles figures dans le texte et planches en couleur.

- Ire Partie : *Angleterre.* 4 fr. 50 c.
- IIe Partie : *Écosse, Irlande et Colonies anglaises.* 4 fr. 50 c.
- IIIe Partie : *Amérique du Nord.* 4 fr. 50 c.
- IVe Partie : *Amérique du Sud*, et Météorologie américaine. 3 fr.
- Ve Partie : *Italie.* 4 fr. 50 c.

39° **Méthodes chimiques pour la recherche des falsifications, l'essai, l'analyse des matières fertilisantes**; par *Ferdinand Jean.* (*Épuisé.*)

40° **Premières Leçons de Photographie**, avec figures; par *Perrot de Chaumeux.* 1 fr. 50 c.

41° **Les Mines dans la guerre de campagne.** — Exposé des divers procédés d'inflammation des mines et des pétards de rupture. — Emploi de préparations pyrotechniques et emploi de l'électricité, avec 51 fig. dans le texte; par le capit. *Picardat.* 2 fr. 50 c.

42° **Essai sur une manière de représenter les quantités imaginaires dans les constructions géométriques**, par R. Argand. 2e édition, précédée d'une préface par M. *J. Hoüel.* 5 fr.

43° **Essai sur les piles**, par *A. Callaud.* 2e édition, avec 2 planches. (Ouvrage couronné par la Société des Sciences de Lille.) 2 fr. 50 c.

44° **Matière et Éther**; Indication d'une méthode pour établir les propriétés de l'Éther, par *Kretz*, Ingénieur en chef des Manufactures de l'État. 1 fr. 50 c.

45° **L'Unité dynamique des forces et des phénomènes de la nature, ou l'Atome tourbillon**; par *F. Marco*, Professeur au Lycée Cavour, à Turin. 2 fr. 50 c.

46° **Physique et Physique du Globe.** Divers Mémoires de MM. *Tyndall, Carpenter, Ramsay, Raphaël de Rossi, Félix Plateau.* Traduit par l'Abbé *Moigno.* 2 fr. 50 c.

47° **La grande pyramide, pharaonique de nom, humanitaire de fait**; ses merveilles, ses mystères et ses enseignements; par M. *Piazzi Smyth*, Astronome royal d'Écosse. Traduit de l'anglais par l'Abbé *Moigno.* (*Épuisé.*)

48° **La Foi et la Science**; par l'Abbé Moigno. (*Épuisé.*)

49° **Les insuccès en Photographie; causes et remèdes**, suivis de la retouche des clichés et du gélatinage des épreuves; par *Cordier.* 3e édit. 1 fr. 75 c.

50° **La Photolithographie, son origine, ses procédés, ses applications**; par *C. Fortier.* Petit in-8, orné de planches, fleurons, culs-de-lampe, etc., obtenus au moyen de la Photolithographie. 3 fr. 50 c.

51° **Procédé au Collodion sec**; par *F. Boivin.* 2e édit., augmentée des formulaires de Th. Sutton, des tirages aux poudres inertes (procédé au charbon), ainsi que de notions pratiques sur la Photolithographie, l'électrogravure et l'impression à l'encre grasse. 1 fr. 50 c.

52° **Les Pandynamomètres de torsion et de flexion**, *Théorie et application*; avec 2 grandes planches; par M. *G.-A. Hirn.* 2 fr.

53° **Notice sur les Aréomètres employés dans l'industrie, le commerce et les sciences**, avec figures dans le texte ; par *Baserga*, constructeur d'instruments. 1 fr. 50 c.

54° **Manuel du Magnanier**, application des théories de M. PASTEUR à l'éducation des vers à soie ; par *L. Roman*. Un beau volume, avec nombreuses figures ombrées dans le texte et 6 planches en couleur. 4 fr. 50 c.

55° **Les Couleurs reproduites en Photographie** ; Historique, théorie et pratique ; par *Eug. Dumoulin*. 1 fr. 50 c.

56° **Progrès récents de l'Astronomie stellaire** ; par *R. Radau*. 1 fr. 50 c.

57° **Les Observatoires de montagne** (avec figures dans le texte) ; par *R. Radau*. 1 fr. 50 c.

58° **Les poussières de l'air**, avec figures dans le texte et 4 planches ; par *Gaston Tissandier*. 2 fr. 25 c.

59° **Traité pratique de Photographie au charbon**, complété par la description de divers *Procédés d'impressions inaltérables* (*Photochromie et tirages photomécaniques* ; par *Léon Vidal*. 3e éd., avec une pl. spécimen de Photochromie et 2 pl. spécimens d'impressions à l'encre grasse. 4 fr. 50 c.

60° **Le procédé au gélatino-bromure**, suivi d'une *Note* de M. MILSOM *Sur les clichés portatifs* et de la traduction des *Notices* de R. KENNETT et Rév. H.-G. PALMER, avec fig. ; par *H. Odagir*. 1 fr. 50 c.

61° **La Science des nombres d'après la tradition des siècles** ; Explication de la table de Pythagore, par l'*Abbé Marchand*. 3 fr.

62° **La Lumière et les climats** ; par *R. Radau*. 1 fr. 75 c.

63° **Les Radiations chimiques du Soleil** ; par *R. Radau*. 1 fr. 50 c.

64° **L'Actinométrie** ; par *R. Radau*. 2 fr.

65° **Traité pratique complet d'impressions photographiques aux encres grasses, de phototypographie et de photogravure** ; par *Moock*. 2e éd. 3 fr.

66° **La Spectroscopie**, avec nombreuses gravures dans le texte ; par *Cazin*. 2 fr. 75 c.

67° **Formulaire pratique de la Photographie aux sels d'argent** ; par *Huberson*. 1 fr. 50 c.

68° **Leçons sur l'Électricité**, par *Tyndall* ; traduit de l'anglais par *Francisque Michel*. 2 fr. 75 c.

69° **Traité élémentaire et pratique de Photographie au charbon** ; par *Aubert*. 1 fr. 50 c.

70° **La prévision du temps** ; par *W. de Fonvielle* ; 1 fr. 50 c.

71° **La Photographie et ses applications scientifiques** ; par *R. Radau*. 1 fr. 75 c.

72° **L'Ozone** ; ce qu'il est, ses propriétés physiques et chimiques, son existence et son rôle dans la nature ; par l'*Abbé Moigno*. 3 fr. 50 c.

73° **Les Microbes organisés** ; leur rôle dans la fermentation, la putréfaction et la contagion ; Mémoires de MM. Tyndall et Pasteur ; par l'*Abbé Moigno*. 3 fr. 50 c.

74° **Le R. P. Secchi ; sa Vie, son Observatoire, ses Travaux, ses Écrits** ; ses titres à la gloire, ses grands Ouvrages ; par l'*Abbé Moigno* ; avec un portrait et 3 planches. 3 fr. 50 c.

75° **Cartes du temps et Avertissements de tempêtes**, par *Robert H. Scott*. Traduit de l'anglais par MM. *Zurcher* et *Margollé*. Petitin-8, avec 2 planches et nombreuses figures. 4 fr. 50 c.

76° **La Photographie appliquée à l'Archéologie** ; Reproduction des *Monuments, OEuvres d'art, Mobilier, Inscriptions, Manuscrits* ; par *E. Trutat* ; avec cinq photolithographies. 3 fr.

77° **La Photographie des peintres, des voyageurs et des touristes.** *Nouveau procédé sur papier huilé*, simplifiant le bagage et facilitant toutes les opérations, avec indication de la manière de construire soi-même la plupart des instruments nécessaires, par *Pélegry* ; avec un spécimen. 1 fr. 75 c.

78° **Comment on observe les nuages pour prévoir le temps** ; par *André Poëy*. Petitin-8, avec 17 planches chromolithographiques. 4 fr. 50 c.

79° **Traité pratique de Phototypie ou Impression à l'encre grasse sur couche de gélatine** ; par *Léon Vidal* ; avec belles figures dans le texte et spécimens. 8 fr.

80° **Observations météorologiques en ballon** ; Résumé de vingt-cinq ascensions aérostatiques ; par *Gaston Tissandier* ; avec fig. 1 fr. 50 c.

81° **Précis de Microphotographie**, par *G. Huberson* ; avec figures dans le texte et une planche en photogravure. 2 fr.

82° **Constitution intérieure de la Terre** ; par *R. Radau*. 1 fr. 50 c.

83° **Le rôle des vents dans les climats chauds** ; la pression barométrique et les climats des hautes régions ; par *R. Radau*. 1 fr. 50 c.

84° **La Photographie sur plaque sèche. — Emulsion au coton-poudre avec bain d'argent** ; par *Fabre*. 1 fr. 75 c.

85° **La machine de Gramme. — Sa théorie et ses applications** (avec figures) ; par *Antoine Bréguet*. 2 fr.

86° **Traité d'analyse chimique complète des potasses brutes et des potasses raffinées** ; par *Berth*. 1 fr. 50 c.

87° **La Météorologie appliquée à la prévision du temps.** Leçon faite à l'École supérieure de Télégraphie, par M. *E. Mascart* ; recueillie par M. *Moureaux*, météorologiste au Bureau central ; avec 16 planches en couleur. 2 fr.

88° **Traité pratique de la retouche des clichés photographiques**, suivi d'une méthode très détaillée d'*émaillage* et de *formules* et *procédés divers* ; par *Piquepé* ; avec 2 photoglypties. 4 fr. 50 c.

89° **Notions élémentaires d'analyse chimique qualitative** ; par *Th. Swarts* ; avec fig. 1 fr. 50 c.

DEUXIÈME SÉRIE.

La Science illustrée. — L'enseignement de tous.

1° **L'Art des projections**, avec 103 figures ; par l'*Abbé Moigno*. 2 fr. 50 c.

2° **Photomicrographie** en 100 tableaux pour projections ; par *Girard*. 1 fr. 50 c.

3° **Les Accidents**, secours en l'absence de l'homme de l'art ; par *Smée*. 1 fr. 25 c.

4° **L'Anatomie et l'Histologie, enseignées par les projections lumineuses** ; par le Dr *Le Bon*. 1 fr.

5° **Manuel de Mnémotechnie**, *Application à l'histoire* ; par l'*Abbé Moigno*. 3 fr.

MOLLET (J.). — Gnomonique graphique, ou **Méthode facile pour tracer les cadrans solaires sur toutes sortes de Plans**, en ne faisant usage que de la règle et du compas. 6e édit. In-8, avec pl. ; 1865. 3 fr. 50 c.

MOLTENI (A.). — Instructions pratiques sur l'emploi des appareils de projection, lanternes magiques, fantasmagories, polyoramas, appareils pour l'enseignement. 2e édit. In-18 jésus, avec figures dans le texte. 2 fr. 50 c.

MONCKHOVEN (Dr V.). — Traité général de Photographie, suivi d'un chapitre spécial sur le *gélatino-bromure d'argent*. Septième édition. Grand in-8, avec planches et figures intercalées dans le texte ; 1880. 16 fr.

MOUCHOT. — La chaleur solaire et ses applications industrielles. — Deuxième édition, revue et considérablement augmentée. In-8, avec figures ; 1879. 6 fr.

MOUREAUX (Th.), Météorologiste au Bureau central. — **La Météorologie appliquée à la prévision du temps.** Leçon faite à l'École supérieure de Télégraphie par

M. *E. Mascart,* Directeur du Bureau central météorologique de France, recueillie par M. *Th. Moureaux.* In-18 avec 16 planches en couleur; 1881. 2 fr.

NAUDIER, Docteur en droit, conseiller de préfecture de l'Aube. — **Traité théorique et pratique de la Législation** et de la **Jurisprudence des Mines**, des **Minières** et des **Carrières.** In-8; 1877. 10 fr.

NOURY. — Tarifs d'après le Système métrique décimal pour cuber les bois carrés en grume ou ronds, et tous les corps solides quelconques, ainsi que les colis ou ballots, caisses, etc. 3e édit. In-8; 1877. (*Approuvé par les Ministres de l'Intérieur et de la Marine.*) 4 fr.

NOUVELLES ANNALES DE MATHÉMATIQUES. Journal des Candidats aux Écoles Polytechnique et Normale, rédigé par MM. *Gerono* et *Brisse.* (Publication fondée en 1842 par MM. *Gerono* et *Terquem*, et continuée par MM. *Gerono, Prouhet et Bourget.*)

1re **Série**, 20 vol. in-8, années 1842 à 1861. 300 fr.

Les tomes I à VII, X et XVI à XX (1842-1848, 1851 et 1857 à 1861) ne se vendent pas séparément. Les autres tomes de la 1re série se vendent séparément. 12 fr.

La 2e **Série**, commencée en 1862, continue de paraître chaque mois par cahier de 48 pages.

Les tomes I à VIII (1862 à 1869) de la 2e **Série** ne se vendent pas séparément. Les tomes suivants se vendent séparément. 15 fr.

Les abonnements sont annuels et partent de janvier.

Prix pour un an (12 numéros) :

Paris........................ 15 fr.
Départements et Union postale........ 17 fr.
Autres pays........................ 20 fr.

OGER (F.), Professeur d'Histoire et de Géographie, Maître de Conférences au Collège Sainte-Barbe. — **Géographie de la France et Géographie générale, physique, militaire, historique, politique, administrative et statistique**, *rédigée conformément au Programme officiel*, à l'usage des Candidats aux Écoles du Gouvernement et aux Aspirants aux Baccalauréats ès Lettres et ès Sciences. 7e édition. In-8; 1880. 3 fr.

Cet Ouvrage correspond à l'Atlas de Géographie générale du même Auteur.

OGER (F.). — Atlas de Géographie.

Atlas de Géographie générale à l'usage des Lycées, des Collèges, des Institutions préparatoires aux Écoles du gouvernement et de tous les établissements d'Instruction publique. 10e édition. In-plano, cartonné, contenant 33 Cartes coloriées; 1879. 14 fr.

Atlas géographique et historique à l'usage de la classe de QUATRIÈME. 2e édition. In-plano, cartonné, contenant 16 cartes coloriées; 1878. 8 fr. 50 c.

Atlas géographique et historique à l'usage de la classe de CINQUIÈME. In-plano cartonné, contenant 18 cartes coloriées; 1875. 8 fr. 50 c.

Atlas géographique et historique à l'usage de la classe de SIXIÈME. In-plano cartonné, contenant 10 cartes coloriées; 1875. 6 fr.

Atlas géographique et historique à l'usage des CLASSES ÉLÉMENTAIRES (7e, 8e et 9e), contenant 13 cartes coloriées, 1875. 6 fr.

OGER (F.). — Cours d'Histoire générale à l'usage des Lycées, des établissements d'instruction publique, des candidats aux Écoles du Gouvernement et aux baccalauréats, rédigé conformément aux programmes officiels.

I. *Histoire de l'Europe depuis l'invasion des Barbares jusqu'au* XVIe *siècle.* 2e édition. In-8; 1875. 3 fr. 50 c.

II. *Histoire de l'Europe depuis le* XIVe *jusqu'au milieu du* XVIIe *siècle.* 2e édition. In-8; 1875. 3 fr. 50 c.

III. *Histoire de l'Europe de 1610 à 1848.* 3e édition; 1875. 6 fr. 50 c.

IV. *Histoire de l'Europe de 1610 à 1815, (Cours de Rhétorique).* 2e édition. In-8; 1875. 7 fr. 50 c.

OLTRAMARE, Professeur à l'Université de Genève. — **Leçons d'Arithmétique; Guide à l'usage des Professeurs.**

Ire PARTIE. — *Calcul numérique, avec de nombreux problèmes.* 2e édition. In-8; 1878. 3 fr. 50 c.

ORTOLAN (J.-A.), mécanicien en chef de la marine. — **Mémorial du mécanicien d'usine et de navigation.** Calculs d'application; Tables et tableaux de résultats pour la construction, les essais et la conduite des machines à vapeur. In-18 de 520 pages, avec plus de 200 figures dans le texte; 1878. Broché. 4 fr. 50 c.
Cartonné. 5 fr. 50 c.

PASTEUR, Membre de l'Institut. — **Études sur le Vinaigre, sa fabrication, ses maladies, moyens de les prévenir; nouvelles observations sur la conservation des Vins par la chaleur.** Grand in-8, avec figures; 1868. 4 fr.

PASTEUR (L.). — Études sur la maladie des Vers à soie; *moyen pratique assuré de la combattre et d'en prévenir le retour.* Deux beaux volumes grand in-8, avec figures dans le texte et 37 planches; 1870. 20 fr.

PASTEUR (L.). — Études sur la Bière; *ses maladies, causes qui les provoquent, procédé pour la rendre inaltérable*, avec une THÉORIE NOUVELLE DE LA FERMENTATION. Grand in-8, avec 85 figures dans le texte et 13 planches gravées; 1876. 20 fr.

Pour recevoir franco, dans tous les pays faisant partie de l'Union postale, l'Ouvrage soigneusement emballé entre cartons, ajouter 1 fr.

PASTEUR (L.). — Examen critique d'un écrit posthume de Claude Bernard sur la fermentation. In-8; 1879. 5 fr.

PEIGNÉ (M.-A.). — Conversion des mesures, monnaies et poids de tous les pays étrangers en mesures, monnaies et poids de la France. In-18 jésus; 1867. 2 fr. 50 c.

PEREIRE (Eugène). — Tables de l'intérêt composé des annuités et des rentes viagères. 2e édit., augmentée de 8 *Tableaux graphiques.* In-4; 1873. 10 fr.

PERRODIL (GROS de), Ingénieur en chef des Ponts et Chaussées. — **Résistance des matériaux. — Résistance des voûtes et arcs métalliques employés dans la construction des ponts.** In-8, avec 2 grandes planches; 1879. 7 fr. 50 c.

PERROTIN, Directeur de l'Observatoire de Nice. — **Visite à divers Observatoires de l'Europe.** In-8; 1881. 2 fr. 50 c.

PETERSEN (Julius), Membre de l'Académie royale danoise des Sciences, professeur à l'École royale polytechnique de Copenhague. — **Méthodes et théories pour la résolution des problèmes de constructions géométriques**, *avec application à plus de 400 problèmes.* Traduit par O. CHEMIN, Ingénieur des Ponts et Chaussées. Petit in-8, avec figures; 1880. 4 fr.

PETIT (F.). — Traité d'Astronomie pour les gens du monde, avec des *Notes complémentaires* pour les Candidats au Baccalauréat, aux Écoles spéciales et à la Licence ès Sciences mathématiques. 2 volumes in-18 jésus, avec 286 figures dans le texte et une Carte céleste; 1866. 7 fr.

PIARRON DE MONDÉSIR, Ingénieur des Ponts et Chaussées. — **Dialogues sur la Mécanique**; *Méthode nouvelle* pour l'enseignement de cette Science, résultats scientifiques nouveaux. In-8, avec figures; 1870. 6 fr.

PIERRE (J.-I.), Professeur à la Faculté des Sciences de Caen. — **Exercices sur la Physique, avec l'indication des solutions.** 2e édit. In-8, avec 4 pl.; 1862. 4 fr.

PIQUEPÉ. — **Traité pratique de la retouche des clichés photographiques**, suivi d'une méthode très détaillée d'*émaillage* et de *formules* et *procédés divers*. In-18 jésus avec deux photoglypties; 1881. 4 fr. 50 c.

PLATEAU (J.), Correspondant de l'Institut de France, Professeur à l'Université de Gand. — **Statique expérimentale et théorique des liquides soumis aux seules forces moléculaires.** 2 vol. grand in-8, d'environ 950 pages, avec figures dans le texte; 1873. 15 fr.

POËY (André), Fondateur de l'Observatoire physique et météorologique de la Havane. — **Comment on observe les nuages pour prévoir le temps.** 3e édition, revue et augmentée. Petit in-8, contenant 17 planches chromolithographiques et 3 planches sur bois; 1879. 4 fr. 50 c.

POINSOT. — **Éléments de Statique**, précédés d'une *Notice sur Poinsot*, par M. J. BERTRAND, Membre de l'Institut. 12e édition; 1877. 6 fr.

POISSON (S.-D.), Membre de l'Institut. — **Traité de Mécanique.** 2e édit. 2 forts vol. in-8; 1833 (*Rare*). 25 fr.

PONCELET, Membre de l'Institut. — **Applications d'Analyse et de Géométrie** qui ont servi de principal fondement au **Traité des Propriétés projectives des figures**, suivies d'Additions par MM. *Mannheim* et *Moutard*, anciens Élèves de l'École Polytechnique. 2 vol. in-8, avec figures dans le texte; 1864. 20 fr.
Chaque volume se vend séparément. 10 fr.

PONCELET. — **Traité des Propriétés projectives des figures.** Ouvrage utile à ceux qui s'occupent des applications de la Géométrie descriptive et d'opérations géométriques sur le terrain. 2e édition; 1865-1866. 2 beaux volumes in-4 d'environ 450 pages chacun, avec de nombreuses planches gravées sur cuivre. 40 fr.
Le second volume se vend séparément. 20 fr.

PONCELET. — **Introduction à la Mécanique industrielle, physique ou expérimentale.** 3e édit., publiée par M. *Kretz*, ingénieur en chef, inspecteur des manufactures de l'État. In-8 de 757 pages, avec 3 pl.; 1870. 12 fr.

PONCELET. — **Cours de Mécanique appliquée aux Machines**; publié par M. *Kretz*. 2 volumes in-8.
Ire PARTIE: *Machines en mouvement, Régulateurs et transmissions, Résistances passives*, avec 117 figures dans le texte et 2 planches; 1874. 12 fr.
2e PARTIE: *Mouvement des fluides, Moteurs, Ponts-Levis*, avec 111 figures; 1876. 12 fr.

POUDRA. — **Traité de Perspective-Relief.** In-8, avec Atlas oblong de 18 planches; 1862. 8 fr. 50 c.

POUILLET et GAY-LUSSAC. — **Instruction sur les paratonnerres**, adoptée par l'Académie des Sciences. In-18 jésus, avec 58 figures dans le texte et une planche; 1874. 2 fr. 50 c.

PRÉFECTURE DE LA SEINE. — **Assainissement de la Seine. Épuration et utilisation des eaux d'égout.** 4 beaux volumes in-8 jésus, avec 17 planches, dont 10 en chromolithographie; 1876-1877. 26 fr.

On vend séparément :

Les 3 premiers volumes (*Documents administratifs. — Enquête. — Annexes*). 20 fr.
Le 4e volume (*Documents anglais*). 6 fr.

PRESLE (de), ancien élève de l'École Polytechnique. — **Traité de Mécanique rationnelle.** In-8, avec 95 fig.; 1869. 5 fr.

PUISEUX (V.), Membre de l'Institut. — **Mémoire sur l'accélération séculaire du mouvement de la Lune.** (Extrait des *Mémoires présentés par divers savants à l'Académie des Sciences.*) In-4; 1873. 5 fr.

PUISSANT. — **Traité de Géodésie**, ou Exposition des Méthodes trigonométriques et astronomiques, applicables soit à la mesure de la Terre, soit à la confection du canevas des cartes et des plans topographiques. 3e édit. 2 vol. in-4, avec 13 pl.; 1842. (*Rare.*) 80 fr.

RADAU (R.). — **Étude sur les formules d'approximation qui servent à calculer la valeur numérique d'une intégrale définie.** In-4; 1881. 3 fr.

REGNAULT (J.-J.) — **Traité de Géométrie pratique et d'Arpentage**, comprenant les **Opérations graphiques** et de nombreuses **Applications aux Travaux de toute nature**, à l'usage des Écoles professionnelles, des Écoles normales primaires, des employés des Ponts et Chaussées, des Agents voyers, etc. 2e édition, revue et augmentée. In-8, avec 14 pl.; 1860. 5 fr.

REGNAULT (J.-J.). — **Cours pratique d'Arpentage**, à l'usage des Instituteurs, des Élèves des Écoles primaires, des Propriétaires et des Cultivateurs. In-18 jésus, avec figures dans le texte. 2e édition; 1870. 1 fr. 50 c.

RESAL (H.), Membre de l'Institut, Ingénieur en chef des Mines. — **Traité de Mécanique générale**, comprenant les *Leçons professées à l'École Polytechnique et à l'École des Mines*. 6 vol. in-8, se vendant séparément :

MÉCANIQUE RATIONNELLE.

TOME I : *Cinématique. — Théorèmes généraux de la Mécanique. — De l'équilibre et du mouvement des corps solides.* In-8, avec 66 fig. dans le texte; 1873. 9 fr. 50 c.
TOME II : *Frottement. — Équilibre intérieur des corps. — Théorie mathématique de la poussée des terres. — Équilibre et mouvements vibratoires des corps isotropes. — Hydrostatique. — Hydrodynamique. — Hydraulique. — Thermodynamique*, suivie de la *Théorie des armes à feu*. In-8, avec 56 figures dans le texte; 1874. 9 fr. 50 c.

MÉCANIQUE APPLIQUÉE (moteurs et machines).

TOME III : *Des machines considérées au point de vue des transformations de mouvement et de la transformation du travail des forces. — Application de la Mécanique à l'Horlogerie.* In-8, avec 213 belles figures dans le texte; 1875. 11 fr.
TOME IV : *Moteurs animés. — De l'eau et du vent considérés comme moteurs. — Machines hydrauliques et élévatoires. — Machines à vapeur, à air chaud et à gaz.* In-8, avec 200 belles figures dans le texte, levées et dessinées d'après les meilleurs types; 1876. 15 fr.

CONSTRUCTION.

TOME V : *Résistance des matériaux. — Constructions en bois. — Maçonneries. — Fondations. — Murs de soutènement. — Réservoirs.* In-8, avec 308 belles figures dans le texte, levées et dessinées d'après les meilleurs types; 1880. 12 fr. 50 c.
TOME VI : *Voûtes droites et biaises, en dôme*, etc. — *Ponts en bois. — Planchers et combles en fer. — Ponts suspendus. — Ponts-levis. — Cheminées. — Fondations de machines industrielles. — Amélioration des cours d'eau. — Substruction des chemins de fer. — Navigation intérieure. — Ports de mer.* In-8, avec 519 fig. et 5 pl. chromolithographiques; 1881. 15 fr.

RESAL (H.). — **Traité élémentaire de Mécanique céleste.** In-8, avec planche; 1865. 8 fr.

RESAL (H.). — **Traité de Cinématique pure.** In-8, avec 78 figures dans le texte; 1862. 6 fr.

RESAL (H.). — **Éléments de Mécanique**, rédigés d'après les Leçons de Mécanique physique professées à la Faculté des Sciences de Paris par M. Poncelet. Nouvelle édition, revue et corrigée. In-8, avec planches; 1862. 4 fr. 50 c.

ROMAN (L.). — **Manuel du Magnanier.** *Application des théories de M. Pasteur à l'éducation des vers à soie.* Un beau volume in-18 jésus, avec nombreuses figures dans le texte et 6 planches en couleur; 1876. 4 fr. 50 c.

ROUCHÉ (Eugène), Professeur à l'École Centrale, Répétiteur à l'École Polytechnique, etc., et **COMBEROUSSE (Charles de)**, Professeur à l'École Centrale et au Collège Chaptal, etc. — **Traité de Géométrie** conforme aux Programmes officiels, renfermant un très grand nombre d'Exercices et plusieurs Appendices consacrés à l'exposition des PRINCIPALES MÉTHODES DE LA GÉOMÉTRIE MODERNE. 4e édition, revue et notablement augmentée. In-8 de XXXVI-900 pages, avec 616 figures dans le texte, et 1087 questions proposées; 1879. 14 fr.

On vend séparément, savoir :

Ire PARTIE. — *Géométrie plane.* 6 fr.
IIe PARTIE. — *Géométrie de l'espace ; Courbes et Surfaces usuelles.* 8 fr.

ROUCHÉ (Eugène) et COMBEROUSSE (Charles de). — **Éléments de Géométrie**, entièrement conformes aux derniers programmes d'enseignement des classes de troisième, de seconde, de rhétorique et de philosophie, suivis d'un **Complément à l'usage des Élèves de Mathématiques élémentaires et de Mathématiques spéciales**, et de *Notions sur le Lever des plans, l'Arpentage et le Nivellement.* 3e édit., revue et augmentée. In-8; 1881. 6 fr.

ROUCHÉ (Eugène). — **Éléments d'Algèbre**, à l'usage des Candidats au Baccalauréat ès Sciences et aux Écoles spéciales. (*Rédigés conformément aux Programmes.*) In-8, avec figures dans le texte; 1857. 4 fr.

SACHSE (Arnold). — **Essai historique sur la représentation d'une fonction arbitraire d'une seule variable par une série trigonométrique.** Grand in-8; 1880. 2 fr. 50 c.

SAINT-EDME, Professeur de Sciences physiques aux Écoles municipales d'Auteuil, Lavoisier, Turgot, et à l'École supérieure du Commerce. — **L'Électricité appliquée aux Arts mécaniques, à la Marine, au Théâtre.** In-8, avec belles fig. dans le texte; 1871. 4 fr.

SAINT-GERMAIN (de), Professeur de Mécanique à la Faculté des Sciences de Caen, ancien Maître de Conférences à l'École des Hautes Études de Paris. — **Recueil d'Exercices sur la Mécanique rationnelle**, à l'usage des candidats à la Licence et à l'Agrégation des Sciences mathématiques. In-8, avec figures dans le texte; 1877. 8 fr. 50 c.

SALVÉTAT (A.), Chef des travaux chimiques à la Manufacture de Sèvres. — **Leçons de Céramique**, professées à l'École Centrale des Arts et Manufactures. 2 vol. in-18, avec 479 figures dans le texte; 1857. 12 fr.

SCHRÖN (L.). — **Tables de Logarithmes à sept décimales** pour les nombres depuis **1** jusqu'à **108 000**, et pour les fonctions trigonométriques de 10 en 10 secondes; et **Tables d'Interpolation pour le calcul des parties proportionnelles**; précédées d'une **Introduction** par *J. Hoüel.* 2 beaux volumes grand in-8 jésus. Paris; 1881.

	PRIX :	
	Broché.	Cartonné.
Tables de Logarithmes..........	8 fr.	9 fr. 75 c.
Table d'interpolation............	2	3 25
Tables de Logarithmes et Table d'interpolation réunies en un seul volume................	10	11 75

SCOTT (Robert-H.), Directeur du Service météorologique de l'Angleterre. — **Cartes du temps et avertissements de tempêtes.** Ouvrage traduit de l'anglais par MM. *Zurcher* et *Margollé.* Petit in-8, avec nombreuses figures dans le texte, et 2 planches en couleur; 1879. 4 fr. 50 c.

SECCHI (le P. A.), Directeur de l'Observatoire du Collège Romain, Correspondant de l'Institut de France. **Le Soleil.** 2e édition. Deux beaux volumes grand in-8, avec Atlas; 1875-1877. 30 fr.

On vend séparément :

Ire PARTIE. Un volume grand in-8, avec 150 figures dans le texte et un atlas comprenant 6 grandes planches gravées sur acier (I. *Spectre ordinaire du Soleil* et *Spectre d'absorption atmosphérique.* — II. *Spectre de diffraction*, d'après la photographie de M. HENRY DRAPER. — III, IV, V et VI. *Spectre normal du Soleil*, d'après ANGSTRÖM, et *Spectre normal du Soleil, portion ultra-violette*, par M. A. CORNU); 1875. 18 fr.

IIe PARTIE. Un beau volume grand in-8, avec nombreuses figures dans le texte, et 13 planches, dont 12 en couleur (I à VIII. *Protubérances solaires.* — IX. *Type de tache du Soleil.* — X et XI, *Nébuleuses*, etc. — XII et XIII. *Spectres stellaires*); 1877. 18 fr.

SECRETAN. — **Calendrier météorologique pour 1881.** 2e année. In-4, avec tableaux et figures dans le texte; 1881. 2 fr.

SERRET (J.-A.), Membre de l'Institut. — **Traité d'Arithmétique**, à l'usage des candidats au Baccalauréat ès Sciences et aux Écoles spéciales. 6e édition, revue et mise en harmonie avec les derniers Programmes officiels par **J.-A. Serret** et par **Ch. de Comberousse**, Professeur de Cinématique à l'École Centrale et de Mathématiques spéciales au Collège Chaptal. In-8; 1875. (*Autorisé par décision ministérielle.*) 4 fr. 50 c.

SERRET (J.-A.). — **Traité de Trigonométrie.** 6e édition, revue et augmentée. In-8 avec fig. dans le texte; 1880. (*Autorisé par décision ministérielle.*) 4 fr.

SERRET (J.-A.). Cours d'Algèbre supérieure. 4e édition. 2 forts volumes in-8 avec figures; 1877-1879. 25 fr.

SERRET (J.-A.). Cours de Calcul différentiel et intégral. 2e édit. 2 forts vol. in-8, avec figures; 1878-1880. 24 fr.

SERRET (Paul). — **Théorie nouvelle géométrique et mécanique des lignes à double courbure.** In-8, avec 67 figures dans le texte; 1860. 8 fr.

SERRET (Paul). — **Géométrie de Direction.** APPLICATIONS DES COORDONNÉES POLYÉDRIQUES. *Propriété de dix points de l'ellipsoïde, de neuf points d'une courbe gauche du quatrième ordre, de huit points d'une cubique gauche.* In-8, avec figures dans le texte; 1869. 10 fr.

STURM, Membre de l'Institut. — **Cours d'Analyse de l'École Polytechnique**, publié, d'après le vœu de l'auteur, par M. *Prouhet.* 6e édition, suivie de la **Théorie élémentaire des Fonctions elliptiques**, par M. *H. Laurent*, répétiteur à l'École Polytechnique. 2 vol. in-8, avec figures dans le texte; 1880. 14 fr.

STURM. — **Cours de Mécanique de l'École Polytechnique**, publié, d'après le vœu de l'auteur, par M. *E. Prouhet.* 4e édition, revue et annotée par M. *de Saint-Germain*, Professeur à la Faculté des Sciences de Caen. 2 volumes in-8, avec 189 figures dans le texte; 1881. 14 fr.

TARNIER, Inspecteur de l'Instruction primaire à Paris. — **Éléments de Géométrie pratique**, conformes au programme de l'enseignement secondaire spécial (année préparatoire, Sciences) à l'usage des Écoles primaires et des divers établissements scolaires. In-8, avec figures dans le texte, accompagné d'un Atlas in-folio contenant 1 planche typographique et 7 belles planches coloriées gravées sur acier; 1872. Prix du texte broché, avec l'Atlas en feuilles dans une couverture imprimée. 6 fr.

Prix du texte cartonné et de l'Atlas cartonné sur onglets. 8 fr. 75 c.

On vend séparément :

Le texte, broché, 2 fr. 50 c.; cartonné, 3 fr. 25 c.
L'Atlas, en feuilles, 3 fr. 50 c.; cart. sur ongl., 5 fr. 50 c.

THIERRY fils. — **Méthode graphique et géométrique, ou le Dessin linéaire** appliqué aux arts en général, et en particulier à la projection des ombres, à la pratique de la coupe des pierres, à la perspective linéaire et aux cinq ordres d'Architecture. 2e éd., revue et corrigée par M. *C.-F.-M. Marie.* Grand in-8 oblong, avec 50 planches;

1846. (*Ouvrage choisi par le Ministère de l'Instruction publique pour les Bibliothèques scolaires.*) 6 fr.

THOMAN (Fedor). — **Théorie des intérêts composés et des annuités**, suivie de Tables logarithmiques. Ouvrage traduit de l'anglais par M. l'Abbé *Bouchard*, et précédé d'une préface de M. *J. Bertrand*, Secrétaire perpétuel de l'Académie des Sciences. (Cette édition française renferme plusieurs Tables inédites de *Fedor Thoman*. Grand in-8; 1878. 10 fr.

THOREL (J.-B.-A.), Géomètre de 1re classe du Cadastre. — **Arpentage et Géodésie pratiques**. Ouvrage à l'aide duquel on peut apprendre le Système métrique, l'Arpentage, la Division des Terres, la Trigonométrie rectiligne, le Lever des Plans et la Gnomonique. 2e tirage. In-4, avec planches; 1853. 4 fr.

TILLY (de). — **Essai sur les principes fondamentaux de la Géométrie et de la Mécanique**. Grand in-8; 1878. 6 fr.

TIMMERMANS, Professeur à la Faculté des Sciences de l'Université de Gand. — **Traité de Mécanique rationnelle**. 2e édit. Grand in-8; 1862. 9 fr.

TISSERAND, Correspondant de l'Institut, Directeur de l'Observatoire de Toulouse, ancien Maître de Conférences à l'École des Hautes Études de Paris. — **Recueil complémentaire d'Exercices sur le Calcul infinitésimal**, à l'usage des candidats à la Licence et à l'Agrégation des Sciences mathématiques. (Cet Ouvrage forme une suite naturelle à l'excellent *Recueil d'Exercices* de M. Frenet. In-8, avec figures dans le texte; 1877. 7 fr. 50 c.

TISSOT (A.), Examinateur d'admission à l'École Polytechnique. — **Mémoire sur la représentation des surfaces et les projections des Cartes géographiques**, suivi d'un *Complément* et de *Tableaux numériques* relatifs à la déformation produite par les divers systèmes de projection. In-8; 1881. 9 fr.

TRUCHOT, Professeur à la Faculté des Sciences de Clermont-Ferrand. — **Les instruments de Lavoisier**. *Relation d'une visite à La Canière (Puy-de-Dôme) où se trouvent réunis les instruments ayant servi à Lavoisier*. In-8, avec belles figures dans le texte; 1879. 1 fr. 50 c.

TYNDALL (John). — **Le Son**, traduit de l'anglais et augmenté d'un Appendice par M. l'Abbé *Moigno*. In-8, orné de 171 figures dans le texte; 1869. 7 fr.

TYNDALL (John). — **La Chaleur**, considérée comme un *mode de mouvement*. 2e édition française traduite sur la 4e édition anglaise, par l'Abbé *Moigno*. Un fort volume in-18 jésus, avec nombreuses figures; 1881. (2e tirage.) 8 fr.

TYNDALL (John). — **La Lumière; six Lectures faites en Amérique en 1872-1873**; Ouvrage traduit de l'anglais par M. l'Abbé *Moigno*. In-8, avec figures dans le texte; 1875. 7 fr.

TYNDALL (John). — **Leçons sur l'Électricité**, professées en 1875-1876 à l'Institution royale; Ouvrage traduit de l'anglais par *Francisque Michel*. In-18, avec 58 figures dans le texte; 1878. 2 fr. 75 c.

TZAUT et MORF, Professeurs à l'École industrielle cantonale à Lausanne. — **Exercices et Problèmes d'Algèbre** (*Première Série*); Recueil gradué renfermant plus de 3800 Exercices sur l'Algèbre élémentaire jusqu'aux équations du premier degré inclusivement. In-12; 1877. 3 fr.

— **Réponses** aux Exercices et Problèmes *de la première Série*. In-12; 1877. 2 fr.

TZAUT (S.). — **Exercices et problèmes d'Algèbre** (*Deuxième série*); Recueil gradué renfermant plus de 6200 exercices sur l'Algèbre élémentaire, depuis les équations du premier degré exclusivement jusqu'au binôme de Newton et aux déterminants inclusivement. In-12; 1881. 3 fr. 50 c.

— **Réponses** aux Exercices et Problèmes *de la deuxième Série*. In-12; 1881. 3 fr. 75 c.

UHLAND, Ingénieur civil, Rédacteur en chef du *Praktischer Maschinen-Constructeur*. — **Les nouvelles machines à vapeur**, notamment celles qui ont figuré à l'Exposition universelle de 1878. Description des *Types Corliss, à soupapes, Compound*, etc., construits le plus récemment. Exposé de l'origine, du développement et des principes de construction de ces systèmes. Traduit de l'allemand et annoté par C. de Laharpe, Ingénieur-Constructeur, ancien Élève de l'École Centrale des Arts et Manufactures, et MM. Baretta et Desnos. In-4 de 400 pages environ, contenant plus de 250 fig. dans le texte et 30 pl. in-4, avec un Atlas de 60 pl. in-folio. 90 fr.

VALÉRIUS (B.), Docteur ès Sciences. — **Traité théorique et pratique de la fabrication du fer et de l'acier**, accompagné d'un *Exposé des améliorations dont elle est susceptible*, principalement en Belgique. — Deuxième édition originale française, publiée d'après le manuscrit de l'Auteur, et augmentée de plusieurs articles par H. Valérius, Professeur à l'Université de Gand. Un volume grand in-8, de 880 pages, texte compacte, avec un Atlas in-folio de 45 planches (dont deux doubles), gravées; 1875. 75 fr.

VALÉRIUS (H.), Professeur à l'Université de Gand. — **Les applications de la Chaleur, avec un exposé des meilleurs systèmes de chauffage et de ventilation**. 3e édition. Grand in-8, avec 122 figures dans le texte et 14 planches; 1879. 18 fr.

VALLÈS (F.), Inspecteur général des Ponts et Chaussées. — **Des formes imaginaires en Algèbre**.

Ire Partie : *Leur interprétation en abstrait et en concret*. In-8; 1869. 5 fr.

IIe Partie : *Intervention de ces formes dans les équations des cinq premiers degrés*. Grand in-8, lithographié; 1873. 6 fr.

IIIe Partie : *Représentation à l'aide de ces formes des directions dans l'espace*. In-8; 1876. 5 fr.

VASSAL (le major Vladimir), ancien Ingénieur. — **Nouvelles Tables** donnant avec cinq décimales les **logarithmes vulgaires et naturels** des nombres de 1 à 10 800, et des **fonctions circulaires et hyperboliques** pour tous les degrés de quart de cercle de minute en minute. Un beau vol. in-4°; 1872. 12 fr.

VIDAL (l'Abbé). — **L'Art de tracer les cadrans solaires par le calcul, et le mètre à la main**, mis à la portée des ouvriers et de ceux qui ne savent faire que l'addition et la soustraction. In-8, avec 2 planches; 1875. 2 fr. 50 c.

VIEILLE (J.), Inspecteur général de l'Instruction publique. — **Éléments de Mécanique**, rédigés conformément au Progr. du nouveau plan d'études des Lycées. 3e édit.; 1 vol. in-8, avec fig. dans le texte; 1875. 4 fr. 50 c.

VINCENT, Répétiteur de Chimie industrielle à l'École Centrale. — **Carbonisation des bois en vases clos et utilisation des produits dérivés**. Grand in-8, avec belles figures gravées sur bois; 1873. 5 fr.

VIOLEINE (A.-P.). — **Nouvelles Tables pour les calculs d'Intérêts composés, d'Annuités et d'Amortissement**. 3e édition, revue et augmentée par M. *Laas d'Aguen*, gendre de l'Auteur. In-4; 1876. 15 fr.

VIOLLE, Professeur à la Faculté des Sciences de Lyon. — **Sur la radiation solaire**. — I. Mesure de l'intensité de la radiation solaire. — II. Absorption atmosphérique. Rôle de la vapeur d'eau. — III. Conclusions. Table. In-8; 1879. 2 fr.

YVON VILLARCEAU, membre de l'Institut, et **AVED DE**

MAGNAC, lieutenant de vaisseau.—**Nouvelle navigation astronomique.** (L'heure du premier méridien est déterminée par l'emploi seul des chronomètres). **Théorie et Pratique.** Un beau volume in-4, avec planche; 1877. 20 fr.

On vend séparément :

THÉORIE, par M. *Yvon Villarceau.* 10 fr.
PRATIQUE, par M. *Aved de Magnac.* 12 fr.

ZEUNER. — **Théorie mécanique de la Chaleur**, avec ses APPLICATIONS AUX MACHINES. 2ᵉ édition, entièrement refondue, avec fig. dans le texte et tableaux. Ouvrage traduit de l'allemand et augmenté d'un *Appendice* comprenant les travaux postérieurs à la publication du texte allemand, en particulier les importantes Recherches de M. Zeuner sur les propriétés de la vapeur d'eau surchauffée; par M. *M. Arnthal.* Un fort volume in-8; 1869. 10 fr.

EXTRAIT DU CATALOGUE DE PHOTOGRAPHIE.

Abney (le capitaine), Professeur de Chimie et de Photographie à l'École militaire de Chatham. — *Cours de Photographie.* Traduit de l'anglais par LÉONCE ROMMELAER. 3ᵉ éd. Gr. in-8, avec planche photoglyptique; 1877. 5 fr.

Aide-Mémoire de Photographie pour 1881, publié sous les auspices de la Société photographique de Toulouse, par M. C. FABRE. Sixième année, contenant de nombreux renseignements sur les procédés rapides à employer pour portraits dans l'atelier, les émulsions au cotonpoudre, à la gélatine, etc. In-18, avec fig. dans le texte.

Prix : Broché.................. 1 fr. 75 c.
Cartonné.................. 2 fr. 25 c.

Les volumes des années précédentes, sauf 1879 et 1880, *se vendent aux mêmes prix.*

Annuaire Photographique, par *A. Davanne.* 2 vol. in-18, années 1867 et 1868. Chaque volume se vend séparément :

Prix : Broché.................. 1 fr. 75.
Cartonné.................. 2 fr. 25.

Aubert. — *Traité élémentaire et pratique de Photographie au charbon.* In-18 jésus; 1878. 1 fr. 50 c.

Barreswil et Davanne. — *Chimie photographique.* 4ᵉ édition, revue et augmentée. In-8, avec fig.... 8 fr. 50 c.

Blanquart-Evrard. — *Intervention de l'art dans la Photographie.* In-12, avec une photographie... 1 fr. 50 c.

Boivin (F.). — *Procédé au collodion sec.* 2ᵉ édition, augmentée du formulaire de Th. Sutton, des tirages aux poudres inertes (procédé au charbon), ainsi que de notions pratiques sur la Photographie, l'Electrogravure et l'Impression à l'encre grasse. In-18 j.; 1876. 1 fr. 50 c.

Bulletin de la Société française de Photographie. Grand in-8, mensuel. 27ᵉ année; 1881.

Prix pour un an : Paris et les départements.. 12 fr.
Étranger.................. 15 fr.

Chardon (Alfred). — *Photographie par émulsion sèche au bromure d'argent pur* (Ouvrage couronné par le Ministre de l'Instruction publique et par la Société française de Photographie). Gr. in-8, avec fig.; 1877.. 4 fr. 50 c.

Chardon (Alfred). — *Photographie par émulsion sensible, au bromure d'argent et à la gélatine.* Grand in-8, avec figures; 1880. 3 fr. 50 c.

Clément (R.). — *Méthode pratique pour déterminer exactement le temps de pose en Photographie*, applicable à tous les procédés et à tous les objectifs, indispensable pour l'usage des nouveaux procédés rapides. In-8; 1880. 1 fr. 50 c.

Cordier (V.). — *Les insuccès en Photographie; causes et remèdes.* 3ᵉ édit. avec fig. Nouveau tirage. In-18 jésus; 1880.................. 1 fr. 75 c.

Davanne. — *Les Progrès de la Photographie.* Résumé comprenant les perfectionnements apportés aux divers procédés photographiques pour les épreuves négatives et les épreuves positives, les nouveaux modes de tirage des épreuves positives par les impressions aux poudres colorées et par les impressions aux encres grasses. In-8; 1877.................. 6 fr. 50 c.

Davanne. — *La Photographie, ses origines et ses applications.* Conférence de l'Association scientifique de France, faite à la Sorbonne le 20 mars 1879. Grand in-8, avec figures; 1879. 1 fr. 25 c.

Davanne. — *La Photographie appliquée aux Sciences.* Conférence de l'Association scientifique de France, faite à la Sorbonne le 26 février 1881. Gr. in-8; 1881. 1 fr. 25 c.

Ducos du Hauron (H. et L.). — *Traité pratique de la Photographie des couleurs* (Héliochromie). Description des moyens d'exécution récemment découverts. In-8; 1878.................. 3 fr.

Dumoulin. — *Manuel élémentaire de Photographie au collodion humide.* In-18 jésus, avec figures.. 1 fr. 50 c.

Dumoulin. — *Les Couleurs reproduites en Photographie;* Historique, théorie et pratique. In-18 jésus. 1 fr. 50 c.

Fabre (C.). — *La Photographie sur plaque sèche.* — *Émulsion au coton-poudre avec bain d'argent.* In-18 jésus; 1880.................. 1 fr. 75 c.

Fortier (G.). — *La Photolithographie, son origine, ses procédés, ses applications.* Petit in-8, orné de planches, fleurons, culs-de-lampe, etc., obtenus au moyen de la Photolithographie; 1876.................. 3 fr. 50 c.

Godard (E.). — *Encyclopédie des virages.* 2ᵉ édition, revue et augmentée, contenant la préparation des sels d'or et d'argent. In-8.................. 2 fr.

Hannot (le capitaine), Chef du service de la Photographie à l'Institut cartographique militaire de Belgique. — *Exposé complet du procédé photographique à l'émulsion* de M. WARNERCKE, lauréat du Concours international pour le meilleur procédé au collodion sec rapide, institué par l'Association belge de Photographie en 1876. In-18 jésus; 1880. 1 fr. 50 c.

Hannot (le capitaine). — *Les Éléments de la Photographie.* I. Aperçu historique et exposition des opérations de la Photographie. — II. Propriété des sels d'argent. — III. Optique photographique. In-8 .... 1 fr. 50 c.

Huberson. — *Formulaire de la Photographie aux sels d'argent.* In-18.................. 1 fr. 50 c.

Huberson. — *Précis de Microphotographie.* In-18 jésus, avec figures dans le texte et une planche en photogravure; 1879. 2 fr.

Journal de l'Industrie photographique, *Organe de la Chambre syndicale de la Photographie.* Grand in-8, mensuel. 2ᵉ année; 1881.

Prix pour un an : Paris, France, Étranger. 7 fr.

Klary. — *Retouche photographique*, par *un Spécialiste.* Gr. in-8, de 48 pages, orné de deux belles études de retouche d'après un cliché de M. FRITZ LUCKHARDT; 1875. 5 fr.

La Blanchère (H. de). — *Monographie du stéréoscope et des épreuves stéréoscopiques.* In-8, avec figures.. 5 fr.

Lallemand. — *Nouveaux procédés d'impression autographique et de photolithographie.* In-12.......... 1 fr.

Liesegang, Docteur ès sciences. — *Notes photographiques.* Collodion humide, émulsion au collodion, à la gélatine, papier albuminé; procédé au charbon, agrandissements, photomicrographie, ferrotypie, construction des galeries vitrées. Petit in-8, avec gravures dans le texte et une phototypie. 2e édition, revue et augmentée; 1880. 5 fr.

Monckhoven (Dr Van). — *Nouveau procédé de Photographie sur plaques de fer*, et Notice sur les vernis photographiques et le collodion sec. In-8 .... 3 fr.

Monckhoven (Dr Van). — **Traité général de Photographie**, suivi d'un chapitre spécial sur le *gélatino-bromure d'argent*. 7e édition. Grand in-8, avec planches et figures intercalées dans le texte; 1880 .... 16 fr.

Moock. — *Traité pratique complet d'impressions photographiques aux encres grasses et de phototypographie et photogravure.* 2e édition, beaucoup augmentée. In-18 jésus; 1877 .... 3 fr.

Odagir (H.). — *Le Procédé au gélatino-bromure*, suivi d'une Note de M. Milsom sur les clichés portatifs et de la traduction des Notices de M. Kennett et Rév. G. Palmer. In-18 jésus, avec figures dans le texte; 1877. 1 fr. 50 c.

Pélegry, Peintre amateur, Membre de la Société photographique de Toulouse. — *La Photographie des peintres, des voyageurs et des touristes. Nouveau procédé sur papier huilé*, simplifiant le bagage et facilitant toutes les opérations, avec indication de la manière de construire soi-même les instruments nécessaires. In-18 jésus, avec un spécimen; 1879 .... 1 fr. 75 c.

Perrot de Chaumeux (L.). — *Premières Leçons de Photographie*. In-12, avec figures. 2e édition..... 1 fr. 50 c.

Phipson (le Dr). — *Le Préparateur photographe*, ou Traité de Chimie à l'usage des photographes et des fabricants de produits photographiques. In-12, avec fig..... 3 fr.

Piquepé (P.). — *Traité pratique de la Retouche des clichés photographiques*, suivi d'une *Méthode très détaillée d'émaillage* et de *Formules* et *Procédés divers*. In-18 jésus, avec deux photoglypties; 1881. 4 fr. 50 c.

Radau (R.). — *La Lumière et les climats.* In-18 jésus; 1877 .... 1 fr. 75 c.

Radau (R.). — *Les radiations chimiques du Soleil.* In-18 jésus; 1877 .... 1 fr. 50 c.

Radau (R.). — *Actinométrie.* In-18 jésus; 1877.... 2 fr.

Radau (R.). — *La Photographie et ses applications scientifiques.* In-18 jésus; 1878 .... 1 fr. 75 c.

Rodrigues (J.-J.), Chef de la Section photographique et artistique (Direction générale des travaux géographiques du Portugal). — *Procédés photographiques et méthodes diverses d'impressions aux encres grasses*, employés à la Section photographique et artistique. Grand in-8; 1879 .... 2 fr. 50 c.

Roux (V.), Opérateur au Ministère de la Guerre. — *Manuel opératoire pour l'emploi du procédé au gélatino-bromure d'argent.* Revu et annoté par M. Stéphane Geoffroy, In-18; 1881 .... 1 fr. 75 c.

Roux (V.). — *Traité pratique de la transformation des négatifs en positifs servant à l'héliogravure et aux agrandissements.* In-18; 1881 .... 1 fr.

Russel (C.). — *Le Procédé au Tannin*, traduit de l'anglais par M. Aimé Girard. 2e éd. In-18 jésus, avec fig. 2 fr. 50 c.

Sauvel (Edouard), Avocat au Conseil d'État et à la Cour de cassation. — *Des œuvres photographiques et de la protection légale à laquelle elles ont droit.* In-18; 1880 .... 1 fr. 50 c.

Trutat (E.). — *La Photographie appliquée à l'Archéologie;* Reproduction des *Monuments, OEuvres d'art, Mobilier, Inscriptions, Manuscrits.* In-18 jésus, avec cinq photolithographies; 1879. 3 fr.

Vidal (Léon). — *Traité pratique de Photographie au charbon*, complété par la description de divers *Procédés d'impressions inaltérables* (*Photochromie et tirages photomécaniques*). 3e édition. In-18 jésus, avec une planche spécimen de Photochromie et 2 planches spécimens d'impression à l'encre grasse; 1877........... 4 fr. 50 c.

Vidal (Léon). — *Traité pratique de Phototypie*, ou *Impression à l'encre grasse sur couche de gélatine*. In-18 jésus, avec belles figures sur bois dans le texte et spécimens; 1879. 8 fr.

Vidal (Léon). — *La Photographie appliquée aux arts industriels de reproduction.* In-18 jésus, avec figures; 1880 .... 1 fr. 50 c.

Vidal (Léon). — *Traité pratique de Photoglyptie*, avec et sans presse hydraulique. In-18 jésus avec 2 planches photoglyptiques hors texte et nombreuses gravures dans le texte; 1881 .... 7 fr.

Vidal (Léon). — *Calcul des temps de pose.* 2e édition, complètement revue et modifiée. Obturateurs instantanés, Matériel du touriste, Procédés secs rapides, etc., avec gravures dans le texte .... (*Sous presse.*)

THÈSES

DE

MATHÉMATIQUES, PHYSIQUE ET CHIMIE

(Ces Thèses n'existent, pour la plupart, qu'à un ou deux exemplaires.)

ANDRÉ (Ch.), Astronome adjoint à l'Observatoire de Paris. — **Thèse d'Astronomie physique.** — Étude de la diffraction dans les instruments d'Optique; son influence sur les observations astronomiques. In-4, 82 pages; 1876. 4 fr.

APPELL (P.). — **Thèse d'Analyse.** Sur les propriétés des cubiques gauches et le mouvement hélicoïdal d'un corps solide. In-8, 36 pages; 1876. 3 fr.

ASTOR. — **Thèse d'Analyse.** — Étude sur quelques surfaces. In-4, 92 pages; 1880. 5 fr.

BENOIT (René). — **Thèse de Mécanique.** — Études expérimentales sur la résistance électrique des métaux et sa variation sous l'influence de la température. In-4, 60 pages, avec 3 planches; 1873. 3 fr. 50 c.

BIEHLER (Ch.). — **Thèse d'Algèbre.** — Sur la théorie des équations. In-4, 60 pages; 1879. 5 fr.

BLONDLOT (R.). — **Thèse de Physique.** — Recherches expérimentales sur la capacité de polarisation voltaïque. In-4, 48 pages avec figures; 1881. 2 fr. 50 c.

BOUTROUX. — **Thèse de Chimie.** — Sur une fermentation nouvelle du glucose. In-4, 72 pages; 1880. 2 fr. 50 c.

CHARVE (L.). — **Thèse d'Analyse.** — De la réduction des formes quadratiques ternaires positives et de son application aux irrationnelles du troisième degré. In-4, 160 pages; 1880. 10 fr.

DAMIEN (B.-C.). — **Thèse de Physique.** — Recherches sur le pouvoir réfringent des liquides. In-4, 74 pages; 1881. 3 fr.

DUPORT. — **Thèse d'Analyse.** — Sur un mode particulier de représentation des imaginaires. In-4, 66 pages; 1880. 3 fr.

D'ESCLAIBES (l'Abbé). — **Thèse d'Analyse.** — Sur les applications des fonctions elliptiques à l'étude des courbes du premier genre. In-4, 124 pages; 1880. 8 fr.

FLOQUET (Gaston). — **Thèse d'Analyse.** — Sur la théorie des équations différentielles linéaires. In-4, 132 pages; 1879. 5 fr.

FORQUIGNON. — **Thèse de Chimie.** — Recherches sur la fonte malléable et sur le recuit des aciers. In-4, 124 pages, avec figures; 1881. 5 fr.

GRIMAUX (E.). — **Thèse de Chimie.** — Recherches synthétiques sur la série urique. In-4, 79 pages; 1877. 3 fr.

GRIPON (E.). — **Thèse de Physique.** — Recherches sur les tuyaux d'orgues à cheminée. In-4, 76 p.; 1864. 3 fr.

HALPHEN. — **Thèse d'Analyse.** — Sur les invariants différentiels. In-4, 60 pages; 1878. 3 fr.

HURION (A.). — **Thèse de Physique.** — Recherches sur la dispersion anomale. In-4, 52 pages; 1877. 3 fr.

LAISANT. — **Thèses d'Analyse.** — I. Applications mécaniques du calcul des quaternions. — II. Sur un nouveau mode de transformation des courbes et des surfaces. In-4, 133 pages; 1877. 5 fr.

LECHAT (F.-R.). — **Thèse de Physique.** — Des vibrations à la surface des liquides. In-4, 56 pages; 1880. 3 fr.

MARGOTTET (J.). — **Thèse de Chimie.** — Recherches sur les sulfures, les séléniures et les tellurures métalliques. In-4, 56 pages; 1879. 2 fr.

MARTIN (A.). — **Thèse de Physique.** — Théorie des instruments d'optique. In-4, 76 pages, 2 planches sur cuivre; 1867. 4 fr.

MAXIMOVITCH (W. de). — **Thèse d'Analyse.** — Nouvelle méthode pour intégrer les équations simultanées aux différentielles totales. In-4, 28 pages; 1879. 2 fr.

MIQUEL (P.). — **Thèse de Chimie.** — Sur quelques combinaisons nouvelles de l'acide sulfocyanique. In-4. 72 pages; 1877. 2 fr. 50 c.

MONTGOLFIER (J. de). — **Thèse de Chimie.** — Sur les isomères et les dérivés du camphre. In-4, 118 pages; 1878. 3 fr. 50 c,

OGIER (J.). — **Thèse de Chimie.** — Recherches sur les combinaisons de l'hydrogène avec le phosphore. In-4, 62 pages; 1880. 2 fr. 50 c.

PÉRIGAUD. — **Thèse d'Astronomie.** — Exposé de la méthode de Hansen pour le calcul des perturbations spéciales des petites planètes. In-4, 44 pages; 1877. 3 fr.

PERROTIN (J.) — **Thèse d'Astronomie.** — Théorie de Vesta. In-4, 90 pages; 1879. 5 fr.

PRUNIER (L.). — **Thèse de Chimie.** — Recherches sur la quercite. In-4, 91 pages; 1878. 3 fr. 50 c.

PUISEUX (P.). — **Thèse d'Astronomie.** — Sur l'accélération séculaire du mouvement de la Lune. In-4, 88 pages; 1879. 4 fr.

SALVERT (F. de). — **Thèse de Mécanique.** — Étude sur le mouvement permanent des fluides. In-4, 50 pages; 1874. 3 fr.

TROOST. — **Thèse de Chimie.** — Recherches sur le lithium et ses composés. In-4, 48 pages; 1857. 2 fr.

TURQUAN (Louis-Victor). — **Thèses d'Algèbre et de Mécanique.** — I. Résolution numérique sans élimination des équations à plusieurs inconnues. — II. Recherches sur la stabilité de l'équilibre des corps flottants. In-4, 101 pages; 1866. 5 fr.

VILLIERS (A.). — **Thèse de Chimie.** — De l'éthérification des acides minéraux. In-4, 68 pages; 1880. 3 fr.

(Juin 1881.)

6931 PARIS. — IMPRIMERIE DE GAUTHIER-VILLARS, QUAI DES AUGUSTINS, 55.